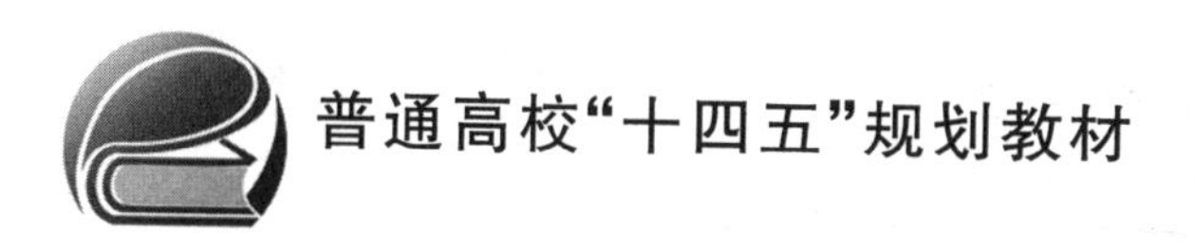

互联网内容运营

李立威　王秦　谭云明　王晓红　编著

北京航空航天大学出版社

内容简介

本书从互联网内容运营的基本流程和必备的职业素质出发，按照内容采集编辑—内容写作与策划—内容分发与传播的思路组织章节内容。内容包括互联网内容运营概述、网络内容的采集、网络文稿的编辑、多媒体内容的编辑、页面的制作与编辑、网络信息原创、互联网文案写作、网络专题策划、网络内容优化、微博和微信平台内容运营、互联网内容传播与自媒体写作平台等。

本书适用于本科及高职院校的电子商务专业、新闻传播专业、工商管理专业、信息管理专业及其他相关专业的教学，也可作为社会从业人员的参考读物。

图书在版编目(CIP)数据

互联网内容运营 / 李立威等编著. -- 北京 : 北京航空航天大学出版社，2021.1

ISBN 978-7-5124-3430-1

Ⅰ. ①互… Ⅱ. ①李… Ⅲ. ①互联网络—应用 Ⅳ. ①TP393.409

中国版本图书馆 CIP 数据核字(2020)第 254133 号

互联网内容运营

李立威　王秦　谭云明　王晓红　编著

策划编辑　董　瑞　　责任编辑　董　瑞

*

北京航空航天大学出版社出版发行

北京市海淀区学院路 37 号(邮编 100191)　http://www.buaapress.com.cn

发行部电话：(010)82317024　传真：(010)82328026

读者信箱：goodtextbook@126.com　邮购电话：(010)82316936

涿州市新华印刷有限公司印装　各地书店经销

*

开本：787×1 092　1/16　印张：23　字数：589 千字

2021 年 4 月第 1 版　2023 年 8 月第 2 次印刷　印数：3 001～4 000 册

ISBN 978-7-5124-3430-1　定价：59.00 元

前　言

2005年网络编辑被列入国家职业大典，在国家职业资格标准中，网络编辑职业被定义为“利用相关专业知识及计算机和网络等现代信息技术，从事互联网站内容建设的人员”。历经十余年的发展，在互联网产品或网站中从事内容相关工作的人员已经具有了庞大的从业规模。随着互联网应用的不断深入，互联网产品形态越来越丰富，任何网站或者互联网产品都需要内容进行填充，而内容的来源、挖掘、组织、呈现、分发的方式和质量都会对内容传播的效果产生巨大的影响。在这样的背景下，网站或互联网产品中从事内容相关工作的岗位职能划分也越来越细。内容建设人员也从网络编辑单一的职业逐步向互联网内容运营相关的多个职业发展。

互联网内容运营相对于网络编辑，工作内容也更多样。互联网内容运营人员不仅要求具有编辑的基本技能，还要有内容规划、内容策划、文案写作、新媒体运营、营销推广、数据分析等多种能力。

鉴于以上考虑，原《网络信息编辑》调整为《互联网内容运营》。在原来《网络信息编辑》(第3版)内容的基础上，本教材的结构和内容都做了大幅度的调整，增加了互联网文案写作，微博和微信平台内容运营，互联网内容传播，自媒体平台内容运营等最新的内容。《互联网内容运营》一书从内容运营的基本流程出发，在介绍互联网内容运营基本流程和知识的基础上，按照内容采集编辑—内容写作与策划—内容分发与传播的思路组织章节内容。教材内容覆盖互联网内容运营的基本流程、技能和工具。

本书共分12章。第1、2、7、8、11章由北京联合大学李立威老师负责编写，第4、9章由北京联合大学王秦老师负责编写，第3、6章由中央财经大学谭云明老师负责编写，第5、10、12章由北京联合大学王晓红老师负责编写，北京联合大学李立威老师负责全书的统稿、修改工作。此外，北京联合大学管理学院硕士研究生王伟同学参与了第2章和第

8章的修订，查找并补充了这两章的最新资料及案例；中央财经大学新闻传播系硕士研究生柯些妮同学参与了第3章和第6章的修订，查找并补充了这两章的最新资料及案例。

本教材得到了北京联合大学“十三五”规划教材建设项目资助。在本书的编写过程中，还得到北京联合大学管理学院电子商务系、中央财经大学新闻传播系的大力支持，在此一并表示衷心的感谢。

本书可以作为电子商务或网络媒体相关专业文案写作、新媒体运营、新媒体营销、互联网内容运营、网络信息编辑等相关课程的教学用书和参考教材。由于编写时间仓促，作者水平有限，书中不妥之处，恳请各位读者和专家批评指正。

编　者

2020年5月

目　　录

第1章　从网络编辑到互联网内容运营

本章知识点:网络媒体的概念及特点,新媒体和社交媒体的概念,中国网络媒体的发展,网络编辑工作特点,内容运营的概念。

本章的技能点:网络编辑工作内容,内容运营的流程,内容运营的常用手段。

【引　例】

从网络编辑到内容运营

2005年网络编辑开始列入国家职业大典,在国家职业资格标准中,网络编辑职业被定义为“利用相关专业知识及计算机和网络等现代信息技术,从事互联网站内容建设的人员”。

历经十余年的发展,在互联网产品或网站中从事内容相关工作的人员已经具有了庞大的从业规模。随着互联网应用的不断深入,互联网产品形态越来越丰富,任何网站或者互联网产品,都需要内容进行填充,而内容的来源、挖掘、组织、呈现、分发的方式和质量都会对内容传播的效果产生巨大的影响。在这样的背景下,网站或互联网产品中从事内容相关工作的岗位职能划分也越来越细。内容建设人员也从网络编辑单一的职业逐步向内容运营相关的多个职业发展。

内容运营相对于网络编辑,对人员的要求更高,工作内容也更多样。内容运营人员不仅要求具备编辑的基本技能,还要有内容规划、内容策划、文案写作、新媒体运营、营销推广、数据分析等多种能力。作为连接用户和互联网产品及网站的重要纽带,内容运营就是通过生产和重组内容的方式,去满足用户的内容消费需求,提升产品的活跃度,以及用户对品牌的认知度。

在互联网中,我们一般说的内容运营,既是一种运营手段,也是一种职能分工。互联网内容运营主要是指通过原创、编辑、组织等手段呈现产品内容,从而提高互联网产品的价值,让用户对产品产生一定的黏性。

作为互联网内容运营人员,要明确自身网站或产品的内容定位、用户需求、产品调性等因素,以此来确定自己的内容生产和流通机制,同时不断监测运营数据变化,在实践中迭代运营策略和手段。

【案例导读】

互联网的发展需要大批具有原创能力、内容采编、内容推广以及丰富策划经验的从业人员。毫无疑问,只会用“剪刀+糨糊”的传统编辑已经难以适应网络媒体和互联网发展的需要。从最早的网站编辑,到后来的网站运营,再到现在的内容运营,这个岗位在不断衍变。

网络媒体具有哪些特点?新媒体与网络媒体指的是什么?互联网内容运营是做什么的?内容运营的工作内容有哪些?内容运营的工作流程是什么?内容运营人员需要哪些职业素养?这就是本章将要讲述的主要内容。

1.1 网络媒体

1.1.1 网络媒体概述

1. 网络媒体的概念

互联网正迅速渗透到社会的政治、经济、文化等各个领域，进入人们的日常生活，并导致社会经济及人们生活方式的重大变革。人们已经认识到互联网对媒体发展的作用，而网络技术的不断创新和完善给网络传播的多样性创造了有利条件。

媒体是指传播信息的载体，即信息传播过程中从传播者到接受者之间携带和传递信息的一切形式的物质工具。随着互联网的快速发展和不断普及，网络媒体被人们称为继报刊、广播、电视之后的“第四媒体”。

互联网在传播新闻和信息方面具有媒体的性质和功能，可以较笼统地称为“网络媒体”。网络媒体有广义和狭义之分。狭义的网络媒体是指基于互联网传播数据技术和表现界面，经过一定专业编辑系统加工制作，主要以发布新闻信息为主的综合信息发布平台，包括由报刊、电台、电视台、通讯社等传统新闻机构创办的媒体网站（如人民网、新华网、央视国际等），从事新闻传播的商业网站（如新浪、搜狐等），以及发布新闻信息的其他网站（如千龙网）等。

广义的网络媒体是指一切通过互联网发布信息的平台。根据市场的不同需求，除了以发布新闻信息为主的综合性网站，还有以发布商务、游戏、生活、学术等其他信息为主的专业性网站。近年来，互联网不仅日益成为我国新闻舆论的独立源头，而且在某种程度上引领着社会舆论的基本走向。

2. 新媒体、社交媒体和自媒体

随着互联网应用的不断丰富，新的内容传播平台和工具不断产生，新媒体、社交媒体、自媒体等概念同时产生。新媒体、社交媒体、自媒体等属于广义的网络媒体范畴，只是概念界定的角度有所不同。

新媒体（New Media）概念是1967年由美国哥伦比亚广播公司（CBS）技术研究所所长戈尔德马克（P. Goldmark）率先提出的。新媒体是一个相对的概念，是相对于报刊、广播、电视等传统媒体而言的，新媒体通常是指建立在数字技术基础上、依托互联网向用户提供信息的媒体形态。新媒体是伴随着技术的发展而不断动态变化的。在互联网发展早期，门户网站、论坛等被视为新媒体形态的典型代表。随着互联网应用的丰富，后来产生了博客、社交网站、微信、微博、小程序等新的产品形态，如今人们又把微博、微信、短视频等看作是新媒体形态的典型代表。

社交媒体（Social Media）是人们彼此之间用来分享意见、见解、经验和观点的工具和平台，也是伴随着社交网络等产品形态而产生的概念。社交媒体的概念最早见于安东尼·梅菲德（Antony Mayfield）2008年推出的一本电子书《何为社交媒体》中，书中将其定义为一种给予用户极大参与空间的新型在线媒体。后来有学者将之进一步完善为基于Web 2.0、用户可以生成内容并进行交互的一类网络媒体。不同于新媒体概念强调新技术的视角，社交媒体是从内容传播的角度出发，强调依托个人的社交网络进行信息的生产和传播。简单来说就是具备社交功能的互联网产品都可以划入社交媒体的范畴，不仅包括微博、微信等，也包括现在主流的导购电商、视频网站、社交工具等。

自媒体(We-Media)由专栏作家丹·吉尔默(Dan Gillmor)于2002年底首先提出。自媒体是指普通大众通过网络等途径向外发布他们本身的事实和新闻的传播方式。自媒体更加强调普通大众在传播中的作用,这是从内容生产者角度给出的定义。自媒体随着技术的发展不断变化,现在微博、微信公众号、直播、短视频等成为自媒体内容传播的主流平台。

3. 网络媒体的特点

互联网信息传播具有交互性、实时性、传播方式多样性、非地域局限性、提供信息量的无限性等特征,这也体现在网络媒体的特点中。

(1) 交互性

互联网传播的最大特点就是交互性。基于互联网技术的网络媒体的这种特征,改变了传统媒体单向信息传播的格局,实现了从传统的由点到面的线性传播向现代的由点到点的双向传播的转变。自2009年8月"新浪微博"推出公测版之后,微博迅速成为广大民众发布信息、表达意见的一个重要平台,形成了新的互动性极强的舆论场。自2011年腾讯公司推出微信以来,微信迅速成为中国使用人数最多的即时通信工具和信息传播平台,微信具有非常强的交互性。

(2) 实时性

与传统媒体相比,网络媒体不再受传统媒体出版及发行周期的限制,可以及时发布新的信息,并且可以随时根据需要修改、增补、删除信息,网络信息从采集到发布的整个流程时间较传统媒体大大缩短。一旦有最新事件发生,网络媒体可以在获得相关的信息后立即将之公开发布,还可以通过网页的不断更新或滚动,实现全天候的不间断传播,使受众及时了解事态的发展。

(3) 多媒体

报纸通过纸质媒介利用文字和图片传递信息,以文字为主;广播通过电磁波以声音发送信息,以声音为主;电视借助声画播放节目,以动态画面为主;网络媒体则通过互联网络兼容了文字、图像、声音、动画、影像等多种传播手段传播信息。网络的多媒体传播丰富了信息传播的手段,传播的效果也更为明显和突出。

(4) 超文本

网络传播具有大信息量传输的功能,是构建在超文本、超链接之上的全新的传播模式。超文本技术按照人类的思维方式即非线性方式存储、管理、浏览各种信息,它充分利用了信息间的各种关系,将其有机地结合在一起,用户在浏览过程中能够按自己的需要,灵活地访问各类信息,形成多层次、多方位的传播格局,大大提高了受众的选择性和自主性。

(5) 海量性

网络媒体可实行全天24小时发稿,网络媒体的每日发稿量(包括条数和篇幅)远远大于传统媒体,点击任何一条网络新闻,呈现给读者的除该新闻的内容外,还有关键词、相关新闻和新闻专题等链接,广为集纳追踪报道和相关信息,全面报道事件始末,极大地丰富了新闻外延和背景资料。网络媒体新闻传播的海量性还体现在具有强大的检索功能及易复制、易存储等特点。

(6) 传播广

互联网是全球性的信息传输网络,通过TCP/IP协议把世界各地的计算机连接起来。因此,通过互联网发布信息不受时间和地域的限制。网络媒体可以通过建立相互合作关系实现信息共享,因此,一条信息可以多次被不同网络媒体转载,从而获得广泛的传播效应。

(7) 多元化

随着网络应用的日益丰富,网民需求不断升级,产生了以自我为中心来重新整合内容、娱乐、商务、通信及其他种种个人应用的需要，以最大限度地满足个性化的需求。为此，网络媒体也由原来大众传播转为个性化传播，网络媒体的应用模式及营销特点都发生了巨大的改变。此外，强大的信息技术正把不同的媒体形态融合，不再是只有编辑和记者才能发布新闻，网上的信息呈现出个性化和多元化的态势。

1.1.2 中国网络媒体的发展

网络进入中国是在20世纪90年代，而中国网络新闻媒体从1995年开始至今已经有了十多年的发展。中国社科院新闻与传播研究所闵大洪研究员认为：中国网络媒体表现出的影响力、社会地位、政治认可度、对重大事件的报道能力都清楚地证明了它已经成为中国的主流媒体之一。

1. 基础资源的稳步增加

1994年互联网正式进入中国，自此以后，互联网在中国得到了高速的发展，网民规模、网站数量和网页数量都快速增加。中国互联网络信息中心发布的第46次中国互联网络发展状况统计报告显示：截至2020年6月，中国网民数量达到9.39亿，互联网普及率为67.0%。2017—2020年中国网民规模及互联网普及率情况如图1-1所示。截至2020年6月，我国网站数量为468万个，国内市场监测到的App数量为359万款。2017—2020年中国网站规模数量情况如图1-2所示。

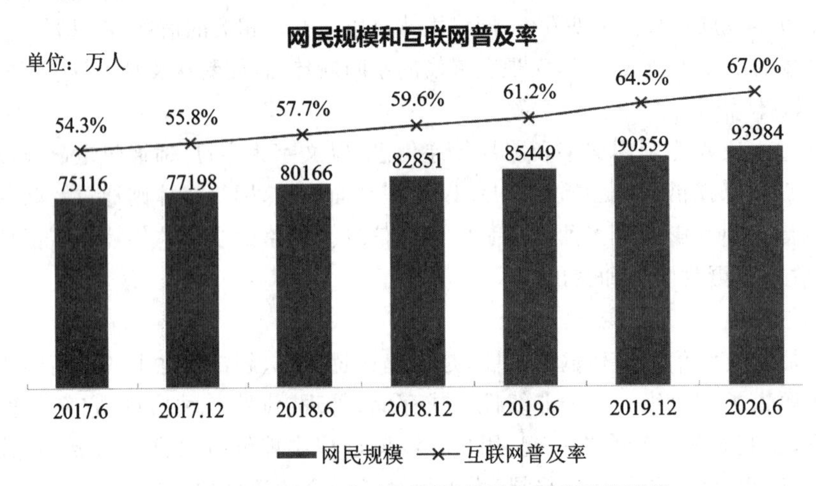

图1-1 2017—2020年中国网民规模与互联网普及率

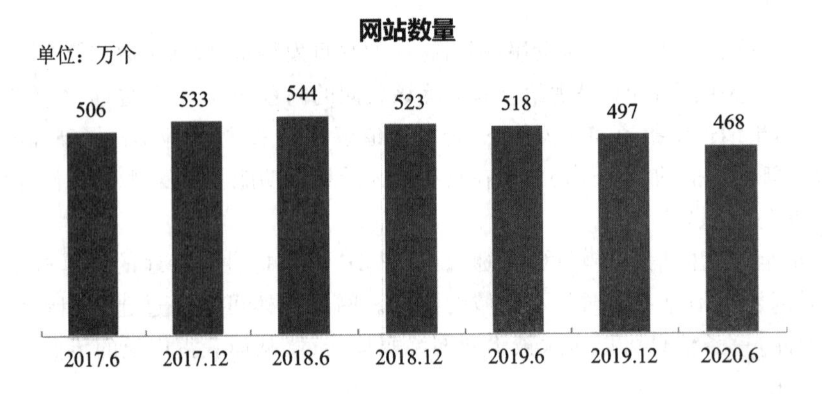

图1-2 2017—2020年中国网站规模变化情况

2. 移动互联网应用持续深化

截止到2020年6月，我国手机网民规模达到9.32亿，手机网民比例达到了99.2%，手机成为我国网民第一大上网终端，移动互联网各种应用层出不穷，移动互联网应用持续深化。

截至2020年6月，我国市场上监测到的移动应用程序(App)在架数量为359万款，其中应用规模排在前四位的是游戏、日常工具、电子商务和生活服务。移动设备的便携性、移动网络的泛在性突破了人们获取信息的时间和空间限制，移动互联网正不断深入到社会生活的方方面面。极光(Aurora Mobile)发布的《2019年Q2移动互联网行业数据研究报告》显示，2019年第二季度，移动网民人均安装App总量为56款，人均App每日使用时长为4.7小时。

移动互联网应用的泛在性、及时性，使得网民的消费行为呈现出鲜明的碎片化特征。各种各样的信息和内容通过各种各样的平台和形态展现在网民面前，如何抓住和吸引网民的注意力，成为很多媒体和平台重点考虑的工作，因此内容运营变得越来越重要。

3. 社交媒体影响力日益增加

随着移动互联网应用的深入，越来越多的网民依赖社交媒体发布、获取和浏览信息，社交媒体逐渐成为重要的内容生产和传播渠道。根据一些行业报告，全球40%以上的人使用社交媒体，用户花在社交媒体上的时间越来越长，用户平均每天会花两个小时的时间在社交媒体上分享、点赞以及发布各类信息。Facebook是国外占据主导地位的社交媒体平台，微信、微博是国内占据主导地位的社交媒体平台。社交网络正发展为“连接一切”的生态平台。社交应用功能日益丰富，从即时沟通到新闻推送、视频直播、支付交易、游戏、公共服务等都可以在社交应用上实现，覆盖多领域的平台化发展趋势明显，用户黏性不断增强。凭借用户基数大、信息传播快、互动功能强等特点，社交媒体已成为互联网媒体中最流行的媒体类型之一，成为网上内容传播的重要力量，因此社交媒体的传播影响力也显著提升。截止2019年，微信活跃用户数量目前已经超过11亿，微博活跃用户数超过5亿。

4. 基于智能算法的信息分发模式正在崛起

人类的信息分发模式迄今为止大体上经历了三个主要的发展类型：①倚重人工编辑的媒体型分发(以传统媒介为代表)；②依托社交链传播的关系型分发(以微信、微博为代表)；③基于智能算法对于信息和人匹配的算法型分发(以今日头条为代表)。作为一种信息传播实践的新生产力量，算法型信息推荐(分发)技术实现了信息生产与传播范式的智能化转向，同时带来了用户价值主导下的场景化适配。其发展与变化是一种重塑传播规则、改变人们认知的全新机制设计。在社交媒介崛起之后，大众传播时代专业媒体和媒体工作者独占传播内容生产的主体地位已经受到了用户生产内容和机构生产内容的严重挑战。

1.1.3　中国网络媒体的发展历程

1995年互联网向全社会开放，《神州学人》《中国贸易报》《中国日报》等报刊在年内陆续上网，标志着中国网络媒体迈出了第一步；1997年人民网的出现标志着中国新媒体正式亮相；1998年下半年，搜狐网、新浪网的出现使中国的互联网发展进入阶段性高潮；以2000年4月美国股市大跌为标志，互联网“泡沫”破灭，中国网络媒体进入调整阶段；2002年以后，形形色色的网络新兴媒体如电子杂志、博客、播客、微信等层出不穷，网络媒体逐渐成为中国主流的传媒形态之一。

2012年以后，移动互联网和智能手机快速普及，这逐渐改变了人们获取信息的方式，人们获取信息的终端正从电脑端向手机端迁移,大量 App 和微信订阅号的出现彰显了手机端的重要性。在众多的社交平台和工具中,微信是目前使用率最大的手机应用。截止到 2015 年第一季度,微信已经覆盖中国 90% 以上的智能手机,月活跃用户达到 5.49 亿,微信公众账号总数已经超过 800 万个。博客、播客、微博、论坛、SNS、微信等的井喷式发展显示了自媒体和社交媒体的力量,不仅刷新了网络传播的格局,而且也在一定程度上改变了当今中国媒体的整体生态,社交媒体和手机成为重要的信息传播平台。

近年来,短视频迎来了强势增长的趋势,快手、美拍、西瓜视频、火山小视频、抖音等接踵产生,并出现爆发式增长。2020 年 1 月微信也推出了视频号,视频号是微信推出的一个全新的"人人可以记录和创作"的短内容创作平台,主打短视频。

中国网络媒体的发展大致经历了如下四个阶段,如图 1-3 所示。

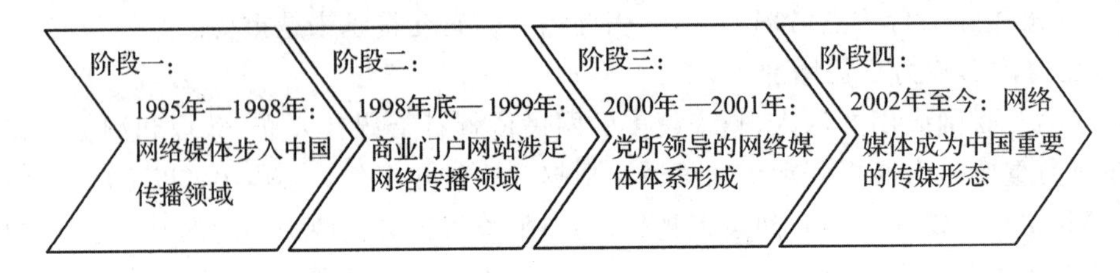

图 1-3 中国网络媒体发展阶段

(1) 1995 年—1998 年:网络媒体步入中国传播领域

这一时期的最主要特征是:报纸、杂志、广播电台、电视台以电子版、网络版为基本形态,这是中国网络媒体的初级阶段。

(2)1998 年底—1999 年:商业门户网站涉足网络新闻传播领域

这一时期的最主要特征是:门户网站搜狐网、新浪网出现,特别是门户网站涉足网络新闻传播,对国内以往的新闻和信息传播格局产生巨大的冲击,奠定了门户网站在网络新闻传播领域的领先地位。

(3) 2000 年—2001 年:党所领导的网络媒体体系形成

这一时期的最主要特征是:主流新闻媒体网站迅速增加实力,形成综合性新闻网站形态,同时从中央到地方各级重点新闻网站陆续建立,形成了党所领导的网络媒体体系,网络新闻传播法规建设及相应的管理机构的设立亦同时起步。2000 年开始,政府先后确定了新华网、人民网等 8 家中央重点新闻网站和 24 家地方重点新闻网站。

(4) 2002 年至今:网络媒体成为中国重要的传媒形态

这一时期的最主要特征是:不少新的传播形态开始出现,新闻网站队伍进一步壮大,门户网站开始赢利,宽带网络和无线移动网络开始不断普及等。就规模和影响而言,网络媒体已在中国传播格局中占有极其重要的地位。

我国的网络媒体经过十多年的发展,从最初的电子版、网络版到综合性门户信息发布平台、Web2.0 网站、博客、微博、微信、短视频等多种媒体形式,网络媒体经历了一个逐步成熟、逐步专业化、逐步媒体化和逐步互联网化的过程。网络媒体的受众已经初具规模,网络媒体的收入快速增长,已经形成了新闻门户网站和各专业网站、传统媒体兴办的网站、自媒体和社交媒体融合发展的局面。

网络媒体快速扩张,迅速带来了对网络编辑、互联网内容运营人员的大量需求。

1.2　从网络编辑到互联网内容运营

从最早的网站编辑，到后来的网站运营，再到现在的互联网内容运营，岗位在不断衍变。网络编辑的工作基本上就是内容运营的执行工作，主要包括内容的授权、转载、编辑、文章推送等，但是内容运营相对网络编辑来说，除了负责内容的编辑、写作与发布外，还要负责内容的推广与传播，因此对互联网内容运营人员的要求相对网络编辑会更高。

1.2.1　网络编辑工作

新浪网前人力资源总监段冬坦言，网络媒体最终的核心竞争力仍然是“内容”。而网络编辑正是网站内容的设计师和建设者。从这个角度说，以创建、完善内容为己任的网络编辑们已经成为网络媒体核心竞争力的坚实打造者。

在 2005 年 3 月 24 日国家公示的 10 个新职业名单中，网络编辑名列其中。网络编辑被列入国家新职业，标志着其从业群体开始走向职业化。2006 年 4 月，一项名为“互联网新闻与信息编辑”的人才认证项目在上海启动，此后上海市所有从事网络新闻编辑的人员必须持证上岗。随着互联网的蓬勃发展，网络编辑的社会需求将越来越高。

所谓网络编辑是指利用相关专业知识及计算机和网络等现代信息技术，从事互联网站内容建设的人员。网络编辑通过互联网对信息进行采集、分类、编辑，通过互联网向世界范围的网民进行发布，并且从网民那里接收反馈信息，产生互动。在移动互联网普及之后，网络编辑不仅指各互联网站点的编辑人员，还包括各手机站点以及为智能手机终端提供手机应用程序(App)内容服务的编辑人员。

随着 Web 2.0 的快速发展，博客、社交网站、Wiki、微博等模式发展迅速，用户创造内容、自组织内容成为 Web 2.0 类网站的典型特征。Web 2.0 的出现将传统的网站推送模式演变为信息发送者与接受者的双向交流模式。Web 2.0 网站中，网络编辑由原本提供内容的身份转变为对内容提供者(用户)的管理，从而达到对网站内容引导的效果。

1. 网络编辑的工作内容

由于网站类型和规模、网站频道和栏目以及网站定位和风格的不同，各网站网络编辑的工作内容也不尽相同。如千龙网新闻中心要闻编辑的主要工作内容是负责各有关栏目日常新闻、资讯信息的筛选、编辑、签发、更新和上传，选题策划，专题制作维护和内容经营等。中国新闻网微博编辑的主要工作内容是负责中新微博日常内容运营工作，包括日常内容的编辑、审核、推广、更新，专题制作，话题运营等，推进中新微博各项产品与栏目的实现，推动和指导中新微博各项线上和线下的活动等。凡客网产品编辑的主要职责包括跟踪产品进货情况，完成产品信息内容的编辑，图片整理、挑选、处理等上传管理工作，页面维护等。央视网微信运营编辑的主要职责包括：负责微信公众平台的日常运营管理、内容撰写、编辑、更新与维护；负责微信公众平台的活动策划与推广；搜集用户反馈的问题和批评建议，了解用户需求，挖掘和分析微信用户使用习惯、情感及体验感受，及时调整运营方案。

一般而言，网络编辑的工作内容主要包括以下几个：

① 采集素材，进行分类和加工；

② 对稿件内容进行编辑加工、审核及监控；

③ 撰写稿件；

④ 运用信息发布系统或相关软件进行网页制作；

⑤ 组织网上调查及论坛管理；

⑥ 进行网站专题、栏目、频道的策划及实施等。

2. 网络编辑的工作职能

网络编辑的工作职能具有与传统媒体相同的地方，也有其不同之处。网络编辑的特点主要是整合性，不同的工作会集中到一个人手上，各层次工作的区分相对减弱。具体而言，网络编辑工作的职能包括以下几点：

（1）信息筛选

互联网具有极强的开放性，网上信息鱼龙混杂、泥沙俱下，只有严格把关和筛选才能为广大受众提供真正有价值的信息。信息筛选即根据网站受众的需要、按照一定的标准对信息进行搜集、判断和选择，选出所需要的内容，然后再进行加工。在信息筛选过程中，在考虑到网站的类型和定位的基础上，既要参照网络信息的价值判断标准，又要不违反我国相关的网络信息发布法律法规等。

（2）内容加工

网络编辑在筛选稿件后，要对内容进行进一步的编改和加工，使原稿更清晰，更简洁明了，并符合网络信息传播的特点，这是网络编辑的日常工作之一。网络编辑对稿件的加工主要包括对稿件内容的核实、订正，对思想政治上的差错的校正，对文字的修改和对辞章的修饰等。

（3）信息推介

在经过筛选和编改的环节之后，稿件内容基本固定，但是为了达到良好的传播效果，编辑需要运用编辑手段做推介工作。在网络信息传播中，网络编辑在文字方面的推介工作主要是精心制作标题、内容摘要或导读，让读者快速把握稿件的重点内容，吸引读者来阅读。此外，编辑还可以通过配发评论的方式来突出稿件的重点内容。

（4）信息整合

在网络信息的编辑过程中，网络编辑需要对庞杂而分散的网络信息进行归类、整合及组织，形成若干大类，构成网站频道或者栏目。信息整合常用如下三种方式：

① 为单篇稿件添加必要的相关背景、说明性信息和有关报道，通过超链接把有关内容集成在一起，使得原稿中的新闻事实更丰满，内容含量得到增值。

② 围绕特定主题制作网络专题和连续报道。

③ 运用多媒体手段，如图片、图表、视频等。网络稿件不但可以配以图片和图表，而且还可以链接音频文件和视频文件，更真实、更生动地再现新闻事件，在内容与形式上实现真正的互动。

3. 网络编辑的工作岗位

国内网络媒体的内容团队的规模差别较大，少则几人，多则几十甚至数百人。它们有的是独立运转，有的是和所附属传统媒体的其他部门和人员相互交叉、协同工作。网络编辑的部门按照网站内容频道通常分为新闻部、评论部、文体部、论坛部、动漫图片部、资讯部和总编室等，有新闻采访权的网络媒体机构也可设立记者部。网络编辑部的构成如图 1－4 所示。

内容总监、频道主管、网络编辑、新闻报道团队等构成了网络媒体的主要内容团队。职位设计上，网站编辑和传统媒体有相似之处，一般分为实习编辑、编辑、高级编辑、资深编辑、副总

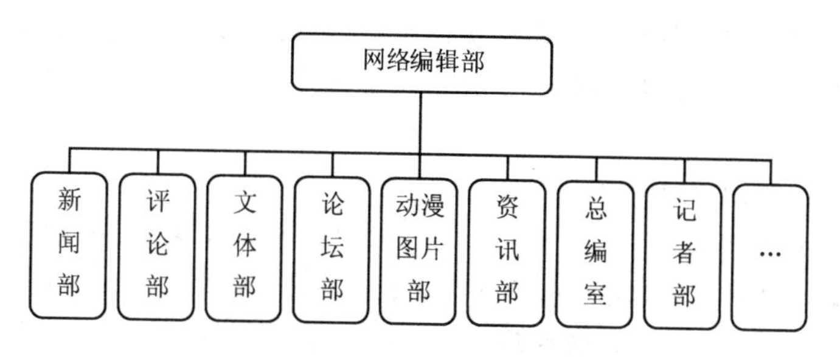

图1-4 网络编辑部的构成

编、总编等,如新华网的网络编辑岗位分为实习生、助理编辑、频道主编、主任编辑和总编。网络编辑不同阶段的能力要求和工作内容有所不同。高级网络编辑应根据互联网发展潮流及发展趋势,借鉴先进经验,综合受众意见,不断对频道推陈出新,提出有关频道的设想,了解该频道的受众,形成频道内容的策划方案。作为高级网络编辑应该知道如何让网站所发布的信息为网站带来经济收益,作为一个频道的管理者,必须要对整个频道内容进行把控。普通编辑和高级编辑二者在能力上都侧重于文字加工与文字表达,资深编辑和主编在能力上更侧重于内容策划与创新,而内容总监、总编和内容副总裁则需要具备较强的管理和协调能力,具体如表1-1所列。

表1-1 网络编辑工作内容及职业能力要求①

职 位	工作内容
内容副总裁	对国内外互联网行业动态进行追踪与趋势研究
总编/副总编	根据网站发展的总体方向策划、建设所负责栏目
内容总监/副总监	参与规划管理网站发展方向、培养团队
主编	负责栏目整体内容及网页规划
资深编辑	负责重大选题的策划、执行并带领团队协作
高级编辑	对内容进行原创、策划专题并对稿件进行管理
普通编辑	信息的采集、编辑与发布

一般而言:

网络编辑:负责网站一般内容的发布与收集,负责内容的维护以及与网友的互动。

高级编辑:除负责一般内容发布外,还将负责网站专题的策划与内容的整合。

频道主编:负责相关频道的内容策划及管理。

内容总监:负责整个网站内容产品的管理及规划。

案例1-1:

网络编辑的职业规划②

网络媒体用了10年的时间成了第五大媒体(其他四大媒体:报纸、广播、杂志、电视报刊),在这个过程中,传统编辑的编写方法与现代化网络技术日益结合,编辑的工作也发生了变化,衍生出了网络编辑。

---

① 王宏.网络编辑人才内涵新解[J].新闻知识,2015,2:19-21.

② 资料来源:http://www.bianji.org/news/2015/01/2580.html.

现在网络媒体俨然有了与传统媒体抗衡的力量,而网络编辑作为网络媒体发展的推动力,也逐渐受到了社会的关注。网络编辑的发展方向主要有网站主编、产品经理、运营总监、营销总监四种:

四大发展方向的规划道路如下:

(1)网站主编:初级网编 → 责任网编 → 策划网编 → 编辑主管 → 副主编 → 主编。网站主编的发展道路需要新闻、语言类专业的同学,因为这类网编对文字能力的要求较高。

(2)产品经理:初级网编 → 责任网编 → 策划网编 → 编辑主管 → 产品经理。产品经理需要工商管理、营销、电子商务等专业的同学,主要要求的是对互联网的了解和项目管理能力。

(3)运营总监:初级网编 → 责任网编 → 策划网编 → 编辑主管 →(产品经理)→ 运营总监。运营总监需要工商管理、营销、电子商务、计算机应用技术(信息管理)等专业的同学,要求有管理经验和网站运营经验,所以当主管或产品经理则都能更好地发展成为运营总监。

(4)营销总监:初级网编 → 责任网编 → 策划网编 → 编辑主管 →(产品经理)→ 营销总监。营销总监需要有产品经理、运营总监、销售、市场营销、电子商务等经验的同学,与运营总监的区别在于只对销售额负责,而运营总监则需要对成本和利润负责。

案例思考:

问题1:根据以上内容思考自己的职业规划。

问题2:分析总结不同职位的网络编辑工作内容的异同点。

1.2.2 互联网内容运营

1. 什么是内容

内容是根据实际需要做出各种各样组合的总称。网站或产品中可供用户消费,并且延长用户停留时间、促进用户转化的展现,均可称为内容。

无论是什么类型的互联网产品,都是建立在内容的基础之上,内容在互联网上无处不在。比如在电子商务网站的产品页,内容包括商品名、产品图、产品文字描述、价格、服务标准、产品类型、提示、购买须知、常见问题、价格说明、产品宣传视频、以及用户的评价、打分、晒单、讨论等;如工具型产品,网站内容一般为UI界面、功能、社区等;资讯类产品,例如门户网站,内容主要为各种形式的新闻,包括文字、图片、视频等;对于政府的门户网站,内容主要为各种新闻、政策和法规等;对于企业门户网站,内容主要为企业产品的介绍、动态新闻等;对于搜索引擎,搜索结果中有标题、内容描述、链接地址等,这些也属于内容。

微信的推文、抖音上的短视频、小红书的美妆笔记、虎扑上的帖子、电商的商品信息等这些都是内容。只要是互联网产品,就一定是用内容进行填充的,都需要内容运营岗位。只不过不同形态的产品,内容类型不同、呈现形式不同,对运营从业者的要求也不同。

内容的基本类型包括文字、图片、音频、视频等。根据今日头条和新榜联合发布的《2020内容创作发展趋势报告》,目前在内容创作领域,图文类内容占比超八成,为创作者最普遍使用的内容体裁,短视频、音频、直播等体裁内容比例较2018年均有上升。不同体裁各有其适用门类、适用场景、适用深度,彼此之间无法取代,而是互为补充、共同发展。

2. 什么是运营

运营是伴随着互联网产品的发展而产生的职能。随着互联网的快速发展,各种各样的互联网产品涌现了出来,随之也产生了各种各样的运营岗位。互联网产品在设计开发完成后,需要有用户持续使用才能生存下去，作为连接互联网产品与用户的纽带，运营承担着重要的价值。一切帮助产品推广、促进用户使用、提高用户认知的手段都是运营。

目前，互联网行业典型的运营职能划分包括内容运营、用户运营、活动运营、产品运营、品牌运营等。内容运营，核心是内容，主要是根据用户需求，通过内容的生产、内容的加工、内容的分发与传播等手段提升与内容相关的数据，例如浏览量、点赞数等。用户运营，核心是用户，围绕着用户的新增—留存—活跃—传播以及用户之间的价值供给关系建立起来的一个良性循环，持续提升跟用户有关的各类数据，如用户数、活跃用户数、精英用户数、用户停留时间等；活动运营，核心是活动，围绕着一个或一系列活动的策划、资源确认、宣传推广、效果评估等一系列流程做好全流程的项目推进、进度管理和执行落地；产品运营，核心是产品，就是通过一系列各式各样的运营手段（比如活动策划、内外部资源拓展和对接、优化产品方案、内容组织等），去拉升某个产品的特定数据，如装机量、注册量、用户访问深度、用户访问频次等；品牌运营，核心是品牌，是指通过挖掘产品的品牌符号，在产品的生命周期内整合营销策划、创意、传播、新媒体、商家/货品，线上和线下联动营销，使用户形成对企业品牌和产品的认知。虽然以上职能在工作职责上有所不同，但是在实际中各类职能之间工作存在着交叉，各种运营手段的核心目的都是为了帮助产品推广、促进用户使用或提高用户对产品的认知。

在互联网行业，运营岗位的实际构成非常复杂，互联网产品的丰富性也使得不同平台运营的工作岗位划分有一定差别，新媒体运营、网店运营、App 商店运营、社群运营、搜索引擎优化与推广、网站编辑等都是典型的运营岗位。例如，新媒体运营是伴随着微博、微信公众号等新媒体平台应用而产生的岗位，主要工作是新媒体账号的内容维护与推广；App 商店运营主要是跟各种应用商店进行对接，完成 App 发布、上架等全流程，做好 App 在应用商店的优化等；网店运营，主要工作是完成淘宝、天猫或其他电商平台的商品管理、图文设计、营销活动策划等。

伴随互联网技术的进步，运营这一职位本身也在进化。BBS 时代，运营主要侧重网络编辑和版主的职能。运营的概念到了 2001 年才被提及，当时基于网站运营的工作更像现在的 SEM（搜索引擎营销）和 SEO（搜索引擎优化）的职能。后来随着淘宝网等平台的出现，电商运营的岗位也开始涌现。三节课的联合创始人黄有璨在其文章《运营简史：互联网运营的 20 年发展与演变》中详细介绍了互联网运营的发展历程，如表 1－2 所列。

表 1－2　互联网运营的发展与演变①

年　份	关键词	互联网用户体量	代表产品	代表性运营工作
1994—1997 年	启蒙期	不足 30 万	门户、早期 BBS	网编、BBS 管理员
1998—2001 年	第一波潮流	从 100 万～200 万	聊天室、BBS、QQ、联众、下载类站点	在线推广、社区管理
2001—2005 年	流量为王	2 200 万～1.03 亿	百度、hao123、番茄花园、淘宝、网游	SEO/SEM、流量分发、QQ 群管理、电商运营
2005—2009 年	Web2.0 时代，用户崛起	1.03 亿～3.84 亿	博客、Wiki、视频网站、P2P 下载、论坛、SNS	网络推手、论坛营销、事件营销与传播

① 资料来源：https://zhuan/an.zhihu.com/p/24574917.

续表 1-2

年　份	关键词	互联网用户体量	代表产品	代表性运营工作
2009—2013 年	微博、移动互联网	3.84 亿～6.18 亿	各类 App、微博、知乎、微信、团购	微博运营、社会化媒体营销、各类 App 推广
2013 年至今	连接一切的互联网与运营	6.18 亿～7.10 亿	微信、各类 O2O 产品、滴滴出行、今日头条	新媒体运营、社群运营、微博运营、各类 App 推广

3. 什么是内容运营

不管是什么类型的网站或互联网产品，都需要通过内容为用户提供服务。他们的区别只是内容类型不一样，内容运营的侧重点不同，工作职责也有一定的差别。例如，小红书作为一个内容社区，它的内容运营职责为社区内容的规划和撰写，同时需要通过撬动站内达人生产内容，进一步提高社区的内容生产质量，活跃社区氛围。对于内容运营，要考虑到内容生产者和内容消费者。内容的产出方式一般分为 OGC、PGC、UGC，内容专业深度依次递减，用户参与程度依次递增。

下面是一些招聘网站中部分企业对内容运营岗位的招聘要求，从中可以看到内容运营的基本工作职责和工作内容。

小米电商部内容运营岗位职责：

(1) 有一定的文字功底，爱好内容创作。

(2) 对策划活动感兴趣，愿意不断通过活动驱动用户生产优质内容。富有创意和想法，通过内容运营、专题活动等形式，提升社区留存和活跃度。

(3) 根据平台规划，针对不同的活动主题、不同类型的活动，选择相应的活动运营手段，负责活动的创意和执行，能不断驱动项目向前推进。

(4) 监控及分析内容数据，结合数据及用户反馈，优化内容质量及选题方向。

(5) 挖掘不同类型用户对于内容的需求。建立内容价值评估机制，形成内容生产规范。

(6) 擅长沟通，挖掘社区内外优质 KOL 并进行后期维护，引导生产内容，并提升其留存和活跃度。

从上面的岗位职责可以看到，小米公司电商部内容运营的主要工作是挖掘不同类型用户对内容的需求，引导用户生产内容，提升用户留存和活跃度。

字节跳动内容运营岗位职责：

(1) 负责企业内外部的内容运营工作，完善内容体系(新媒体端)，提升用户对于数据产品的使用频率与使用深度。

(2) 深入学习企业内部的多种数据产品(包括用户行为数据分析工具、A/B 实验工具、敏捷 BI 工具、数据开发建设工具等)，根据产品的迭代情况和市场热点，独立进行选题策划，产出相关内容。

(3) 对内容运营工作目标进行拆解，制定详细的内容策略、传播路径策略，并对内容的阅读、传播、促活效果负责。

(4) 配合其他职能部门完成线上、线下相关活动。

从上面的岗位职责可以看到，字节跳动公司内容运营的主要工作是通过内容生产和内容传播等提升用户对产品的使用频率。

联想集团内容运营岗位职责及要求：

(1) 负责PC&数码类产品评测，科技类深度文章撰写、产品评测视频拍摄、发布会活动报道等。

(2) 热爱科技，关注数码、互联网等领域科技内容，非常熟悉PC笔记本、键盘、鼠标、耳机、平板等产品行业趋势及技术参数，并有丰富的相关类型评测作品。

(3) 熟悉B站、微博、抖音、知乎、专业论坛、贴吧等内容玩法，并有相关内容产出。

(4) 有较强的信息收集、归纳、整理能力。

(5) 有良好的文字功底，文笔流畅，最好有自己的文风。

(6) 良好的沟通及团队协作能力。

从上面的岗位职责可以看到，联想集团内容运营的主要工作是负责PC&数码类产品评测，科技类深度文章撰写、产品评测视频拍摄、发布会活动报道等。

尽管不同产品内容运营工作职责有所差别，但是共同的地方在于都聚焦于内容生产、内容编辑、内容传播等，内容运营能够通过产品的优质内容实现拉新、促活、转化、留存等运营目的。内容运营是指通过创造、编辑、组织、呈现网站或互联网产品的内容，满足用户的内容消费需求，提升产品的活跃度以及用户对品牌的认知度。

4. 内容运营的基本流程

内容运营的工作包括内容定位、内容采集与生产、内容编辑与加工、内容分发与推广、数据分析与优化等。网站或互联网产品是由内容填充的，而内容的来源、挖掘、组织、呈现、分发与传播的方式以及质量会对内容运营的效果产生重要的影响。

(1) 确定内容定位

在进行内容生产与采集之前，需要确定内容的定位。内容定位是在产品定位和用户定位的基础上分析用户需求，然后推导出内容的定位。根据内容定位，围绕目标受众需求输出内容。目标用户定位决定了内容的受众和消费者，也决定了内容的风格和调性。不同用户的内容消费需求和偏好不同，不同产品的内容定位不同。例如，知乎是一个真实的网络问答社区，连接各行各业的精英，用户分享着彼此的专业知识、经验和见解；豆瓣的定位是面向文艺青年，Bilibili的用户定位主要针对年轻一代的二次元爱好者。

(2) 内容生产与采集

内容生产与采集是指解决内容从哪里来、内容由谁来提供的问题。内容生产模式上，目前主要由专业生产内容(Professional Generated Content，PGC)、用户生产内容(User Generated Content，UGC)和站外内容的二次加工三种方式。

PGC由专业人员负责内容，就像某些公众号的文章都是由公众号创立者自己写。大多数非论坛性的个人网站，比如典型的新闻门户网站网易、腾讯，垂直行业网站36氪、虎嗅网等以及一些新型的付费内容平台例如得到App等，他们的网站上有相当权威的专家提供的内容，这些专家能为该网站带来大量的用户和关注量。PGC的优势是可以控制内容时机和质量，达到满足用户需求和传递产品调性的目的，其缺点是人力成本过高，不适合量产。

UGC由普通用户提供内容。现在大多数的互联网产品内容都是由用户产出的。UGC是用户自行产生内容的方式，由用户拍摄或者写作，借助平台的推送机制，由用户筛选出优质内容。比较典型的如内容问答网站知乎、短视频网站抖音、内容电商网站小红书等。对于UGC类平台而言，设计优质内容的筛选机制，让优质内容出现在用户面前非常重要。以知乎为例，知乎通过自身的筛选机制，用赞同、反对、感谢，帮助用户去筛选出优质内容，保证整个社区能够良性运营。

现在很多互联网产品，其产品内容采用了二次加工的方式。二次加工并不是指修改用户的内容，而是通过产品策略或者人工运营的手段，对内容的展现形式进行优化，或者进行优先级排序。

（3）内容的编辑与加工

为了更好地促进内容的传播，内容在生产出来以后，还需要进一步从内容到形式对内容进行编辑与加工，包括标题的修改与制作、内容的审核与编辑、内容的排版、内容的展现形式（是图片还是图文）、单篇内容还是多个内容聚合（如专题、关键字的设置）等，这些都是需要考虑的细节。如果内容的形式混乱，段落不清晰、重点不突出，那么即使内容再优质，也会降低用户的体验感。

（4）内容的分发与传播

内容的分发与传播是指通过各种方式与各种渠道将内容推送给目标用户。在内容分发的过程中，很多因素会影响内容传播的效果，例如发送时间、发布的平台、发送的方式等。

内容分发和传播的渠道有三大类：自有产品渠道、外部免费渠道、外部收费渠道。自有产品渠道是指企业自己的 App 产品或者官方微博、官网、官方微信公众平台、官方旗舰店等，而其展现的方式主要有站内的首页推荐、智能推荐、消息、弹窗、红点、E－mail 等；外部免费渠道主要包括一些 UGC 型的产品媒体或各种社交媒体和自媒体平台；外部收费渠道主要包括百度推广、网盟、粉丝通、腾讯社交广告、今日头条等，以及企业通过资源和流量置换的方式得到的推广位置和推广渠道。

为了提升内容传播的效果，内容流量的引入要靠制作完成后的用户对外传播，因此在内容分发时也应考虑怎样引导用户将优质内容分享到社交平台，通过社交平台促进内容的二次传播，这就需要设置一个环节、一个机制，让粉丝、用户去主动分享内容。

（5）数据分析与优化

内容传播出去以后，作为内容运营人员需要知道内容的推送有没有达到效果，因此需要对推送后的用户行为进行监测和数据分析来量化效果，比如需要关注内容的阅读数、转发数、转化率等数据。

通过对大量数据的分析，能够了解用户对于哪些入口的内容是感兴趣的、哪些方式的内容推送无法引导用户点击等。以这些数据作为基础，在接下来的运营工作中可以进行有方向的调整和优化，以达到更好的效果。

5. 内容运营的常用手段

对于内容运营来说，“如何将优质内容让用户看到”是最为关键也是最难的工作，目前内容运营通常采用以下四种手段来实现通过内容为用户提供服务的目的①。

（1）内容专题策划

内容专题策划是通过围绕某一主题或者特定人群，组织产品里的基础内容单元，并加以设计和开发制作的内容专题。在一些重大活动、重大节日或热点事件发生时，很多网站都会迅速制作相关专题。对于产品或网站中一些优质内容或专题，也可以定期进行内容的聚合，形成专题。内容专题策划是为了产生较为深远影响的常用运营手段，它有助于增强产品的内容深度和内容传播力度，进而吸引更多用户关注产品和内容。

① 陈维贤．跟小贤学运营[M]．北京：机械工业出版社，2017．

(2) 内容消息推送

通过站内和站外的用户连接渠道，将产品内的优质内容周期性地推送给用户，以缩短用户在产品内搜索优质内容的时间。运营通常需要根据用户的兴趣、性别、地区、在线时长、登录次数、浏览记录等用户画像信息，来做针对性的消息推送，帮助用户高效率地发掘有价值的内容。

(3) 内容智能推荐

在产品内有流量的位置进行内容分发是运营人员将内容送达用户的常用方式。早期的做法是编辑在网站首页或者信息流等产品显眼位置，手动定时更新内容。自从新闻客户端今日头条在业内形成影响力后，越来越多的 App 开始探索内容的智能推荐玩法，基于用户的浏览行为的数据分析，达到千人千面的内容推荐效果。

(4) 内容站外输出

品牌层面的输出，如知乎周刊、知乎“盐”、百度知道大数据，都以话题为单位进行内容聚合，或制作成电子书，或出版为纸质书；流量层面的输出，例如各个新媒体平台，微信公众号、今日头条、网易号、一点资讯、搜狐新媒体、UC 订阅号等。对内容运营来说，想通过内容快速提升产品流量的最有效的内容输出手段是将内容聚合成内容池，并尽可能多地植入到合作方的 App。

案例 1－2：

必不可缺内容运营的5个领域[①]

一、新媒体领域

说到内容运营，大部分人第一时间会想到的就是新媒体领域，微博、微信……各个新媒体的渠道都离不开内容，而且现在单个新媒体渠道流量被分解，更加需要整合的内容运营去发挥新媒体的价值。

新媒体领域中，内容运营的核心作用是吸引流量，用内容做导流；筛选用户，不同用户愿意接收不一样的内容；转化粉丝，内容是粉丝转化的引爆点。

新媒体上的内容是碎片的、大量的、同质化的，所以想要成为吸引用户并能转化用户流量的内容，必须有独特的个性观点，传达价值。另外，在不同新媒体渠道上，还需要把价值做出个性化的表现，例如，资讯背景的渠道适合走关键词等。

新媒体内容运营，很多企业并不直接设置这个岗位。普遍是由编撰文章的新媒体编辑、强调运营的新媒体运营专员来负责。主要岗位职责是对公司微博、微信等新媒体平台进行内容编辑、发布、粉丝互动、话题制造、活动策划及执行、账号日常维护等工作，达成粉丝量目标；根据产品与品牌营销需要，结合社会热点事件，进行新媒体内容传播。

二、平台领域

内容可以是平台变现的辅助，也可以是平台聚集用户的产品。不管是垂直差异化的内容，还是以信息规模为优势的内容，内容运营都会影响平台的调性和变现。

平台领域中，内容运营的核心作用是：(1)变现，内容与用户活跃、产品价值变现相关。(2)传达定位，形成平台定位和调性；平台上的内容运营从内容规划，初始阶段的内容填充，再到 UGC 的刺激产生，筛选与推送，还有 PGC 的引导产生等，使平台借助内容形成良性氛围，内容运营才能产出预想的变现转化。

① 资料来源：http://www.woshipm.com/operate/497745.html.

栏目规划、内容更新、审核推荐……这是大部分平台内容最常见的工作状态。当然,有一些平台内容运营偏向用户运营,引导用户以分享内容的方式间接地运作内容。但是,总结来说,提升用户对平台的黏性、用户数量与活跃度等,是平台内容运营价值的核心。平台领域内容运营岗位职责主要是负责平台 UGC、PGC 的运营及核心用户运营,提升用户的黏性;策划并执行平台活动,提升用户注册量、活跃度、留存率以及平台知名度。

三、电商领域

电商领域包括电商平台,有淘宝、天猫、京东等,还有品牌自营的官方商城。其中的内容运营会细分出很多零散又关联的职能,有文案策划、产品文案、运营相关的评论/晒单等。展现品牌调性、产品价值,并对用户进行培养、转化、引导。

电商领域中,内容运营的核心作用是品牌调性传达,通过内容展现传达品牌的调性;产品价值传达,产品卖点价值、服务价值等展现;用户培养与转化,借助营销内容培养与转化用户。岗位职责:负责电商平台活动策划、文案工作,协同平面设计师完成相关页面制作;产品标题优化、产品详情页策划及文案,提升产品吸引力,提高页面停留时间与转化率;对店铺首页、活动页、产品详情页等内容页面进行数据跟踪、分析并及时进行修改优化。

四、网络推广领域

在不同网络平台推广,实现流量的转化。现在发外链比以前困难多了,所以靠内容去引导流量的转化变得更加普遍,例如发软文、做社交传播等。

网络推广领域中,内容运营的核心作用是引流,在流量渠道中进行内容曝光,引导流量转化;品牌口碑及调性传达,口碑的大量曝光;优化用户服务,在用户出现的网络中布局服务内容。主要岗位职责:负责外部媒体的品牌宣传工作,在各种信息平台发布软文;负责 SEO 优化及推广;策划渠道线上活动,引起线上渠道用户的关注和参与;收集及整理用户反馈信息,及时作出相应的反馈与跟进;负责各大互动社区网站等,联系网络红人进行内容合作,达成内容的网络信息量。

有公司会设置网络公关、SEO 等相关岗位来承载这部分内容运营的价值。这需要有网络内容布局的规划能力,然后根据不同平台的规则,做内容的上传与发布,例如搜索引擎优化、论坛博客口碑、新闻稿发布等。

五、品牌宣传推广领域

用户已经分布在不同的平台上接收着各种各样的信息,从前的品牌宣传推广,是直接通过 SEM 或者 SEO 就可以达到很不错的效果,但是现在明显行不通了。品牌的宣传推广除了在不同的渠道曝光之外,还需要根据不同渠道的用户情况,个性化地培养用户。

网络推广领域中,内容运营的核心作用是曝光引流,在不同渠道中做品牌曝光;转化率提升,优化投放内容以达到提升引流的效果;用户培养,在不同渠道上个性化地刺激用户关注品牌;品牌宣传推广中涉及的内容包括品牌公关内容、品牌投放内容、品牌活动内容等,内容会偏向于营销策划。

搜索品牌宣传推广相关的内容运营岗位会发现并没有直观的内容运营岗位,涉及内容规划的主要是市场总监或经理的职责,承担具体内容落地的主要是文案策划、公关等岗位。岗位职责:品牌宣传推广工作,包括新闻传播、品牌文案策划、公关炒作等;对品牌舆情进行监控,并打造良好的口碑内容;线上推广内容的编辑整理,包括宣传文案、宣传素材制作等。

在很多内容运营越来越重要的工作领域,相关岗位设置都还是比较传统的。但是对于相关岗位职责的要求已经改变了，要用内容运营的思维去做内容，使内容活起来，使各个节点的内容整合起来发挥出最佳的作用。

案例思考：

问题1：根据以上内容思考不同平台内容运营工作的相同点。

问题2：根据以上内容思考不同平台内容运营工作的不同点。

1.2.3 互联网内容产业发展现状及趋势

随着人工智能、大数据等新技术的广泛应用和全屏生态、粉丝经济、知识付费等新模式的快速兴起，互联网与内容产业融合发展程度日益加深，逐渐发展出不同于传统内容产业的创作传播发展模式，形成互联网内容产业的全新业态。根据载体差异，大致可以分为图文、音频、视频三大类，具体可衍生出网络新闻、网络文学、网络音乐、网络视频、网络直播等多个细分行业[①]。

1. 发展现状

(1) 用户规模持续增长，下沉市场用户加快拓展

随着网络提速降费的推进和智能手机终端的推广，我国网民（尤其是移动网民）数量迅速攀升。数量庞大的中国网民和便捷低价的互联网接入服务为互联网内容产业的繁荣发展奠定了坚实的基础。从用户数量上来看，截至2020年3月，我国网络新闻、网络文学、网络音乐、网络视频、网络直播的用户数量分别达7.31亿、4.55亿、6.35亿、8.50亿和5.60亿。从行业布局来看，网络新闻和网络视频用户已取得较好开发，网民渗透率分别达到80.9%和94.1%，一二线城市用户基本已被龙头企业瓜分完毕，用户增量空间有限，部分以下沉市场为目标的企业获得快速增长，如趣头条2019年一季度装机用户数已突破4亿，月活跃用户数达1.1亿，其中来自三线及以下城市用户占比超过七成。

(2) 内容生产门槛降低，行业社交属性突显

随着在线内容创作工具和内容分享平台的完善和发展，内容创作的成本和门槛进一步降低，大批潜在创作者被激活，积极依托自身资源输出信息。用户不再是信息的被动消费者，而是成为内容创作的深度参与者，图文社区、短视频社区等深度互动模式迅速兴起，互联网内容产业由早期的人与作品互动逐渐演变为人与人的互动，内容的社交属性日益强化。如抖音等短视频平台通过降低视频制作难度、内置多样拍摄模式、引导用户参与高热度话题等方式迅速积聚大量用户，成为新兴流量入口。

(3) 信息流成推送主流，内容质量成竞争重点

信息流是指在一屏界面中展示连续的定制内容，具有强个性化、高信息密度的显著特征，操作便捷且能迅速提供有效内容，有利于唤起用户情绪和提升用户使用时长，逐渐成为今日头条、抖音、知乎等App的主要推送手段。随着信息流的广泛应用，用户时刻处于高频率、高强度的内容推送中，大量冗余、低质内容堆积，信息流模式本身能提供的用户和使用时长增长已经非常有限，因此推送的内容本身才是关键。部分平台大力鼓励原创、积极引入优质内容团队，大力提升了内容输出的稳定性和专业性，如知乎发展优质大V、抖音积极引入官方机构入驻等。部分平台瞄准细分领域，打造垂直型内容生态，如主打财经资讯的“功夫财经”、主打家

---

① 资料来源：http://www.cww.net.cn/article?id=463883.

庭美食的"日日煮",以及美妆类短视频应用"小红唇"等。部分平台积极发展自制内容吸引用户,如爱奇艺的自制综艺《偶像练习生》、自制古装剧《延禧攻略》,腾讯视频自制综艺《创造101》等。

(4) 知识产权保护力度加大,内容付费模式兴起

近年来我国加大知识产权保护力度,连续多年开展网络侵权盗版的"剑网行动",全社会版权意识上升,用户为优质内容、优质服务的付费意识日益强烈。随着大量专业性、差异化优质内容的涌现,内容付费快速崛起,成为继广告、电商之后内容平台变现的重要模式。2018 年中国网络版权产业市场规模达 7 423 亿元,同比增长 16.6%,其中用户付费规模接近 3 686 亿元,同比增长 15.8%。内容付费方式主要有为优质作品付费和为优质服务付费两类。为优质作品付费主要包括购买电子书、音频、视频课程、在线电影等作品,以及文章打赏、在线问答等形式;为优质服务付费主要包括购买会员等。

2. 发展趋势

(1) 监管日益完善,行业走向合规发展

互联网内容产业发展中存在的问题逐渐暴露,如创作者为了吸引眼球生产违背公序良俗的低俗内容,内容平台审核不力,公然传播不良信息,盗版、抄袭、洗稿等版权侵权手段层出不穷,个人信息保护不力,巨头企业流量劫持、屏蔽对手的不正当竞争行为等。随着监管力度的加大,内容审核、版权保护、个人信息保护、规范竞争等方面的合规化进程加快,互联网内容产业将逐渐脱离野蛮增长进入健康经营。

(2) 用户与流量向头部集中,马太效应凸显

支撑内容创作和传播的新媒体、直播、短视频等兴起后,大量新内容涌入,颠覆原有的用户流量集聚中心,内容生产去中心化。但随着新模式的成熟,早布局、发展快的企业凭借用户基础、资本实力以及产业链布局能力形成新的中心,聚集大量优质 IP 和 KOL,购入和自制大量优质内容,成为头部企业,收获大部分用户和流量,直至新模式带来颠覆。

(3) 持续技术和业务创新,积极开拓新市场

互联网内容领域创新活跃、迭代迅速,未来可能的创新方向有:一是通过传播途径创新激活低付费意愿的用户群体,如社交裂变等。二是通过运营方式创新提升用户价值,将信息流与内容变现更深度融合。三是通过模式创新直击用户痛点,锁定空白产品与服务市场获得新机遇。四是通过新技术应用带来内容载体和传播模式的变化,如 5G 时代可能取得发展的 VR/AR、互动剧集等。

1.3 互联网内容运营人员的职业素养

互联网的飞速发展给互联网内容运营人员的职业素养和要求提出了极大的挑战。内容运营相对网络编辑来说,要求更高。互联网内容运营人员不但要具备传统网络编辑所需要的基本素质,如较高的文字表达和写作能力,熟悉各种新型工具、软件和平台的使用,还要了解用户行为和喜好,对互联网热点具有洞察力,具备较强的网络营销与数据分析能力。

1.3.1　互联网内容运营人员的能力结构

1. 文字表达与写作能力

随着互联网的快速发展，内容运营变得日益宽泛，内容运营的岗位逐渐细分，但是文字表达与写作能力依然是最重要的基本要求之一。网络信息的筛选和判断、稿件写作和编辑、稿件标题的拟定和稿件内容的编改和整合、文案的写作等一系列环节，都需要内容运营人员具备扎实的文字功底、写作能力和一定的信息敏感度。

2. 多媒体信息编辑能力

对于互联网内容运营人员而言，计算机和手机是最基本的工具。编辑对于相关软件的熟练程度，决定了其工作熟练程度和工作效率。内容运营人员应对有关的计算机操作非常熟悉，包括常用软件的使用、互联网各种操作如搜索引擎的使用、网页设计与制作知识和技能、图像及声音的处理技能、网站运营的技能、新媒体编辑工具的使用等。互联网内容运营人员应当是多媒体人才。

新浪网副总裁陈彤曾在《优秀网络媒体人才必备的素质》一文中写道，"网络编辑不一定能够编写源代码，但他一定要熟悉各种常用软件和工具的使用。他应该会熟练使用各种搜索引擎，还应该会使用 Word 排版，使用 Photoshop 清除图片中的瑕疵，使用 IM 软件多方网上聊天，还应该会用 Premiere 编辑视频……他的手机最好也是最近一年内的款式。总之，一个优秀的网络编辑应该乐于接受新技术和高科技产品，而不能心存畏惧。"互联网内容运营人员也需要熟练掌握图文编排相关的软件，具备良好的多媒体信息编辑与加工能力。

3. 必备的行业知识

目前，大部分网站或互联网产品是面向某一垂直行业的，这就要求互联网内容运营人员除了熟悉互联网职位，还要具备相关领域的专业知识，如丁香医生是移动医疗产品、一亩田是农业平台、宝宝树是母婴互联网产品。对于面向某一领域或行业的内容运营人员，需要了解相对应的行业知识，熟悉本行业的全局和发展动态，包括重要的人物、企业、产品等。例如，一亩田对内容运营人员的招聘要求中要求应聘者熟悉互联网或农业行业。

4. 相关政策和法规

互联网内容运营人员应充分了解国家有关网络信息传播、互联网管理、知识产权、网络治理等方面的政策和法规。互联网内容信息服务平台需要在意识形态、舆论导向方面有合适的尺度，这就需要了解国家有关的政策；此外，还应遵守内容发布的一些相关法律，如知识产权、著作权方面的法规等；在一些敏感问题方面，信息发布也需要谨慎，诸如对公众隐私权的保护、对国家安全法及保密法的遵守等。

5. 网络营销与推广能力

作为互联网内容运营人员，在内容生产完之后，还要考虑通过什么渠道和平台进行内容的分发、推广与传播，这就需要内容人员具备较强的网络营销与推广能力。内容运营作为连接用户与互联网产品的基本手段，核心目的也是为了拉新、留存、促活以及提高转化率等。具体而言，要了解目前主流的内容分发平台的规则与玩法，熟悉网络内容传播特点，对网络热点内容具有一定的敏感性，能洞察用户心理与需求。只有了解用户，才能输出用户喜欢看的内容。例如，联想集团内容运营专员的招聘要求中要求应聘者熟悉 B 站、微博、抖音、知乎、专业论坛、贴吧等内容，并有相关内容产出。需要强调的是，随着互联网产品的发展，不同时期的企业对内容运营岗位的能力要求有所不同,例如随着新媒体的发展,微博运营、微信运营成为互联网内容运营的必备技能,而抖音、快手等短视频平台的快速发展,短视频的运营也成为很多企业对内容运营人员的基本要求。

6. 数据分析能力

内容分发与传播出去以后,作为内容运营人员需要知道内容的推送有没有达到效果,这就需要对内容、用户行为、渠道、竞品相关的数据进行分析,根据各项数据指标的分析,监控内容传播过程,优化内容运营的不同环节。与内容相关的数据指标包括 UV、PV、点击率、浏览量、转发数等,与产品相关的数据指标包括活跃用户数、留存情况等;内容运营人员还需要了解市场和竞品情况,并及时调整内容运营策略。有的公司会设置专门的数据分析或数据运营岗位,而在一些中小型企业或初创公司,内容运营人员会承担跟内容相关的数据分析工作。互联网内容运营人员要懂得数据分析的基本指标、常用软件以及数据分析工具。

1.3.2 互联网内容运营人员的职业道德

由于互联网的交互性、开放性、及时性、便捷性等特点,网络信息传播的速度非常快,传播面非常广泛。与此同时,网上的虚假信息、不良信息也越来越多,甚至逐渐成泛滥之势,这导致了非常严重的社会后果,使得网络媒体的公信力变的越来越低。因此,承担网络信息生产者和传播者的内容运营人员,应该不断增强社会责任感,提高自身素质,遵守国家制定的有关互联网信息发布的政策及法律法规,不断树立起内容运营从业人员的职业道德。

近年来,由网络谣言、不良和违法信息等网络信息内容所引发的社会问题日益突出,严重破坏了网络生态环境,亟需通过法治来加强网络内容建设,净化网络环境。这些社会问题受到党中央的高度重视。党的十九届四中全会《中共中央关于坚持和完善中国特色社会主义制度推进国家治理能力现代化若干重大问题的决定》(简称《决定》)中明确提出,建立健全网络综合治理体系,加强和创新互联网内容建设,落实互联网企业信息管理主体责任,全面提高网络治理能力,营造清朗的网络空间。加强网络生态治理,是建立健全网络综合治理体系,培育积极健康、向上向善的网络文化的需要,也是维护广大网民切身利益的需要。

2020 年国家互联网信息办公室发布了《网络信息内容生态治理规定》(简称《规定》),自 2020 年 3 月 1 日起施行,这对健全网络综合治理体系,维护广大网民切身利益,动员全社会共同参与网络信息内容生态治理,营造良好网络生态具有积极的意义。

《规定》的出台,明确了正能量信息、违法信息和不良信息的具体范围。鼓励网络信息内容生产者制作、复制、发布含有正能量内容的信息。明确网络信息内容生产者应当遵守法律法规,遵循公序良俗,不得损害国家利益、公共利益和他人合法权益,不得制作、复制、发布违法信息;应当采取措施,防范和抵制制作、复制、发布不良信息。这些都是对网络信息内容生产者提出的具体要求。该规定第四、五、六、七条对内容生产者进行了规范,具体规定包括:

网络信息内容生产者应当遵守法律法规,遵循公序良俗,不得损害国家利益、公共利益和他人合法权益。

鼓励网络信息内容生产者制作、复制、发布含有下列内容的信息:

(一) 宣传习近平新时代中国特色社会主义思想,全面准确生动解读中国特色社会主义道路、理论、制度、文化的;

(二) 宣传党的理论路线方针政策和中央重大决策部署的;

(三) 展示经济社会发展亮点,反映人民群众伟大奋斗和火热生活的;

(四) 弘扬社会主义核心价值观,宣传优秀道德文化和时代精神,充分展现中华民族昂扬

向上精神风貌的;

(五)有效回应社会关切,解疑释惑,析事明理,有助于引导群众形成共识的;

(六)有助于提高中华文化国际影响力,向世界展现真实立体全面的中国的;

(七)其他讲品味讲格调讲责任、讴歌真善美、促进团结稳定等的内容。

网络信息内容生产者不得制作、复制、发布含有下列内容的违法信息:

(一)反对宪法所确定的基本原则的;

(二)危害国家安全,泄露国家秘密,颠覆国家政权,破坏国家统一的;

(三)损害国家荣誉和利益的;

(四)歪曲、丑化、亵渎、否定英雄烈士事迹和精神,以侮辱、诽谤或者其他方式侵害英雄烈士的姓名、肖像、名誉、荣誉的;

(五)宣扬恐怖主义、极端主义或者煽动实施恐怖活动、极端主义活动的;

(六)煽动民族仇恨、民族歧视,破坏民族团结的;

(七)破坏国家宗教政策,宣扬邪教和封建迷信的;

(八)散布谣言,扰乱经济秩序和社会秩序的;

(九)散布淫秽、色情、赌博、暴力、凶杀、恐怖或者教唆犯罪的;

(十)侮辱或者诽谤他人,侵害他人名誉、隐私和其他合法权益的;

(十一)法律、行政法规禁止的其他内容。

网络信息内容生产者应当采取措施,防范和抵制制作、复制、发布含有下列内容的不良信息:

(一)使用夸张标题,内容与标题严重不符的;

(二)炒作绯闻、丑闻、劣迹等的;

(三)不当评述自然灾害、重大事故等灾难的;

(四)带有性暗示、性挑逗等易使人产生性联想的;

(五)展现血腥、惊悚、残忍等致人身心不适的;

(六)煽动人群歧视、地域歧视等的;

(七)宣扬低俗、庸俗、媚俗内容的;

(八)可能引发未成年人模仿不安全行为和违反社会公德行为、诱导未成年人不良嗜好等的;

(九)其他对网络生态造成不良影响的内容。

《规定》强调,网络信息内容服务平台应当履行信息内容管理主体责任,加强本平台网络信息内容生态治理,培育积极健康、向上向善的网络文化。网络信息内容服务平台应当建立网络信息内容生态治理机制,制定本平台网络信息内容生态治理细则,健全用户注册、账号管理、信息发布审核、跟帖评论审核、版面页面生态管理、实时巡查、应急处置和网络谣言、黑色产业链信息处置等制度。对于网络信息内容服务平台,鼓励网络信息内容服务平台坚持主流价值导向,优化信息推荐机制,加强版面页面生态管理,在下列重点环节(包括服务类型、位置版块等)积极呈现正能量信息:

(一)互联网新闻信息服务首页首屏、弹窗和重要新闻信息内容页面等;

(二)互联网用户公众账号信息服务精选、热搜等;

(三)博客、微博客信息服务热门推荐、榜单类、弹窗及基于地理位置的信息服务板块等;

(四)互联网信息搜索服务热搜词、热搜图及默认搜索等;

(五)互联网论坛社区服务首页首屏、榜单类、弹窗等;

（六）互联网音视频服务首页首屏、发现、精选、榜单类、弹窗等；

（七）互联网网址导航服务、浏览器服务、输入法服务首页首屏、榜单类、皮肤、联想词、弹窗等；

（八）数字阅读、网络游戏、网络动漫服务首页首屏、精选、榜单类、弹窗等；

（九）生活服务、知识服务平台首页首屏、热门推荐、弹窗等；

（十）电子商务平台首页首屏、推荐区等；

（十一）移动应用商店、移动智能终端预置应用软件和内置信息内容服务首屏、推荐区等；

（十二）专门以未成年人为服务对象的网络信息内容专栏、专区和产品等；

（十三）其他处于产品或者服务醒目位置、易引起网络信息内容服务使用者关注的重点环节。

《规定》明确，网络信息内容服务使用者发布信息和参与网络活动时应当文明互动，理性表达，不得发布违法信息，防范和抵制不良信息。鼓励通过投诉、举报等方式对网上违法和不良信息进行监督。明确网络信息内容服务使用者和生产者、平台不得开展网络暴力、人肉搜索、深度伪造、流量造假、操纵账号等违法活动。从根本上说，互联网领域的种种乱象都是网络信息发布者责任意识缺乏的体现，此次国家网信办出台规定，对网络信息发布主体实行问责制，将对网络生态治理带来积极影响。

互联网内容运营人员需要遵循互联网信息发布的基本准则和基本规律，不论是在传统媒体发布信息，还是在网络上发布信息，都需要遵守一定的规范，如都需要对内容进行必要的核实，不发布虚假内容，维护信息的真实性；应该客观地报道事实，不应当炒作新闻；选择事实的时候还要考虑平衡原则，注意公平和正义，坚持正确的舆论导向；此外，还要对信息的来源进行必要的考察等。

案例 1－3：

内容运营的传统模式与创新模式①

目前内容运营的工作模式中，有一部分是延续之前的，类似于编辑；还有一部分是借鉴产品运营的思路，是有创新元素的。所以，内容运营可以分为传统模式和创新模式。

1. 传统模式

传统模式在业内很普及，像豆瓣、知乎等网站采取的都是传统模式。其特点是依赖运营人员的策划编辑能力，以及工作量巨大。

网易新闻：传统模式下的高质量内容运营

网易是中国最早的互联网门户网站之一，它可以给用户提供极具网易特色的新闻阅读、跟帖盖楼、图片浏览、话题投票、要闻推送等功能。在众多门户网站中，网易可以说是把传统的内容运营模式运营得最出色的网站之一，特别是在高质量内容方面，更是受到用户的广泛好评。

网易新闻首页除了娱乐、财经、股票这样的细分频道，还提供了排行、图片、国内、国际、评论、军事、政务、航空等更加细分、更有特色的新闻频道分类。网易会为每个新闻子频道提供大量的针对性新闻。为了保证网易“有态度”的品牌调性，网易会对每篇文章进行仔细筛选，除了保证内容的真实性，同时还要看其内容观点是否犀利独到。保证新闻内容的独到观点是网易打造“有态度”内容的重要核心之一。网易专门开设了一个“新闻有态度”频道，该频道里收录的都是各个作家关于热点事件的评论，每篇评论新闻都经过了网易的仔细筛选。

网易上诸如此类的文章数不胜数，每篇文章都经过网易运营人员的精挑细选。虽然网易

① 资料来源：http://www.woshipm.com/operate/3397548.html.

需要为此付出极大的工作量，但目的就是为了给用户提供高质量的内容，因为只有高质量的内容才能吸引用户、黏住用户。

优势：内容运营传统模式，特点是依赖运营人员的编辑策划能力，以及工作量巨大，优势是可以保证内容的质量和及时性。

劣势：与用户割裂、内容同质化、覆盖用户有限、内容产出量由运营人员决定。

2. 创新模式

内容运营传统模式的弊端是大多数互联网产品无法避免的，但这并不代表无法解决。解决的办法就是把产品融入产品流程中，借助产品为用户提供场景化和个性化的内容，这就是内容运营的第二种模式——创新模式。

腾讯网：创新模式助力异军突起

腾讯网在门户网站行列中可以算异军突起，短短几年就跻身门户网站前列。它靠的就是内容运营的创新模式。腾讯网有一个腾讯网迷你版，这个迷你版是镶嵌在 QQ 上的，用户每次登录 QQ 都会自动弹出来。

腾讯网迷你版是基于这个场景开发出来的：

首先，用户想看新闻时，每次只能打开浏览器后再点击某个网站或者输入新闻网站名称，或者下载专门的 App。整个过程既烦琐又麻烦，因此很多怕麻烦的用户减少了看新闻的次数。基于这个场景，腾讯网开发了迷你版，并将之镶嵌在 QQ 中，用户一登录 QQ 就弹跳出来，无须点击和专门搜索，就能看到每日的最新新闻。而且镶嵌在 QQ 上，用户在关掉腾讯网迷你版后，在任何时间想看新闻，只要点击一下 QQ 上的腾讯网迷你版标志就能打开，既方便又快速，节省了用户很多操作程序。

其次，不同用户，不同个性化推荐。也就是说，不同的用户看到的内容不同。

腾讯网的用户年龄、工作、受教育程度、使用地点都不同，他们对内容的需求也不同。为了给用户提供更好的体验感，让用户阅读自己需要的内容，腾讯网针对不同的用户群设置了不同的内容频道。比如腾讯大燕网，这就是根据北京用户而设置的。如果用户在北京，那么腾讯网页就会显示大燕网，该频道就会为用户提供各种与北京相关的内容。如果用户在上海，那么腾讯网就会显示大申网，提供与上海相关的内容。这就是根据用户的地域需要进行推荐，因为不同地域的用户对内容的需求是不同的。

最后，流程化阅读，给用户提供更多相关阅读。用户会点击某篇文章，肯定是对该篇文章的主题感兴趣，那么他很有可能对该主题的相关文章都感兴趣。但是在此之前，很多新闻网站只提供一篇文章，如果用户想再阅读其他文章，就要重新输入文字搜索。为了解决这个问题，腾讯网设置了相关阅读，围绕用户点击的这篇文章提供相关文章，从而避免了用户重新搜索。这个功能非常受用户欢迎，现在基本上所有资讯类的网站都提供了这个功能。

案例思考：

问题 1：传统模式有哪些优势和不足？

问题 2：创新模式有哪些优势？

问题 3：举例说明还有哪些互联网产品采用了创新模式。

【本章小结】

本章主要阐述了网络媒体、新媒体、社交媒体以及自媒体的概念，分析了中国网络媒体的发展概况及发展历程。在此基础上，介绍了网络编辑工作、互联网内容运营工作及职业素养。

通过本章的学习，学生能够理解网络媒体的特点，了解网络媒体的发展状况，掌握网络编辑的工作内容、内容运营的基本流程和常用手段，了解内容运营人员的能力结构，遵守内容运营人员的职业道德。

【思考题】

1-1 简述网络媒体、新媒体、社交媒体和自媒体概念的异同。

1-2 简述网络编辑工作的工作内容和工作职能。

1-3 简述内容运营的基本流程。

1-4 思考网络编辑工作与内容运营工作的异同之处。

1-5 你认为内容运营人员需要哪些素质和技能?

1-6 内容运营的作用和价值是什么?

【实训内容及指导】

实训1-1　了解互联网内容运营的职业要求

实训目的：了解互联网内容运营职业的现状。

实训内容：选取若干个不同类型的网站或App，查看其对内容运营相关岗位的招聘需求，并归纳出内容运营工作需要的素质和技能、工作内容等，结合自身职业规划，写成报告。

实训要求：通过分析不同网站或App的招聘需求，归纳总结内容运营需要的素质和技能。

实训条件：提供Internet环境。

实训操作：

(1) 登陆不同类型网站如电子商务网站、政府网站、企业网站、门户网站、垂直行业网站等。

(2) 查看网站的内容运营类岗位招聘信息及要求。

(3) 分析总结内容运营岗位需要的素质和技能。

(4) 结合自身职业规划，写成报告。报告内容要求如下：

1) 企业招聘需求

① 电子商务网站；

② 政府网站；

③ 企业网站；

④ 门户网站；

⑤ 垂直行业网站；

⑥ 其他网站或App。

2) 内容运营人员需要的素质和技能

① 不同网站招聘内容运营人员的相同要求；

② 不同网站招聘内容运营人员的不同要求；

③ 总结内容运营人员需要的素质；

④ 总结内容运营人员需要的技能。

3) 我的职业规划

① 自身SWOT分析；

② 努力方向。

第2章　网络信息采集与归类

本章知识点：网络信息资源的类型，网络信息的采集途径和工具，网络信息来源分析，网络信息的筛选标准，网站的类型。

本章的技能点：网络信息采集工具，网络信息的归类。

【引　例】

不实报道导致的网络虚假新闻[①]

2019年5月22日，南阳报业传媒微博发布《水氢发动机在南阳下线，市委书记点赞！》称："水氢发动机在我市正式下线啦，这意味着车载水可以实时制取氢气，车辆只需加水即可行驶。5月22日上午，市委书记张文深到氢能源汽车项目现场办公时，为氢能源汽车项目取得的最新成果点赞。市委副书记、市长霍好胜参加现场办公。"报道一出，舆论哗然，网友纷纷质疑：车辆只需加水就能跑，听起来像"永动机"。

5月24日，南阳市工信局就此事回应新京报《紧急呼叫》视频栏目采访称："水氢发动机尚未认证验收，系记者在报道中用词不当，信息发得也不太准确"。同日，南阳市工信局相关负责人接受澎湃新闻采访时解释道："所谓下线，是指从生产线下来试跑，并未通过验收。并不能说《南阳日报》的报道不准确，是理解不太一样，并非说加水就能跑，是需要加水后经过一些反应才能跑。"

5月24日，澎湃新闻采访的多位行业专家都表示质疑，认为水氢发动机"违反了基本上所有的科学原理"。5月26日，水氢发动机的关键制氢技术专利发明人、湖北工业大学教授董仕节接受央视财经记者采访时说："《南阳日报》的报道存在误导作用，试验车不是只加水就能反应，还加了铝合金。"

《科技日报》发表评论指出："如果记者在采写这一报道时能更尊重常识和科学，稍微分辨下'车辆只需加水就可行驶'的可能性，探究下青年汽车集团所说的神秘催化剂到底是什么，与水发生反应的究竟是什么物质，更加客观科学地探究相关技术的本质和特点，或许就可避免夸大其词、耸人听闻的报道。"

【案例导读】

由于缺乏客观常识和对科学的尊重，记者不顾"水氢发动机"这一产品的真实性和可靠性，在新闻报道中记者进行了夸大和虚假的陈述，给社会造成了不良影响，对群众造成了误导。由这个案例不难想到，网络编辑在通过各种途径筛选信息时，不但要判断信息的来源，还要对其中的内容求证核实，判断信息的真实性。这就涉及本章的主要内容：网络信息筛选的途径、网络信息的来源、网络信息价值的判断以及网络信息的归类方式。

---

① 资料来源：http://nansanfang.com/archives/1638.html.

2.1 网络信息采集

2.1.1 网络信息资源

1. 网络信息资源的分类

迄今为止，对于网络信息资源尚没有统一的定义，网络信息资源可以理解为放置在计算机网络上并通过网络可以利用的各种信息资源的总和。网络信息资源内容丰富，包罗万象，其内容涉及新闻、商业、教育、农业、经济、法律、医学、地理、计算机、历史等几乎所有专业领域。从不同角度看，网络信息资源有不同的分类。

① 按信息形式划分，网络信息资源分为文字、图像、声音、视频、动画、图表等类别。

② 按信息的内容属性划分，网络信息资源划分为新闻信息、学术信息、娱乐信息、教育信息、科技信息、商务信息、体育信息、财经信息、法律信息等类别。

③ 按人类信息交流方式划分，网络信息资源分为非正式出版信息、正式出版信息、半正式出版信息。如电子邮件、电子会议、电子公告栏为非正式出版信息；正式出版信息是指受到一定产权保护、信息质量可靠的信息，如各种网络数据库、电子杂志、电子图书等；半正式出版信息即灰色信息，介于以上两者之间，指受到一定产权保护但没有正式出版信息系统的信息，如各学术团体、机构、企业等单位宣传自己或产品的信息。

④ 按信息加工层次划分，网络信息资源可分为网络资源指南搜索引擎、联机馆藏目录、网络数据库、电子期刊、电子图书、电子报纸、参考工具书和其他动态信息等类别。

⑤ 按信息发布机构划分，网络信息资源可分为企业站点信息资源、学校及科研院所站点信息资源、信息服务机构站点信息资源、行业机构站点信息资源以及政府站点信息资源等类别。

2. 网络信息资源的特点

网络信息资源是一种数字化资源，与非网络信息资源相比有其独特的特点，了解网络信息资源的特点有助于人们对其搜集、开发和利用。

(1) 数量庞大、增长迅速

Internet 是一个基于 TCP/IP 协议连接各国、各机构的计算机通信网络，是一个集各种信息资源为一体的信息资源网，由于政府、机构、企业、个人随时都可以在网上发布信息，因此网络信息资源增长迅速，成为无所不有的庞杂信息源，并具有跨地区、分布广、多语种、高度共享的特点。

(2) 内容丰富、覆盖面广

网络信息资源几乎是无所不包，而且类型丰富多样，覆盖了不同学科、不同领域、不同地区、不同语言的信息，在形式上包括文本、图像、声音、软件、数据库等，堪称多媒体、多语种、多类型的混合体。网络信息包括学术信息、商业信息、政府信息、个人信息等。因此，其给用户提供了较大的选择余地。

(3) 信息质量参差不齐、有序与无序并存

由于互联网的开放性和自由性，网络信息的发布缺少质量控制和管理机制，网络上的很多资源并没有经过审核，使得网络信息繁杂、混乱，质量参差不齐，给用户选择、利用网络资源带来了困难。从微观来看，如某个网站、网页、数据库，信息是有控制的、相对有序和规范。但由

于网络信息资源的组织管理并无统一的标准和规范，同时网上的信息具有高度动态性，信息的地址、链接及内容本身也处于经常变动之中，使得信息资源的更迭、消亡无法预测，因此，从宏观上看，整个网上信息资源目前状态都是无序的、不规范的、不稳定的。

(4) 信息共享程度高、使用成本低

由于信息存储形式及数据结构具有通用性、开放性和标准化的特点，它在网络环境下，时间和空间范围得到了最大限度的延伸和扩展。用户无需排队等候就可以共享同一份信息资源，而且网络信息资源绝大部分可免费使用或只需要支付很少的费用。低费用的、共享程度高的网络信息资源有效地刺激了用户的信息需要，从用户信息需求的角度也促进了网络信息资源有效、合理的配置。

2.1.2　网络信息采集途径

由于网络信息资源数量庞大，内容丰富，覆盖面广，增长迅速，同时来源多样化，质量良莠不齐，因此，需要运用有效的工具和途径才能采集到满足要求的信息。常用的网络信息采集途径有搜索引擎、网站、论坛、博客、微博、RSS、信息采集软件、网络数据库等。

1. 搜索引擎

搜索引擎是网络信息采集的主要途径之一。搜索引擎(Search Engine)是指根据一定的策略、运用特定的计算机程序搜集互联网上的信息，在对信息进行组织和处理后，为用户提供检索服务的系统。从使用者的角度看，搜索引擎提供一个包含搜索框的页面，在搜索框输入词语，通过浏览器提交给搜索引擎后，搜索引擎就会返回与用户输入的内容相关的信息列表。

(1) 搜索引擎的分类

按照工作方式的不同，可以把搜索引擎分为全文搜索引擎、目录搜索引擎、元搜索引擎三种。

① 全文搜索引擎依靠一个叫做“网络机器人(Spider)”(或叫作“网络爬虫(Crawlers)”)的软件从互联网上提取各个网站的信息，建立起数据库。当用户以关键词查找信息时，全文搜索引擎会在数据库中进行搜寻，如果找到与用户查询条件相匹配的内容，便采用特殊的算法(通常根据网页中关键词的匹配程度、出现的位置/频次、链接质量等)计算出各网页的相关度及排名等级，然后根据关联度高低，按顺序将这些网页链接返回给用户。全文搜索引擎是名副其实的搜索引擎，如 Google、百度等都是比较典型的全文搜索引擎系统。

② 目录搜索引擎则是通过人工的方式收集整理网站资料形成数据库的，如搜狐、新浪、网易分类目录。另外，在网上的一些导航站点也可以归属为原始的分类目录，如“网址之家”。目录索引虽然有搜索功能，但严格意义上不能将之称为真正的搜索引擎，只是按目录分类的网站链接列表而已。用户完全可以按照分类目录找到所需要的信息，而不依靠关键词进行查询。

DMOZ 网站(www.dmoz.org)是一个著名的开放式分类目录(Open Directory Project)，如图 2-1 所示。之所以称其为开放式分类目录，是因为 DMOZ 不同于一般分类目录网站利用内部工作人员进行编辑的模式，而是由来自世界各地的志愿者共同维护与建设，从而形成最大的全球目录社区。DMOZ 被认为是互联网上最重要的网站目录导航。搜索引擎认为，DMOZ 是最有信用的目录站，能够被收录到 DMOZ 的分类中，将大大提升这个网站在搜索引擎相关网站分类中的地位。谷歌则把 DMOZ 当作是网站收录的重要参考。

③ 元搜索引擎又称集合型搜索引擎，其将多个单一搜索引擎集成在一起，提供统一的检索界面，将用户的检索提问同时提交给多个独立的搜索引擎，同时检索多个数据库，并根据多

个独立搜索引擎的检索结果进行二次加工，如对检索结果去重、排序等，搜索结果以统一的格式在同一界面集中显示。严格意义上，元搜索引擎不是真正的搜索引擎。著名的元搜索引擎有 InfoSpace、dogpile 等。dogpile 搜索引擎如图 2－2 所示。Dogpile 搜索结果中包含谷歌和雅虎等主流搜索引擎。

全文搜索引擎和分类目录在使用上各有长短。因为全文搜索引擎依靠软件进行，所以数据库的容量非常庞大，查全率较高，但它的查询结果往往不够准确；分类目录依靠人工收集和整理网站，能够提供更为准确的查询结果，查准率较高，但收集的内容却非常有限。目前，搜索引擎与目录索引有相互融合渗透的趋势，为了取长补短，现在的很多搜索引擎都同时提供这两类查询。

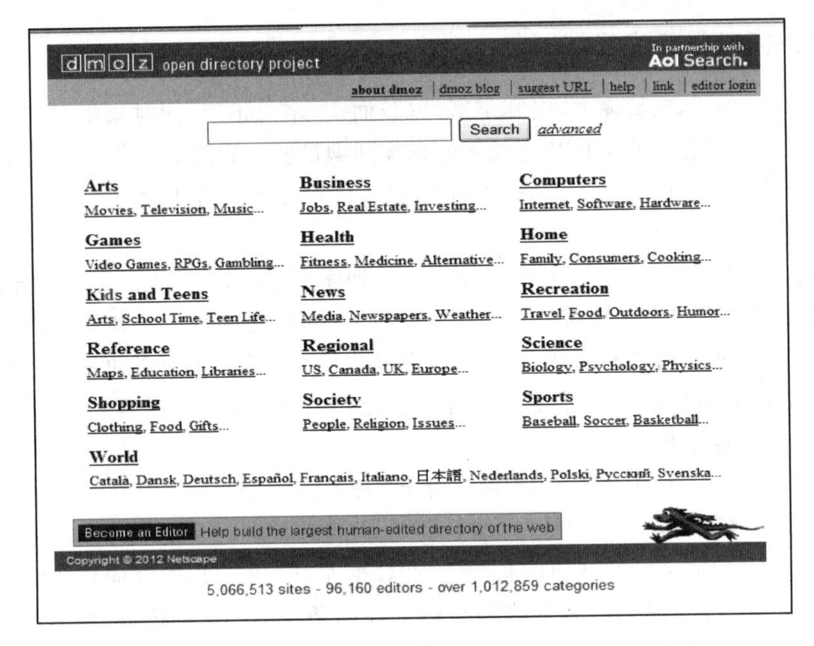

图 2－1　DMOZ 目录

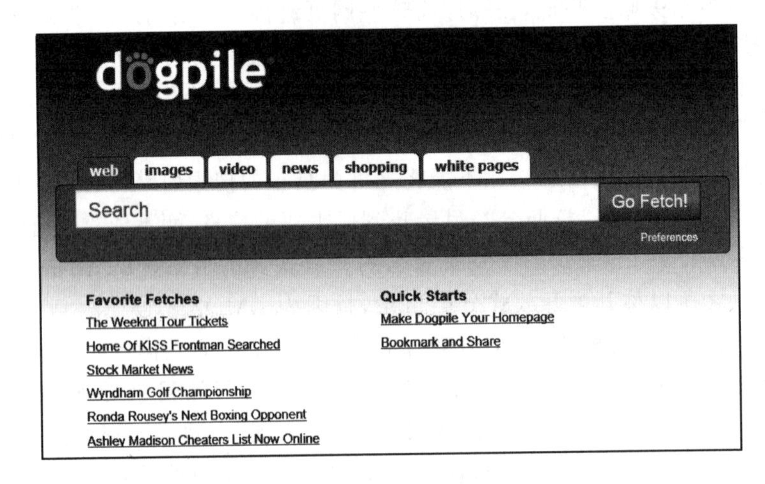

图 2－2　dogpile 搜索引擎

（2）常用搜索引擎介绍

百度搜索引擎（http://www.baidu.com）目前是世界上最大的中文搜索引擎，拥有超过千亿网页的数据库，并且还在保持快速的增长，其搜索界面如图 2－3 所示。百度除了具有网页搜索功能之外，还具备 MP3、图片、视频、地图、学术等多样化的搜索服务，以及百度贴吧、知道、百科、空间等围绕关键词服务的社区化产品。为了满足移动互联网时代广大网民的搜索需求，百度移动搜索提供了多入口化的搜索方式，包括网页版移动搜索、百度移动搜索 App 以及内嵌于手机浏览器、WAP 站等各处的移动搜索框。百度占据中文搜索引擎市场份额超过 80%。

图 2－3　百度搜索界面

Google 公司是一家美国的跨国科技企业，业务范围涵盖互联网搜索、云计算、广告技术等领域，开发并提供大量基于互联网的产品与服务，其主要利润来自 AdWords 等广告服务。谷歌是世界上最大的搜索引擎，功能非常强大，Google 中文搜索界面如图 2－4 所示，Google 具有网页搜索、博客搜索、财经搜索、生活搜索、视频搜索、图片搜索、学术搜索、新闻搜索、图书搜索、论坛搜索、购物搜索等多种功能。目前谷歌搜索已退出中国市场。

图 2－4　Google 中文搜索界面

中国搜索(www. chinaso. com)是由中央七大新闻单位——人民日报、新华社、中央电视台、光明日报、经济日报、中国日报、中国新闻社共同打造的,2014 年 3 月上线,搜索界面如图 2-5 所示。中国搜索拥有国务院网络信息办公室授予的新闻信息“采集、发布”资质,是国务院网络信息办公室批准的“可供网站转载新闻”的中央新闻网站,具有头条、导航、视频、百科、报刊、音乐等搜索应用服务。

图 2-5　中国搜索界面

微软必应(英文名:Bing,cn. bing. com)是微软公司于 2009 年 5 月 28 日推出,用以取代 Live Search 的全新搜索引擎服务。为符合中国用户使用习惯,Bing 中文品牌名为“必应”。中文搜索界面如图 2-6 所示,包括图片搜索、视频搜索、学术搜索、词典搜索、地图搜索等功能。必应图片搜索一直是用户使用率最高的垂直搜索产品之一。为了帮助用户找到最适合的精美图片,必应率先实现了中文输入全球搜图。用户不需要用英文进行搜索,而只需输入中文,必应将自动为用户匹配英文,帮助用户发现来自全球的合适图片①。

图 2-6　Bing 国内版搜索界面

垂直搜索引擎是针对某一个行业的专业搜索引擎,可以实现针对特定领域、特定人群、特定需求的专业化搜索,能提供给用户更专业、具体和深入的信息与服务,能够解决各个行业的特殊性搜索查询需求,例如为我国各个学科提供术语搜索的术语在线搜索引擎(http://www. termonline. cn/index. htm),如图 2-7 所示,术语在线是全国科学技术名词审定委员会

---

① 资料来源:http://blog. sina. com. cn/s/blog_844978900101ceta. html.

主办的规范术语知识服务平台，是规范术语的“数据中心”“应用中心”和“服务中心”，支撑科技发展、促进学术交流。术语在线包含了全国科学技术名词审定委员会发布的规范名词数据库、名词对照数据库以及工具书数据库等资源，累积了 50 万余条规范术语，范围覆盖自然科学、工程与技术科学、医学与生命科学、人文社会科学、军事科学等学科领域。

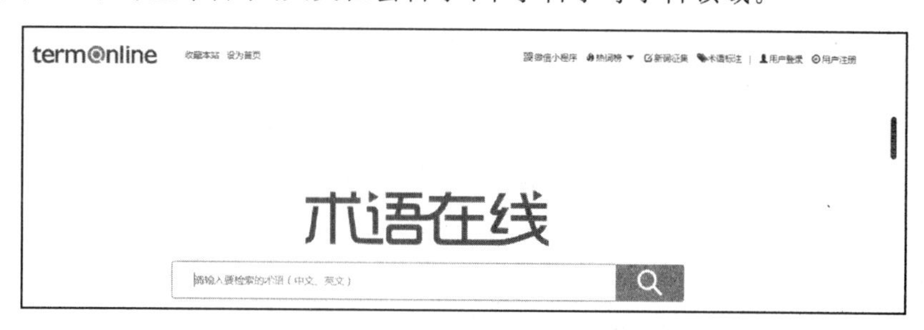

图 2-7　术语在线首页

此外，新浪的爱问搜索(见图 2-8)、搜狐的搜狗搜索(见图 2-9)、腾讯的搜搜、网易有道搜索、360 问答搜索(见图 2-10)等搜索引擎也各有特色。

图 2-8　新浪爱问搜索引擎

图 2-9　搜狗搜索引擎

图 2-10　360 问答搜索引擎

(3) 搜索引擎使用技巧

关键词 site:网址,对某个网站进行搜索,("site:"后面跟的网址不要带 http://),当知道某个站点中有自己需要的内容时,就可以把搜索范围限定在这个站点之内,从而提高查询效率。此外,"site:网址"可以查询网站被搜索引擎总的收录页面。使用方式是在查询内容后面加上"site:站点域名"。例如,天空网下载软件不错,如果在天空网下载 msn 软件就可以这样查询:msn site:skycn. com。

Intitle:关键词,把搜索范围限定在网页标题中,因为网页标题通常是对网页内容的归纳,因此把查询内容限定在网页标题中,有时候能获得较好的效果,提高查准率。注意,"intitle:"和后面的关键词之间不要有空格。例如,找林青霞的写真,就可以这样查询:写真 intitle:林青霞。

关键词 filetype:文件类型后缀名(如 DOC、XLS、PPT、PDF、RTF、ALL),搜索指定文件格式的文档,如 DOC 表示 Word 文档,XLS 表示 Excel 表格,PPT 表示 PowerPoint 幻灯片,ALL 表示所有文件类型,Google 还支持. swf 文件搜索。很多有价值的资料,在互联网上并非以普通网页的格式存在,而是以文档形式存在,这个技巧对搜索文档非常有帮助。另外,也可以直接通过搜索引擎的文档搜索界面进行搜索。如想查找关于网站策划的 DOC 报告,那么在搜索引擎中输入"网站策划 filetype:doc"即可;如果想查找关于电子商务的 PPT 课件,那么在搜索引擎中输入"电子商务 filetype:ppt"即可。也可以通过百度文档搜索界面、Google 文档搜索界面直接查询文档。

把搜索范围限定在 url 链接中:url 中的某些信息常常有某种有价值的含义。于是,如果对搜索结果的 url 做某种限定,就可以获得良好的效果。实现方式为:"inurl:"后跟需要在 url 中出现的关键词。例如,找关于网站运营的技巧,可以这样查询:网站运营 inurl:jiqiao,上面这个查询串中的"网站运营"是可以出现在网页的任何位置,而"jiqiao"则必须出现在网页 url 中。

关键词 domain:域名类型,限定查找的网站类型。当知道所要查找的信息可能在某一类网站中,就可以把搜索范围限定在这类网站之内,从而提高查询效率。例如,当查询政府的政策法规时,就可以把查找网站的类型限定在政府网站中。

精确匹配——双引号和书名号。如果输入的查询词很长,搜索引擎在经过分析后,给出的搜索结果中的查询词可能是拆分的。如果您对这种情况不满意,可以尝试让搜索不拆分查询词。给查询词加上双引号,就可以达到这种效果。例如,搜索北京联合大学,如果不加双引号,搜索结果被拆分,效果不是很好,但加上双引号后,即"北京联合大学",获得的结果就全是符合要求的了。书名号是百度独有的一个特殊查询语法。在其他搜索引擎中,书名号会被忽略,而在百度,中文书名号是可被查询的。加上书名号的查询词有两层特殊功能,一是书名号会出现在搜索结果中;二是被书名号扩起来的内容不会被拆分。书名号在某些情况下特别有效果,例如,查名字很通俗和常用的那些电影或者小说。比如,查电影"手机",如果不加书名号,很多情况下查出来的是通信工具——手机,而加上书名号后,《手机》结果就都是关于电影方面的了。

要求搜索结果中不含特定查询词。如果发现搜索结果中,有某一类网页是不希望看见的,而且这些网页都包含特定的关键词,那么用减号语法就可以去除所有这些含有特定关键词的网页。例如,搜"神雕侠侣",希望是关于武侠小说方面的内容,却发现很多关于电视剧方面的网页,那么就可以这样查询:神雕侠侣 -电视剧。注意,前一个关键词和减号之间必须有空格，否则减号会被当成连字符处理，而失去减号语法功能。减号和后一个关键词之间有无空格均可。

查询网站的反向链接情况，在百度中使用 domain：域名，Google 使用 link：域名，而 yahoo 直接在 sitemap. cn. yahoo. com 中输入网址查询。

在 http://index. baidu. com 输入目标关键词，可以查看该词在当天、当周、当月等周期的用户查询次数。

此外，利用百度高级搜索（http://www. baidu. com/gaoji/advanced. html，见图 2－11）、Google 高级搜索（http://www. google. com. hk/advanced_search）进行信息收集对提高信息查准率也非常有帮助。

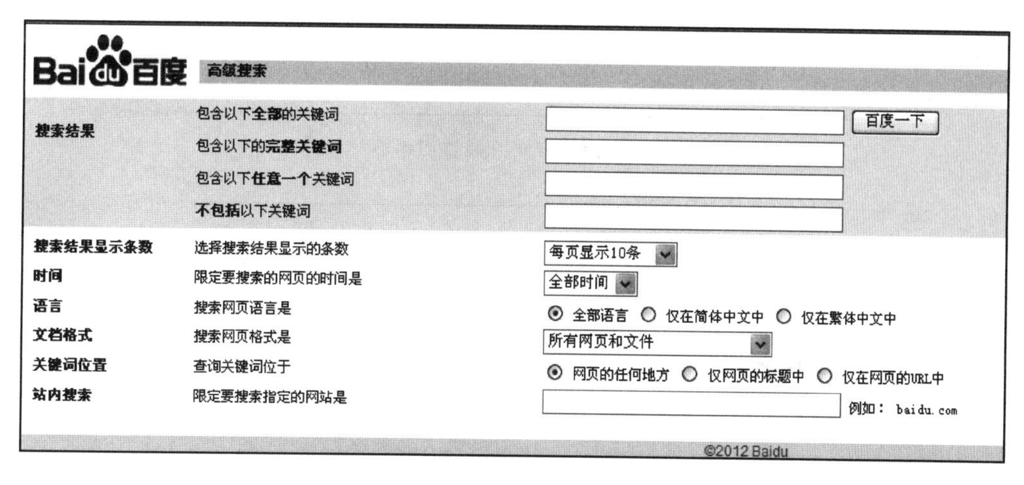

图 2－11　百度高级搜索界面

2. RSS 订阅

RSS 是在线共享内容的一种简易方式，也称为聚合内容（Really Simple Syndication）。通常在时效性比较强的内容上使用 RSS 订阅能更快速获取信息，网站提供 RSS 输出，有利于让用户获取网站内容的最新更新。订阅后，将会及时获得所订阅新闻频道的最新内容。可以在客户端借助于支持 RSS 的新闻聚合工具软件，也可以通过在线订阅站点（如抓虾、鲜果、Google Reader）从网站提供的 RSS 新闻目录列表中订阅感兴趣的新闻栏目的内容。如果网站上有“XML”或“RSS”的橙色图标，用户就可以订阅，图 2－12 所示是百度 RSS 订阅中心。百度提供关键词订阅、分类新闻订阅和地区新闻订阅三种订阅方式。

使用 RSS 订阅信息的步骤包括，首先选择有价值的 RSS 信息源，单击黄色的 RRS 订阅 logo 后，会在浏览器中打开一个新网页，这个网页有可能全部都是代码，不用管网页内容，直接复制网址，将信息源网址添加到本地 RSS 阅读器或者在线 RSS 阅读器，接收并获取定制的 RSS 信息。当有需要的时候，直接通过 RSS 阅读器便可浏览网页内容，对于不感兴趣的内容也可以取消定制。图 2－13 所示是抓虾在线阅读器的界面，通过抓虾可以订阅博客和新闻。图 2－14 所示是在线 RSS 阅读器有道阅读的界面，有道阅读提供了博客订阅、网站订阅和关键词跟踪订阅等功能。

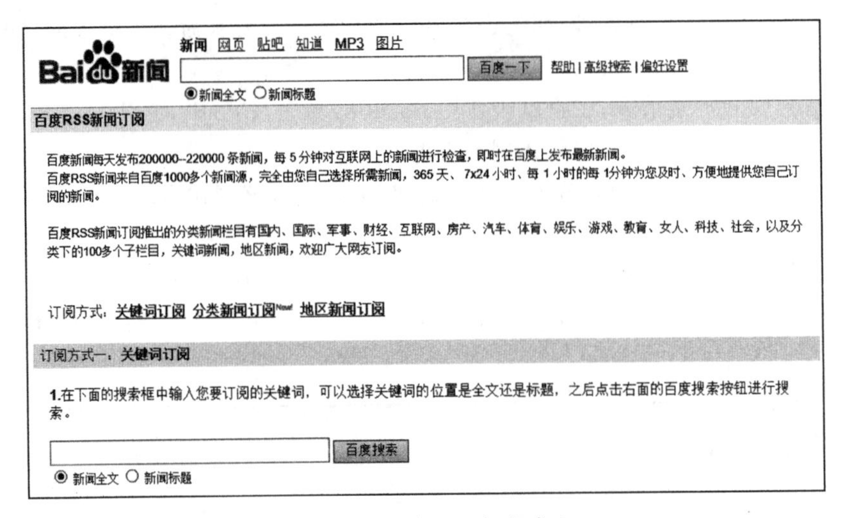

图 2-12　百度 RSS 订阅中心

图 2-13　抓虾在线 RSS 订阅及阅读界面

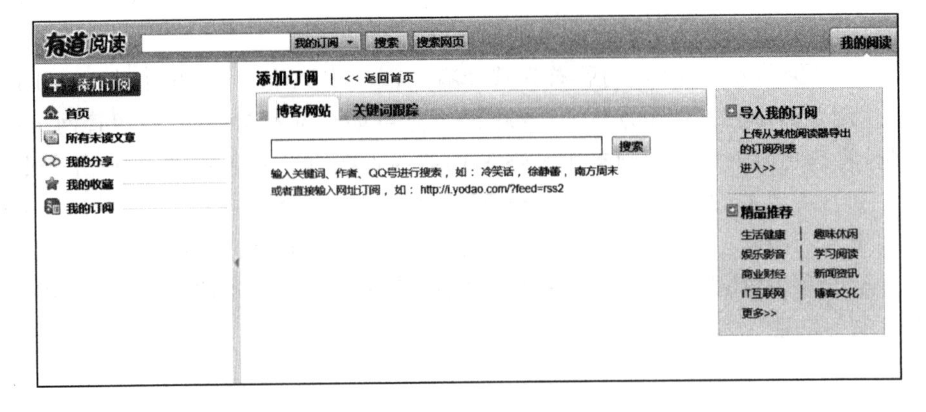

图 2-14　在线 RSS 软件有道阅读界面

除了使用在线阅读器订阅之处，还可以直接使用浏览器订阅和阅读。以下以IE7为例进行说明。

直接用IE打开RSS地址，如http://www.yidaba.com/rss，单击RSS→单击订阅该源，在弹出窗口中确认即订阅成功，如图2-15所示。

只需打开IE，单击收藏夹的源即可查看订阅的最新内容，如图2-16所示。

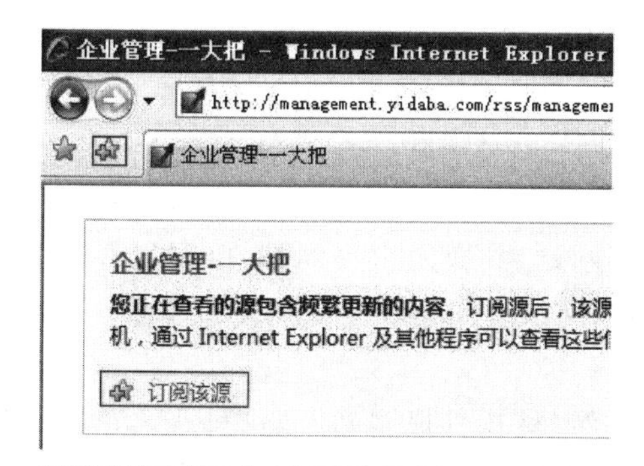

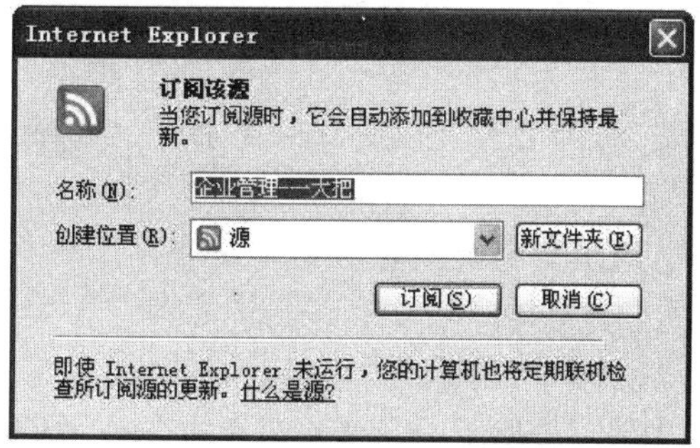

图2-15　使用IE订阅RSS信息

图2-16　使用IE查看订阅的RSS信息

使用RSS的好处在于：没有广告或者图片来影响标题或者文章概要的阅读；面对大量和快速更新的内容，用户不用再花费大量的时间从新闻网站下载，RSS阅读器自动更新定制的网站内容，保持新闻的及时性；用户可以加入多个定制的RSS提要，从多个来源搜集新闻并整合到一个界面中。RSS目前广泛用于网上新闻频道、博客和Wiki，RSS以其方便快捷的工作方式，为广大网络编辑带了工作效率的跨越，但是也助长了信息高速重复。

3. 信息采集软件

由于网络信息内容庞杂、丰富又无序混乱，当需要采集大量信息时，仅靠人工采集，速度慢且又容易漏掉重要的内容，因此通过信息采集系统和软件进行网站内容采集可以提高信息收集的效率和准确性。网络信息采集系统可以在最短的时间内，帮用户把新的信息从不同的网站上采集下来，在进行分类和统一格式后，把信息及时发布到自己的站点上，从而提高信息及时性，减少工作量，节省工作时间。常见的信息采集软件有火车采集器、网络神采、八爪鱼、集搜客等。目前大部分CMS系统也集成了类似的功能。需要注意的是，由于采集规则的不灵活，采集的内容有较多重复。

4. 网　站

一些学科领域的专业网站、大型的综合性门户网站、搜索引擎网站列表都链接了一些相关专业网站网址。这可作为获取网上信息的主要渠道，从这些网站上都能找到相关的有价值的

网站链接。专业网站所提供的信息容量大、内容全面、数据准确。其中,一些常用的专业性网站包括:

(1) 新闻信息网站

综合性的新闻网站有新华网、中国新闻网、人民网、中央电视台网站、中国广播网、新浪网、搜狐网、中华网、光明网、千龙网、环球网以及各个地方媒体设立的网站。

(2) 财经信息网站

提供专业财经信息的网站有商务部网站、财政部网站、人民银行网站、东方财富网、证券之星网、和讯网、中金在线、经济日报网站、中国证券网、各门户网站财经频道、各证券公司网站等。

(3) 教育信息网站

各个大学网站、中国教育和科研计算机网、教育部网站、共青团中央网站、中国教育在线、中国教育考试网、中国教育新闻网、中国教师网、各门户网站教育频道都提供教育信息。

(4) 科技信息网站

科技部网站、各门户网站科技频道、中国公众科技网、科技日报网站、北京科普之窗、首都科技网、中国科普博览、环球科学网、天极网、硅谷动力、赛迪网等网站都提供各类科技信息。

(5) 网络文学网站

网络文学类网站如榕树下、红袖添香、潇湘书院、幻剑书盟、起点网、白鹿书院、小说阅读网、各门户网站读书频道等。

专业网站是最简单、最直接地获取信息的方式,网络编辑要熟悉所在领域和栏目的专业网站。

5. 论　坛

BBS 是早期 Internet 最普遍的应用之一,为广大网友提供了一个彼此交流的空间,至今仍然广泛使用。网上存在着形形色色的论坛,既有一些综合的论坛,如天涯社区、猫扑、新浪论坛、搜狐论坛等;也有一些专业性的论坛,如瑞丽女性论坛、人民网强国论坛、各个大学的论坛、和讯股吧、铁血军事论坛等。

网络编辑要到各种论坛中找内容、发现信息源。论坛中的信息质量参差不齐,很多原创内容被埋没在大量的垃圾内容中。论坛内容源能有效解决网站内容日益同质化的问题。

6. 博客、微博和微信

博客又名网络日志,是一种通常由个人管理、不定期张贴新的文章的网站。博客上的文章通常根据时间顺序排列。博客简单易用,用户可以非常容易地发布个人信息,同时,网民也可以互动的方式发表评论。博客内容除了比较个人化的日记之外,还有很多高质量的专业性内容和原创内容。

微博即微博客(MicroBlog)的简称,是一个基于用户关系的信息分享、传播以及获取平台,用户可以通过 Web、WAP 以及各种客户端登录,以 140 字左右的文字更新信息,并实现即时分享,目前微博也可以发布图片和分享视频。网民既可以作为受众,在微博上关注感兴趣的人,浏览感兴趣的内容,也可以作为信息的创造者,在微博上发布内容分享给别人。微博最大的特点是发布信息快速,信息传播的速度快。

微信是在手机上应用的一种即时通信工具,支持发送语音、图片、文字和视频。此外,微信还提供了公众平台、朋友圈、消息推送等功能,用户可以通过摇一摇、搜索号码、附近的人、扫二维码方式添加好友和关注公众平台,同时微信将内容分享给好友以及将用户看到的精彩内容分享到微信朋友圈。微信目前已经成为中国使用率最高的手机应用之一。根据腾讯 2019 年 Q3 季度的财报显示，微信月活跃用户量已经达到 11.51 亿，相较 2018 年同期增长 6%，小程序日活跃账户数超 3 亿。随着微信的普及，微信朋友圈、公众号成为重要的信息传播平台。

通过对有关领域专家学者、业界领袖、行业领军人物等博客内容和微博内容进行跟踪、聚类和汇总，可以发现目前的热点话题。业内专家的博客和微博更新频繁，发布的内容很多是对行业状况和热点的深入思考，虽然主观性比较强，但却具有较高的价值。

7. 网络数据库

网络数据库具有信息量大、更新快，品种齐全、内容丰富，数据标引深度高、检索功能完善等特点，也是获取信息尤其是文献信息的一个有效途径。如用于查询期刊论文的数据库有中国知网（见图 2－17）、万方数据资源系统（见图 2－18）、维普资讯、龙源期刊网（见图 2－19）等。用于查询中文图书的数据库有超星数字图书馆、书生之家等。

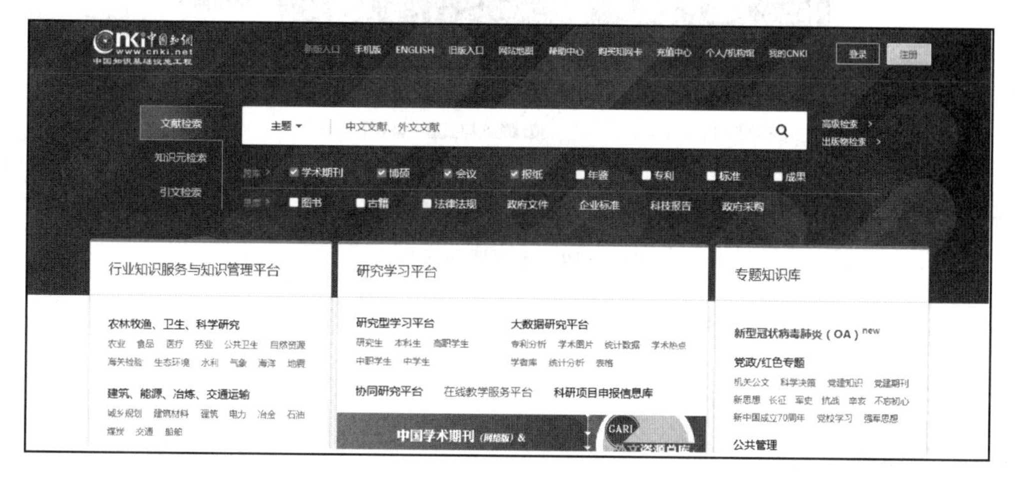

图 2－17　中国知网首页

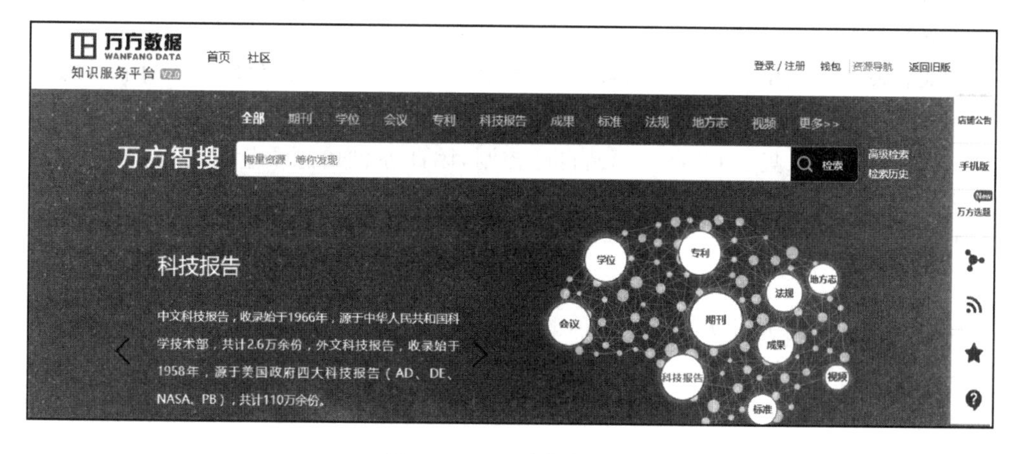

图 2－18　万方数据首页

通过中国知网可以查询中文学术期刊论文、优秀博硕士论文、国内会议论文、国内报纸内容，以及查询年鉴、统计数据、专利、标准等。通过万方数据知识服务平台可以查询中外学术论文、中外标准、中外专利、科技成果、政策法规等科技文献。龙源期刊网收录综合性人文大众类期刊 3 000 多种，内容涵盖时政、党建、管理、财经、文学、艺术、哲学、历史、社会、科普、军事、教育、家庭、体育、休闲、健康、时尚、职场等领域。

网络数据库有收费数据库和免费数据库之分。收费数据库一般需要购买使用权；免费数据库主要是专利、标准、政府出版物，一般是政府、学会、非营利性组织创建并维护的数据库。

图 2－19　龙源期刊网首页

2.2　网络信息筛选

2.2.1　网络信息来源分析

选择稿件，首先涉及来源问题，不同来源的信息质量有所不同。对信息来源做出判断是网络信息筛选的起点，也是判断信息价值的一个重要参考。网络的互动性、实时性和开放性也使得网络信息的来源多元化。目前，网站信息的来源包括原创信息、协议转载信息和社区内容。

1. 原创信息

从选题到内容的采集、加工都由网站自己控制，因此原创信息质量容易得到保证。目前，各大网站都非常重视原创内容，原创内容往往会被重点推荐。网站自己采集信息进行内容原创的方式主要有以下几种：

（1）整　合

整合即网站自己的编辑队伍通过各种渠道对内容进行发掘搜集，并经过进一步的加工整理。收集最近一段时间网上对某一主题的报道，汇总其中有代表性的观点和文章，并把几篇文章的部分观点综合、提炼出来，整理成一篇文章，对用户来讲，也具有一定价值，具有可读性。

（2）原　创

网站可以就某一热点话题向评论员约稿，组织人员对热点事件进行追踪报道，尤其是对于依托传统媒体的网站或者具有新闻采编权的网站（如新华网、人民网），可以利用其记者队伍对新闻进行采访、编辑和组稿。图 2－20 所示是新华网的一篇原创内容。

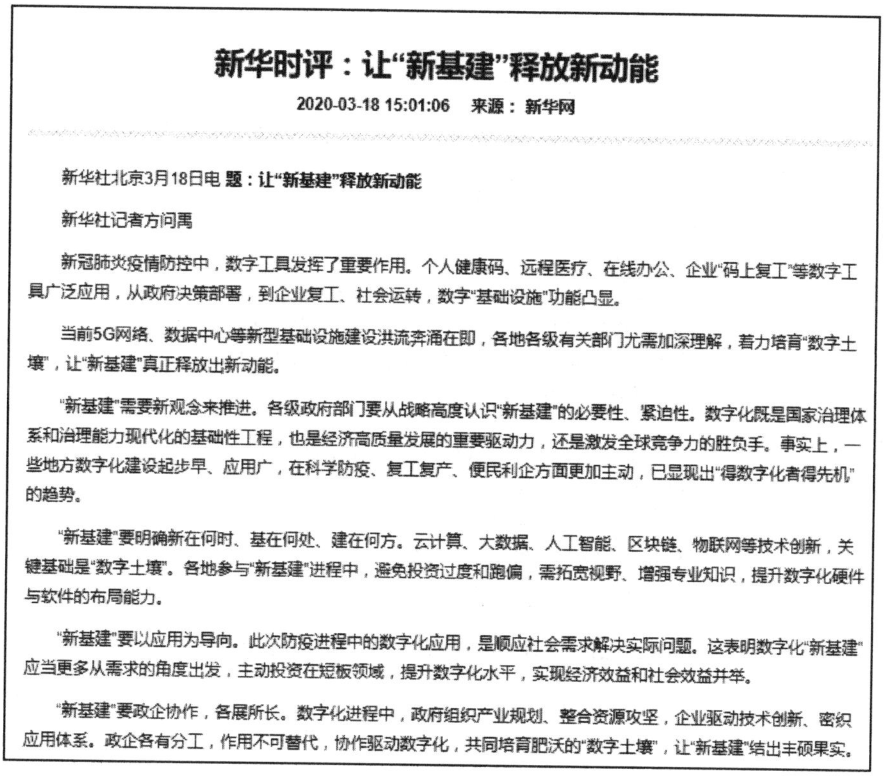

新华时评：让“新基建”释放新动能

2020-03-18 15:01:06　来源：新华网

新华社北京3月18日电 题：让“新基建”释放新动能

新华社记者方问禹

新冠肺炎疫情防控中，数字工具发挥了重要作用。个人健康码、远程医疗、在线办公、企业“码上复工”等数字工具广泛应用，从政府决策部署，到企业复工、社会运转，数字“基础设施”功能凸显。

当前5G网络、数据中心等新型基础设施建设洪流奔涌在即，各地各级有关部门尤需加深理解，着力培育“数字土壤”，让“新基建”真正释放出新动能。

“新基建”需要新观念来推进。各级政府部门要从战略高度认识“新基建”的必要性、紧迫性。数字化既是国家治理体系和治理能力现代化的基础性工程，也是经济高质量发展的重要驱动力，还是激发全球竞争力的胜负手。事实上，一些地方数字化建设起步早、应用广，在科学防疫、复工复产、便民利企方面更加主动，已显现出“得数字化者得先机”的趋势。

“新基建”要明确新在何时、基在何处、建在何方。云计算、大数据、人工智能、区块链、物联网等技术创新，关键基础是“数字土壤”。各地参与“新基建”进程中，避免投资过度和跑偏，需拓宽视野、增强专业知识，提升数字化硬件与软件的布局能力。

“新基建”要以应用为导向。此次防疫进程中的数字化应用，是顺应社会需求解决实际问题。这表明数字化“新基建”应当更多从需求的角度出发，主动投资在短板领域，提升数字化水平，实现经济效益和社会效益并举。

“新基建”要政企协作，各展所长。数字化进程中，政府组织产业规划、整合资源攻坚，企业驱动技术创新、密织应用体系。政企各有分工，作用不可替代，协作驱动数字化，共同培育肥沃的“数字土壤”，让“新基建”结出丰硕果实。

图 2－20　新华网原创内容

在国务院新闻办公室、信息产业部发布的《互联网新闻信息服务管理规定》中对于非新闻单位设立的互联网新闻信息服务单位禁止登载自行采写的新闻进行了明确规定，该规定所称新闻信息，是指时政类新闻信息，包括有关政治、经济、军事、外交等社会公共事务的报道、评论以及有关社会突发事件的报道、评论。

2. 协议转载信息

大多数商业性门户网站没有新闻采编权，因此他们主要是转载、摘录、整合国内传统媒体和其他网站上的信息。目前，网站大部分的转载内容都是来源于协议合作网站和媒体，其中包括转载传统媒体信息和转载网站信息。

（1）转载传统媒体的信息

从类型上分，传统媒体包括通讯社、电视台、报纸、杂志、广播等；从内容上分，包括综合性的全国性媒体、国外媒体、有影响的地方性媒体及行业性媒体等。新浪网是中国大陆最早按照版权协议转载其他媒体内容的网站。

由于传统媒体有着较为严格的质量控制体系与手段，因此通常来自传统媒体的信息质量是比较高的。图 2－21 是新浪网转载《新民晚报》的文章页面。

此外，国内网站直接转载国外媒体和网站信息的比较少，大部分都是从外文网站捕捉新闻，间接编译国外的稿件。在编译国外文章时，应注意翻译的准确性。

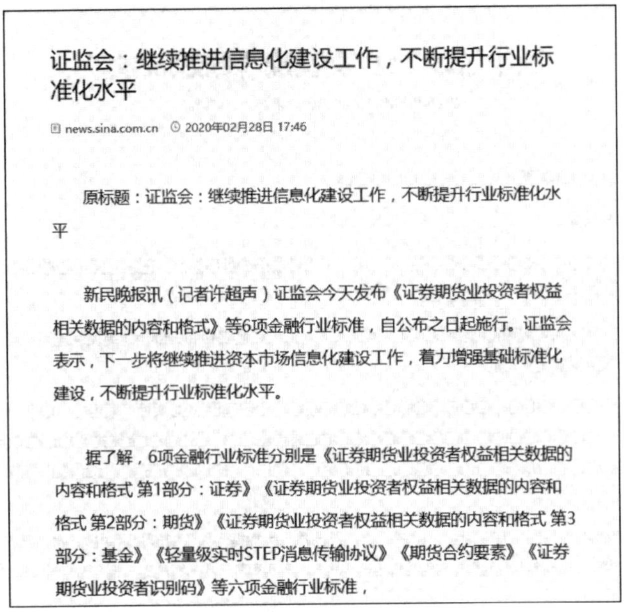

证监会：继续推进信息化建设工作，不断提升行业标准化水平

news.sina.com.cn 2020年02月28日 17:46

原标题：证监会：继续推进信息化建设工作，不断提升行业标准化水平

新民晚报讯（记者许超声）证监会今天发布《证券期货业投资者权益相关数据的内容和格式》等6项金融行业标准，自公布之日起施行。证监会表示，下一步将继续推进资本市场信息化建设工作，着力增强基础标准化建设，不断提升行业标准化水平。

据了解，6项金融行业标准分别是《证券期货业投资者权益相关数据的内容和格式 第1部分：证券》《证券期货业投资者权益相关数据的内容和格式 第2部分：期货》《证券期货业投资者权益相关数据的内容和格式 第3部分：基金》《轻量级实时STEP消息传输协议》《期货合约要素》《证券期货业投资者识别码》等六项金融行业标准，

图 2-21 新浪网转载《新民晚报》的文章页面

案例 2-1：

荷兰改名为尼德兰[①]

2019 年 12 月 29 日，环球网、南方都市报微信公号等相继刊出报道称荷兰要改国名了。环球网的消息来自《美国新闻与世界报道》(U. S. News & World Report)，称其网站于 12 月 27 日刊发了文章《"尼德兰"不想让你再叫它"荷兰"》。文中表示，"自 2020 年 1 月起，'荷兰'这一名称将被停用。据报道，这是荷兰政府重塑国家形象计划的一部分，预计耗资 22 万美元（约合人民币 154 万元）。

12 月 30 日，微信公众号"一网荷兰"刊文对上述信息进行了辟谣，所谓的"改名"只是荷兰外交部更换了一个荷兰的徽标。

12 月 30 日，荷兰旅游局的官方微博表示，"我们的官方名称还叫'荷兰'哦！请叫我们'荷兰'Netherlands"。中国驻荷兰使馆也刊文指出，荷兰的正式国名叫荷兰王国，荷语为 Koninkrijkder Nederlanden，英语为 The Kingdom of the Netherlands，简称 The-Netherlands，而非 Holland。但多年来，荷兰国家旅游会议促进局(NBTC)在对外宣传荷兰时一直采用郁金香图案和 Holland 字样组成的徽标。荷兰推出的新徽标采用含有郁金香造型的大写字母 NL 和 Netherlands 字样，以取代仅有 Holland 字样的旧徽标。

事实上，从 12 月 18 日开始，所谓"荷兰改名"的新闻已经在一些自媒体上流传了。12 月 29 日，环球网等专业媒体的报道使得这条假新闻获得了更为广泛的传播。虽然报道援引的是《美国新闻与世界报道》网站上的新闻，文中还插入了上述美国媒体发布新闻时的截图，不过，原文中只是说将停止使用"荷兰"一词作为该国昵称，并无"改名"一说。因此，上述新闻的后续

① 资料来源：http://nansanfang.com/archives/1638.html.

报道认为，改名新闻“对事实本身存在一定的误读，对公众也有误导之嫌”。全球化的今天，国际新闻传播愈加便捷，但是转载编译过程中也容易出现各种失误，作为以国际报道为主的环球网，在这方面更应谨慎，决不能抱着“抢个大新闻”的心态，疏于核实，误导公众。

案例思考：

问题 1：本例中的虚假新闻的传播路径是什么？

问题 2：如何避免转载虚假信息？

（2）转载网站信息

除了转载传统媒体的信息，各合作网站之间也相互转载。图 2－22 所示是澎湃新闻转载央视新闻的文章。

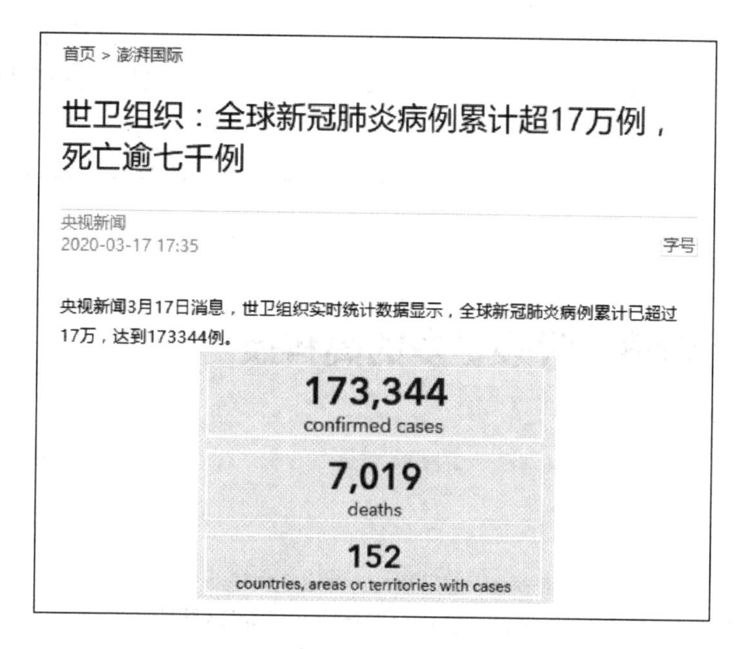

图 2－22　澎湃新闻转载央视新闻的文章

在转载国内其他媒体和网站信息时，应注意以下问题：

① 查看信息是否源于该网站。如果该网站也转发其他网站或媒体的信息，则应该找到信息的源头，这样便于对信息的质量做出判断。此外转载时务必提供稿源信息，注明来源和作者，其中来源指的是最初刊登该文章的媒体和网站。此外，还需要注明是全文转载还是节选等。

② 考察该网站是否有登载新闻的资格。如果不具备国家规定的相关资格，应该避免采用其原创性新闻信息。《互联网新闻信息服务管理规定》中规定的非新闻单位设立的互联网新闻信息服务单位，转载新闻信息或者向公众发送时政类通信信息时，应当转载、发送中央新闻单位或者省、自治区、直辖市直属新闻单位发布的新闻信息，并应当注明新闻信息来源，不得歪曲原新闻信息的内容。2015 年 5 月，国家互联网信息办公室官网公布了《可供网站转载新闻的新闻单位名单》，名单中共包括中央新闻网站、部委网站、省级新闻单位共 380 家。网站在转载新闻信息时，应当从名单中指定的网站或新闻机构中转载。

③ 转载其他网站的信息，应该取得对方的同意，遵守有关规定，注意不要侵犯对方的著作

权等权利。

④ 转载时应避免重复。重复的情况有两种，一种情况是同一篇文章被转载了两遍，甚至更多；另一种情况是同一个话题的各篇文章之间内容重叠。

3. 社区内容

网民通过BBS、博客、电子邮件、评论等发布的各类社区信息也是网站内容的一个重要资源。来源于社区的内容一般时效性强、内容具有针对性、语言通俗易懂、写法不拘一格，其中不乏质量较高的稿件。社区内容利用的方式包括以下几种：

(1) 直接采用

一些质量比较高的论坛内容或博客文章可以直接采用，并发布在网站相关的栏目中，如网友评论、博文精选等。如人民网观点频道收到的网友投稿会在3个工作日内得到编辑的回复，很多针对当时热点事件的网友感言，当天就能在“网友新闻热评”“观点碰撞”“网友说话”等栏目中发布，图2-23所示是人民网观点频道中发表的网友文章。

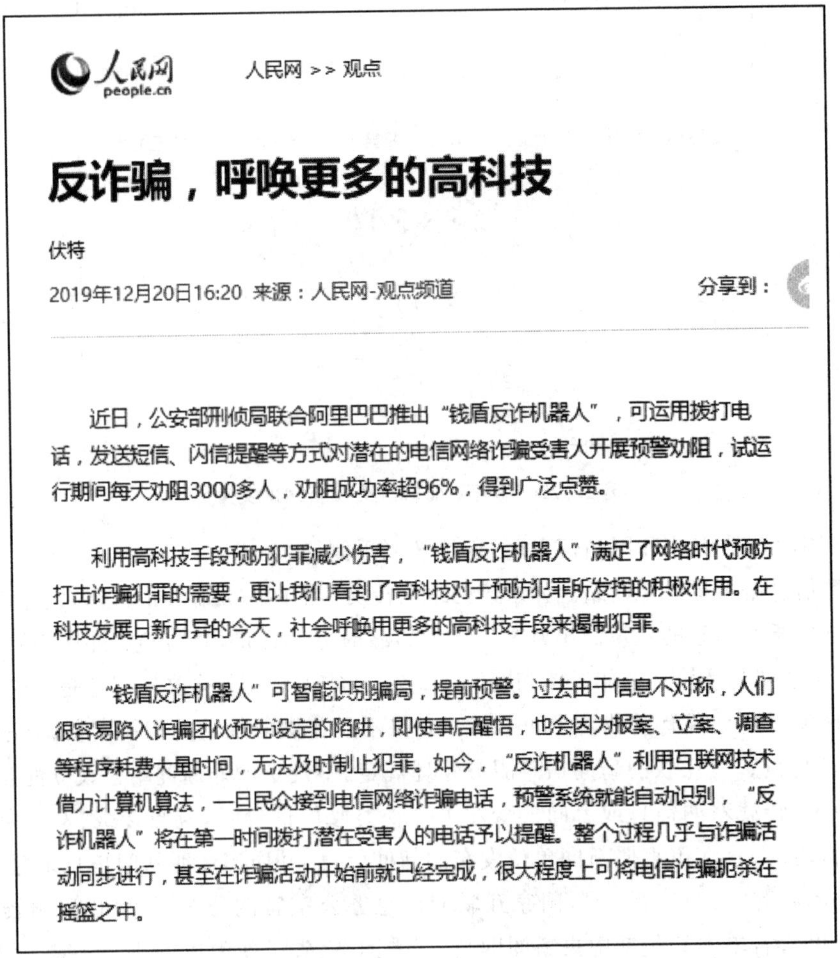

人民网 >> 观点

反诈骗，呼唤更多的高科技

伏特

2019年12月20日16:20 来源：人民网-观点频道

分享到：

近日，公安部刑侦局联合阿里巴巴推出“钱盾反诈机器人”，可运用拨打电话，发送短信、闪信提醒等方式对潜在的电信网络诈骗受害人开展预警劝阻，试运行期间每天劝阻3000多人，劝阻成功率超96%，得到广泛点赞。

利用高科技手段预防犯罪减少伤害，“钱盾反诈机器人”满足了网络时代预防打击诈骗犯罪的需要，更让我们看到了高科技对于预防犯罪所发挥的积极作用。在科技发展日新月异的今天，社会呼唤用更多的高科技手段来遏制犯罪。

“钱盾反诈机器人”可智能识别骗局，提前预警。过去由于信息不对称，人们很容易陷入诈骗团伙预先设定的陷阱，即使事后醒悟，也会因为报案、立案、调查等程序耗费大量时间，无法及时制止犯罪。如今，“反诈机器人”利用互联网技术借力计算机算法，一旦民众接到电信网络诈骗电话，预警系统就能自动识别，“反诈机器人”将在第一时间拨打潜在受害人的电话予以提醒。整个过程几乎与诈骗活动同步进行，甚至在诈骗活动开始前就已经完成，很大程度上可将电信诈骗扼杀在摇篮之中。

图2-23 人民网-观点频道中发表的网友文章

（2）原创素材

论坛中的帖子、网友的评论、博客文章等内容丰富，但是大多数内容比较分散、不集中，或者主题不鲜明，需要经过进一步的分析整理，才能加工成为较好的原创内容。图 2－24 所示是大河网整合网友观点而成的文章。

篡改乱用成语被禁 网友观点褒贬不一

发布时间：2014-12-02 10:45:50 | 来源：大河网 | 作者： | 责任编辑：卢倩仪

乱改成语，成何体统？

点击事实

“早就该这样了，恶搞文字也是有底线的。成语都是有典故有来头的，每个成语都是一个故事，一种精神，篡改后还算什么？”11月30日，网友“@杨弥帆同学”这样微博留言。

国家新闻出版广电总局近日发《通知》指出，一些节目和广告随意篡改、乱用成语，如把“尽善尽美”改为“晋善晋美”。要求各类广播电视节目和广告不得使用或介绍根据网络语言、仿照成语形式生造的词语，如“十动然拒”、“人艰不拆”等。该做法引发网友激烈争论，焦点网谈记者就此采访了相关专家进行点评。

网聚观点

“挺禁”派：禁得好！千年文化被搅得不伦不类

@鸿鹄飞不过瀚海：禁得好！千年文化被搅得不伦不类了！看到“不约而同”(网络新意：因太久没有被异性约而变成同性恋的简称)差点没反应过来，误导大众。有特点的场合用有特点的词语，网络用词还是不要出现在电视等公共媒体上面了。

图 2－24　大河网整合网友观点形成的文章

社区内容除了可以直接采用、作为原创素材外，有时还可以作为新闻线索。

来源于 BBS、博客、电子邮件等的信息鱼龙混杂，是需要特别加以注意核实的一类信息，在处理时要注意以下问题：

① 按照国家有关规定，对其内容严格审核，不能将国家规定中禁载的内容发布出去。

② 对信息内容的真实性要进行谨慎地审核。

③ 如果需要采用，最好能与作者取得联系，征得对方的同意，并在必要时找到责任人。

2.2.2　网络信息筛选标准

对于收集到的信息，其质量如何、是否适合发布在网站中，除了对来源进行分析之外，还需要利用一定的标准进行进一步的判断和筛选。网络信息筛选的标准包括网络信息筛选的价值标准、社会标准以及网站自身制定的标准。

1. 价值判断标准

（1）网络信息的真实性

信息的真实性是指信息中涉及的事物是客观存在的，同时信息的各个要素都是真实的。判断信息的真实性，需要注意以下几个方面：

① 查看信息来源

对于来历不明的信息，无论多么重要，也不能轻易使用。如果信息具有传播价值，就应该首先查明信息的初始来源，并通过对信息提供者的身份、背景等因素的考察，判断信息是否具有真实性。

② 判断信息要素

判断信息要素是否齐全，如事件发生的时间、地点、人物、原因、过程等。具备这些因素不仅能让读者获得必要的信息量，同时，在必要的时候，也可以用来与事实进行核对。对于信息中的引语、背景资料等也要进行考察，证明其真实性。

③ 判断信息的准确性

信息的准确性包括文字和语言表述正确，能客观、准确地反映事实本身。如今网络中大多数信息还是文字信息，文字信息表述的正确与否，在很大程度上影响着人们对信息的理解和交流，只有客观、准确的信息才能客观、准确地反映事实。

信息的真实性不仅要求信息在整体上是客观存在的，对信息的细节也要做考察与分析，可以通过逻辑推理、调查以及与有关方面或有关资料核对等方法对信息进行深入地判断。信息中所引用的一切资料也要有可靠的来源，最好能交代清楚。

2015 年 11 月 1 日起开始实施的刑法修正案中，在刑法第二百九十一条之一中增加了一款："编造虚假的险情、疫情、灾情、警情，在信息网络或者其他媒体上传播，或者明知是上述虚假信息，故意在信息网络或者其他媒体上传播，严重扰乱社会秩序的，处三年以下有期徒刑、拘役或者管制；造成严重后果的，处三年以上七年以下有期徒刑。"网民在发布信息前，事前一定要进行考证，核实信息的真实性，不能制造和传播虚假信息。这一条法律对遏制网络虚假信息的产生和传播将会产生有力的作用。

案例 2－2：

2019 年虚假新闻研究报告：专业媒体仍在持续生产错误信息[①]

持续十多年的"十大假新闻"盘点，在 2019 年遇到了"困难"：这一年度的典型虚假新闻案例不仅数量少，而且典型性也不足。一方面，不能否认近年来持续的虚假新闻专项治理确实产生了一定效果；另一方面，虚假新闻的"衰落"也是专业新闻业在当下新媒介环境中日趋式微的一种表现。

2019 年虚假新闻的基本特点：

第一，虚假新闻的边界变得更为模糊。多年来，我们研究虚假新闻的一个标准，就是限于专业媒体和门户网站发布的新闻，而那些仅由社交自媒体发布的虚假信息，因其非专业属性我们将其定义为谣言，不纳入研究范围。按照这一标准，本年度的典型案例确实趋少，但在各种新媒体平台上，各类虚假信息的传播依然构成了对传播秩序的严重损害。比如成都七中实验学校问题食材事件、日本宣布攻克白血病以及"寒门状元之死"等都曾被认为是"新闻"而广为流传。必须看到，随着传媒环境的急剧变迁，社交媒体、算法分发平台成为人们获取新闻信息最主要的渠道，普通用户也成为新闻生产的主体，专业媒体则不再是唯一的，甚至不再是主要的新闻生产者和传播终端，用户对于什么是新闻、什么是虚假新闻的认识，建构了今天的传播秩序。

新闻和信息、专业和业余的清晰边界已变得越发模糊，欧盟 2018 年的一份报告指出，鉴于虚假新闻（fake news）这个概念已经不足以解释现状的复杂性，建议将之替换为虚假信息（dis-

① 资料来源：http://news.ifeng.com/c/7tFhge3rwSE.

information)，指那些经过“有意设计、提供和推广以造成公共伤害或谋取利益的虚假、不准确或误导性信息”。这种边界的模糊会对虚假新闻带来何种影响值得深入研究。

第二，社交媒体平台构成的“新闻生态系统”完成了虚假新闻生产—传播—打假整个过程。试图区分专业媒体/自媒体的新闻生产与新闻传播的尝试已经变得越来越困难。在本年度的案例中，专业媒体也在社交媒体上发布新闻，介入社交网络传播；自媒体往往成为专业媒体的信息源，后者转载或再加工前者的新闻，之后再通过社交媒体传播。传播者与生产者可能持有完全不同的目的，共同的只有以点击量驱动的信息的流动。

在这个“新闻生态系统”中，既有假新闻的生产和传播，也同时进行着对假新闻的核查和反击。在本年度许多案例中，假新闻的辟谣方既包括新华社、上观新闻、澎湃新闻等专业新闻机构，也包括做出权威调查和发布的政府相关部门，更不可忽视的则是网民的质疑和自行调查对揭露虚假新闻的作用。往往是虚假新闻才出现，就有其他自媒体进行质疑、打假，这样一个快速流转的信息运行中，专业媒体还来不及反应，虚假新闻已经得到了澄清。这也是人们感觉虚假新闻并未减少，但是我们的研究案例却不多的重要原因。

第三，对虚假新闻的生产持续削弱专业媒体的公信力。在竞争愈加激烈的媒体环境下，专业媒体本应以其新闻实践的专业性在鱼龙混杂的内容生产者中展示权威性，但在本年度的案例中，专业媒体仍在持续生产着错误信息(misinformation)。囿于自身的职业伦理，专业媒体较少捏造新闻或蓄意曲解事实，但无意识的疏失所生产出的错误信息，对于专业媒体日渐下滑的公信力可谓雪上加霜。这些新闻多数有其事实来源，只是在报道过程中出现失误，导致偏差，包括旧闻重发、曲解原意之类的错误。归根结底，还是这些专业媒体一味求快，疏于内容核实和审查把关。(节选)

案例思考：

问题1：虚假新闻有哪些特点？

问题2：专业媒体应该如何减少假新闻的生产？

(2) 网络信息的权威性

保证信息的权威性是保证信息质量的一个重要方面，也是逐步提高网站知名度与影响力的一个重要方面。

判断信息的权威性，需要注意以下几个方面：

① 查看信息来源是否具有权威性，考察网站及其建站机构的权威性与知名度。一般来说，权威机构或者知名机构发布的信息在质量上比较可靠，尤其是政府机构、著名研究机构或大学发布的文献信息，可信度上是比较好的。

② 查看稿件作者的情况，如作者的声誉与知名度，作者的E-mail、地址、电话，能否与作者取得联系等。通常某领域的著名专家、学者或者社会知名人士发布的信息可信度较高，更能赢得用户的信任。

③ 对于一些涉及重大问题的研究成果，还要同时考察其研究方法是否科学、研究是否具有代表性、普遍性等，以此判断研究结论是否具有权威性。

对于从网络中得到的各种信息，最好能把它与同类信息做一比较，特别是其中的一些数据，通过比较可以发现这些信息之间是否有差别，从而进一步寻找最具权威性的材料。

(3) 网络信息的时效性

信息的时效性是指信息的新旧程度，即与社会现实、科技前沿的接近程度。

信息时效性的重要性主要表现在它是各种网站之间进行竞争、吸引用户的一个主要手段。如果信息的时效性太差，那么对用户来说，信息的可使用性较差。此外，由于时过境迁，一些信息要素在经过一段时间后会发生变化，所以有些陈旧的信息其准确性也会受到影响。

在信息时效性的判断方面要注意以下几种不同的情况：

① 信息中涉及的事实本身的发生或变动是突发性的或者跃进性的。对于这类事实，在第一时间里做的报道就具有很强的时效性。

② 事实本身的变化是渐进的，即表现为一个过程，如一个活动的开展，一种现象的发展等。对于这类事实，时效性似乎表现不强烈。但如果能想办法在事实变动中找到一个最新、最近的时间点，就可以体现时效性。

③ 有些信息所涉及的事件虽然是过去发生的，但最近才发现或披露出来，那么这类信息可以通过使用“由头”的办法加以弥补，即说明自己得到信息的最新时间和来源。

④ 预告一件事实的发生，预告一旦成立，马上进行报道，就是“及时”。预告就是新闻由头，有时候它本身就是新闻。

(4) 网络信息的趣味性

从用户角度来说，上网是休闲的一个手段，当一个读者获得一条新闻后，他关心的可能并不是新闻的内容，而是这条新闻会不会成为与别人聊天时的谈资，成为与人交流的探路石。因此，趣味性、人情味等因素在网上新闻中的价值就相应增大了。信息的趣味性可以表现为两种情况：

① 信息本身内容轻松有趣，能让人读后心情愉快。按照一般心理，人们喜欢轻松幽默的文字、轶闻趣事，或有关动物、自然的话题等。

② 趣味性也可表现为它能引发人们的情感，如人的爱憎、喜悦、同情等各种感情，这也被称为人情味。

但是，在提供有关轶闻趣事的报道时，不能仅凭道听途说，传播一些没有根据的小道消息。另外，重视信息的趣味性，还要防止将趣味性与庸俗性画等号。

(5) 网络信息的实用性

网站提供的信息的实用性是网站信息服务质量的一个重要体现，实用性具体可表现为介绍知识、提供资料、直接服务等。判断信息的实用性，需要注意以下方面：

① 主要标准是看其对网民是否有用处、有多少实用性。

② 信息的实用性首先要求信息是可用的，这就要求其内容本身是真实的、权威的。

③ 实用信息有时也是一种动态信息，如投资理财信息，因此也要注意时效性。

④ 信息的实用性也体现在个性化服务方面。

案例 2-3：

“什么值得买”：促销信息推荐网站

“什么值得买”网站创建于 2010 年 6 月，从成立开始便致力于解决消费过程中的信息不对称问题，如今已成为集导购、媒体、工具、社区属性于一体的消费门户。2019 年 7 月 15 日，北京值得买科技股份有限公司上市。网站首页如图 2—25 所示。“什么值得买”以技术为驱动，构建“好价”“社区”两大内容版块，为消费者提供高效、精准、中立、专业的消费决策支持，也成为电商、品牌商获取高质量用户，扩大品牌影响力的重要渠道。

“什么值得买”是一家高性价比网购商品推荐网站，同时也是集媒体、导购、社区、工具属性为一体的消费决策平台，因其中立、专业而在众多网友中树立了良好口碑。网站包括优惠、海淘、发现、原创、资讯、众测、百科等多个频道，每天通过网站本身、RSS、各手机客户端及各浏览器插件推送商品特价信息。

网站主要频道

"什么值得买"的内容主要包括"好物频道""海淘专区""好文频道""好物社区（App端）"等。

好物频道。旗下包含好物榜单、商品百科、消费众测、新锐品牌四个独立子频道，致力于搭建决策性、权威性的消费决策内容平台，努力通过各子频道内容，帮助您快速选购心仪商品及品牌。

海淘专区。海淘专区是针对海淘用户、海外用户推出的消费决策频道，专注于在线海外电商购物、海淘及海外消费资讯，每日更新数百条全球线上、线下消费信息。包含淘遍世界、海淘优惠码、Visa淘金计划等子频道。

好文频道。定位于消费生活领域的导购内容平台和用户分享社区，目前包括"原创""资讯"两个子频道。原创频道：按照数码、家居、日用百货、运动、生活等消费场景版块，汇集值友创作的开箱晒物、使用评测、购物攻略、生活记录等不同类型文章，帮助用户学习相关消费知识、提升用户的消费乐趣。资讯：关注数码、家电、时尚、智能硬件新品发布、业界动态和海淘情报，呈现时效性和价值性俱佳的精选资讯。

好物社区（App端）。推出了全新频道"好物社区"，汇集了大量值友们分享的好物评测和经验攻略。同时引入全新内容组织形式"话题"，可以找到自己的兴趣圈子，在话题下投稿创作也有更好的曝光机会。

内容产生流程

"什么值得买"上的一条促销信息大致要经历这些操作流程：线索—大致筛选—折扣幅度对比筛选—核实—撰写推荐语—上首页。上首页后，编辑还需要实时同步更新促销状态，例如"已涨价"或者"已结束"等。什么值得买通过"网友爆料—编辑审核发布—网友打分评论—网友晒单"这样的流程来让推荐做到中立客观、公平公正。

"什么值得买"在2010年启用了"用户成长体系"，尝试用量化的方法评估网友对网站内容的贡献。用户可以通过日常操作获取积分，也可以通过有效爆料和有效投稿获取金币。积分和金币可以在积分兑换平台兑换优惠券、礼品卡和实物礼品。

2. 社会评价标准

网络信息的社会评价标准包括对政治、经济、法律、文化、道德等各方面可能产生的社会效果的评价，其中主要包括以下几点：

(1) 政治规范

政治规范要求稿件与我国媒体的宣传方针一致，坚持团结、稳定、鼓励、正面宣传为主的方针，对党的各项方针政策有较好的掌握，把握正确的舆论导向。

(2) 法律规范

网络编辑需要遵守网络信息发布的相关法律法规，如《著作权法》、《著作权法实施条例》《互联网信息服务管理办法》《互联网电子公告服务管理规定》《互联网出版管理暂行规定》《互联网新闻信息服务管理规定》《信息网络传播权保护条例》等。在上述的法律中，明确规定了网络信息服务不得含有下列内容：

图 2－25　什么值得买网站首页 ①

① 反对宪法确定的基本原则的；

② 危害国家安全，泄露国家秘密，颠覆国家政权，破坏国家统一的；

③ 损害国家荣誉和利益的；

④ 煽动民族仇恨、民族歧视，破坏民族团结的；

⑤ 破坏国家宗教政策，宣扬邪教和封建迷信的；

⑥ 散布谣言，扰乱社会秩序，破坏社会稳定的；

⑦ 散布淫秽、色情、赌博、暴力、恐怖或者教唆犯罪的；

⑧ 侮辱或者诽谤他人，侵害他人合法权益的；

⑨ 危害社会公德或者民族优秀文化传统的；

⑩ 以非法民间组织名义活动的；

⑪ 有法律、行政法规禁止的其他内容的。

网络编辑必须了解并遵守这些法律法规，这样选稿时才能保持正确的方向，不会无章可循。

案例 2－4：

编造、传播“易会满主席记者招待会”虚假信息 牟致华遭证监会处以 20 万元罚款②

2019 年 3 月 4 日晚间，证监会网站披露的一则消息显示，对牟致华编造、传播虚假信息的行为处以 20 万元的罚款。据悉，牟致华曾编造、传播“易会满主席记者招待会”相关虚假信息。

证监会表示，依据《中华人民共和国证券法》的有关规定，对牟致华编造、传播虚假信息的行为进行了立案调查、审理，并依法向当事人告知了做出行政处罚的事实、理由、依据及当事人依法享有的权利，当事人进行了陈述和申辩，但未要求听证，本案现已调查、审理终结，决定对牟致华编造、传播虚假信息的行为处以 20 万元的罚款。

牟致华存在的违法事实如下，牟致华于北京时间 2019 年 1 月 29 日早 10 时许，在微信群看到“易会满主席记者招待会”相关虚假信息，与群友讨论互动后，仿照该消息编造了内容为

① 资料来源：http://www.smzdm.com/about，https://about.smzdm.com/.

② 资料来源：https://baijiahao.baidu.com/s? id=1660239033983955842&wfr=spider&for=pc.

“据外媒报道，新任证监会主席紧急上书，建议暂缓科创板实施，首先规范法律法规，严惩造假上市公司，加快不法公司退市速度，引进各路资金增持股票，在此之前，即便领导意愿强烈，科创板也没有率先实施的条件。这是近年来难得的敢说真话的证监会领导，已经引起最高层高度重视，不排除一系列政策近期会发生变化”的信息，通过其本人手机发布在两个微信群中。当日晚些时候，牟致华知悉有人在“雪球网”转载了上述信息后，仅在前述微信群中作出评论，并未通过公开途径进行辟谣。该信息在多个互联网平台上传播、扩散。

证监会认为，牟致华编造、传播的信息与客观事实不符，证监会易会满主席从未上书建议暂缓科创板实施。牟致华编造、传播虚假信息，扰乱证券市场的行为违反了《证券法》第七十八条第一款“禁止国家工作人员、传播媒介从业人员和有关人员编造、传播虚假信息，扰乱证券市场”的规定，构成了《证券法》第二百零六条所述情形。

根据当事人违法行为的事实、性质、情节与社会危害程度，依据《证券法》第二百零六条的规定，证监会决定对牟致华编造、传播虚假信息的行为处以 20 万元的罚款。

（3）道德规范

道德规范即要求在选稿时遵守网络编辑的职业道德，严格求证，不发布虚假信息和不良信息，不断增强自身社会责任感，增强信息甄别能力。

此外，网络信息筛选时还要注意审查稿件是否具备发表水平。审查主要是从内容和格式两方面进行，审查时可以参照国家有关新闻出版的质量标准以及根据网站的有关质量标准。对于新闻类信息，还要根据新闻写作的基本原则和规律进行审查。

3. 网站自身规范

除了遵循网络信息价值判断标准、社会评价标准外，在筛选文稿时，网络编辑还需要遵守网站自身制定的规范。

案例 2－5：

某网站编辑规范（有删节）[①]

1. 内容编辑方针

（1）坚持正面宣传为主，正确把握舆论导向，与党和政府的宣传口径保持一致。

（2）以网民需要为出发点，不遗漏用户关心的重要新闻，不断充实网页内容，提供更周到的服务。

（3）提倡“抢新闻”和适时发布，缩短与事件发生和信息源的时差。

（4）杜绝政治性差错，避免知识性、文字性差错。

（5）学习网络媒体经验，集众家之长。

（6）鼓励和提倡信息内容的再加工和处理，避免简单的重复和拷贝，杜绝 I－C－P(Internet Copy Paste)不良倾向。

2. 编辑要求

2.1 选　稿

（1）摸准媒体更新规律，及时捕捉新闻，选用新闻价值高、可读性强、具有知识性、实用性、趣味性的稿件。

---

① 资料来源：http://home.donews.com.

（2）对热点新闻注意从不同角度选稿，多方面报道，连续报道，深度分析，形成气候，但内容相同的只选一篇。

（3）信息量达到不漏重要新闻外，还要捕捉更多能吸引人的新闻。

（4）不得选用与中央宣传口径不一致，中伤我国，不利于祖国统一，攻击党、政府和国家领导人，违反民族宗教外交及其他政策，以及宣扬封建迷信、色情、暴力和明显失实、泄密的稿件，选稿时要通读全文，绝对保证无上述内容。

（5）报纸和新华社都有的，用新华社稿。

（6）ICP网站专稿慎用，其转抄稿找到原出处再用。

2.2 专稿和专题的制作

（1）收集信息材料编写专稿和专题。

（2）耳闻目睹新闻事件，抓住并采访，写成专稿。

（3）收看实况转播，同步编发专稿。

（4）从外文网站捕捉最新新闻，编译成专稿。

（5）组织专访、座谈、同网友会面等活动写专稿。

（6）编发网友来稿和社区讨论稿。

2.3 标　题

（1）力求简短、醒目、新颖、吸引人。

（2）最好为一行题，不超过14个字。

（3）特定媒体原题可省略地名或用代称的，应将地名标出。

（4）标题首字符不得为空格，题中引号要用全角符号，重要标题可为黑体。

（5）标题前图标一般用小黑点，专题的标题前图标由编辑自定。

2.4 电　头

（1）通讯社电头保留，报纸电头如保留，“本报”须改为报名。

（2）台湾报纸或通讯社改为“台湾消息”“台北消息”或“台湾媒体报道”。

2.5 标注信息源

（1）防止错注为缺省源。

（2）台湾报纸或通讯社新闻可直接采用的，不注信息源；经改编的，注本网。

（3）信息为转载的，最好去找原出处；否则，仍以最后出处为信息源。

2.6 正　文

（1）分段，文章的段首空两格，与传统格式保持一致，因网上看文章较费眼睛，段与段之间空一行可以使文章更清晰易看。

（2）沿用“今天”“昨天”发生错误的，应改成具体日期。

（3）不得出现“中华民国”“民国”，不得将台产说成国产。对于台湾的一些内容必须引用的，要加引号，如台湾“国防部”。

（4）稿件中的汉字、标点符号变成“?”“口”或空格的，应据原稿改正。

（5）港、澳、台和国外报纸译名与大陆译法不同，应改成规范译名，译名中的“·”不得写成“.”。

（6）文中或署名不应出现“本报”字样，应改为报名或删去；文中出现的繁体字一律改成简体，标点用横排符号，文尾“完”字删去。

(7) 提倡缩编、精编,从报纸转成网络文稿,常常形成完全或基本雷同的两段文字,应删去雷同部分。

(8) 杜绝错字、别字和自造字,注意平时积累。

2.7 图 片

(1) 除充分利用现成的图文稿件外,可将分别报道的图片新闻与文字新闻加以组合,以利网民阅读。

(2) 用压缩技术提高显示速度。

(3) 保证图片不变形。

(4) 图形文件扩展名必须为"JPG"和"GIF"。

(5) 图形文件大小不能超过 5 KB。

3. 审稿制度

(1) 每个编辑所发稿件,自己要认真审查一遍。

(2) 两个编辑负责一个频道的,要互相将另一人的稿件复审一遍。三人组成的,则分工复审。部门监制要对内容负责,监督主编、编辑的信息发布。

(3) 编辑没有把握的稿件,经监制、主编审后再发。

(4) 监制、主编抽查已发稿件。

(5) 对于把握不好的信息,要向网审请示,杜绝自以为是,想当然的做法。

案例思考:

问题 1:在筛选信息时需要注意哪些方面?

问题 2:网络编辑在筛选稿件时需要遵守哪些规范?

2.3 网络信息归类

2.3.1 网站的类型

网络信息在经过筛选和整理之后,接下来就要把文章发布到网站的有关栏目中了,因此,需要了解常见网站的类型及栏目。根据经营主体的不同,网站大体上可以分为政府网站、商业网站、企业网站、学校网站、非营利组织网站、个人网站等几类。

① 政府网站:政府网站所提供的主要信息有职能业务介绍、政府公告、法律法规、政府新闻、行业地区信息、办事指南等,图 2-26 所示为北京市大兴区政府网站,网站主要栏目包括政务动态、政务公开、政务服务、政民互动、人文北京等。

我国政府门户网站经过多年建设,各级政府网站已经取得了长足发展。近年来,在推进落实简政放权、放管结合以及推进"互联网+"的大背景下,政府网站的发展呈现出新的变化趋势:更加重视权力清单、责任清单的全面公开;更加重视政策的解读和对群众关切内容的回应;更加重视政府网站的规范化、集约化发展;更加重视通过多媒体平台挖掘政府信息服务价值;更加重视相关标准和规范的出台[①]。

② 商业网站:即在网上从事商业活动,赚取利润的网站。按照商业模式的不同,商业网站大体可分为 B2C 电子商务网站、B2B 电子商务网站、C2C 网站、行业门户网站、综合门户网站、

① 喻敏.政府网站发展新趋势[J].新闻前哨,2018,289(06):13-14.

图 2-26　北京市大兴区政府网站

团购网站、网络社区、社交网站等。每一种网站内容及信息的侧重点根据提供的产品和服务的不同而不同。如 B2C 电子商务网站内容的重点是经营的商品信息、用户评论及相关促销信息;B2B 电子商务网站内容的重点是产品采购信息和供求信息、行业资讯及动态;行业门户网站内容的重点是行业资讯及动态;综合门户网站一般按照内容划分成若干个频道、栏目及子栏目,内容重点是新闻资讯;团购网站内容重点是产品服务的优惠信息及用户评价。

③ 企业网站:企业网站主要目的是宣传企业、推销企业产品和服务,为客户提供更为及时、到位的服务。企业网站提供的主要信息有企业介绍、产品/服务介绍、企业动态/新闻、售后服务/技术支持、行业新闻、招聘信息、友情链接、行业解决方案、行业报告以及成功案例等。具体内容因企业所处的行业不同而差异较大。

按照侧重功能的不同,企业网站又可进一步划分为信息型企业网站、服务型企业网站、销售型企业网站、综合型企业网站。

信息型企业网站以展示和宣传企业的产品、形象和品牌为主,因此需要分类合理的产品列表,配合有效产品图片和详细的产品描述,便于客户充分了解企业的产品,进一步促进销售,起到传播企业形象,提高品牌知名度的目标。

销售型企业网站除了具有企业和产品展示功能以外,是以产品的网络直接销售为网站主要目的。图 2-27 所示为贵州茅台酒股份有限公司官网首页,该网站主要栏目有企业概况、产品中心、新闻资讯、服务中心、投资者关系等,此外,还开设了茅台商城,设有经销商登录、门店管家、片区登录、营销员登录等功能。

服务型企业网站以为客户提供支持服务、售后服务、在线咨询、技术支持、相关查询等作为主要目标。通信、旅游、教育、物流、金融、IT 等服务业企业的网站一般都属于服务型网站。图 2-28 所示为顺丰速运公司网站首页,网站主要栏目包括首页、物流、金融、成功案例、服务支持、顺风控股投资者关系等。首页右侧提供了温馨提醒、问题反馈和在线客服等服务。首页下方设置了运单追踪、我要寄件、运费时效查询、服务网点查询、收寄范围查询等服务功能。

综合型企业网站兼具宣传、对外服务、对内服务和销售的功能,很多大型企业的网站都属于综合型网站,功能齐全。

④ 学校网站:包括不同层次的学校的站点,站点对内服务于学校的师生,对外起到宣传的

图 2-27 贵州茅台酒股份有限公司官网

图 2-28 顺丰速运公司网站

作用。以大学网站为例，网站内容一般包括学校概况、院系介绍、专业介绍、师资介绍、招生就业、科学研究、国际交流、公共服务等。

⑤ 非营利组织网站：包括各类行业协会、社会团体、慈善机构等非营利组织的网站。网站内容根据组织类型和服务对象的不同有较大差别，主要功能以信息发布和用户服务为主。

⑥ 个人网站：相对于机构设置的网站而言，个人网站不受组织或利益团体的制约，拥有更大的自由和空间，内容和形式都不拘一格。

2.3.2 网络信息的归类

网络稿件归类是指根据网站内容属性、受众和其他特征，将网络文稿分门别类地归入网站既定频道和栏目中。网络信息归类的作用在于提示出网站各类信息的内容，便于网民浏览查找，便于编辑管理和开展工作。

网络稿件归类有不同的角度和标准，下面以人民网为例说明。图 2-29 为人民网网站地图。

1. 按内容性质进行归类

人民网新闻频道的主要栏目有时政、国际、经济、社会、军事、体育、娱乐、文化、环保、科技等，这些均按照内容性质进行栏目划分和稿件归类，几乎所有网站都采用这种方式。

2. 按地域进行归类

人民网设有30多个地方频道，如图2-29所示。地方频道中的稿件大都是由地方媒体或地方频道记者提供，或是稿件中所涉及的事件发生在该地，这也是网络文稿归类的一种常用方法。

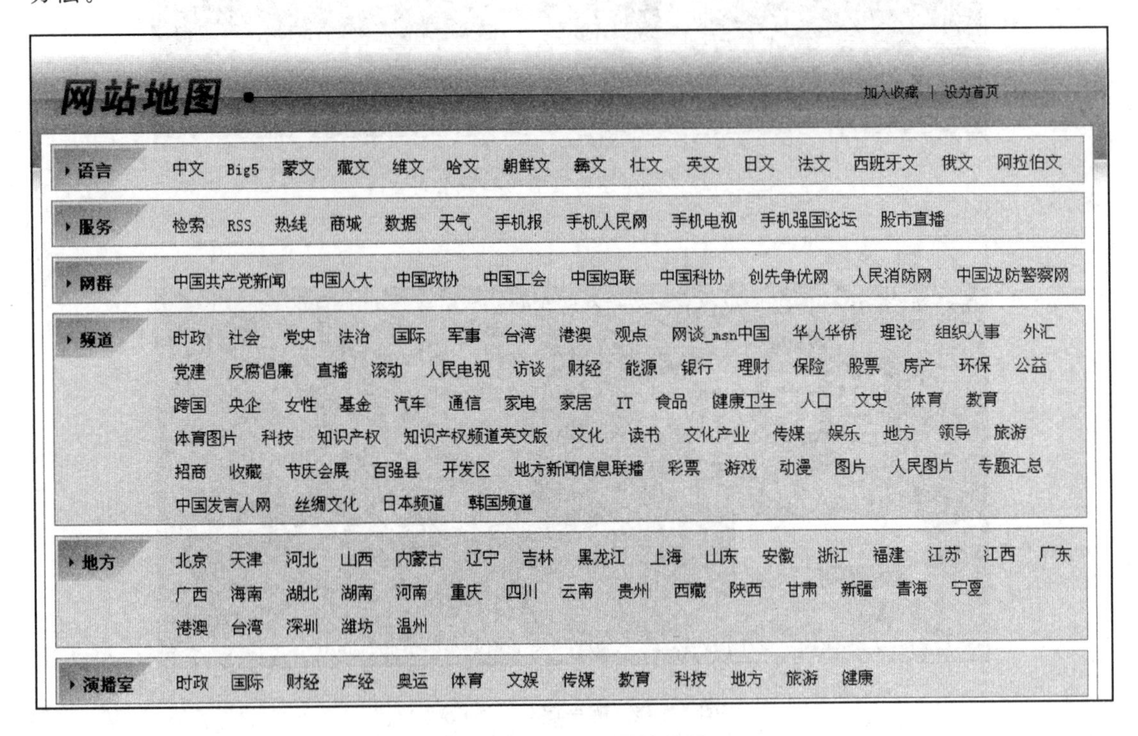

图2-29 人民网网站地图

3. 按信息形式进行归类

从信息形式看，网站内容分文字、图片、动画、视频、音频、互动等类型。目前看来，文字仍然是网站内容信息的主要形式，视频和图片是辅助性的信息形式。可以把图片、图表、Flash、音视频等形式稿件放入相关的栏目，也可以把它们与文字搭配使用。人民网设有“图片”“视频新闻”等频道，这是按照信息形式进行归类的。

4. 按时效性和重要性进行归类

这种归类方式充分利用读者对文稿时效性和重要新闻的关注，可以有效地吸引读者注意，这两种方式大量地运用于网站栏目中。频道的先后顺序和栏目的前后排列已隐性地体现稿件的重要程度，单设相关频道或栏目无疑再次提醒受众关注该栏目及内容。

人民网中的“24小时滚动新闻”等栏目就是从时效性角度对网络文稿进行归类，而“每日新闻排行榜”“每周新闻排行榜”等则是按照重要性对稿件进行归类。

5. 按体裁形式进行归类

从体裁上分，文学类稿件可分为小说、散文、诗歌、杂文等。新闻分为消息、通讯、评论、特写等不同体裁。评论类的稿件往往被单独划分为一个栏目，而消息、通信等则直接归到时政、财经、国际等栏目中。人民网观点频道中的“人民时评”“网友说话”“网友拍案”等栏目都是评论类体裁文章。

6. 按作者进行归类

按作者对稿件进行归类可满足受众对不同作者和不同风格作品的需求。这种归类方式经常用在博客、专栏中。人民网观点频道中的“评论员文集”“网友文集”栏目就是按评论员和网友进行归类的。

7. 按来源进行归类

从稿源看，网站内容可分为原创内容、协议转载内容和社区内容。为了强调网站原创性栏目及网友原创内容，网站可以根据稿件来源设置栏目。人民网舆情频道中的“论坛热帖”“博文推荐”“媒体聚集”等栏目就是按照稿件来源划分的。

稿件归类是多数网络编辑的日常工作之一，稿件归类的方法很多，这里只涉及一些基本的归类方法。在实践中，既可以以某方法为主，把文稿归入最合适的栏目，也可以多种方法并用，把文稿归入不同栏目中。此外，如果一篇稿件放到过多的栏目中，可能会引起读者的不满。因此，当一篇稿件可以归到不同的栏目时，编辑应与相关栏目的编辑进行协商，以便将稿件归入到适合的一个或几个栏目中。

【本章小结】

本章重点讲述了网络信息采集与归类的有关知识。

通过本章的学习，学生应了解网络信息资源的概念和特点、网络信息资源的类型、网站的类型；理解网络信息筛选的标准、网络信息归类的标准；掌握网络信息采集的途径和工具、网络信息的归类。能够根据信息的来源，利用网络信息筛选的价值标准、社会评价标准和网站自身标准对稿件质量做出基本判断。

【思考题与练习题】

2-1 简述网络信息资源的类型及特点。

2-2 网络信息采集的途径有哪些？

2-3 网络信息的来源有哪些？

2-4 网络稿件如何归类？

2-5 简述搜索引擎的使用方法。

2-6 来源于社区的内容如何使用？

2-7 在转载其他网站和媒体的信息时，应该注意哪些问题？

【实训内容及指导】

实训 2-1　网络信息采集的途径和工具

实训目的：理解网络信息筛选的标准，掌握网络信息采集的方法。

实训内容：根据个人需求与兴趣确定所要收集的信息类别，利用搜索引擎、网站、论坛、网络数据库等采集信息并保存，并对收集到的信息从来源、价值等方面进行判断。

实训要求：能够找到有价值的、符合要求的信息，并能够对信息价值做出基本的判断。

实训条件：提供 Internet 环境。

实训操作：

(1) 根据个人需求与兴趣确定所要收集的信息类别。

(2) 上网搜索相关信息。

(3) 对收集到的信息从来源、价值等各方面进行判断。

(4) 挑选出合适的稿件。

实训 2-2 网络信息的来源和价值标准

实训目的：了解网络信息采集途径和来源，掌握网络信息采集工具的使用，掌握网络信息筛选的标准。

实训内容：利用不同的网络信息采集工具，针对某一热点话题，搜索不同人的观点，注意信息的来源和时间，对搜索的信息进行整理，整合成一篇文章发布到网上。

实训要求：能够利用网络信息采集的各种工具，收集不同来源和途径的网络信息，并进行整合。

实训条件：提供 Internet 环境。

实训操作：

(1) 浏览各大网站、论坛、微博等，了解目前的网络热点话题。

(2) 利用搜索引擎等工具查找相关信息。

(3) 对收集到的各种信息进行筛选、判断和整合。

第3章　网络文稿编辑

本章知识点：网络文稿存在的问题及修改的方法，网络稿件标题的特点、构成要素、制作原则，内容提要的概念、作用及撰写原则，超链接的内涵、作用。

本章技能点：网络文稿的加工技巧，网络标题的制作技巧，内容提要的制作，超链接的运用。

【引　例】

浏览《北京青年报》2018年11月18日的一则报道

据《北京青年报》报道，近日一段快递小哥雨中痛哭的视频引发了不少关注。据网友爆料，上海一快递员冒雨送快递，一车快递被偷得没剩几件了，在雨中痛哭20多分钟。目击者小晴（化名）对北青报记者称，视频拍摄于11月15日下午，地点在上海华东师大三村，当时她听到有人在楼下大喊所以打开了窗帘看到了事发经过。小晴称，她看到快递员哭得很厉害，一直喊"这叫我怎么办，怎么办"。期间还有一位大爷前去安慰。11月18日下午，北青报记者从事发地附近的上海公安局普陀分局长风新村派出所了解到，15日下午确实接到一位快递员报警称其派送的快递丢失，快递员报警时说公司可能将损失算在他身上，截至目前快递仍未找回。

【案例导读】

这是一条错误新闻，作者没有对新闻的真实性进行考察验证，只是一味地追求实效性和趣味性而盲目刊登。经东方网查证这是一条非常典型的未经核实的用户生产内容经由媒体报道落地成为假新闻的案例。最初的线索来自网友在新浪微博上传的视频和文字，上传者在不知快递员因何哭泣的情况下发布了自己的推测。此后，视频网站、微信账号的转载加速了这则内容的发酵，逐渐将原因归结为"快递被偷"。11月18日16时许，《北京青年报》跟进此事，并在相关报道中增加了一句"当地派出所接到过快递丢失的报警"。即便的确有派出所接到过快递丢失的报警，但是所谓的报警与哭泣的快递员之间也不能建立因果关系。

网络新闻常常以速度和博人眼球取胜，但一味求新、求快不可避免地会使网络新闻稿件出现各种各样的问题，包括政治性错误、事实性错误、知识性错误、辞章性错误等。网络编辑一定要加强自身的道德修养，提高自身业务素质，增加责任心及时发现并改正这些错误，维护网络的公信力。

3.1　网络文稿加工

3.1.1　网络稿件报道新闻事实的基本要求

1. 真　实

真实是指新闻报道中所涉及的现实方面的各种资料必须完全符合事实的本来面貌。编辑在选择稿件时，由于稿件数量多，时间紧迫，不可能对每一篇稿件的真实性进行调查核实。因此，在修改稿件时，判断新闻内容的真实与否是首要任务。

2. 准　确

准确是指构成事实成分的名称、时间、地点、数字、引语等都必须准确无误。编辑在修改稿件时，越是对那些细小的地方越要注意，如有些不常见的地名，记者容易误听误记，如果编辑不认真把关，错误就会出现，轻则贻笑大方，重则误事害民。

3. 清　楚

清楚是指对于事实的表达要让读者看得明白，不留有疑问。

4. 统　一

统一有两层含义，一是指在同一篇或同一组稿件中，关于事实的表达前后要相互一致，不能出现相互矛盾；二是指新闻事实的表达方式要与全国规定的或通用的方式相一致，如数字的使用必须符合国家技术监督局颁发的《出版物上数字用法的规定》。

5. 科　学

科学是指涉及自然科学、社会科学的新闻事实、文字表达须符合科学。

3.1.2　核实与订正新闻事实的主要方法

新闻编辑在修改稿件时，发现新闻事实性方面的问题并进行改正主要采用的方法有以下两种：

1. 分析法

分析法是新闻编辑通过对稿件所叙述的内容和叙述方法、写作条件等进行逻辑分析，发现其破绽和疑点的一种方法。这种方法在改稿时一般会被首先采用，而且采用得最多。它不需要借助其他工具，主要运用新闻编辑已经具备的知识和经验，通过对稿件的分析、比较，发现问题并进行改正。

采用分析法时主要从以下方面对稿件进行检查和分析：

① 检查新闻内容是否违反常识或其不合理性，情节是否过于奇巧，对事实的表达是否含糊其词。

② 检查稿件的前后内容是否有自相矛盾之处。

③ 分析消息来源的可靠性。编辑在判断新闻事实的真实性时必须要考虑消息的来源，谁提供的线索和素材，消息渠道是否可靠等要素。

④ 分析作者是否具备采写稿件的条件。如有些稿件，采访对象非常特殊，以采访者自身的条件不太可能有机会进行这样的采访。

2. 核对法

分析法只能帮助编辑发现问题到底是错在哪里，真实的情况和正确的表述应该是怎样的，仅仅靠编辑的知识和经验还不足以得出结论，这时就要采用核对法。

为了保证新闻内容的真实性和准确性，编辑在修改稿件时要针对自己拿不准的问题，找到相关的工具书和参考资料进行核对。采用核对法改稿，对所选用的资料有以下要求：

① 要有权威性。权威性的资料通常是由相关方面的最高机构公开发布的，正确率高，值得信任。

② 是最新发布的。凡事都在发展变化之中，即使是最权威的资料，也会随着时间的推移逐渐成为过去的纪录。

③ 是直接的，非转抄来的。因为任何资料几经转抄都可能失真或出现差错。

3.1.3 网络文稿存在的主要问题

在对网络文稿进行加工之前，编辑应通读全文，目的在于认识原稿：一是把握稿件的主题、材料、结构、语言方面的情况；二是发现稿件存在的问题，并设想解决这些问题的方法。具体来说，网络稿件存在的主要问题包括以下几个方面：

1. 政治性错误

新闻中体现的观点不能与党和国家的路线、方针、政策相违背。在对领导人的新闻报道中，要特别注意新闻中报道的观点和事实是否符合大政方针，是否客观准确地对事实进行了报道。

具体来说，网络文稿中的政治性错误主要包括有违反宪法所确定的基本原则；危害国家安全，泄露国家机密，煽动颠覆国家政权，破坏国家统一；损害国家荣誉和利益；煽动民族仇恨，破坏民族团结；散布谣言，扰乱社会秩序，破坏社会稳定；散布淫秽、色情、赌博、暴力、恐怖或教唆犯罪等。上述的政治性错误在编辑工作中要坚决杜绝，由于这类错误激化矛盾，造成的社会影响大，往往成为稿件修改中最应关注的问题。

2. 事实性错误

新闻事实出现差错主要表现在新闻的几个基本要素方面：时间、地点、人物、原因、经过和结果。

网络新闻编辑在判断、处理新闻时，应采取怀疑的态度，对新闻事实，无论是概念性的还是细节性的，无论是事件性的还是知识性的，无论是描述性的还是分析性的，都应该在判断之前存疑。如果因为保证时效性而不得不先行发布新闻，还应在后续的报道中多方查证以确保新闻事实的准确性，如有差错必须及时改过。

分析法和核对法是发现并改正事实性错误的两种行之有效的方法。

3. 知识性错误

知识性错误主要是指稿件中出现的诸如诗词引用不准确，历史事件时间、地点、人物差错，地理知识混乱，以及其他学科知识误用等。

人的精力和知识都是有限的，稿件中难免出现各种知识性错误。不过，对于自己不理解的、不能判定的问题，编辑要善于翻阅查找相关资料予以求证，也可利用网络专门的数据库释疑，或请教相关学科专家学者。发现知识性错误后应及时更正，以免以讹传讹。编辑工作本身就是知识学习、积累的过程。当各种知识积累到一定程度时，编辑工作会越来越顺手，效率会越来越高。

4. 辞章性错误

辞章性错误主要是文字表达方面的问题，如错别字、语法错误、标点符号误用、数字及单位使用不规范等，这是稿件修改中最常见的错误。

5. 行为格式不规范

行文格式本无所谓对错，它只是文稿的一种约定俗成的外在形式。问题在于格式一旦在读者心目中形成，任何不统一都会影响阅读效果和传播效果，如字体、字号变化无规律，段首不空格，不该换行换段即随意换行换段，标题分行但字体、字号无变化或同级标题不统一而造成阅读错觉。

网站对发布的新闻往往规定了统一的行文格式，以便于阅读、形成特色。从别处转载来的新闻，其行文格式常常不符合网站新闻统一格式的要求，需要编辑修改行文格式，以保持网站新闻发布形式上的统一。

6. 语言表述不准确

语言表述不准确主要体现在以下方面：

① 时间表述不准确。传统媒体的新闻时效性强，往往用“昨日”“今日”等表述时间，不写确切日期；网络编辑转载时如果生搬硬套就会导致网络文稿时间表述有误，有时候会引起轩然大波。

② 地点表述不明确。传统媒体新闻中常用“本市”来指称新闻的发生地，网站转载时不加以修改会在全国、甚至全世界范围内因同名地点引起错觉或误读。

③ 人物表述不清楚。主要人物的单位、职务等没有明确化，读者容易发生混淆。

另外，转载新闻中电头的表达，一般来说，通讯社电头可保留，如果是报纸，“本报”须改为该报报名。

7. 新闻报道有偏见

所谓新闻偏见，指的是对新闻所做的不公正的、不诚实的、自私的、不平衡的或者误导性的歪曲。它违背了新闻的真实、客观、公正的原则。如果误入新闻偏见的思维陷阱，就容易产生新闻失实和造假，严重的还会造成导向错误。

案例 3－1：

浏览一则“中国教师‘走穴’泛滥成灾”的报道[①]

社会上将教师利用课余时间补课赚钱称之为“走穴”。尽管不少中小学校对此都明确予以限制，这种现象却渐呈愈演愈烈之势，悄然涌动的“走穴”暗流正冲击着神圣的校园讲坛。

近日与一些中学生聊天发现，许多初三、高一、高三学生都请在职教师做家教，其他学生也多半在上一些名师辅导班。“课内不足课外补”现象已渐成气候，不少学生在学校放了学，嘴上几口面包就到老师家报到，有的干脆在老师家搭伙，而周末多半在外地名师的辅导班中“度假”。一些名师的“业余收入”直逼万元，就是一些工作没几年的青年教师，也因戴上了名校教师的光环，做个几年家教就解决了一套房子。在职教师家教的泛滥甚至让一些学生分不清课内课外，把课后的“加餐”当成“主食”，造成了学习上的“营养不良”。

学生：各有各的苦衷

中学生请家教的目的不同，初中生为了中考，家长千方百计要找一些名校的老师在最后点拨一下，因为中考毕竟是地区考试，初中生请在职教师做家教的比例不如高中生大，时间也不如高中生长。高中生请家教原先多在高三年级，为高考请一些一流中学的老师进行小班补习，不仅教学习方法，还能透露一些普通学校老师不知道的内部消息，让不少学生热衷于到老师家里开小灶。

一种新出现的现象引人关注，由于一些重点高中大幅扩招，导致师资不够，不是用新教师来抵挡就是到县中去挖人，再不行就给现有的老师加课，有的老师课上得实在太累，就不愿布置作业，对学生也很难尽心。家长迫不得已只好另请教师为孩子补课。

教师：为钱为情推不掉

南京某中学一位理科名师平常不带家教，可每年总有几个亲戚朋友的孩子正好上高中，抹

① http://news.sohu.com/2003/11/17/86/news215678632.shtml.

不开面子，这位老师只得当起了无偿家教，不少有名的老师都有不带家教的原则，可在亲情、友情面前不得不无条件投降。

也有不少教师是把做家教当成了赚钱的良机，在外面租套房子，专门带学生。一位省重点中学的老师带40个学生，20人一个班，一天开两班，一个学生一小时20元，一个晚上就能收到学费1 600元。

更有教师为了让自己班上的学生到家里上家教，故意在课堂上进行批评或是找家长谈话暗示，在初中阶段不少学生都有在班上任课老师家上课的经历。

案例分析：且不说，该报道耸人听闻的标题是否适合套在全国各地各级各类教师的头上，这里要指出的是，采写这条新闻的记者违背了抽样调查的最基本原则。他仅仅基于偶尔碰到的“一些”(很可能只有3、5位)学生的聊天，而不是对全国各地各级各类学校的学生的随机抽样调查，便试图对全中国的教师“走穴”现象作出判断，这种轻率到了简直不可思议的程度。而且，该报道通篇使用一些含糊的数字，构成这篇新闻的关键信息，如“许多”“多半”“一些”“不少”“直逼万元”(是月收入还是年收入)“几年”等。这样貌似客观的报道，根本无法让读者获得对所报道事件的准确判断。即便“中国教师‘走穴’泛滥成灾”是事实，这样的报道也不能令人信服。

3.1.4　网络文稿的修改方法

文稿的修改是指用正确的内容形式替换来自传统印刷媒体或网络论坛等稿件中错误的内容形式。网络稿件加工的方法主要有以下几种：

1. 稿件的校正

稿件的校正就是改正稿件中不正确的写法，包括稿件中的事实、思想、语法、修辞、逻辑等各个方面。

网络稿件要遵守的基本原则是客观事实第一。网络媒体和传统媒体一样，任何一篇稿件都必须完全符合事实原貌，不夸大，不缩小。稿件中表现出的任何观点要与客观事实完全相符，不曲解事实，不文过饰非。这样，校正就成为修改稿件的第一位工作。校正的具体操作方式有三种：

(1) 替　代

替代就是以正确内容和叙述代替原稿中不正确的内容和叙述。用替代的方式修改稿件，看似不大的改动，有时甚至只是一个标点符号的替换，但它对于新闻报道的准确性具有重要意义。

(2) 删　节

删节就是直接删除稿件中有差错的部分。采取删节方式处理稿件，一个很重要的前提是，被删除的内容不是至关重要的，不会因为这些内容被删而影响到整条新闻的真实性和准确性，也不会影响读者对新闻的理解。

(3) 加按语

加按语就是对稿件中的错误不直接改动，而以加按语的方式指出差错。

2. 稿件的压缩

稿件的压缩就是通过对稿件的删意、删句和删字，使原稿在内容上更加重点突出，在章节上更加紧凑，在表达上更加凝练。

稿件的删除有两种情况：一种是绝对性删除，即对冗长、拖沓、啰唆、缺乏可读性的原稿压缩篇幅、挤出水分、消除赘余；一种是相对性删除，即原稿本身不存在冗长、拖沓的问题，但因为版面有限不得不压缩。

由于储存量大小的不同，网络媒体容易陷入信息过剩的劣势，传统媒体却具有信息精选的优势。这是因为传统媒体储存量有限，在有限的版面、时间里刊载、播出的新闻，是经过记者、编辑审慎的价值判断后严格采、写、编选出来的新闻，少而精，少而重要，少而有价值。

为了满足网民对信息的有效需求，网络编辑同样应对价值小、冗长、多余、错误的新闻进行绝对性删除；从人们不习惯阅读过长网页的实际情况出发，网络编辑有时也需要对新闻进行相对性删除，或对新闻进行切分、利用网络的超链接特点分层次发布信息。

总之，稿件的删除实际上是一种对稿件的压缩过程，使原稿在内容上更加紧凑，在表述上更加简练。压缩稿件时要掌握以下三条原则：

① 消除赘述，但不损害原稿主干，保留其精华；

② 与新闻价值相适应，稿件长短与价值大小相统一；

③ 顾及版面刊播的可能，新闻稿数量与版面相吻合，不多不少。

3. 稿件的增补

传统媒体的版面空间、播出时间限制了编辑找到大量相关的信息配合传播给受众。与传统媒体编辑相比，网络编辑在增添信息时有着技术上的优势。网络编辑可以很方便地在新闻正文中增添更多的延伸的、有价值的信息。稿件增补的信息内容主要有以下几个方面：

(1) 扩充新闻价值大的部分

当遇到重要的国内新闻时，有不少传统媒体的网站都同步报道了此条新闻，网络编辑应该从不同消息来源的不同报道中找出新闻价值大的部分，有机地补充到要发布的新闻中。另外，当网络编辑判断某则新闻非常重要而又认为记者对新闻价值的挖掘还不到位时，编辑可以找到记者补充采访，也可以利用网络搜索补充相关信息。

(2) 增添回叙内容

增添回叙内容有助于网民更好地了解事实的来龙去脉和现实意义。在连续报道或滚动报道中，网络编辑应该考虑到绝大多数网民不可能从头到尾地把报道该事件的全部新闻都看完，因此，适当地增添对新闻事件的发展情况的回叙内容是必要的。回叙内容可以用一句话添加在新闻的开头，也可用一段话添加在新闻的中间或结尾处。

(3) 嵌入相关新闻和背景资料

嵌入相关新闻和背景资料是指对稿件内容做一些必要的资料性的补充。资料性的补充有助于满足网民深入阅读的需要，通过增补与稿件内容密切相关的资料可帮助网民对事件进行深层的理解。

新闻链接可以间接地推出重要的相关新闻和背景资料，但是不如直接把这部分内容直接嵌入新闻中，因为这些新闻密切相关，放在一起更凸显新闻价值，并且可以省去读者层层点击等待之苦。如新浪网 2009 年 2 月 16 日发布的“吕秀莲称将于 3 月 19 日宣布 319 枪击案真相”一文中，还附有专题“台湾 3－19 枪击案”“台湾专案小组称 319 枪击案并非自导自演”“华裔神探李昌钰称台湾 3－19 枪击案将成历史案件”的相关背景资料阅读。

(4) 增添必要的字句

由于某些环节的工作失误或编辑在改稿过程中删除一些字句后出现的漏洞，如前后逻辑不通、前后人名不对应、语句不能顺利连接、缺少必要的字句等，这时需要编辑及时发现并适当改正，增添必要的字句以疏通文字、理顺文意。

4. 稿件的改写

网络编辑在修改稿件时常会遇到稿件的内容和主题本身很有吸引力，但是作者的文笔令人不太满意的情况，这时就需要编辑对此类稿件做进一步加工，即改写。网络编辑改写新闻时用得最多的手法除改写导语、调整结构、改写体裁外，还有对新闻重新综合和分篇。稿件改写的方法主要有以下几种：

(1) 综合改写

目前，国内商业网站还没有采访权，网络编辑主要采用转载其他媒体新闻的方式。在转载各方新闻时，非常有效的编辑手法之一就是对新闻进行综合改写。在网络新闻编辑中，综合的改写手法运用得非常普遍：有时需要把多个媒体发布的对同一新闻事件的不同报道取其精华综合为一篇报道；有时需要将同一新闻事件分不同时段的滚动报道整合成为一篇新闻。

(2) 分篇改写

分篇即是在分析新闻的主题、材料的基础上进行拆分，将稿件拆分成几个主题，诉求各一、脉络清晰、层次分明。一篇稿件线索繁多、观点混乱、篇幅较长时，分篇处理是一种较为理想的选择，而在分篇的同时增加小标题加以突出并强调主题更是一种常见的方法。

案例 3－2：浏览新浪新闻中心 2020 年 12 月 15 日关于全国青少年校园足球训练发展论坛的报道。

推进校园足球，女生也拥有同样机会[1]

“2017 年在德国，校园足球全国最佳阵容和德国俱乐部的梯队打比赛，有国外足球从业者看了比赛后问我：‘你们国家这么多人，你们的经济这么好，我就不相信足球怎么能搞不上去？’我当时听了特别惭愧”。

在 2020 全国青少年校园足球“满天星”训练营发展高峰论坛上，全国青少年校园足球专家委员会副主任，前中国国家足球队主教练朱广沪分享了如上这段经历，“我们缺什么？到底应该怎么练？怎样才能让中国足球更快腾飞？”朱广沪表示，6 年来的校园足球的经历告诉他很多，“校园足球的宗旨是培养有理想、有本领、有担当的接班人。‘满天星’训练营实际上是一种新型的足球学校模式，能够有力推动青少年整体体育发展。”

青少年校园足球是中国足球事业发展的基础性工程。13 日，2020 全国青少年校园足球“满天星”训练营发展高峰论坛在上海市中国中学举行，本次论坛以“融合，引领，育人”为主题，中外体育界、教育界专家学者就校园足球人才培养逻辑、中国青少年校园足球发展等话题展开交流。

论坛当天，上海市徐汇区“满天星”训练营共建仪式也同步举行，阿迪达斯向徐汇区捐赠了 100 万元专项基金，用于“满天星”训练营后期的发展建设。

论坛上，教育部体育卫生与艺术教育司司长、全国青少年校园足球工作领导小组办公室主任王登峰表示，在校园足球进入 2.0 时代。在中国教育进入高质量的发展新时期，如何让校园

① 资料来源：https://news.sina.com.cn/c/2020-12-15/doc-iiznctke6553481.shtml.

足球更好地带动整个学校体育改革和发展，助力中国足球摆脱一提起来大家都垂头丧气、唉声叹气的局面，这是所有从业者需要思考与努力的方向。

据朱广沪介绍，目前国内足球特色学校约有2万8千所，其中包含38个示范点，还有181所高校招收足球特长生。“满天星”训练营达到80个，和以往的精英训练营不同，“满天星”计划推动男子足球和女子足球同时发展。这是因为校园足球是面向每一个学生的，女生也拥有同样的机会。

上海自2015年成为全国青少年校园足球改革实验区，目前上海共有全国青少年校园足球“满天星”训练营4个，其中徐汇区“满天星”训练营创建于2018年9月，目前已经有12所小学，13所中学和9所幼儿园获得了全国青少年校园足球特色校、特色园的称号，训练营分1个总营5个分营，分别担任9个组别训练营营地工作。

从体制机制的角度发力，解决体育教育两张皮的问题

国际足球发达国家成功的经验之一就是扎实做好青少年足球普及和培养工作。论坛上，拜仁慕尼黑俱乐部亚太区总裁鲁文·卡斯帕称，他在中国看到12～13岁的足球苗子，他们资质非常好，但中国目前教育和体育没有很好融合，而在德国体教融合非常成熟。

鲁文·卡斯帕出生成长于德国的一个小乡村，据他介绍，这个小乡村里面所有人平时交流就是在一家足球俱乐部，当地所有男孩的梦想就是要成为球员，他们都会在这家俱乐部踢球，所以德国当地政府也没有普及足球的压力。

中国青少年校园足球未来发展之路是什么？体教融合背景下如何做好青少年足球人才培养？

在本次论坛采访环节，王登峰对此表示，目前体教融合的相关文件里面主要界定了三个方面的工作：

第一，从教育角度来讲，未来会有越来越多传统学校变为特色校。特色校就是所有的学生都要学这个体育项，学生既可以考体育教育专业，也可以考体育运动专项，或者考普通的大学，进而能够产生优秀的后备人才。

第二，教体系统的竞赛体系要进一步融合。比如说义务教育阶段的孩子，他们要参加什么样的竞赛，由教育和体育共同谋划与推进。

第三个方面相对要难一些，就是关于青少年体育和学校体育的资源整合。优秀的退役运动员如何服务于学校体育？体育系统的优秀教练员如何帮助学校体育？体育系统有很多的场地、设施，包括经费方面的资源，如何更多向学校体育方面倾斜，这些可能需要体制机制进一步的改革。

体育要求提升，如何平衡孩子的多学科学习压力

今年10月，中共中央办公厅、国务院办公厅印发的《关于全面加强和改进新时代学校体育工作的意见》(以下简称《意见》)。《意见》就明确提出要构建一个完善的校园体育的课余训练体系，以及构建一个完善的面向全员的校园体育竞赛体系。未来，通过对体育课、体育锻炼、体育竞赛，体育在学生综合素质评价和升学考试中占的分值越来越高，同时文化课考试的比重就会相应下降。王登峰坦言这是一个博弈的过程，一个逐渐改变不断调整的一个过程。

家长和孩子最关心的就是体育要求高了，整体性学习压力会变得更大吗？未来学校和孩子应该如何平衡学习与体育锻炼？

当天论坛采访环节，王登峰强调了教育部提出的“一增一减一保障”，“一增”就是增加体育

课和体育锻炼的时间,“一减”就是减掉不必要的文化课的负担。教育部也已经印发了很多相关《通知》。

王登峰表示,减轻学生课业负担的方面可能也需要有更多细化的措施。比如说落实减负后,学生的课业量减了多少,学习教学进度减缓了多少?这个都必须得真正落到实处。

“不是一个谁说一句话这个问题就解决了,这涉及一个学生怎么安排自己一天的活动,一个学校怎么编排一天的教育教学实践活动,一个家长怎么安排孩子的精力分配才最适合孩子的成长升学。”

案例分析:通过增加小标题将这篇文章的主要表达内容分为“从体制机制的角度发力,解决体育教育两张皮的问题”和“体育要求提升,如何平衡孩子的多学科学习压力”两个部分,从而梳理了事件的重点,突出并强调了稿件的主题。

(3) 改写体裁

一定的内容适用一定的体裁,有时为了凸显原稿中的某一特定内容,并使其具有相应的功能,往往要求改变稿件的体裁。

(4) 改写结构

修改新闻的结构主要是指修改新闻的逻辑结构、时序结构,对新闻事实的重要性进行再判断,并按照更为适当的逻辑对新闻事实的报道重新排列、组合,使新闻的结构更凸显新闻价值、更具有逻辑条理、更富有趣味和波澜起伏。

许多稿件的毛病就在于结构紊乱,使人看不清头绪,或是平铺直叙,过于呆板,遇到这些情况就需要改写结构。

(5) 改写辞章

① 改正错别字

错别字出现在稿件中的频率相当高,但为了信息质量和传播效果,编辑应尽量消除错别字。因为一旦在网络稿件中出现错别字,可能会产生歧义,阻碍阅读,更严重的是减低了网络媒体的公信力和相应水准。

改正稿件中的错别字是事实校正的一部分,也是稿件修改的主要任务之一。传统媒体稿件中,除了作者习惯性的字词错误之外,电脑打字的错误通常是造成字词错误的另一主要途径。而在网络媒体稿件中,除了输入方法不同造成的错误之外,还有因为稿件格式转变造成的稿件部分乱码的错误,都会以错别字的形式表现。因此,网络编辑要善于总结错别字的类型,在最短的时间内发现并改正它们。

② 改正语法错误

稿件中常见的语法错误主要包括用词错误、搭配不当、成分残缺、句式杂糅、逻辑问题、成分赘余、词语位置不当、指代不明等。

③ 标点符号错误

标点符号是点号和标号的合称。点号主要表示说话时的停顿和语气,有句号、逗号、问号、叹号、顿号、分号、冒号七种。标号主要标明语句的性质和作用,常见的有引号、括号、省略号、破折号、着重号、连接号、书名号、间隔号和专名号九种。正确使用标点符号传情达意,统一规范,使所编稿件获得更好的传播效果是编辑义不容辞的责任。改正标点符号错误是编辑稿件的一项重要内容。

④ 单位与数字使用错误

单位与数字的使用有严格的规范。稿件中涉及单位与数字的改正常常在这些规范的指导下进行。

单位使用必须依据国家标准，详见国家技术监督局发布的《GB 3100～3102—93 量和单位》。单位使用中比较普遍的问题在于，按规定已经停止使用的非法定单位仍在使用以及单位名称表述不规范。

阿拉伯数字与汉字数字有各自不同的使用场合。总体原则是，凡是可以使用阿拉伯数字而且又很得体的地方，均应使用阿拉伯数字。详见国家技术监督局发布的《GB/T 15835—95 数字用法》。

⑤ 改写知识性错误

造成知识性错误的原因一是对相关的科学知识不甚了解，二是错用文字所致。编校中少犯甚至不犯知识性错误的唯一途径就是遇到自己不理解的知识敢于质疑，勤于查阅工具书与相关书籍，或请教专家。

⑥ 改写政治性错误

编辑港澳台政策、宗教政策、民族政策、未成年人保护政策、保密政策等时，必须对这些政策了然于胸。政治性错误社会影响大，危害大，在编辑工作中要坚决杜绝。为此，要加强编辑的思想政治修养，提高自身业务素质，时刻绷紧政治这根弦，做好传播导向工作。

3.1.5 文稿的校对

校对即指校对人员根据原稿或定本核对校样或通读检查、订正错误的工作。校对的根本目的是改正稿件中不正确的内容和写法，包括对稿件的事实、观点、语法、修辞、逻辑等各方面的差错的校正，要消灭一切错误信息，使稿件事实准确、观点正确、文字通顺，客观公正、真实生动地反映现实的变动。

校对人员要具备一定的政治理论水平、较高的文化修养、出版印刷的业务知识、严肃认真的工作态度和一丝不苟的工作作风，耐心、细致、扎实，责任心强。

1. 传统编辑工作中的校对方法

传统编辑工作中的校对方法有以下几种：

（1）折校法

折校法是将原稿与打印稿进行比照，找出并修改异同。该方法适用于没有改动或改动很少的原稿(最适合翻版稿)。

（2）点校法

点校法是将原稿放在左边，校样放在右边，先读原稿，后看校样，左手指着原稿上要校对的文字，右手执笔，逐字逐句校对，长句可以分为两三段校对。该方法适用于改动较大的原稿，或者原稿与校样横竖不一的情况。

（3）读校法

读校法是指一个人朗读原稿文字，另一个人看着校样进行核对改正。读稿人口齿要清晰，校对人要避免跳行漏行。该方法适用于原稿抄写比较清楚、内容比较浅显、格式不太复杂的稿件。

（4）人机结合校对

人机结合校法是指采用计算机软件对电子文本进行自动校对，然后采用人工方式对校样进行二次校对，输出校样后由机器再次进行校对。机器校对具有速度快、准确率高等优点，特别适合于校对常见错别字、专名错误和成语错误，可以消除30%以上的常见错误，有利于减轻校对负担。

2. 网络编辑工作中的校对工作

目前的网络编辑工作同传统编辑工作相比，在校对方面有四个突出特点：

① 编校合一，校对工作完全依赖编辑个人。没有传统编辑工作中的印刷厂校对、出版社专职校对和作者自校类型；至多做出“两个编辑负责一个频道的，要互相将另一人的稿件复审一遍；三人组成的，则分工复审”等规定，而这样的规定遇到时效性要求时，将无异于一纸空文。

② 只有校样，没有原稿。校对以校是非为主，最后定稿与否完全由编辑瞬间决定，没有理性思考的时间。

③ 网络文稿错误更多，文稿编辑更易出错。网络文稿可说是录排差错与写作差错合二为一。电子文本的下载、复制离不开格式转换，转换中往往出现意想不到的格式问题、字体字号问题。

④ 编辑时效性要求高。如重大事件新闻稿的发布几乎要求与新闻同步。网络的互动性建立在时效性基础之上，如何保持高质量与时效性之间的平衡仍是网络编辑工作者需要思考的问题。

网络编校没有原稿、校稿之分，时效性要求很高。传统校对法中点校法、折校法与读校法三种方法因需要原稿与校稿配合使用，在网络编校中失去了用武之地，可以寄希望的只有电脑校对法。

因网络文稿文本都已电子化，电脑校对是一种理所当然的选择。但电脑校对软件再先进也不是万能的，对之不能寄予过高的期望，它只是校对者手中掌握的一种工具，辅佐校对者，而不能取代校对者。

3.2　网络文稿标题制作

3.2.1　网络文稿标题的构成要素

1. 主　题

网络稿件标题的主题又叫作主标题或标题句，用于揭示稿件内容中最重要的信息和概括稿件的中心思想。一般而言，它是一个句子或词组，能够表达一个完整的概念或意思，在标题中字号最大，地位也最显著。2020年3月21日新浪新闻中心要闻版的新闻标题如图3-1所示。

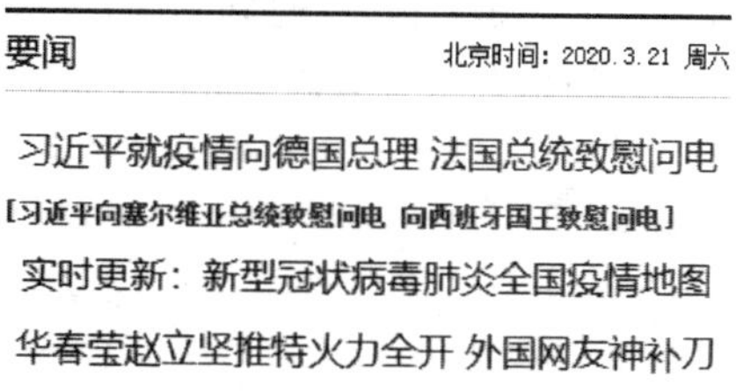

要闻　　北京时间：2020.3.21 周六

习近平就疫情向德国总理 法国总统致慰问电

【习近平向塞尔维亚总统致慰问电 向西班牙国王致慰问电】

实时更新：新型冠状病毒肺炎全国疫情地图

华春莹赵立坚推特火力全开 外国网友神补刀

图3-1　新浪网-新闻中心要闻的标题

主题已成为网络稿件标题最主要的存在形式，可以说，没有主题的支撑，就没有网络标题的存在。

2. 小标题

当网络稿件所反映的事实比较复杂，由几个方面构成或稿件事实的发展可以划分为几个明显的阶段时，往往就需要使用小标题，这种情况在网络专题中运用得比较多。如新浪网新闻专题中标题为“革除滥食野生动物陋习”的报道，网页上出现一系列小标题，如图 3－2 所示。

图 3－2 新浪网-革除滥食野生动物陋习多角度报道的小标题

小标题在内容上可以提炼稿件正文的内容，提示稿件内容要点，同时也对主题进行补充和延伸。在形式上，小标题又可起到将复杂的内容连接起来的作用。

3. 准导语

准导语是指位于主标题之后的一段文字，它一般用于比较长或者比较重要的稿件中，以一段较为具体的话对标题做出解释或提纲挈领地概括稿件的主要事实、做法、经验或问题等，作用类似于消息的导语。这段文字与主标题同时出现在网站的主页面或频道的主页面，内容有时与网络稿件正文的导语相同，有时则不同，故称其为准导语。如中国经济新闻网针对 2020 年 3 月 19 日多地发放消费券刺激消费复苏的报道，就在主标题下附加了准导语，如图 3－3 所示。

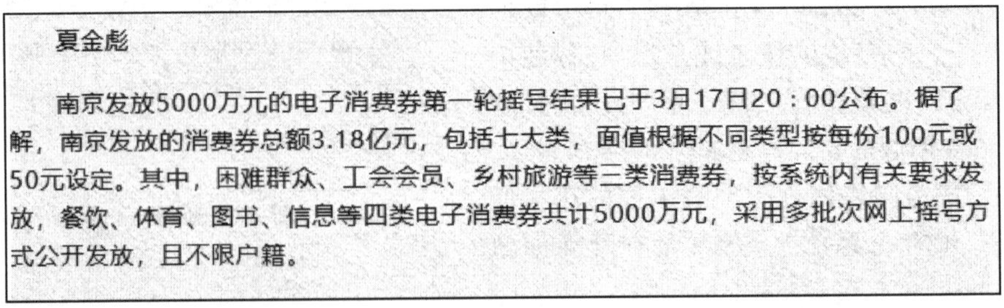

夏金彪

南京发放5000万元的电子消费券第一轮摇号结果已于3月17日20：00公布。据了解，南京发放的消费券总额3.18亿元，包括七大类，面值根据不同类型按每份100元或50元设定。其中，困难群众、工会会员、乡村旅游等三类消费券，按系统内有关要求发放，餐饮、体育、图书、信息等四类电子消费券共计5000万元，采用多批次网上摇号方式公开发放，且不限户籍。

图 3－3 中国经济新闻网-多地发放消费券刺激消费复苏的准导语

准导语与新闻标题处于同一页面，可以补充网络文稿标题因字数限制造成的信息量不足的情况。据美国学者尼尔森研究发现,人们在网上阅读新闻的时候通常采用快速阅读的方式,即力求在 15 秒的时间里找到要看的信息要点。网民通过准导语可以了解文稿的核心内容信息,这样能够增加网络文稿的点击率,还符合受众的阅读习惯。统计表明,由于网站页面容量的限制,不可能每条网络文稿都要编排准导语,只能选择最重要的几条文稿编排准导语。

4. 题 图

网络稿件标题的题图主要包括照片、图表、漫画、动画等形式,其作用在于解释标题、引起网民注意、引导网民阅读。

图片运用得好,能够活跃页面,还能够调节网民的视觉疲劳。但是图片的运用应该有所节制,由于图片占用的储存空间比较大,这就意味着网页中图片的数量和质量会影响信息传输的速度。图片过多会使一个网页长时间打不开,网民会因为等待时间过长而放弃阅读。因此,网络文稿标题中出现的图片一般较小,数量也不宜太多。

另外,需要注意题图的文字说明。因为图片展示的是事件发生的瞬间,很难全面地将整个事件表达清楚,这就需要文字的配合将事件的来龙去脉讲清楚,这些文字说明起到了画龙点睛的作用。但注意在撰写时要简明扼要,同时还要给网民留下思考的空间。如 2020 年 3 月 20 日成都一火锅店打造的"隔离火锅"吸引了一些顾客前来尝鲜,新浪网关于这种特殊用餐形式进行了图片报道,如图 3-4 所示。显而易见,图片更具有现场感和表现力,更能彰显新闻标题内容。

图 3-4 新浪网-成都现"隔离火锅"布帘包围保障就餐安全的新闻图片

5. 附加元素

与传统媒体标题构成不同,网络稿件标题还可能出现其他附加的元素,这些元素主要包括以下几个:

(1) 随文部分

随文部分是指主标题下标明的稿件来源、发布日期、发布时刻等内容的部分。随文部分一般在网站主页面中出现较少,但在内容页中几乎每篇稿件正文前都有。图 3-5 所示的是 2015 年 4 月 4 日新浪新闻频道标题为"李克强:中国装备走出去要防恶性竞争"的报道,其中文字"2015 年 04 月 04 日 00:59 京华时报"是随文部分。

图 3-5 新浪网-内容页主题下随文部分

(2) 主观标示

主观标示是指网络编辑在发布稿件内容信息时为该稿件标题所贴的特定的评价或示意符号,这是编辑评价稿件、表达编辑意图的一种特殊手段,如加上"news"表明新闻刚刚上传。不过,随着网民价值取向多元化和网上搜索信息技术的日益成熟,此类标记正在减少。

(3) 效果字符

效果字符是指通过技术手段使标题发光、移动或变换色彩等,使之成为动态字符,以吸引眼球,提高点击率。其中比较常见的是变换标题色彩,用以突出某一篇或几篇文章,从视觉上吸引网民关注,如当鼠标指向某一新闻标题时,字体颜色由黑色变为红色。

3.2.2 网络文稿标题的特点

网络稿件标题的特点除了受文体固有特点的影响外,还与网络传播的特性紧密联系在一起。因此,与传统媒体的标题相比,网络稿件标题主要体现出以下特点:

1. 题文分开

与传统稿件正文紧随标题之后不同的是,网络稿件标题和正文处于不同的页面,当网民对某则稿件感兴趣时,只有点击标题才能进入相应的稿件正文。这种题文分开的特点使得网络稿件内容对于标题具有很强的依赖性,也就是说,网民往往通过浏览标题来决定是否要阅读这则消息。如果标题不吸引人,没有引起网民点击的欲望,接下来的信息传播就无法得到实现。因此,网络编辑要设法通过提炼和突出标题来揭示稿件内容的要点。此时,编辑要注意标题内容的"藏"与"露"问题。标题内容"藏"的过多,甚至故弄玄虚,就会引起网民的疑问,有些网民因为无暇点击而忽略了这条内容信息;标题内容"露"的过多,下一层次的内容信息便失去了吸引力。因此,在制作标题时,对于"藏"与"露"的程度,编辑要灵活处理。

2. 超文本链接

网络区别于传统媒体的一大特征就是网络超文本技术的使用。网络文稿标题的超文本链接主要体现在两个方面:一是标题和文稿正文以超文本链接的方式出现,即网站的主页全都由标题组成,标题按照重要性的大小排列,这些标题通过超链接的方式与下一级页面相连接;二是文稿正文后面出现与稿件相关的标题或内容的链接,这些链接可能在内容和逻辑上与原来的稿件存在某种联系,如是文稿内容的延伸和拓展,或是相关背景和资料的补充等。

超文本链接的编排形式为网民提供了更为丰富的背景材料,为稿件向广度和深度方面的拓展提供了技术上的可行性。

超文本链接虽然打破了传统媒体线性阅读的限制,但是以这种方式阅读网络文稿也存在一些问题。首先,大量信息的提供超出了网民的承受能力,使得网民在选择信息时出现困难;其次,网民在超链接中点来点去,尤其是一些与当前信息无关的超链接,很容易使网民无法回到当前的信息中,偏离阅读目标,造成时间的浪费。

3. 多为单行

报纸的标题一般采用多行题,报纸的标题有引题、主题和副题等几种。这种多层次标题用在报刊上,可以充分发挥标题的提示内容、吸引阅读和变化版面排列的作用,是很有效的编辑手段。但在网络传播的环境下,网络文稿的标题多为单行题,其原因在于:一方面是受网民阅读习惯的制约,多行题容易分散网民的注意力,需要网民换行阅读,会增加网民的视觉负担,使其产生厌烦感;另一方面是受网页显示面积有限的制约,在网络上,一般不允许一条标题占很宽的版面,加上网络标题的位置空间是以行的长度为限,一般不使用多行题。网络新闻标题一行控制在20字以内为宜,且最好能以空白或标点分开,每个标题控制在7～10个字,这样受众一眼就可以将新闻标题尽收眼底。

新浪网新闻中心2020年3月21日主页上的新闻标题如图3-6所示,所有标题都是单行标题。国内新闻网站多采用这种标题模式，即用一句话概括出报道的主要内容，网民如果感兴趣就可以点击进入这条新闻的详细报道页面。

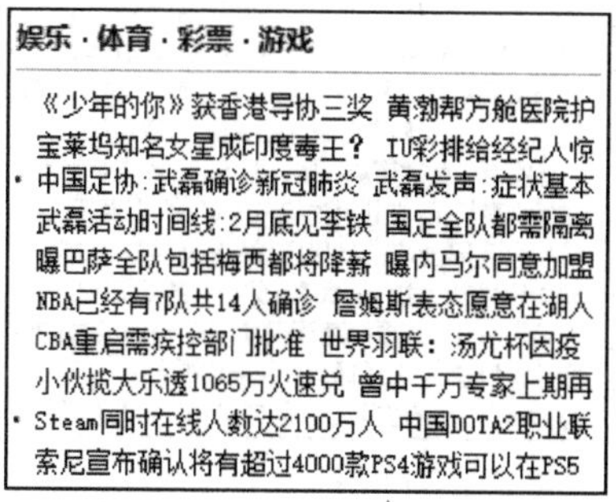

娱乐·体育·彩票·游戏

《少年的你》获香港导协三奖　黄渤帮方舱医院护
宝莱坞知名女星成印度毒王？　IU彩排给经纪人惊
· 中国足协：武磊确诊新冠肺炎　武磊发声：症状基本
武磊活动时间线：2月底见李铁　国足全队都需隔离
曝巴萨全队包括梅西都将降薪　曝内马尔同意加盟
NBA已经有7队共14人确诊　詹姆斯表态愿意在湖人
CBA重启需疾控部门批准　世界羽联：汤尤杯因疫
小伙揽大乐透1065万火速兑　曾中千万专家上期再
· Steam同时在线人数达2100万人　中国DOTA2职业联
索尼宣布确认将有超过4000款PS4游戏可以在PS5

图3-6　新浪网-新闻中心2020年3月21日主页上的新闻标题

4. 宁实勿虚

从内容上分，网络新闻标题分为实题和虚题。实题是指具有新闻要素的标题，包括人物、时间、地点、事件、原因、结果，如标题“奥巴马签署7 870亿美元经济刺激计划”。与实题相对的虚题是指通过评价新闻实事的意义、成就和性质来揭示本质，给人以指导和启迪。虚题中基本上无具体的新闻要素，如标题“卷里品人生　书香飘申城”。

网络标题多以实题为主，原因在于：

① 网络标题的基本职能在于传播信息、评价信息、引导网民。因为报纸是平面阅读，可以有引题和副题的补充，因而虚题较多；而网络新闻标题大都是一行标题，如果这一行标题是虚题，就可能会使受众一头雾水、不知所云。

② 从网民上网了解信息的心理来看，网民阅读新闻首要目的在于了解外界发生了什么，从中获取信息，或主动寻找相关信息，对信息评论的了解相对居于次要位置。

③ 从网络新闻的阅读特点来看，虚题会使受众一时难以理解，如果是报纸，受众可以通过迅速浏览正文来了解新闻信息，但在新闻网站中，网民则需要进一步点击，进入下一个页面才知道报道的具体内容，这样给受众选择并了解新闻信息造成了困难。

5. 多媒体优势

多媒体技术是一种把文本、图形、图像、动画、声音等形式的信息结合在一起的信息技术。在传统的媒体中，报刊以文字为主，广播以声音为主，电视以声画为主。由于文本、声音、图像的分离，传统媒体稿件标题的表现形式单一。多媒体技术打破了文字、声音、图像之间的界限，将三者有机融合在一起，编辑在制作网络标题时可以有更大的发挥空间，如对一条新闻半信半疑时，编辑就可以配上图片，发挥“眼见为实”的作用。网民可以根据自己的需要对同一条信息内容反复阅读和视听。因此，网络稿件标题和多媒体的结合是一种越来越受欢迎的方式，图像、文字、声音相结合的标题，在各大网站的新闻主页上常在新闻标题后提示“图”“音频”“视频”或相应的小图标。

案例3-3：浏览2020年3月21日新浪网新闻中心主页的一部分新闻标题，如图3-7所示。

案例分析：可以看到在标题“金麒麟分析师荀玉根：抄底买什么？”前面加入了直播间的图标和文字，提示该新闻此时正在直播过程中，用户能实时观看，很好地吸引了用户注意力。而

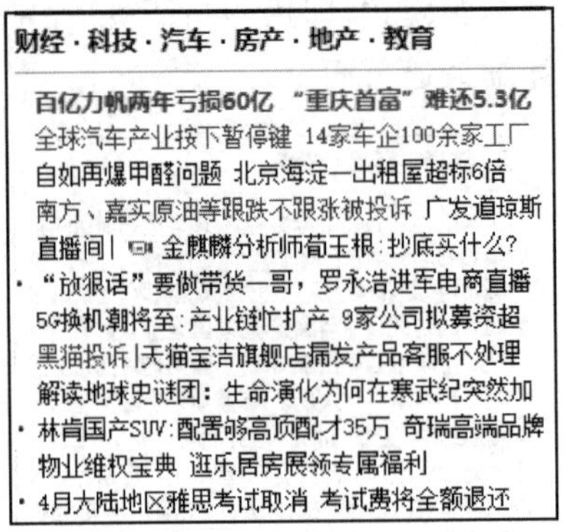

财经 · 科技 · 汽车 · 房产 · 地产 · 教育

百亿力帆两年亏损60亿 “重庆首富”难还5.3亿
全球汽车产业按下暂停键 14家车企100余家工厂
自如再爆甲醛问题 北京海淀一出租屋超标6倍
南方、嘉实原油等跟跌不跟涨被投诉 广发道琼斯
直播间| 金麒麟分析师荀玉根:抄底买什么?
· “放狠话”要做带货一哥，罗永浩进军电商直播
5G换机潮将至:产业链忙扩产 9家公司拟募资超
黑猫投诉|天猫宝洁旗舰店漏发产品客服不处理
解读地球史谜团：生命演化为何在寒武纪突然加
· 林肯国产SUV:配置够高顶配才35万 奇瑞高端品牌
物业维权宝典 逛乐居房展领专属福利
· 4月大陆地区雅思考试取消 考试费将全额退还

图 3-7　新浪网-新闻中心主页的部分新闻标题

在标题“天猫宝洁旗舰店漏发产品客服不处理”前加入了“黑猫投诉”专题字样，为网友了解系列新闻报道提供集中渠道，减少了额外搜寻的时间。

3.2.3　网络文稿标题的功能

标题是稿件的眼睛，在网络环境下尤其如此。标题是网络文稿信息发生作用的起点，是网络信息被受众接受的必经途径。网络文稿的标题具有以下功能：

1. 索引选择信息

网络新闻标题的索引功能主要是针对标题对网民的作用而言的。网络传播环境最大的特点在于海量的信息，每一个网站主页的新闻多达上百条，每条新闻后面又都有数十条以上链接的相关新闻。对于网民来说，他们需要在信息海洋中以最快的速度获得更多的有用信息，希望一眼就能找到自己关心的新闻，在正文没有出现的情况下，标题成为他们选择信息的向导。受众通过标题按图索骥，选择阅读相关的新闻全文。

索引功能还表现在众多的新闻网站都将新闻标题作为搜索引擎的一个方面，如新浪网新闻频道的搜索引擎中就有新闻标题一栏，如图 3-8 所示。

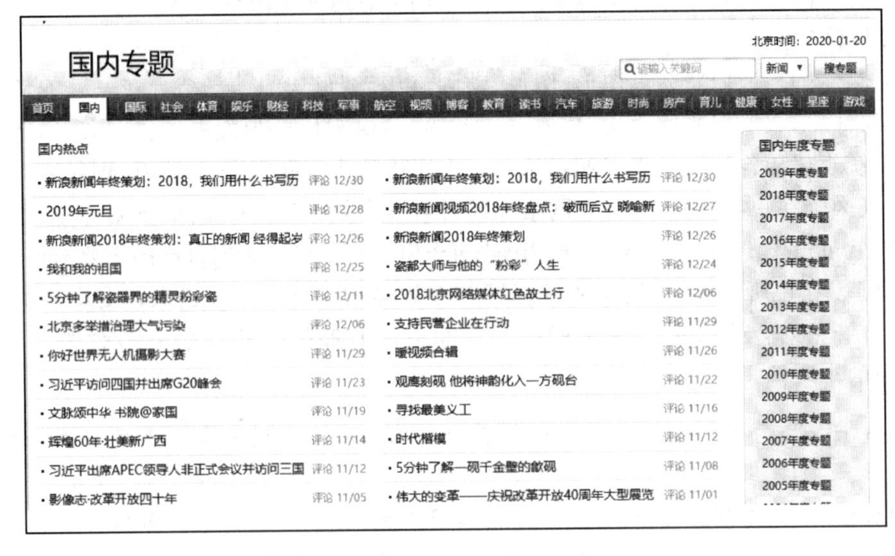

图 3-8　新浪网-信息的索引功能

2. 提示信息内容

随着现代人生活节奏越来越快，人们的时间和精力有限。因此，网民在接受网络信息时较传统媒体的受众显得更加的主动、更加迅速、更加感性。除非是重大事件、个人兴趣点所在，他们往往只关注发生了什么新闻，而忽略新闻的细节。因此，网络编辑在制作新闻标题时，就要以最简练的文字将新闻事实中最具有新闻价值的那部分内容概括出来，使受众不需要点击出新闻正文就能对新闻事件中最重要的方面有所了解。如新浪网国内新闻中心 2020 年 3 月 15 日标题为“山东小规模纳税人增值税征收率由 3%降为 1%”的报道，通过标题就可以知道新闻产生的地点，具体内容，由此感受到新闻标题的明显传播作用。

3. 吸引网民

网络标题多为单行题，作为连通网络信息内容与网民心灵的桥梁，应力求吸引更多的注意力，吸引网民点击标题和阅读正文。因此，吸引网民是网络标题的基本功能之一。吸引网民眼球注意力的因素多种多样，具体来说，下面的标题更易吸引网民的注意力。

(1) 标题点出新奇事

如图 3－9 所示的新华网的一则标题，该标题是相当有吸引力的，因为此事十分新奇，能引起网民的兴趣，且有许多悬念：模特过瘦也是错？法国这样另类的法案是基于什么样的意识形态？朴实无华的标题里，透露出信息本身无穷的新奇性。

法国国民议会投票通过法案 禁止模特过瘦

2015年04月04日20:10 新华网　76

图 3－9　具有新奇性的标题

(2) 标题披露熟悉而陌生的事件细节和内幕

如图 3－10 所示的网易新闻中心的一则标题，这个标题会引起网民的好奇心，网民很可能会情不自禁地点击标题进入正文看个究竟，看看明星的服装到底与普通服装有什么不同。

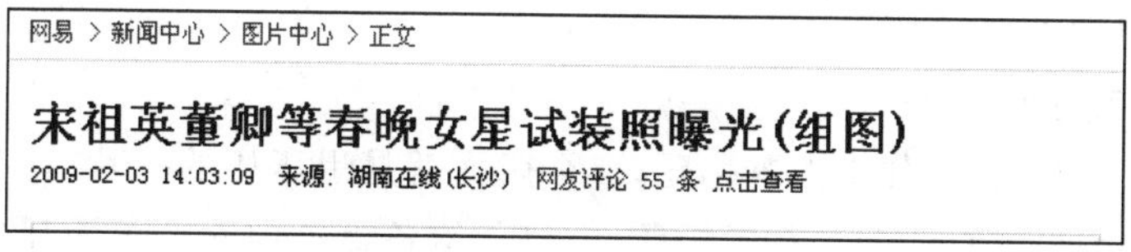

网易 > 新闻中心 > 图片中心 > 正文

宋祖英董卿等春晚女星试装照曝光(组图)

2009-02-03 14:03:09　来源：湖南在线(长沙)　网友评论 55 条 点击查看

图 3－10　揭露内幕性的标题

(3) 标题紧扣重大事件的最近动态

如图 3－11 所示的网易新闻中心的一则标题，这个新闻标题无疑会引起强烈的关注。这种紧扣重大事件报道的标题编辑模式无疑大大增加了新闻的传播性。

网易 > 新闻中心 > 国内新闻 > 正文

四川急查“夺命双黄连” 暂未发现问题注射液

2009-02-17 12:24:53　来源：四川在线(成都)　网友评论 10 条 点击查看

图 3－11　公众关心的重大事件的标题

(4) 标题语言富有个性特色

图 3－12 所示的是人民网的一则标题，在语言形式上富有个性特色的网络标题能打动相当多的网民心扉，进而促使他们点击标题阅读正文。

风暴眼：衡水中学魔鬼十八式如何炼就学霸？

2015年03月11日18:06　我有话说(11771人参与)

图 3－12　语言富有个性特色的标题

值得注意的是，吸引网民点击是一方面，但为了吸引网民点击，在标题制作中绝对不能故弄玄虚的煽情，弄一些"假大空"、色情暴力的标题信息来吸引网民的眼球。

4. 评价信息内容

评价信息内容是指在概括网络稿件内容的基础上，通过揭示稿件内容的本质，引导网民理解稿件内容的意义，或直接对稿件内容表明态度和立场，给网民以启迪，引起网民共鸣，以达到舆论引导的作用。

从内容意义上说，标题对新闻信息的评价作用可以分为两种：显性的引导评价和隐性的引导评价。

(1) 显性的引导评价

显性的引导评价指在网络文稿标题中直接发表评论，表明立场或者直接得出一个态度鲜明的结论。如人民网 2020 年 3 月 15 日发表评论，标题为"人民网评：美式人权没有做到'言行一致'"，对于美国关于人权问题的双重标准的做法，该评论点明观点，明确表明其不当所为，直接表明立场。

(2) 隐性的引导评价

隐性的引导评价往往不直接表明立场，而是通过对文稿内容信息的选择或者在标题中用一些倾向性的词语表现网站的态度。如参考消息公众号 2020 年 3 月 14 日发表标题为"大快人心，终于有地方出重拳了！"的评论，面对境外疫情的来势汹汹，地方政府出台相关政策进行强力管控，"大快人心""重拳"等词展现了编辑对文中讲述政策的高度认同态度。

5. 丰富美化页面

标题是新闻的"眼睛"。如果没有标题，整个版面就是黑压压的一片。一大堆稿件堆放在一起，谁与谁相接就很难看清楚。有了标题，就等于给各篇稿件安上了明显的标志，稿件之间的分界也就一目了然。

在网络媒体中，网站主页面大都是由标题组成，标题的形式、结构和排列是主页面构成的重要因素，也是美化页面的重要手段。因此，利用好网络稿件的标题，对于网站的页面美化起着很重要的作用。这些作用主要表现在以下两个方面：

① 使页面条理清晰、层次分明。每个页面上，不管是主页面还是二级页面，其标题都是单行实题，字数相近，排列有序。网民在浏览时赏心悦目、一目了然。同时，网站还通常把相同或相似的稿件组成一个个专栏或专题，并有一个大标题，这几个大标题起分类的作用，使得网站页面整齐、美观。

② 使页面有声有色、丰富多彩。网络文稿的标题在编排时可以通过字符、色彩变化使页面变得丰富多彩。网页和报纸的版面有很多相似的地方，如同报纸版面的编排一样，网络文稿

标题的排列也应该遵循对比、平衡、统一、节奏等符合人们视觉习惯的原则。这样的页面才能够吸引网民，使其能够点击标题阅读相关的内容。

6. 体现编辑风格

每个网站都应该有自己的个性，这样才能把自己和其他的网站区分开来，才能满足不同受众的品位和需求。网络文稿的标题就是形成网站风格个性的重要手段，如人民网主页新闻标题的主色调为蓝色，体现出作为国家权威媒体的庄严和成熟。

3.2.4　网络文稿标题的制作原则

1. 题文一致

所谓题文一致是指网络标题与网络稿件内容相一致，这是制作标题的基本要求。题文一致性主要包含两层意思：

（1）基本内容一致

网络标题的基本内容要与稿件正文内容完全一致，既不可虚构，也不能添油加醋，特别是那些概括性标题，对内容的概括切不可顾此失彼。

（2）标题的论断在新闻中要有充分的依据

标题中的论断可以“借题发挥”，但是在文中必须要有充分的依据。有的网站为了吸引受众，拟制了一些以偏概全、夸大事实、耸人听闻的标题，误导了受众。

2. 简洁凝练

大众传播中，简明的样式总比复杂的样式更能吸引受众的注意，因为简明的样式能清晰快捷地被感知并首先成为被注意的对象，而复杂的样式由于难于感知并形成印象就可能被受众有意忽略或搁置不理。简洁凝练主要体现在概括性强，言简意赅；字斟句酌，去掉多余的词句；巧用简称等。

3. 具体准确

网络文稿标题最主要的功能就是向受众传递信息，这就要求网络文稿标题不仅要准确、符合实事，还要具体、详细。

（1）准　确

新闻的本质要求新闻必须真实地反映事实的本来面貌，标题对新闻正文准确表达是新闻真实性的一个要素。网络新闻标题的准确性原则主要包括对新闻事实的概括准确，对新闻事件发生的时间、地点等新闻要素描述准确，对新闻事件的评述要掌握分寸和度，用词准确。

（2）具　体

所谓具体即在网络稿件涉及的多个事实信息中，只选取其中一个或几个重点事实信息放在标题中加以强调。网络信息传播多以动态信息为主，因此，标题应以何人、何事为主，尤其以何事为中心。要使标题做到具体，应多用名词和动词，少用形容词和副词；应言之有物，有内容，切忌空泛；应用数字或定量的词代替定性的、笼统的说法。

4. 突出亮点

目前，国内商业网站还没有独立的采访权，大部分稿件都是转自传统媒体，如何让稿件从众多同质的稿件中脱颖而出，这就要求网络编辑在制作稿件标题时，要从众多信息内容中凸现出亮点。

一般说来,有必要凸现亮点的内容包括最新的、最重要的、最显著的内容,广大网民所不知晓的内容,新异、反常的内容,与广大网民关系密切的内容,在社会上已经产生重大影响的内容,突出新闻事件中最有趣的内容等。

5. 亲切贴近

亲切贴近主要是指文稿所包含的信息与受众的心理和地理距离越接近,就越易受到人们的关注。在网络媒体中,随着交往空间的扩大,贴近性原则已经不仅仅局限于地域的接近性。有着共同兴趣爱好的人们不管在物理空间中存在多大的距离,在网络的世界中都可以"类聚"和"群分"。因此心理的贴近性原则成为网络文稿标题制作的一个重要原则。

6. 新颖生动

要想吸引受众,除了要有实质性的内容外,表现形式也是很重要的。新颖生动的标题不仅能够从标题丛林中脱颖而出,而且能给人留下深刻的印象。

(1) 立意要新

所谓立意,就是要立思想、立见解、立主张,这就要求编辑站得高、看得远,"见别人视而不见之物","明别人知而不明之理"。

(2) 角度要新

"横看成岭侧成峰,远近高低各不同",这是说因为角度的不同庐山会显示出不同的形态。编辑看问题的角度不同,写出的新闻稿件的侧重点也会不同。制作标题同样如此,编辑在制作网络标题时就要注重这些不同,做出独树一帜的新闻标题来。

(3) 语言要新

新闻标题的语言应该具有清新的风格才能吸引网民的视线,陈词滥调的套话只能引起人们的反感。如今新闻报道创造出的许多新名词已经成为人们生活词语中的一部分。

3.2.5 网络文稿标题的制作技巧

案例 3-4:浏览一则标题。

三十一位同窗友　二十五年祁连月

访北京地质学院的一批老大学生

案例分析:这篇新闻报道写的是北京地质学院石油专业的三十一位同届同学毕业后一起在大西北工作了二十五年,这是前所未有的新鲜事,标题应该把重点放在这个上面。作者做的原主题是"二十五年祁连月"一句话。编辑感到原稿的主题太虚,而且没有把这篇通讯最有新意、最精彩的内容表现出来。因此,经过斟酌,编辑把通讯的主题改为"三十一位同窗友　二十五年祁连月",副题仍是"访北京地质学院的一批老大学生"。这样,主题副题,有虚有实有新意,而且内容完整,把通讯的精华处提纲挈领地表现出来了。

网络文稿标题的制作并不是对新闻内容的简单再现,而是一门综合艺术,有着一定的技巧和方法,它既包括对网络文稿所包涵信息内容的简单提炼和概括,还包括对标题形式的编排和美化。

1. 内容的提炼和润色

(1) 长短控制,字数适中

网络文稿标题中一般不使用标点符号,常以空格来进行断句,所以必须把握好标题的长度和字数，遇到表意复杂的长句标题时，可将之简化为短句。

不过标题也不能太短，太短了网民读题时，眼睛需要频繁地上下移动视线，易造成阅读顺序的混乱。有实践表明，人们阅读文字时，眼球跳动是感知不到文字的，而一旦眼睛停留阅读大致能感知 6～7 个汉字，若长一些则需要加标点或空格来“换气”，因此，网络标题最好控制在 16～20 字之间，且中间最好用空格分成两部分。图 3 - 13 所示的是 2015 年 4 月 6 日网易新闻主页上的新闻标题，这五条网络标题的长短和字数控制的比较恰当，每条标题的总字数不过 20 字，中间用空格隔开，方便阅读。

- **毛新宇一家回韶山扫墓 观看毛泽东主题演出(图)**
- 南京遭虐男童因家穷而被过继 养母系其亲戚
- 湖北黄冈中学辉煌不再 近14年再未出过省状元
- 北京前门刘老根会馆将恢复营业 不雅泥塑未拆除
- 浙江环卫工被曝因拒绝拆迁被烧死 警方称仍在调查

图 3 - 13　网易新闻主页上的新闻标题

（2）单行实题，虚实兼顾

虚与实的标题是从标题内容上划分的。新闻标题的“实”其特点是叙事，即直接表明新闻主要事实，包括事件、人物以及情节等材料或数据。新闻标题的“虚”是指深入新闻事实的本质，议论新闻的意义，包括思想、观点、看法、意见等。

新闻标题要以实为主，即使是就实论虚的标题，也要辅助交代具体事实。因为标题过实，缺乏悬念，有可能使网民丧失继续阅读的兴趣。反之，标题过虚，故弄玄虚，网民看不明白，也同样会打消网民点击的积极性。所以，如何做到既准确高度概括稿件内容，又能吸引网民继续点击阅读，体现网络编辑的业务水平。如“青工黄汉杰创新有功上黄山”这一虚实结合的标题中，既有虚的成分“创新有功”，但也有事实的交代“黄汉杰上黄山”。

（3）赋予标题文采

① 巧用动词

动词是汉语词汇中最活泼、最富于表现力的因素，它善于描摹事件的发展、变化，善于表情达意。一个生动、富有个性的动词，常常会引起网民无穷的联想。如在标题“姑娘的绣球抛给谁?”中，用“抛”这个活跃的动词，把姑娘求偶心切和忸怩不决的情形活灵活现地勾勒出来了。

② 用数字、字符说话

数字的恰当运用可以使稿件信息中抽象的叙述变得形象生动，可以突出重要的信息内容，如标题“投资一万八，购机十七台，服务千余户”，这是报道苏善和成为深受农民欢迎的农机专业户一文中的标题，三个数字一环套一环，有投资才能购机，购了机才能服务。

③ 吸取成语、谚语、口语、外来语、方言、流行歌曲、影视剧等词句

如使用成语的标题“从‘孔融让梨’谈起”，谚语的标题“滴水之恩　涌泉相报”；口语的标题“远亲不如近邻”；外来语的标题“日本卡拉 OK 难言 OK”；方言的标题“大老齐成了‘香饽饽’”；流行歌曲的标题“不要问我从哪里来”；影视剧的标题“冲出重围”；戏剧的标题“‘玉堂’迎春”等。

④ 善用各类修辞手法

修辞手法包括比喻、对比、比拟、借代、反复、对偶等。修辞手法在网络文稿标题中的使用主要是增强标题的可读性和感染力，网民在阅读时能够产生美的感受。如标题“冷同志热心肠”采用了双关的手法；标题“‘秋老虎’仍然不下山”采用的是比喻的修辞方法；标题“树先烈丰

碑　继革命传统　立四化壮志”采用了排比的修辞方法。

⑤ 用诗词佳句

中国是一个诗词王国，恰当地引用或仿拟古典诗词佳句，可使标题言简意赅，情意盎然，如标题“乡人具米酒　邀我到田家”，副标题是“华西农村旅游中心首次接待外国旅游者”，这是引用唐代诗人孟浩然《过故人庄》中的“故人具家黍，邀我至田家”，这条标题把它借用过来，改了几个字，不仅保存了原诗的韵味，还赋予了新的意义。

2. 形式的编排和美化

(1) 采用不同的字体、字号和标点符号

不同字号、字体的标题，其强势和风格各异。字体主要分为宋体、楷体、黑体、仿宋体等，不同字体给网民的感觉是不一样的，如黑体字型方整，给人的感觉是沉重醒目，雄劲有力，适用于表现严肃庄重的内容，其表现强度要强烈些；仿宋体笔画清瘦，适用于表现秀美典雅的内容，其表现强度要弱一些。对于字号来说也是如此，大字号要比小字号更具有强势，加粗比细笔更有强势。所以，根据标题的内容和特点，利用字符的不同表现强度，恰当地运用字符设计，使网民从视觉上能感觉到网络稿件的不同特点和重要程度。

(2) 美术手段辅助变化

运用好色彩、题花、线条等美术手段能达到文字达不到的效果。

① 有效运用色彩

色彩是除了文字和图片之外使用较多的一种编排手段。色彩是一种隐性语言，能够给人们不同的视觉感受和心理效果。网络编辑可根据标题内容和特点选用不同的色彩，如红色代表喜庆、热情，蓝色代表冷静、逻辑，黑色代表庄严、肃穆，黄色代表明亮、希望，绿色代表生机、活力。网络编辑在制作标题时，要根据标题内容和特点选择不同的色彩，但千万不用乱用。目前，大多数的网站以黑色和蓝色为主，也有通过色彩对比来突出重点的标题。

② 合理运用题花、线条

运用题花和线条是传统纸质媒体修饰和美化版面的重要方法。在网络媒体中，题花、线条这方面的作用有些弱化，它们主要用来区分稿件，使版面更加清晰，便于阅读。

(3) 区分主页标题和网页内标题

一般来说，网站采取二级或三级页面设置的方法。为了节约页面空间，主页标题多采用单行实题的形式，而在二级、三级页面的标题可更详细些，即可借鉴报纸标题的特点制作复合型标题，也可采用标题加内容提要的形式。这样便形成从主页标题的简洁醒目，到网页标题的具体明确，到稿件正文的详尽深入，再到相关背景资料和稿件内容链接的广泛扩展，层层递进，构成信息网络，尽可能给网民提供全方位的信息报道。

(4) 当日最重要的标题应被特殊处理

当日最重要的标题应被特殊处理，最醒目的应凸现在网站的主页面上。具体的方法主要是加粗加大标题，运用色彩对比突出标题，运用粗体＋准导语、图片＋标题、图片＋标题＋准导语等形式突出该文稿。

3.3 内容提要制作

因为网络新闻的标题和正文不在同一页面上，网民一般通过标题和内容提要所提供的信息提示判断是否有阅读的必要。然而由于标题字数有限，所以只有通过内容提要来弥补标题信息的不足。

3.3.1 内容提要的概念

内容提要是以简要的文句，突出最重要、最新鲜或最富有个性特点的事实，提示新闻要旨，吸引读者阅读全文的消息的开头部分。与标题相比，内容提要更详细，传达的要素更多，但与正文相比，它又要简短得多。

由于网络新闻的层次化的写作特点，内容提要的运用越来越普遍。

1. 内容提要运用的主要场合

内容提要主要运用在以下场合：

① 在导读页紧接标题出现。导读页包括网站的首页、频道的首页或栏目的首页等，在这些导读页中出现的内容提要通常适用于重要的稿件。

② 在正文中出现。这类内容提要通常在正文中每一段落前出现，可以提示该段落的主要内容。

③ 在正文页的标题后出现。这时，内容提要是作为标题和正文之间的过渡。

2. 内容提要的作用

内容提要的作用是将新闻或文章中最主要、最核心的内容，提纲挈领地概括出来，起到补充标题、提供梗概、吸引受众继续点击阅读的作用。

① 吸引读者点击。由于字数的限制，很多标题难以充分揭示稿件中的各种重要信息及要素，因此，仅靠标题还不足以吸引读者。如果在稿件的标题后加入一段内容提要，就可以在一定程度上弥补标题本身的不足，更好地吸引读者的注意力。

② 解释稿件的精华。在网络的阅读环境中，大多数人都不愿意阅读过长的文章，或者在阅读长文章的过程中不容易抓住文章的要点。而由编辑加工制作的内容提要可以帮助读者迅速获取文章中的精华，同时也起到一定的导读作用，使人们更有目的地阅读全文。

③ 调节阅读节奏。在标题与正文之间或者正文的各个段落之间加入内容提要，还可以在一定程度上调节读者的阅读节奏，使他们的视觉有一个暂时的停顿，这样会获得更好的阅读效果。

案例3-5：浏览2015年4月6日新浪国内新闻中的一则报道，分析其内容提要的作用。

广东佛山400亩松林被陵园大火引燃连烧5小时①

前昨两日，清明扫墓迎高峰，市民拜山祭祖燃烧纸烛，又因气候炎热，导致粤港多地山火频发。据消防部门反映，截至目前，暂未接到人员伤亡的报告。接连不断的山火令公安民警、消防官兵、民兵和市民疲于扑救。各地公安、消防部门呼吁市民文明祭祀，拜山烧纸烛等火熄灭

---

① 资料来源：http://news.sina.com.cn/c/2015-04-06/052931684864.shtml.

再离开,切忌遗留火种。

香港:新界山火,烟尘飘向深圳

昨日,香港不少市民登山扫墓,新界区接获多宗山火报告。香港消防处表示,截至昨晚9时,共接获约151宗山火报告,其中天水围流浮山沙江围1处山头发生山火,一度升为三级,至下午4时许扑灭,暂未接获受伤报告。但昨晚入夜后,新界多处仍然有山火燃烧,浓烟及灰烬飘到深圳福田、罗湖等地。

香港粉岭、元朗及天水围是山火重灾区。昨日上午11时许,天水围流浮山沙江围的一处山头发生山火,火势蔓延至附近废料回收场,村民发现后报警。火场面积约为900平方米,消防员到场扑救。南都记者在现场看到,浓烟直冲天际,绵绵数百米向深圳方向飘去。

进入夜间,比邻深圳的香港新界一带仍有多处山火未扑灭,其中上水麒麟村对上山头晚上7时许仍可见火光熊熊,消防员正在山上扑救。此外,八乡大江埔村也有山火,火龙绵延近百米,消防员携灭火器及山草拍上山救火。政府飞行服务队已出动,赶到部分地区协助救火。

佛山:81处山火,烧了400亩松林

据佛山消防部门消息,前昨两日共接山林火灾报警81起,居民楼火灾报警22起,两天来平均每小时超过两起火警。"今天几乎每半小时接一个火警电话,均是山林火灾的警情。"佛山消防指挥中心一名接警人员称,这两天刮风,小火苗易引发大火。

南都记者了解到,昨日上午10时许,疑因村民拜山祭祀、烧纸、燃放鞭炮,佛山高明更合镇飞凤山陵园突发大火,周边近400亩松树林被引燃,大火烧了近5个小时,至下午3时许才被扑灭,暂未收到人员伤亡消息。

昨日傍晚6时50分,佛山市高明区明城东洲书院对面发生山林大火,当地政府部门已组织救火并疏散群众,截至昨晚9时仍在扑救中。佛山民政部门称,今年佛山成立"清明节工作指挥部"协调机构,应对拜祭人流和突发火警。

江门:警情超往年,一个镇5处火

江门是广东省林业生态市,往年清明,各地均有山火发生,因今年清明天气炎热,警情数量远超往年。

"有的地方市民打了一二十个电话报警,有的地方已经烧了几个山头,直到现在,我们4个接警员都没休息,上厕所都要来回跑。"昨日下午5时许,江门市消防支队119接警室报警电话此起彼伏,接警员反映,昨日江门三区四市都发生多起火灾。

昨日,仅蓬江区棠下镇已出现5宗山火警情,荷塘镇出现3宗山火警情,新会区会城街道出现4宗警情。江门市消防支队119接警室表示,因火警太多,目前全市总警情数还无法统计。

南都记者从消防部门获悉,清远、河源等地昨日亦发生多起山火。

此稿件的内容提要为:

前昨两日,清明扫墓迎高峰,市民拜山祭祖燃烧纸烛,又因气候炎热,导致粤港多地山火频发。据消防部门反映,截至目前,暂未接到人员伤亡的报告。接连不断的山火令公安民警、消防官兵、民兵和市民疲于扑救。各地公安、消防部门呼吁市民文明祭祀,拜山烧纸烛等火熄灭再离开,切忌遗留火种。

案例分析:此例中的标题只揭示了"何地"与"何事"两个要素,而内容提要则增加了"何因"

“何果”两要素,对于事后政府的行动介绍也更加详细,此外,随着人们对环境、安全等问题的日益关注,“清明扫墓”“拜山祭祖”这种古老传统带来的安全隐患及环保问题事必会引发人们的深度思考。

3.3.2 内容提要的撰写原则

网络编辑需要在把握新闻全篇的基础上,做认真地提炼、概括和挑选比较等艰苦工作后,才能拟出合适的内容提要,文辞应该尽量简短。由于新闻事实的千变万化、千姿百态,内容提要的写作主要依靠编辑人员的专业技能和长期经验。

在撰写内容提要时,编辑可以参考以下原则:

1. 强调新闻中的主要内容

这是因为新闻提要和新闻标题一样,都是为了提示和介绍新闻中最重要的内容,这是它们共同的最主要职能。提要和标题的主要分工是,前者表达的是后者“未尽之言”。

2. 介绍某些方面内容的细节

提要在这方面的作用属于“有所为,有所不为”,不可能面面俱到,只能择要加以解释。

3. 补充缺少的要素

新闻的基本要素是指五个W和一个H,即时间(when)、地点(where)、人物(who)、事件(what)、原因(why)、结果(how)。当标题中缺失若干元素而它们又并非无足轻重时,内容提要应加以补充。

4. 通常省略时间

新闻提要中通常不包括时间元素,因为新闻应该是时新性很强的,“现在时”应该是新闻当然的“缺省”时态。

由于内容提要形式可以突出、补充和支撑标题,可以有效地吸引读者阅读,弥补和改善网络新闻传播因标题和正文分离而陷入的弱势情境,所以值得网络编辑重视。

3.3.3 内容提要的写作思路

内容提要的写作是一个对内容进行分析、判断和再提炼的过程,通常采用全面概括和提炼精华这两种思路。

1. 全面概括

全面概括是内容提要写作中最主要的方式。它的目标是用凝练的语言,将稿件中的主要信息或观点概括出来,使读者可以更迅速地把握稿件的主要内容。

对于以传达新闻信息为主的稿件来说,要全面概括稿件的内容,就需要明确新闻的五个要素,将这五个要素或其中最重要的几个要素,在内容提要中加以介绍。由于很多标题无法将这五个要素都包括进去,因此,可以利用内容提要全面概括有关要素,或补充标题中没有涉及的信息要素,向读者传达更丰富的信息。

2. 提炼精华

在某些情况下,稿件内容本身较为丰富,如果要全面概括很难突出稿件的重点。这时,也可以考虑在内容提要中只强调稿件中最具有价值、最有新意或最容易吸引人的某些内容。

案例 3-6:浏览新浪网 2015 年 4 月 6 日的一则报道。

南京遭虐男童因家穷而被过继　生母养母系表姐妹[1]

进展

养母李某某被刑拘

发现童童身上有很多伤,老师立即报了警。南京市公安局高新分局接警后立即介入调查。4 月 4 日,童童的养母回到南京,就被警方带走配合调查。面对警方调查,50 岁的李某某承认几天前因童童没完成她布置的作业,一生气打了他。童童双手和背部的伤,是她用挠痒耙和跳绳抽打的,脚部的伤则是她用脚踩的。

早在 4 月 2 日,学校报警后,警方就对童童的伤势拍照取证,并进行了法医鉴定。4 月 4 日晚,法医鉴定结果出来,童童四肢和背部受伤较重,多处红肿,已构成轻伤。昨日凌晨,警方依法将在派出所留置询问、配合调查的李某某以涉嫌故意伤害刑拘。

对话养父

我们都很爱这个孩子

现代快报记者从知情人士处获悉,童童的养母曾是文化工作者,不久前刚退休,他的养父是律师,在业界颇有名气,口碑也不错。

据童童的养父介绍,他们领养童童是通过民政部门,办理了相关手续的。虽然平时管得很严格,他和妻子对童童一直都很不错。尤其是他妻子,为了童童能好好学习,把工作都放在了一边,主要精力就放在了童童身上。她还有一个正在上大学的女儿,可以说她对亲生女儿都没有对童童这么关心。

童童的养父称,童童平时也还算听话,尤其是在家里。每次考试成绩都还不错,他的养母付出很大的心血,每次在考前都会陪着他复习一个多月,给他讲解很多知识。

生父

希望孩子留在南京上学

李某某被刑拘后,在警方的协调下,童童回到了安徽的亲生父母身边。昨晚 8 点多,现代快报记者来到安徽来安县一个小村庄,找到了童童的老家。童童的父母都是当地的农民,靠种地为生。

“我们当初把孩子过继给他们,主要是希望孩子能在那边上学,学习条件好一点,将来能有出息。”童童的父亲老桂说起孩子的事,眉头紧锁,因为他担心,出了这样的事,童童再也不能回到南京,不能回到他喜欢的学校上课了。

据老桂介绍,他有三个孩子,大儿子 22 岁,女儿 12 岁,9 岁的童童是老三。因为家里条件不好,大儿子上完中学后,就在家务农了。

“童童的养母是他妈妈的表姐,三四年前,童童的妈妈跟她表姐聊天时,谈到童童上学的问题,表姐就说,老家学校条件太差,南京条件不错,不如把童童过继给他们,这样就可以在南京上学。”老桂说,这个表姐一直对他们都不错,就通过当地的民政部门,办理了相关手续,把童童过继到了表姐那边,户口也迁到了那边。

---

① 资料来源:http://news.sina.com.cn/s/2015-04-06/025931684619.shtml?cre=sinapc&mod=g&loc=8&r=h&rfunc=-1.

“表姐跟我们说过，童童比较调皮，喜欢撒谎，而且有时还在学校跟人打架。”老桂称，他也知道表姐对这个儿子比较严厉。

“4号晚上，南京的警察过来，说我们家小儿子出事了，当时我们以为孩子遭遇不幸了，我们两口子都哭得不行了，后来警察慢慢开导我们，说孩子是被他养母打伤了，不过还能走能跳的。”老桂称，后来，他们赶到南京，看了童童的身体，发现伤势还好。“我们并不怪他们，也不怨恨他们，他们确实帮了我们很大的忙，希望童童能尽快回到南京，继续上学。”老桂说。

童童

我不想睡觉，我想妈妈

平时童童晚上9点半左右就睡觉了，可昨晚9点半，他一直不肯睡觉，说想回南京的家，想找妈妈。“那天妈妈让我看书，我没看，后来她让我给她讲书上的故事，我讲不出来，她生气了，才打我的。”童童说，当时他穿了衣服，妈妈用挠痒耙打了他五六下，后来又用跳绳抽打了几下，踩了他的脚。当时他哭了后，妈妈就再也没打他了。妈妈打他的时候，姨父(养父)在另一个房间不知道。

“第二天姨父送我到学校，我发现自己的脚疼了，当天刚好是我值日，就跟老师说脚疼，不想值日。后来老师把我叫到办公室，问了脚是怎么弄的，还看了我身上的伤。”童童说，以前他记得妈妈没打过他，这次打他，是因为自己撒谎了，他不怪妈妈，妈妈平时对他很好，经常帮他补习，教他很多东西。平时还带他去好玩的地方玩，红山动物园和海底世界都去过，4月4日，妈妈还开车带他去了很远的地方，吃了很多好吃的东西，后来妈妈接了一个电话，就带着他回来了，后来就去了派出所。

“叔叔，我妈妈到哪里去了，我跟她一起去的派出所，后来就没见到她了。”昨晚，童童不停询问现代快报记者，他妈妈到哪里去了。晚上9点半了，他还不睡觉，嚷着要回南京找妈妈，说妈妈平时对他很好。这次挨打是因为自己撒谎了，今后再也不惹妈妈生气，就不会再挨打了。

民政

已着手安置和救助工作

“舆情一出来，我们民政就介入了。先是上门，发现家里没人，公安部门把孩子与其养父母喊回来后，街道民政将孩子临时安置好了，亲生父母已将其接回去了，孩子现在很安全。”南京市浦口区民政局有关负责人向现代快报记者介绍，昨天，浦口区召集民政、教育等部门开临时会议。“下一步，民政部门将做好安置和救助工作，教育部门将处理孩子的上学问题。”据她透露，具体的措施将在小长假后公布。

据南京市民政局有关人士透露，他们一直与浦口区民政局保持密切联系，已初步拟定了相应的方案，比如孩子的安置问题，在这个事情解决之前孩子跟谁过，是民政部门义不容辞的责任。

是否剥夺养父母监护权

要视调查结果来确定

根据最高法、最高检、公安部、民政部联合下发的《关于依法处理监护人侵害未成年人权益行为若干问题的意见》，是否会剥夺和转移其养父母的监护权？

“据我们初步了解，这个孩子对其养父母还是蛮依赖的。”南京市民政局有关人士分析道，这个孩子已经9岁了，有自己的思想，从儿童利益最大化的角度出发，强行剥夺监护权，对他未必是好事。因此,这需要专业人员去沟通,了解孩子的意愿。社区也要去调查邻里,虐待事件是偶然的一次,还是多次和长期的。如果仅是因为管教孩子太生气下手重了,那还是以批评教育以及定期回访和观察为主。

该人士表示,去年底南京出台南京未成年人社会保护试点工作方案,保护对象为:本市户籍、基本权益失去保障或受到侵害的未成年人,具体包括流浪乞讨、监护缺失、留守流动、家庭暴力、特殊困难5类孩子。其中,对监护缺失、遭受严重伤害、留守流动、缺乏关爱的未成年人,区民政局和所在街道社区要向市未成年人保护中心报告,由保护中心开展风险评估,采取相关保护措施。

此稿件的内容提要为:

昨日,现代快报封6版报道了南京江北一小学二年级的男生童童(化名)因没完成养母布置的课外作业,而遭到养母殴打、导致全身多处皮肤受伤的事件。目前,童童的养母李某因涉嫌故意伤害已被高新警方刑拘,童童被亲生父母带回老家抚养。童童出生在一个什么样的家庭?父母为何要将他送养?他的养父母跟他的亲生父母到底是什么关系?他的养父母平时对他如何?昨日,现代快报记者联系到了童童的养父,并赶到童童的安徽老家,与他和他的亲生父母进行了面对面的交流。

案例分析:在此例中,新闻稿件的全文对该事件的进展进行了详细的报告,并且从养父母、生父母、童童本人、政府相关部门、法检部门多个角度去探究事情的真相。而内容提要中则全面概括了事件的主要内容,并且通过连续的疑问句形式突显本篇报道的重点。这样,突出了新闻报道的重点,也更容易引起读者的兴趣。

3.3.4 内容提要的写作技巧

1. 提要要简短精悍

写短是一种造诣。提要写短的方法主要有以下几种:

(1) 一事一报法

一事一报主要用于消息、特写,是动态消息取材的基本原则。这就意味着选材要精、要简。如果一条消息中罗列几件事,势必冗长,失去短小的特点和优势。

(2) 浓缩事实法

即使一事一报,如果事无巨细悉数写来,也会显得啰唆冗长。这种写法要求对新闻事实进行高度浓缩,去掉水分,提取精华。尤其是简讯、消息和通讯中概括事实时,需要掌握并运用此手法。

运用浓缩法,要注意准确性,不能把不同时间、不同地点、不同人物身上发生的事浓缩到一时、一地、一人身上。换句话说,浓缩法是对事实的浓缩,不是概念化的抽象,不能让事实变形。

(3) 剖璞现玉法

新闻事实像一块玉。当一件复杂的事实中包含有几个问题、几个方面,但最新鲜、最具有价值的往往只有一个时,网络编辑应当从众多事实中提取最重要、最珍贵的东西呈现给受众。

(4) 典型材料法

从一件事中取出芜杂,取其精华。网络编辑应从众多新闻事实中选择最典型、最能说明问题的材料,力求取得以一当十的效果。

(5) 取其一角法

这是一种独特的风格。剖璞现玉是去粗取精的过程，而取其一角法则是以部分反映整体、以个别反映一般的方法。

2. 提要要精深活泼以争夺网民“眼球”

新闻作品的主要功能在于传递最新信息，而且信息要有价值，网络编辑要把信息说清楚，传递准确的事实。内容提要首先要满足受众对这一特点的信息内容的要求。

此外，受众喜欢作品生动些，活泼些。如果生动中包含着深刻，即文章新鲜生动，又有深度，那么它的受众群就大，影响也就大。

使内容提要达到突出“眼球”的效果方法主要有以下几种：

(1) 写细节

情趣往往在细节中。要把新闻写活，就要注意新闻事件发展中表现新闻主题的典型细节。纵然捕捉到的只是一情一景、一言一行，也可以增加新闻的情趣，增加新闻的真实感，有时还可以深化新闻的主题。

(2) 写富有人情的细节

新闻要动人，就要抓住新闻事件中人的活动，特别是富有人情的细节。

(3) 勾勒形象

形象比抽象生动。无论是人物形象、事件形象、还是物态形象，只要能再现于新闻作品，使人可感可触，就能增加新闻的感染力。如“一眨眼之间，他已在青藏高原奋战了 27 个春秋了。原来的满头青丝，现在已染上了祁连山的霜雪；脸上的皱纹就像是风沙雕刻的痕迹。这是少数民族地区科技工作者代表座谈会上，高级地质师胡贤农给记者留下的深刻印象”。

(4) 描摹动态

一个事件性的新闻，用静态的记叙手法写，其导语往往比较枯燥、呆板、索然乏味，但若用动态的表现手法写，导语就会新颖有趣，活脱而有生气，所报道的新闻也就有了灵性，引人入胜。

(5) 写出氛围

气氛是指现场气氛。适当地描写现场气氛，能烘托主题，增加新闻感染力。

(6) 幽默风趣

幽默让人发笑的同时还能引发受众的联想和想象。

(7) 有起有伏

“文似看山不喜平”，同一种信号、同一种频率的刺激容易使人疲劳。伏笔、呼应、悬念的设置，通常可以造成行文的起伏曲折，跌宕有致。如“天下做女人的，谁不想当个健康孩子的母亲！然而，事与愿违的是，目前在我国每出生 1 000 名婴孩中，就有 13 个是缺陷儿，使得不知有多少这种孩子的妈妈为此泪水涟涟，痛心疾首”。

(8) 巧用背景

巧用背景可以深化主题，还能增加新闻或文章的知识性、趣味性和可读性。背景用好了，导语就会有“脸面”，就会“满堂生辉”。

标题与内容提要的作用是非常相似的，它们之间是一个层层递进及相互配合的关系。如果确定一篇稿件要同时使用标题和内容提要，就要从一开始考虑如何才能实现两者的互补，考虑将什么样的要素放在标题中,什么样的要素放在内容提要中,两者的内容不能有太多的简单重复。

3.4 超链接的运用

案例 3-7:浏览新华网 2015 年 12 月 8 日的一则报道,如图 3-14 所示。

图 3-14 新浪-“屠呦呦去瑞典领诺奖 都有哪些‘讲究’?”

案例分析:该报道的正文是关于中国诺贝尔奖得主屠呦呦去瑞典领奖的内容,文稿左侧通过超级链接的方式将多方面内容有机整合在一起,把领取诺贝尔奖各方面的问题直观展示给网民。通过利用超链接,不仅方便网民阅读和查找,也使得整篇报道层次清晰明了。

网络信息的分散、无序和动态变化,以及信息的庞杂、信息时空关系和系统关系的不确定性等同用户的需求之间存在着难以克服的矛盾,因此,为帮助用户克服网络信息查找、采集和利用过程中的困难与不便,网络编辑要掌握超链接的作用和操作技巧,以便更好地满足网民个性化的需要。

3.4.1 超文本的内涵和特征

1. 超链接的内涵

超链接是网络信息传播中的一个特殊手段,它使得网络文本与传统文本在写作与阅读等方面产生了一些根本性的区别。在网络中,超链接是网页重要的组成部分,它可以有效清晰地组织网页,并方便用户和网民浏览相关信息,因此具有强大的交互功能和重要作用。在形式上,超链接通常是以文本的加亮、下划线或带加亮框的形式呈现出来。如果将鼠标指针放在某个元素上,鼠标指针随即变成了一只小手,人们只要点击那些设置了超链接的地方,就可以打开新的页面,浏览新的信息。而且,大多数超链接在网页中显示为蓝色文本,单击后会改变颜色,以提醒哪个链接的页面已经浏览过。

在实际的运用中,如果将超链接看作是一种按信息之间关系非线性地存储、组织、管理和浏览信息的计算机技术，那么超文本就是运用超链接将各种不同空间的文字信息组织在一起的网状文本。

2. 超链接的特征

与传统文本的线性结构相比，超文本的最大特征在于它的非线性结构。其信息在组织上采用网状结构，结点间通过关系链加以连接，从而构成表达特定内容的信息网络，可以按照交叉联想的方式，从一处迅速跳到另一处，打破了原文本系统只能按顺序、线性存取的限制。

在把握超链接的适度性和有效性以规避其可能带来一些副作用的前提下，作为一种开放的、非线性的模式，超文本的文本构成模式与超链接的传播结构可以采用随机、灵活、立体化的方式把信息生动地呈现给网民。超文本具有以下显著特征：

(1) 对一些重要概念进行扩展

关键词的选择与设置在超链接的运用中功效显著。而依据文稿中的重要概念，尤其是关键词来丰富文稿的信息量就是很突出的一种表现形式。其中，既可以用注释页面的方式实现链接，也可以直接链接到相关网页。其目的在于通过扩展信息面、加强信息深度等方式帮助网民更直接地了解信息的深层背景，获得丰富的相关信息，并充分发挥网民的主观能动性。

(2) 改变传统的文本写作方式

超链接技术的运用使超文本写作方式发生了改变。首先，报纸是用字符串表达，以线性形式组织的传统文本处理方式。超文本是以结点为单位组织各种信息，其中一个结点就是一个“信息块”，结点内的信息可以是各种信息元素或其组合。其次，报纸的文字写作是在单一层面上完成的，并按照重要材料放在前面，次要材料放在后面的形式，用相应的篇幅将一部分即使是冗余信息的内容安置在一篇文章之内，以便于网民的阅读。然而，信息量的剧增、生活节奏的加快使得很多网民在阅读上又常常不会从头到尾，一字不落地阅读整篇文章，这就无形地形成了传播和接受之间的矛盾。对此，超文本的写作在某种程度上规避了这一矛盾，即在进行超文本写作时，可以采用将材料分层的做法，在一篇文章中只把那些最关键的信息和相关详细信息表现出来，而那些相关的细节分别用超链接给出，并充分尊重网民的选择，随其个人意愿和需要决定进入哪一个方面的阅读。

需要注意的是，恰当地运用超链接可以提高信息传播的效率，但滥用或误用超链接也可能适得其反。

3.4.2 超链接的运用方式

链接是网站的灵魂，它合理、协调地把网站中的众多页面构成一个有机整体，使访问者能访问到自己想去的地方。一般说来，超链接的运用方式主要有以下三种：

1. 利用超链接解释与扩展关键词

一方面，关键词的选择与设置是网站首页建设的基本方式，实际上关键词担负着重要的导航职能。关键词与正文以超文本链接的形式出现，这就使得网站的主页可全部以关键词的形式构成，也使得网站主页面转载海量信息成为可能。另一方面，一篇稿件的关键词对超链接的运用具有重要的意义，甚至在某种意义上说，对一篇稿件中主题的扩展大体上就是对其中一些关键词的扩展。一般情况下，一篇文章可以利用超链接进行解释的范围大多包括人物、组织、事件、地理、历史背景、科学名词或专有名词等，而其首要的目的就是知识解释或介绍，即通过超链接说明关键词，使关键词的内涵和意义明朗化。图 3 - 15 所示的是新浪财经频道标题为

“南北车合并获无条件审核通过”的主要内容,其中“中国南车”“中国北车”“微博”“新浪财经股吧”等都设置了超链接。

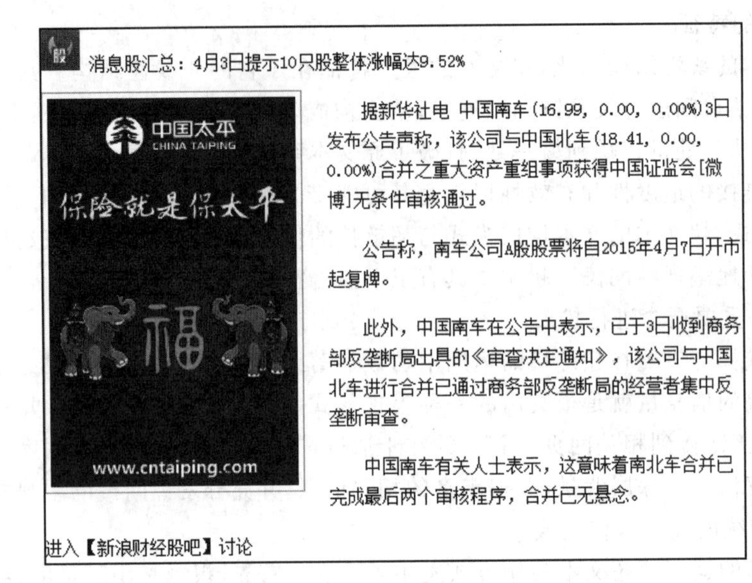
消息股汇总：4月3日提示10只股整体涨幅达9.52%

据新华社电 中国南车(16.99, 0.00, 0.00%)3日发布公告声称，该公司与中国北车(18.41, 0.00, 0.00%)合并之重大资产重组事项获得中国证监会[微博]无条件审核通过。

公告称，南车公司A股股票将自2015年4月7日开市起复牌。

此外，中国南车在公告中表示，已于3日收到商务部反垄断局出具的《审查决定通知》，该公司与中国北车进行合并已通过商务部反垄断局的经营者集中反垄断审查。

中国南车有关人士表示，这意味着南北车合并已完成最后两个审核程序，合并已无悬念。

进入【新浪财经股吧】讨论

图 3-15 新浪网-南北车合并获无条件审核通过的部分页面

2. 利用超链接设置延伸性阅读

利用超链接设置延伸性阅读的链接点有许多方面,如人们的认识、思想、兴趣爱好、感悟、想象、自然环境、重大事件、探究性学习等。随着信息时代竞争的日益激烈,现代新闻媒体的竞争已不仅仅局限于新闻题材的竞争,更是新闻挖掘方式与深度的竞争。就实际情况来说,解读新闻是其中非常重要的一个方面。在网络新闻报道中,利用超链接实现解读新闻的途径主要有以下几种:

(1) 相关报道

相关报道就是通过超链接提供一个或一组与当前对象相关的报道。相关新闻通常是在正文之外加入的与当前新闻有关的新闻链接。在具体操作过程中,编辑记者首先输入本文关键词,系统以此关键词为依据寻找本网站新闻库中其他含有此关键词的新闻;然后网络信息编辑根据需要从系统搜寻的结果中进行一定的筛选;最后将其链接到相关稿件中去。在这里利用超链接的方式对关键词或新闻背景、有关知识、相关新闻等加以补充,以延伸报道,尤其要体现一种责任意识,即保证其真正的相关性。

(2) 相关评论

相关评论,尤其是专家的解读,可以有更开阔的视野,有更多的理论支持,也可以显得更加公允,并通过专家个人的水平和魅力,展示出解读新闻的境界与其中蕴含的潜能。

对新闻的延伸性阅读除了运用相关报道和相关评论以及前面涉及的关键词设置之外,还可以包括“网友讨论新闻”“跟帖”等内容。这种形式既是一种阅读的延伸,又可以看作一种参与互动的方式。网友对于新闻事件的讨论是一种自发式的、群言式的解读新闻的方式,尽管不完全公平理性,但网友讨论的话题是他们兴趣的自然体现,甚至网友在某种力量所影响下的集体解读,它的过程比结果更加重要,而网友由此受到的影响也会更加深刻,因此,网友讨论的话题也会给做网络新闻的人建立起一个风向标。

在利用超链接设置延伸性阅读的过程中，还要注意以下问题：

① 在采写、编辑新闻时，编辑要对新闻事实或社会现象做出尽量深刻的剖析。

② 充分重视关键词的选取和设置。编辑在利用关键词进行超链接时承担着保证链接内容与关键词的相关性的责任。

3. 利用超链接改写文章

（1）将一篇文章进行分层

利用超文本写作优势可以将一篇文章分成若干个层次，以便更好地满足网民的阅读需要。一般说来，可将一篇文章分成标题、内容提要、正文、关键词或背景链接、相关文章等延伸性阅读五个层次。

在具体操作过程中，先用一些精练的语言把关键的信息和吸引人们眼球的内容提纲挈领地表达出来，随后再对整个新闻事件做进一步详细的报道，同时把相关的背景知识和相关阅读依次摆在网民的面前。

（2）将多篇文章整合成一篇新的文章

新闻报道目前的发展趋向之一就是从原来的时效和素材的竞争转向了深度的竞争。在这样的趋势下，网络新闻报道就应该加强深度引导，以透视新闻事件和社会潮流的来龙去脉。通过整合多篇新闻报道，将重大新闻事件放在一定的社会背景之下，在多个事件的互动中加以报道，探究新闻事件的深层含义、背后原因及潜在问题，就可以通过客观、准确的多角度分析，以全面、深刻的事实和观点来赢得网民的信赖和社会的关注。

① 在空间向度上将多篇文章整合成一篇新的文章

编辑围绕一个事件或一个主题将多篇可用文章用一种集成的方式介绍事件或主题。其操作要点是，先围绕一个事件或一个主题提炼出所要表达的中心议题；然后从不同角度选稿（内容相同的只选一篇）；最后按主体与超链接两部分的合理结构将原有各文章中的主要材料或信息串联在一起，对事件的主要线索做清晰的交代，并利用超链接对主体部分的内容进行展开。

② 在时间向度上将多篇文章整合成一篇新的文章

编辑可采用连续报道或系列报道的方式，使对同一主题的新闻事件的报道通过时间的延续和信息积累而得以加强。网民既可以检索查询到这一事件过去的状况，也可以在动态中了解到事件最新发生的变化。如新浪网、人民网等网站经常就最近一个时期的重大事件组织专题报道，这里面既有相关背景的历史回顾和相关的各种报道，又有滚动播出的事件发展的最新动态。

③ 应用多媒体手段将多篇文章整合成一篇新的文章

传统的印刷媒体（如报纸、杂志）也常常配以图片和图表。在网络信息编辑中，这种多媒体手段的应用就更加轻松自如了，不但可以配以图片和图表，而且还可以链接音频文件和视频文件，更真实更生动地再现新闻事件，在内容与形式上实现真正的互动。

案例 3－8：浏览国际在线网 2020 年 12 月 2 日的一则报道，如图 3－16 所示。

案例分析：该篇报道是按空间向度将多篇文章整合的，将外媒的看法用集成式的方式展现出来，表明了外媒对于我国成功落月取土给予了积极看法。

（3）将长文章缩写成短文章

网络编辑应对新闻信息进行整合，利用超链接将长文章缩写成短文章，以便给网民提供高质量、高规格的信息。其操作要点是，留取文章的主要线索，用超链接给出详细的论述与展开部分，如图 3－17 所示的中国青年网关于“习近平出席上合元首理事会第二十次会议并发表重要讲话”的专题报道。

"嫦娥"落月取土 外媒：若成功采样返回将有助行星科研

2020-12-02 17:26:43 | 来源：中央广电总台国际在线 | 编辑：任丽君

国际在线专稿：据中国国家航天局消息，北京时间12月2日4时53分，探月工程嫦娥五号着陆器和上升器组合体完成了月球钻取采样及封装。探测器于12月1日23时许成功着陆月面。此次"嫦娥"落月取土引发国际关注，多家外媒报道称，中国若成功带回样本将有助行星科研。

12月2日，在北京航天飞行控制中心拍摄的落月后的嫦娥五号探测器。新华社记者 金立旺 摄

CNN报道，中国发射探测器在月球表面成功着陆。着陆器在地面控制下，正式开始持续约2天的月面工作，采集月球样本。报道指出，这将是时隔44年人类再一次尝试从月球带回岩石样本。该报道称，嫦娥五号若成功采样返回将有助于科学家分析月壤的结构、物质组成和物理特性，在月球火山活动和演化历史的研究上取得新进展。

《纽约时报》报道，嫦娥五号探测器预计12月中旬着陆中国内蒙古，届时将带回月壤样本，对行星科研具有重大价值，有助于科学家更准确估算太阳系中行星、卫星和小行星的地质表面年龄，同时有助于探究嫦娥五号登陆区域火山活动的真正原因。

《华盛顿邮报》发文称，NASA科学任务理事会托马斯·泽布臣祝贺中国嫦娥五号成功着陆月球并表示，中国做了一件很不容易的事。他表示，中国从月球成功带回样本，会极大推动国际科研工作的进展。（马嘉欣 潘晓琳）

图 3－16　按空间向度将多篇文章整合的报道

图 3-17　中国青年网关于"习近平出席上合元首理事会第二十次会议并发表重要讲话"的专题报道

3.4.3　运用超链接的注意事项

在网络信息传播中，超链接被称为"Web 最基础和革命性的特征"，在现实应用中发挥着越来越大的作用。然而，恰当地运用超链接手段可以提高信息传播的效率，但滥用或误用超链接往往也会带来许多不必要的负面影响。因此，在操作实践中，除了上文中提及的一些情况外，还要重点留心以下一些注意事项，以避免一些失误。

1. 注意超链接的度和量

在网络信息编辑中，超链接的使用让网络信息富有表现力与包容度，但是任何事情都有两面性，过度地使用超链接就会给网络传播本身带来侵害，如它会分散读者的注意力，它可能会中断人们的阅读思路，打断用户的注意力，进而使受众丧失继续浏览下去的兴趣；又如它会使检索结果失去整体性和全局性，因为超文本是以知识节点的方式链接的，而且是一种不讲逻辑关系的平行链接，即标题、正文、关键词处于同一层面，没有逻辑上的包含关系，信息的组织会因此缺乏内在逻辑性。因此，用户在浏览时，就不得不由一个页面跳到另一个页面，从而破坏了受众对页面的整体把握。为此，在为文本内容设置链接时，应特别注意超链接的度和量。

2. 尽量准确地标注信息源

自1996年英国ShetlandTimes诉ShetlandNews一案以来，在英国、美国、德国以及中国等国家都出现了因超链接所引发的法律纠纷，这使超链接这一因特网的核心技术面临着一场严峻的法律挑战。因此，网络编辑在链接、转载信息时最好标明信息源的出处，尤其是在找到原出处之前，慎用ICP网站专稿。

3. 注意超链接的打开方式

从形式上看，链接打开的方式通常有以下三种形式：

① 在当前窗口中打开，即用新页面代替当前页面。这是一种不合理的做法，因为它完全改变了当前的阅读目标。在文章中加入超链接时，应避免这种方式。

② 在新窗口中打开。这是最常见的一种方式，在不影响当前阅读页面的情况下，再打开一个新页面，这就有助于保持阅读目标的基本稳定，但是很多时候还是免不了让读者脱离既定的轨道。

③ 在当前窗口中加链接的关键词附近打开一个小窗口。这是现在一些网站采用的新做法，相对来说，它可以在一定程度上解决网民阅读目标转移的问题，但目前还不能适用于所有场合。

【本章小结】

本章重点讲述了网络文稿加工、网络文稿标题制作、内容提要制作及超链接的运用。

通过本章的学习，应了解网络文稿存在的主要问题，网络文稿的构成要素及网络文稿标题的特点，内容提要的概念、作用，超链接的内涵和特征；理解网络标题的制作原则、内容提要的撰写原则；掌握网络稿件的修改方法、网络标题的制作技巧、内容提要的制作和超级链接的运用。

【思考题及操作题】

3－1 稿件改正包含哪些内容？

3－2 简述网络文稿标题的构成要素。

3－3 简述网络文稿标题的制作原则。

3－4 运用超链接的基本方式有哪些？

3－5 简述内容提要撰写的原则。

3－6 操作题。

(1) 运用所学知识给下面文稿拟制一条标题，要求是单行实题，字数不超过20字。

环球时报讯　2019年5月1日凌晨，多名网友通过网络发文称，为了“五一”假期出行，提前很多天买到火车票，但是乘车时却无法上车，虽然工作人员表示会全额退款，但却打乱了出行计划。

北京青年报记者梳理发现，网友反映的购票无法上火车的问题涉及5022次列车途经站淄博火车站、K8372次列车途经站南京火车站。5月1日上午，北青报记者致电铁路部门，工作人员回应称，由于正值五一假期，出行乘客大量增加，很多短途乘客及无票乘客上车后补票，甚至直接“强行”坐到目的地，导致列车行驶到淄博站和南京站时，车辆百分之百超载。“但是工作人员无法挨个儿查验火车票，对无票乘客进行驱赶”，为了列车运行安全，采取了为后续乘客全额退票的办法。

北青报记者注意到，5月1日正值“五一”小长假第一天，当天凌晨，多名乘客乘坐火车出行。有网友反映，自己提前一个月购买了火车票回老家，但却在淄博火车站遭遇到火车晚点，最终还被告知无法凭票上车，“工作人员说，火车实在无法再上人，只能给我们全额退款”。同时，南京火车站K8372次列车的多名乘客也遇到了同样的问题，乘客提前购买的硬座票无法凭票上车，工作人员承诺全额退款，但此前定好的出行计划却泡汤了。

针对网友反映的问题，北青报记者致电铁路部门，工作人员回应称，火车票正常出售时并没有超载的情况，但“五一”期间，出行乘客大量增加，可能是此前上车的很多短途或者无票的乘客上车补票，甚至很多乘客上车以后“强行”坐到目的地，导致火车无法再承载更多的乘客。面对这种情况，列车工作人员无法挨个儿查验火车票，更无法对无票或车票目的地不相符的乘客强行驱赶，所以无奈采取为后续乘客办理全额退票的办法，“考虑到列车运行中的乘客安全，这是工作人员惯常采用的解决办法。”此外，南京市铁路部门工作人员向北青报记者解释了同样的原因，同时表示，如果乘客还有出行意愿，可以联系火车站工作人员，“我们会尝试为乘客安排后续的列车抵达目的地。”

（2）运用所学知识给下面文稿拟制内容提要。

我国国土空间用地用海将采用统一分类标准

澎湃新闻记者从自然资源部举办的第四季度例行新闻发布会上获悉，我国国土空间用地用海将采用统一的分类标准。

为履行统一行使全民所有自然资源资产所有者、统一行使所有国土空间用途管制和生态保护修复、建立“多规合一”的国土空间规划体系并监督实施等职责，自然资源部研究制定《国土空间调查、规划、用途管制用地用海分类指南（试行）》（以下简称《分类指南》），并于近期颁布试行。《分类指南》的颁布，为建立统一的国土空间用地用海分类，实施全国自然资源统一管理、合理利用和保护自然资源提供了基础。

《分类指南》依据国土空间的主要配置利用方式、经营特点和覆盖特征等因素，对国土空间用地用海类型进行归纳、划分，采用三级分类体系，共设置耕地、林地、草地等24种一级类，水田、旱地、乔木林地、天然牧草地等106种二级类，以及村道用地、中小学用地、体育场馆用地等39种三级类，反映出国土空间配置与利用的基本功能，并能够满足自然资源管理的需要。

自然资源部副部长、党组成员庄少勤介绍，《分类指南》具有以下三个值得关注的特点和变化：一是适用于自然资源管理全过程，体现“全生命周期”管理理念，按照“统一底图、统一标准、统一规划、统一平台”要求，涵盖国土调查、国土空间规划和用途管制，并延伸到土地审批、不动产登记等工作。二是实现国土空间的全域全要素覆盖，首次将海洋资源利用的相关用途纳入用地用海分类体系，实现陆域、海域全覆盖；设置了“湿地”，并对耕地、园地、林地、草地等含义进行修改完善，在陆域实现生产、生活、生态等各类用地全覆盖；适应农业农村发展新特点，切实防止耕地“非农化”“非粮化”，设置“农业设施建设用地”，实现建设用地全覆盖。三是体现经济社会高质量发展的新需要，例如为满足空间差异化与精细化管理需求，设置城乡社区服务设施用地和物流仓储用地；为满足未来发展不确定的规划需求，设置"留白用地"。

"多规合一"改革前，相关部门在各自业务领域对用地用海分类都有各自的标准和实践基础。由于各部门用地用海分类的管理目标不同、标准内涵不一、名词术语不同，国家层面没有统一的用地用海分类标准。庄少勤说，《分类指南》不是原有城乡规划、土地利用规划和海洋功能区划工作的简单拼凑，而是在机构改革过程中实现业务、职能融合，真正发生"化学反应"，体现了统一性、先进性、操作性和包容性。

【实训内容及指导】

实训 3-1 网络文稿的加工

实训目的：掌握网络文稿加工的基本方法和技巧。

实训内容：审读文稿，判断文稿缺陷，并改正稿件，然后进行稿件的校对。

实训要求：能够发现文稿中存在的各种错误，并进行改正。

实训操作：

(1) 审读文稿，找出其中的各种问题。

(2) 改正稿件中的不足。

① 稿件的校正；

② 稿件的删除；

③ 稿件的增补；

④ 稿件的改写。

实训 3-2 网络文稿标题的制作

实训目的：理解网络文稿标题制作的原则，掌握网络文稿标题制作的技巧。

实训内容：给定一篇文稿，仔细阅读后能够拟定一个恰当的标题。

实训要求：能够按照要求为网络文稿拟定标题。

实训操作：

(1) 审读文稿，发现其中最重要和最新颖的内容，提炼成标题的内容。

(2) 用适当的文字和适当的形式将其表现出来。做到题文一致、简洁凝练、突出亮点、具体准确、亲切贴近、新颖生动。

实训 3-3 网络文稿内容提要的制作

实训目的：理解网络文稿内容提要制作的原则和主要思路。

实训内容：给定一篇文稿，仔细阅读后能够拟定恰当的内容提要。

实训要求：能够按照要求为网络文稿拟定内容提要。

实训操作：

(1) 审读文稿，发现其中最主要、最核心的内容，提纲挈领地概括出来，提炼成内容提要的内容。

(2) 用适当的文字将其表现出来，起到补充标题、提供梗概、吸引受众继续点击阅读的作用。

实训 3－4　超链接的使用

实训目的：掌握运用超链接将长文章改写为短文章的方法。

实训内容：给定一篇文章，运用超链接将其化长为短。

实训要求：以超链接的方式将文章化长为短，改写时要留取文章的主要线索，将详细的论述与展开部分用超链接的方式完成。

实训操作：

（1）仔细阅读需要改写的文章。

（2）以超链接的方式将文章化长为短。

（3）超链接打开的方式：在新窗口中打开。

第4章　网络多媒体信息编辑

本章知识点：网络图片的常用格式、作用及编排形式，网络动画的常见格式，网络音视频文件的格式、特点及选用原则。

本章技能点：能正确选择网页中图像、音频、视频的文件格式，掌握Photoshop、Flash的基本操作。

【引　例】

浏览网易新闻旅游频道2019年6月14日的一条图片新闻，如图4-1所示。

马拉喀什丨浓烈混乱迷人 浸入赭红色奇幻梦境

图4-1　网易新闻-马拉喀什：浓烈混乱迷人 浸入赭红色奇幻梦境①

【案例导读】

本条信息的主要内容是介绍马拉喀什这样一个带着中世纪气质、有着鲜明面孔的摩洛哥城市。使用了若干幅图片客观、形象地展示了马拉喀什的美景与风土人情，此时图片的运用远胜于一大串的文字描述。图片传达的信息要比文字丰富得多，特别是一些好的图片对于瞬间的记录，可以产生长久的震撼人心的效果。目前，各网站在进行网络信息的组织时，都充分利用网络媒体的优势，综合运用文字、图片、动画、音视频等多种形式，达到图文并茂、视听共享的效果。

网页是WWW的基本文档，构成网页的元素包括文字、图片、动画、音频、视频、程序等，而且各类素材的文件格式也是多种多样的。这就要求网络编辑了解各种多媒体素材的作用和特点，能够正确选择网页中图像、音频、视频的文件格式，同时需要掌握图像处理软件Photoshop、动画制作软件Flash的基本操作。

4.1　网络图片编辑

4.1.1　网络图片的类型及格式

图片已成为媒体传播信息中的一种重要形式，具有强烈的视觉冲击力、形象震撼力及真实说服力。好的图片不

① 资料来源：https://travel.163.com/19/0614/09/EHKE661Q00068J9N.html.

但可以为报道增姿添彩，而且还常常能取得事半功倍的传播效果。

1. 网络图片的类型

在新闻报道中，图片的类型主要有照片、图示、漫画等类型。

（1）照　片

照片是新闻报道中最常见的图片类型。照片通常分为新闻照片和非新闻照片两大类。新闻照片就是以新闻事件、新闻人物为拍摄对象，再现新闻现场情景的照片，其可以作为独立的新闻报道出现在版面上，也可以配合文字报道一同编发。图 4－2 所示为搜狐科技的一条消息的页面，此消息图片解释了华为终端新品发布会改为线上发布形式单独举办的报道事实。非新闻照片则不具备新闻照片的新闻性、时效性，如对自然景观的拍摄、为一些明星拍摄的艺术照等。

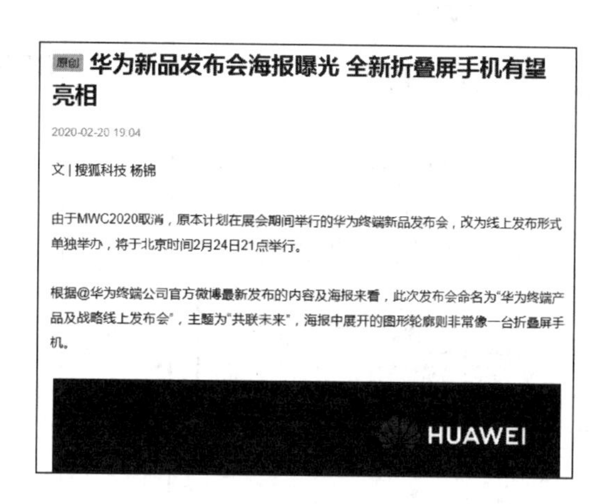
原创 华为新品发布会海报曝光 全新折叠屏手机有望亮相

2020-02-20 19:04

文 | 搜狐科技 杨锦

由于MWC2020取消，原本计划在展会期间举行的华为终端新品发布会，改为线上发布形式单独举办，将于北京时间2月24日21点举行。

根据@华为终端公司官方微博最新发布的内容及海报来看，此次发布会命名为"华为终端产品及战略线上发布会"，主题为"共联未来"，海报中展开的图形轮廓则非常像一台折叠屏手机。

HUAWEI

图 4－2　搜狐科技-华为终端新品发布会的消息页面

（2）图　示

图示通过不同的形态，往往可以将抽象的规划具体化、枯燥的数字形象化、分散的内容整体化、平面的文字立体化。图示一般配合文字报道使用。网络新闻中的图示一般可以分为两大类：一类是新闻图表，主要包括折线图、饼图、柱图、架构图等，图 4－3 所示为丁香园论坛标题为"天门疫情背后的生死疲劳"的页面；另一类是新闻图示，多为对事件发生的事件、地点、路线的描述等，图 4－4 所示为网易新闻的一条有关 2018 年 11 月北京两条公交线路调整的信息，通过图示，使人们对线路的变更有了较为详细、直观的了解。

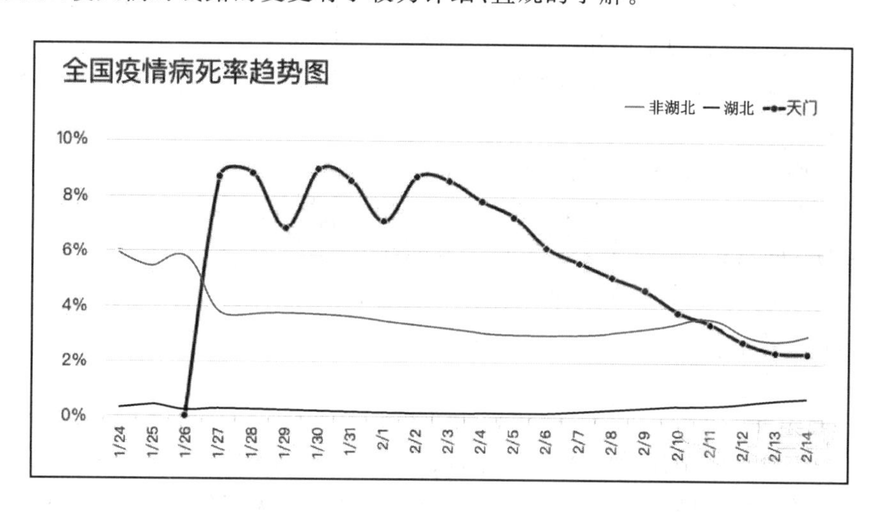

图 4－3　丁香园论坛—湖北省天门市 2020 年 2 月 9 日 5.08%新冠肺炎病死率图表页面

（3）漫　画

漫画是一种具有讽刺性或幽默性的绘画作品，其往往从现实生活中取材，通过夸张、比喻、象征、寓意等手法，表现主题事件或人物，特点是以高度夸张、风趣幽默的表现手法揭示社会生活中的问题和现象，激发读者的兴趣，引导读者联想和思考。图 4－5 所示是新华社网站标题为“生猪生产量稳步恢复”的页面。

丰台2条公交线路调整啦！了解一下？别坐错哦～

2018-11-16 · 新丰台

分享到　　2 跟贴

点上方蓝字新丰台即可快速关注

想每天收到类似信息？请果断关注并置顶吧!（微信号：dafengtai）坚持每天清晨为您奉上新鲜、有用、有趣的实用生活信息。

据北京公交集团官方微博消息，为方便郭公庄周边小区居民的出行，配合郭公庄新建公交场站的启用，自2018年11月15日首车起，调整497路、627路引入郭公庄新建公交场站。

调整后497路、627路由郭公庄西发出，沿下图路由至樊羊路恢复原线行驶。增设“郭公庄西”、“六圈南路中口”、“棉花城小区北”、“幸福家园小区南”、“郭公庄中街”、“幸福家园小区东”站。

同时为方便沿线乘客前往天坛医院新址的就医出行，627路双向增设“花乡桥北”站。

图 4－4　网易新闻－2018 年 11 月北京两条公交线路调整的消息页面

中华人民共和国中央人民政府

www.gov.cn

国务院　总理　新闻　政策　互动　服务　数据　国情　国家政务服务平台

漫画：稳步恢复

据农业农村部2月20日消息，在市场拉动和政策激励下，养殖场户增养补栏信心不断增强，1月份全国能繁母猪存栏继续回升，生猪出栏增加，生猪生产稳步恢复。

新华社发 勾建山 作

图 4－5　新华社－生猪在 2020 年 1 月份生产稳步恢复的消息页面

（4）图　饰

图饰不传播任何新闻要素信息，可以是版面的一种装饰，也可以是导航按钮或网站 LOGO。

导航按钮则是设计者为了增强画面的生动性和形象性而选用一些小图标代替文字传达信息的一种方式，图 4－6 所示为网易新闻标题为“商务部：将研究出台进一步稳汽车消费的政策措施”的页面，其中配有一些装饰图示。

网站的 LOGO 是一个网站的特色和内涵的集中体现，是一个网站的标志，图片占用空间不大，但作用非同小可。图 4－7 所示为百度 LOGO 的页面。

2. 网络图片的格式

图片是网页的重要组成部分，目前，大多数浏览器支持的网络图片的格式主要有 JPEG、GIF 和 PNG 格式。

（1）JPEG 格式

JPEG(Joint Photographic Experts Group，JPEG)格式是最常用的网络图片格式，其采用有损压缩的方式去除冗余的图像和彩色数据，获取极高压缩率的同时能够展现十分丰富生动的图像，换句话说，就是可以用最少的磁盘空间得到较好的图像质量。JPEG 格式压缩的主要是高频信息，对色彩的信息保留较好，适合应用于互联网。

JPEG 格式的不足在于对图像压缩得越多，信息丢失就越多，从而导致图像变得模糊、朦胧，无法看清。因此，将文件保存为 JPEG 格式时，需要在压缩率与质量之间有一个平衡。

网易首页 > 财经频道 > 正文

商务部：将研究出台进一步稳汽车消费的政策措施

2020-02-20 16:27:52　来源: 第一财经日报　　举报

分享到：　63

（原标题：商务部：将会同相关部门研究出台进一步稳定汽车消费的政策措施）

商务部市场运行司主持工作的副司长王斌介绍，下一步，商务部将深入贯彻落实中央关于"积极稳定汽车等传统大宗消费"的重要决策部署以及《国务院办公厅关于加快发展流通促进商业消费的意见》精神，会同相关部门研究出台进一步稳定汽车消费的政策措施，减轻疫情对汽车消费的影响。同时，鼓励各地根据形势变化，因地制宜出台促进新能源汽车消费、增加传统汽车限购指标和开展汽车以旧换新等举措，促进汽车消费。

本文来源：第一财经日报　责任编辑：钟齐鸣_NF5619

图 4－6　网易新闻-商务部：将研究出台进一步稳汽车消费的政策措施

图 4－7　百度主页 LOGO

(2) GIF 格式

GIF(Graphics Interchange Format,GIF)格式是非连续色调或具有大面积平面色彩图像的格式,其采用非失真的压缩方式,即图像在压缩后不会有细节上的损失。GIF 格式支持透明功能、动画效果,主要用于保存和压缩基于文字的图像、线条和剪贴画等。在保持图像尺寸不变的情况下,GIF 格式可以通过减少图像中每点的色彩数来降低图像文件的大小。

GIF 格式的缺点是最多只能保存 256 种颜色(8 位颜色),一般常用于矢量图形的转存。

(3) PNG 格式

PNG(Portable Network Graphic)格式支持 24 位全彩色,其采用非破坏性压缩,可以完整和精确地保存图像的亮度和彩度,同时还提供比 GIF 和 JPEG 格式更快的交错格式及更好的透明背景。

PNG 格式的缺点是由于其采用无损压缩方式,因此文件通常比 JPEG 大,但小于 GIF 格式文件。另外,一些浏览器的版本(如 IE6)还不支持 PNG 格式。

通常情况下,网络图片可以通过摄影、专业图片网站、网站的图片频道、搜索引擎等途径获取。

(4) TIFF 格式

TIFF(Tag Image File Format)是 Mac 中广泛使用的图像格式,它的特点是图像格式复杂、存贮信息多。正因为它存储的图像细微层次的信息非常多,图像的质量也得以提高,故而非常有利于原稿的复制。

(5) PSD 格式

PSD 其实是 Photoshop 进行平面设计的一张"草稿图",它里面包含有各种图层、通道、遮罩等多种设计的样稿,以便于下次打开文件时可以修改上一次的设计。在 Photoshop 所支持的各种图像格式中,PSD 的存取速度比其他格式快很多,功能也很强大。

(6) SWF 格式

利用 Flash 可以制作出一种后缀名为 SWF(Shockwave Format)的动画,这种格式的动画图像能够用比较小的体积来表现丰富的多媒体形式。在图像的传输方面,不必等到文件全部下载才能观看,而是可以边下载边看,因此特别适合网络传输,特别是在传输速率不佳的情况下,也能取得较好的效果。此外,SWF 动画是其于矢量技术制作的,因此不管将画面放大多少倍,画面都不会因此而有任何损害。

(7) SVG 格式

SVG(Scalable Vector Graphics)是基于 XML(Extensible Markup Language),由 World Wide Web Consortium(W3C)联盟开发的一种图像文件格式。严格来说应该是一种开放标准的矢量图形语言,可设计出激动人心的、高分辨率的 Web 图形页面。用户可以直接用代码来描绘图像,可以用任何文字处理工具打开 SVG 图像,通过改变部分代码来使图像具有交互功能,并可以随时插入到 HTML 中通过浏览器来观看。它提供了目前网络流行格式 GIF 和 JPEG 无法具备的优势:可以任意放大图形显示,但绝不会以牺牲图像质量为代价。平均来讲,SVG 文件比 JPEG 和 GIF 格式的文件要小很多,因而下载也很快。可以相信,SVG 的开发将会为 Web 提供新的图像标准。

4.1.2 网络图片的编排

1. 网络图片的作用

网络图片在网页中的作用主要体现在以下方面:

(1) 作为网站、频道或栏目的主图

在图 4-8 所示的中国新闻网首页中,图片的运用起到了调剂和美化版面视觉效果的作用。

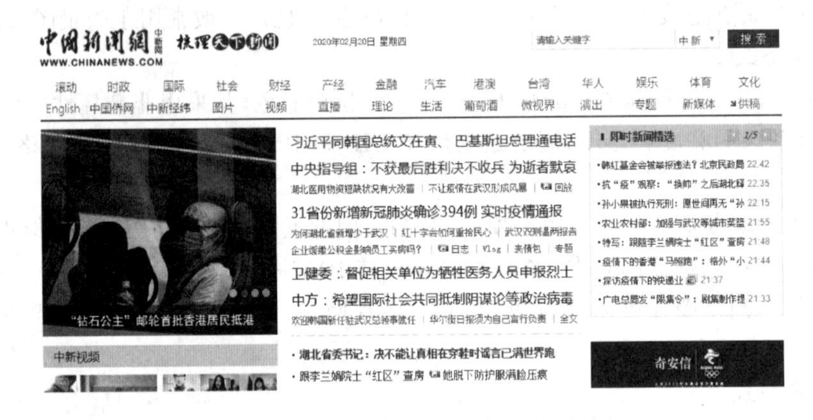

图 4-8 中国新闻网-中国新闻网的首页

(2) 作为主页上头条新闻的配图

在图 4-9 所示的搜狐网体育新闻页面中,图片是完全配合头条文字新闻报道的,图片的运用增加了报道的生动性、真实性和冲击力。

(3) 作为栏目的题图照片

在图 4-10 所示的搜狐体育新闻页面中;图片兼有渲染版面和提示信息内容的作用。

(4) 作为消息正文的配图

在图 4-2 所示的报道中,这种图文搭配报道的内容更生动、形象。

图 4－9　搜狐网-体育新闻的首页

C罗回老家探望姐姐抱外甥女！
乔治娜炫富晒钻戒豪表 迷你...

Champions
身陷苦境，不忘中国，曼城主
场致敬医务工作者

刘国梁此举太棒了，伊藤美诚
自愧不如，日乒变得谦虚了

拜仁慕尼黑对决柏德博恩，实
力差距大，柏德博恩无望取...

图 4－10　搜狐网-体育新闻的页面

(5) 作为独立的图片新闻报道

这种图片新闻报道(如图 4－1 所示)在满足了人们视觉享受的同时,又把事件解释得清晰明确。

2. 网络图片的编排

网页因为有了图片才会显得生动,合理地安排图片可以起到画龙点睛、调剂版面视觉效果的作用;如果安排不当,则会破坏整个页面的视觉效果。

（1）图片放置在页面的左上方

将图片放置在页面左上方符合人们从左到右的视觉和阅读习惯，页面的左上方是人们阅读和浏览的视觉起点。许多网站的首页、频道或栏目首页都采用了这种方式，如新浪新闻频道、新华网的新闻中心、人民网的新闻频道等。

（2）图片放置在页面的右上方

Tom 新闻中心的首页采用了将图片放置在页面右上方的形式，如图 4－11 所示，这种非常规的图片放置在视觉和阅读感受上都可以给受众以突破。

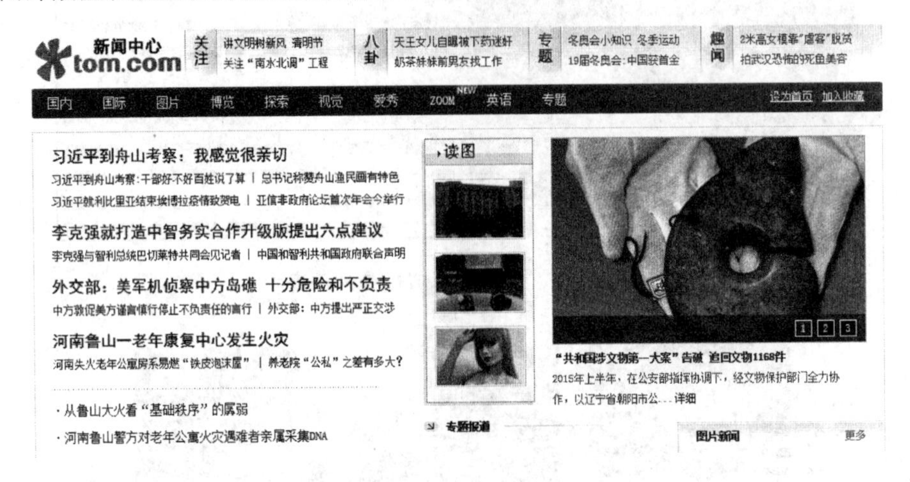

图 4－11　Tom－新闻中心的页面

（3）采用多个小图纵向或横向排列

如图 4－12 所示的 360 导航搜索页面，通过水平、垂直线分割，将多幅图像在页面上整齐有序地排列成块状，这种结构打破了常规，从而使得页面生动活泼，具有强烈的整体感和秩序美感。

游戏礼包 | 电影 | 电视剧 | 教育 | 音乐 | 购物 | 男装 | 女装 | 热搜 | 要闻 | 信用卡 | 特价旅行

页游	热血战歌	神臓传说	神 座	烈 斩	三国群英传	烽火九州	更多»
影视	电 影	电视剧	综 艺	娱 乐	动 漫	广场舞	更多»
视频	中央电视台	腾讯视频	六间房直播	三六零距离	芒果TV	综艺真人秀	更多»
小说	飞卢小说网	纵横中文网	天下书盟	小说大全	潇湘书院	南瓜屋故事	更多»
音乐	六间房秀场	流行音乐	九酷音乐	千禧音乐	经典老歌	网易云音乐	更多»
游戏	4399小游戏	7K7K小游戏	贪玩蓝月	爆款小游戏	小姐姐约战	愤怒的熊大	更多»
购物	京 东	苏宁易购	唯品会	国 美	白菜价商品	购物特卖会	更多»

新闻 | 军事 | 体育 | 资格证 | 财经 | 游戏赢耳机 | 小游戏 | 周边旅行 | 教育头条 | 少儿编程 | 财会

邮箱	163邮箱	126邮箱	阿里邮箱	QQ邮箱	新浪邮箱	Outlook邮箱	更多»
新闻	头条新闻	环球新闻	今日新闻	热点新闻	今日热点	新闻热点	更多»
军事	环球新军事	中华网军事	米尔军情网	头条军事	全球大军事	军事热点	更多»
体育	体坛快讯	体育新闻	体育头条	NBA新闻	虎扑体育	凤凰体育	更多»
财经	头条财经	东方财经网	今日财经	财经头条	热点财经	财经新闻	更多»
网游	策略游戏	幻想三国	儿童游戏	CS集训营	水果消消乐	合金弹头	更多»

科技 | 财会 | 银行 | 连衣裙 | 交友 | 星座 | 违章 | 百货 | 注会 | 本科报考 | 新游试玩 | 跟团游

图 4－12　360 导航搜索页面

（4）放置在消息正文的正上方

在新闻正文报道的页面中，图片一般放置在正文的正上方，如图 4－2 所示；有时也将图片插入到正文中，从而起到调节的作用。

3. 网络图片的应用原则

网络图片在实际应用过程中，需要遵循一定的原则，保持图片的真实性、思想性、艺术性和实用性，以求将最真实、最直观的主题呈现在受众面前，为文章推波助澜，为主题画龙点睛。

(1) 图片具有真实性

在图片的编辑过程中，必须对图片的真实性进行辨别，这样才能维护新闻的真实性。同时图片的使用必须恰当，避免误导受众。

(2) 图片要有思想性

需要审核图片是否能突出文章的重点，图文搭配要合理，不可脱节，不能偏离主题。尤其是为新闻报道配发的图片更要注意图片的选用。

(3) 图片要有艺术性

好的图片不仅仅能图解文字，还是在报道文章内容的前提下进行的艺术再创作。尤其是那些简洁明了的图表和诙谐幽默的配图，往往还能进一步引发人们的联想和深思，同文章彼此呼应、相得益彰。

(4) 图片要有实用性

在满足真实性、思想性、艺术性原则的基础上，从编辑的角度看，图片的选择还应便于排版，这一点对网页的整体美观也是极为重要的。

4. 应用网络图片时需要注意的问题

(1) 图片的格式

网页中使用的图像可以是 GIF、JPEG、BMP、TIFF、PNG 等格式的图像文件，其中使用最广泛的主要是 JPEG、GIF 和 PNG 格式。

JPEG 是一种广泛适用的压缩图像标准格式，JPG 能够保存色彩丰富的图片，最适合在 Web 中展示美丽的摄影图片和产品图片，支持高级压缩，可以使用不同的压缩比控制文件大小，但是它不支持透明、不支持动画，图像转化为 JPEG 格式在文件大小上会减小很多，是一种在 Internet 上被广泛支持的图像格式。

GIF 是网络上非常流行和普遍使用的一种无损压缩图形文件格式。可以存储多幅彩色图像，多幅图像逐幅读出可构成简单的动画。GIF 解码较快，其隔行存放的图像会让人感觉显示速度比其他图像快。GIF 支持透明(全透明和全不透明)、支持动画。但 GIF 最多支持 256 种色彩的图像，所以比较适合背景图像、图画图形、栏目标题图片以及对色彩要求不太高的摄影图片，可以把色彩较少的图片文件压缩得很小。

PNG 是一种无损压缩的图像格式，PNG 可以提供 24 位至 4 位真彩色图像。PNG 支持高级无损耗压缩，支持 alpha 通道透明度、支持伽马校正、支持交错。PNG 有损耗压缩会使原始图片质量下降。另外，PNG 完全支持 alpha 透明，但不支持动画。PNG 作为编辑 JPEG 的过渡格式可以保留更多的色彩；作为编辑动画 GIF 的过渡格式可以保留所有通道和帧图像，有利于重复编辑动画。

(2) 图片的大小

图片过大会影响网页的显示速度。一个网页最好不要超过 100KB(包括网页上的图像)，下载时间不要超过 8s，必要时对于过大的图片需要利用一些软件进行优化处理，在保证所需清晰度的前提下，尽量压缩图像的大小。对于大图片可以采用分割图像的方法将其分割成几小块；也可给大图片设置一个预先下载的替代图像；此外，除了彩色照片和高色彩图像以外，尽量使用 GIF 格式图像。

(3) 图片的面积

图片在网页中占据的面积大小能直接显示其重要程度。一般来说,大图片容易形成视觉焦点,感染力强,传达的情感较为强烈;小图片常用来穿插在文字中,显得简洁而精致,起到点缀和呼应页面主题的作用。在一个页面中,如果只有大图片而无小图片或细密的文字,就会显得空洞,但只有小图片而无大图片,又会使页面缺乏视觉冲击力。

(4) 图片的分辨率

网页图片一般只显示在显示器上,所以对图片的质量要求不是太高,分辨率设置为 72dpi 即可。

5. 网络图片的使用技巧

相对于文字,图像所占磁盘空间大,增加了网页的下载时间,甚至严重影响网页的显示,因此过多的图片会受到网络传输的限制。有经验的网页设计者总是对图像的尺寸、数量、质量与页面包含的全部文件的大小等进行平衡,尽量兼顾图片的页面效果与传输速度。所以,可以通过以下几个方面来解决这个问题:

(1) 将图片进行分割

经常在从网上下载别人的作品时,会发现在相应的文件夹里有很多幅小图片,这些小图片可以组合成一幅完整的大图片,这是因为网页制作者在使用图片时,先对图片进行了分割处理,将图片的重要部分先单独分离出来进行分割,其余的单色区域用背景色的形式处理,使浏览者可以达到快速下载和浏览的目的。

(2) 将图片作为网页或表格的背景

背景和一般图片的区别就是背景上可以再放置其他图片和文字,而一般图片如果不使用层技术就不可以放置。所以,可以考虑给页面增加某种机理,尽量将背景元素的面积缩小以减小文件大小,同时注意图案衔接时边界的自然过渡。

(3) 反复使用同一张图片

在网站上,反复使用同一张图片是不会增加下载速度的,并且还可以节省图片的存储空间,所以,在网页设计中应尽可能地利用这一点,在一个页面的不同栏目上反复应用同一种共同的细节处理方法,或在不同的页面上呼应使用,用尽量少的图片达到更好的效果。

(4) 确需提供给受访者浏览的高清大图片,要使用文字或小图片链接方式浏览

删除 image 文件夹中所有不使用的图片文件,通过小图片链接浏览的大图片要另置文件夹保存,这也是提高图片加载速度的通用做法。主页中静态图片和动画图片总和应视情况尽量控制在 100 K 以内,确保图片加载速度。

4.1.3 Photoshop 的使用

Photoshop 是 Adobe 公司推出的、功能强大的图像处理软件,它具有界面简洁友好、可操作性强、可以和绝大多数的软件进行完美的整合等特点,因此被广泛地应用于图像处理、绘画、多媒体界面设计、网页设计等领域。

1. 工作界面

启动 Adobe Photoshop CS3,打开文档后进入其工作界面,如图 4-13 所示。最上方是标题栏,下边依次为菜单栏和属性栏,左侧为工具箱,右侧有各种功能面板,中间为文档窗口。

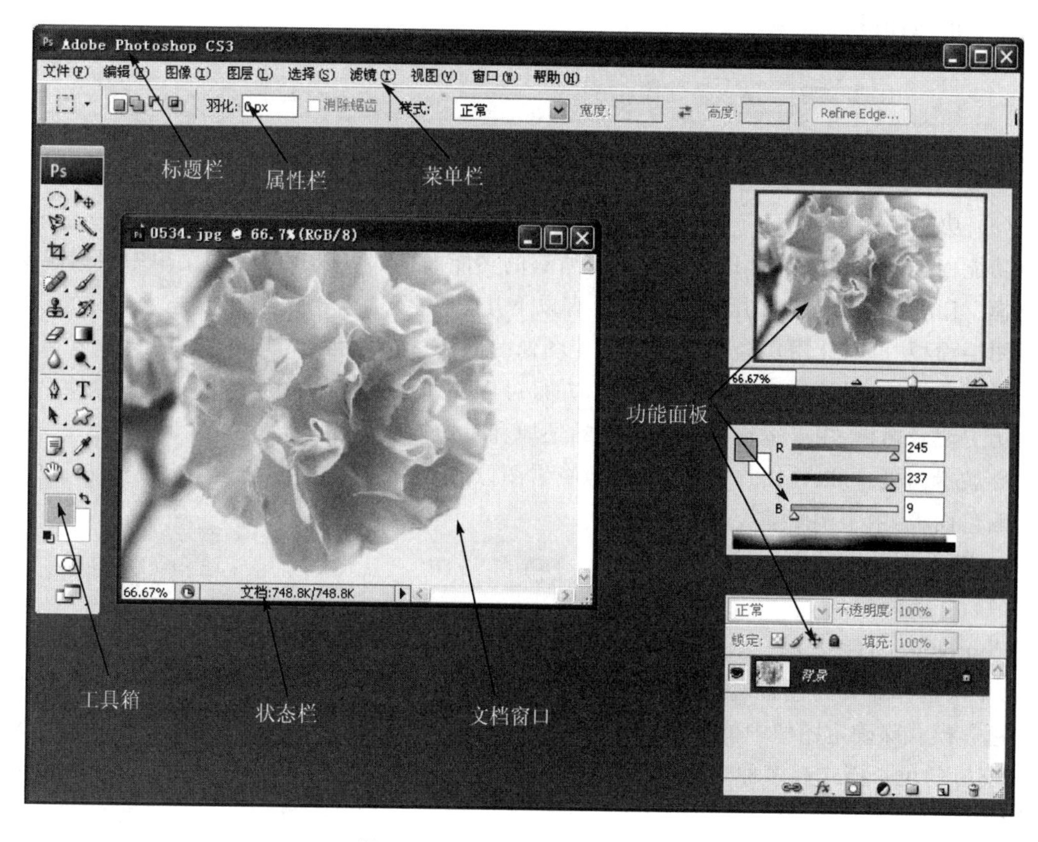

图 4-13　Photoshop 的工作环境

（1）菜单栏

菜单栏中的命令包括了 Photoshop 大部分操作命令，分为文件菜单、编辑菜单、图像菜单、图层菜单、选择菜单、滤镜菜单、视图菜单、窗口菜单和帮助菜单。直接使用鼠标单击菜单栏，在打开的菜单中选择菜单命令即可。

（2）文档窗口

图像的创建、编辑和处理都是在文档窗口中进行的。

（3）工具箱

工具箱中放有可以编辑图像的各种工具，如图 4-14 所示。有些工具按钮的右下角有个小三角，表明这是一个工具组，包含其他几种工具。单击这个小三角就能显示其他的工具，可根据需要进行相应的选择。

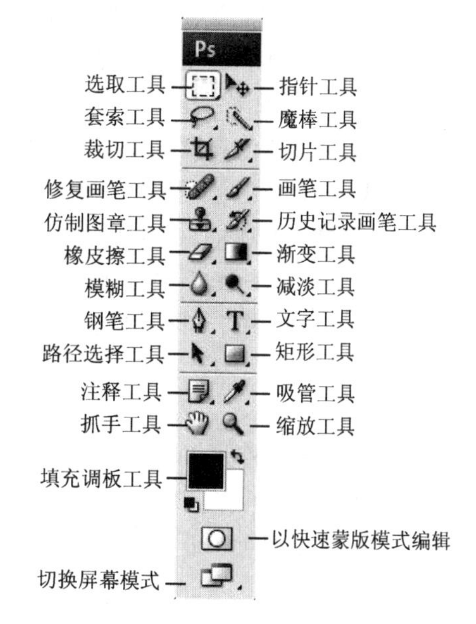

图 4-14　Photoshop 的工具栏

（4）属性栏

属性栏提供了有关使用工具的选项，可以设置工具箱中工具的各种属性。它会根据当前所选工具的不同而发生变化，如图 4-15 所示为移动工具的属性栏。

图 4-15 移动工具的属性栏

(5) 功能面板

功能面板主要用来监视和修改图像。所有的功能面板都可以在“窗口”菜单中根据需要进行选择。Photoshop 中最常用的功能面板有以下几个：

图层面板：可以让用户轻松地完成改变图像的顺序、透明度等操作。

通道面板：可以保持图像的颜色数据，并且可以在通道中保存蒙版。

历史记录面板：用于编辑图像过程中的还原和重做操作。

导航器面板：可以让用户方便、快捷地查看图像。

颜色面板：用于调配需要使用的色彩。

2. 基本概念

(1) 色彩模式

Photoshop 的色彩模式是以描述和重现色彩模式为基础的，可以执行“图像”菜单→“模式”命令来选择需要的色彩模式。

色彩模式除确定图像中能显示的颜色数之外，还影响图像的通道数和文件大小。Photoshop 支持的色彩模式有多种，每种模式的图像描述和重现色彩的原理及所能显示的颜色数量是不同的。

RGB 模式：由 Red、Green、Blue(红、绿、蓝)三种颜色为基色进行叠加而模拟出大自然色彩的色彩组合模式。

CMYK 模式：C、M、Y、K 分别代表的是 Cyan(青)、Mageata(洋红)、Yellow(黄)、Black(黑)。CMYK 是通过反射光来呈现色彩的，而 RGB 是通过自身发光来呈现色彩的。

HSB 模式：根据日常生活中人眼的视觉特征而制定的一套色彩模式，最接近于人类对色彩辨认的方式。HSB 色彩模式以色相(H)、饱和度(S)和亮度(B)来描述颜色的基本特征。

Lab 模式：由 3 个通道组成，L 表示亮度，取值范围是 0～100；a 表示由绿色到红色的光谱变化，取值范围是－120～120；b 表示由蓝色到黄色的光谱变化，取值范围是－120～120。Lab 模式所包含的颜色范围最广，能够包含所有的 RGB 和 CMYK 模式中的颜色。

位图(Bitmap)模式：又称为黑白位模式，由于它使用黑、白两种颜色来描述图像，故位图模式的图像也叫黑白图像。因为位图模式图像中的每一个像素点只包含一位数据，所以占用的空间最少。

灰度(Grayscale)模式：可以使用多达 256 级灰度来表现图像，使图像的过渡更平滑细腻。灰度图像的每个像素的亮度取值范围为 0(黑色)～255(白色)。亮度是唯一能够影响灰度图像的因素，0%代表黑色，100%代表白色。

(2) 通　道

每个 Photoshop 图像都具有一个或多个通道，每个通道都存放着图像中颜色的信息。图像中默认的颜色通道数取决于其色彩模式，如 CMYK 图像至少有 4 个通道，分别代表青、洋红、黄和黑色信息。除了这些默认颜色通道外，也可将额外的通道添加到图像中，如 Alpha 通道，以便将选区作为蒙版存放和编辑。此外还可添加专色通道。有时一个图像的通道可多达 24 个。默认情况下，位图模式、灰度模式、双色调模式和索引色模式图像中只有 1 个通道；RGB 和 Lab 模式图像有 3 个通道；CMYK 图像有 4 个通道。

3. 文档的建立与保存

Photoshop 支持的文件格式有很多种，常见的文件格式包括 PSD、BMP、PDF、JPG、GIF、TGA、TIFF 等。Photoshop 软件自身的格式是 PSD 格式，此格式可以保存各种图层、通道、蒙版等信息，且不容易导致数据丢失。目前，只有少数的应用程序支持 PSD 格式。

(1) 新建文档

执行“文件”菜单→“新建”命令或按 Ctrl+N 快捷键，弹出图 4-16 所示的“新建”对话框，在该对话框中可进行画布大小、分辨率、颜色模式、背景颜色及高级选项等设置。设置完成后，单击“确定”按钮，即可创建一个新文档。

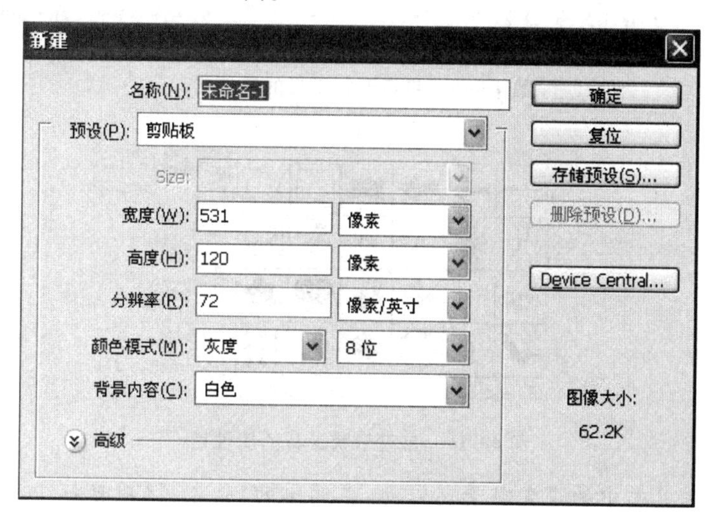

图 4-16　“新建”对话框

(2) 打开图像文件

执行“文件”菜单→“打开”命令或按 Ctrl+O 快捷键，在弹出的“打开”对话框中选择所需的图像文件，然后单击“打开”按钮即可。

(3) 文档的保存

执行“文件”菜单→“存储”命令或按 Ctrl+S 快捷键，可保存图像文件。执行“文件”菜单→“储存为”命令或按 Shift+Ctrl+S 快捷键，可将图像保存为其他格式，如 GIF、JPEG、PDF、TIFF、PNG 等格式。

4. 基本操作

(1) 创建图像

使用工具箱中的工具，如刷子工具组、选取工具组、套索工具组等，可以创建、选择和编辑位图图像，并可对其进行修饰；使用椭圆工具组等能快速绘制出各种各样的图形；使用钢笔工具组、自由变形工具组可绘制自由形状的矢量路径。

操作实例 4-1：使用工具箱中的工具绘制图 4-17 所示的图形。

步骤 1：新建文件，宽度和高度分别设置为 400px(像素)、300 px(像素)。

步骤 2：单击工具箱中的矩形工具右下角的小三角，从中选择自定形状工具，然后在其

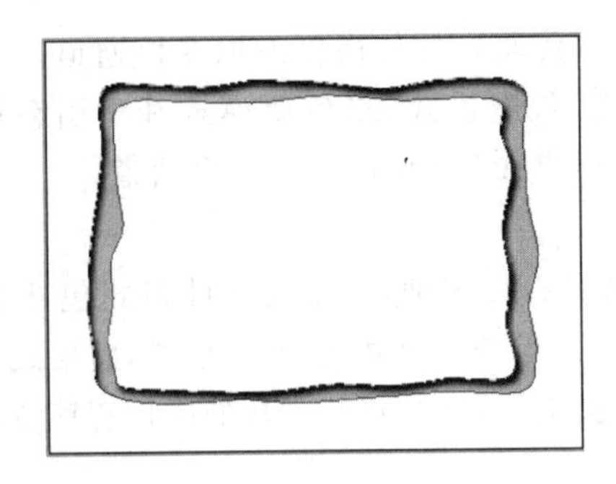

图 4-17 绘制的图形效果

属性栏中设置属性选项，如图 4-18 所示，其中“形状”选择“框架 7”选项，如图 4-19 所示。

图 4-18 自定形状工具的属性栏

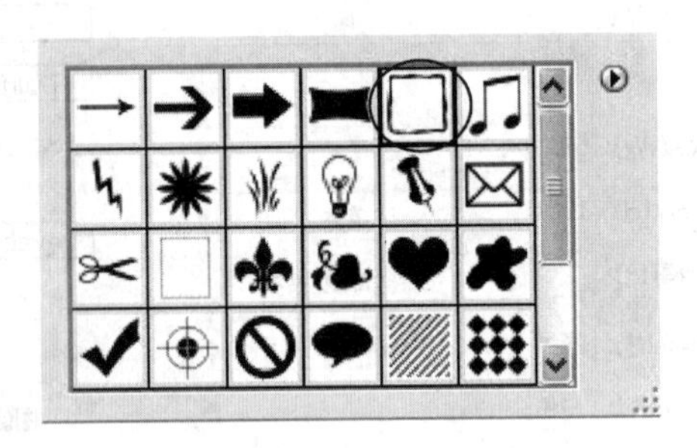

图 4-19 自定形状工具的属性栏

步骤 3：单击工具箱中的设置前景色工具，在弹出的“拾色器”对话框中进行颜色的设置，如图 4-20 所示。设置完成后，单击“确定”按钮。

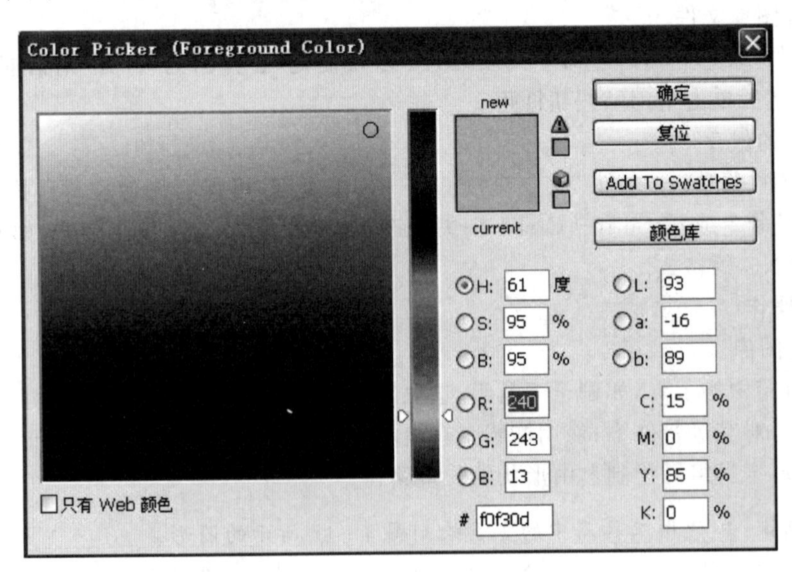

图 4-20 “拾色器”对话框

步骤 4：执行“图像”菜单→“模式”→“RGB 颜色”命令，然后在画布上按住鼠标左键进行拖动即可绘制图形，如图 4－21 所示。

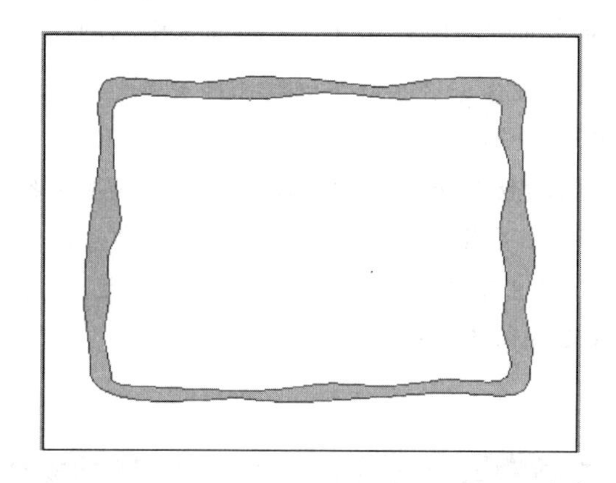

图 4－21　绘制的图形

步骤 5：打开图层面板，双击内容层，在弹出的“图层样式”对话框中进行样式的设置，此处设置为“内阴影”样式，如图 4－22 所示。设置完成后，单击“确定”按钮，此时图形的效果如图 4－17 所示。

步骤 6：保存文档。

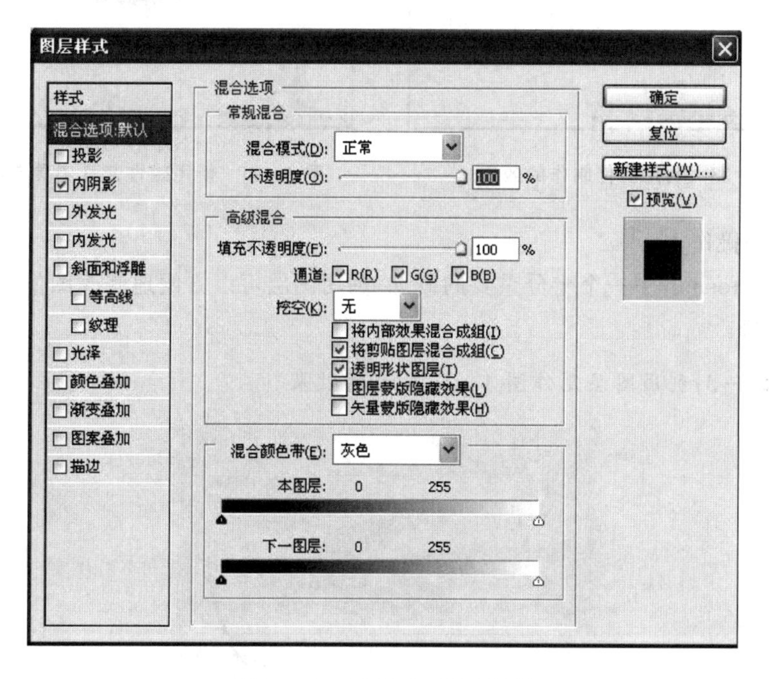

图 4－22　“图层样式”对话框

(2) 选区操作

选区可以实现对图像局部的编辑和修改。选区一般分为两种，一种是通过色彩选取选区；另一种是对编辑对象外形轮廓的选择。

选区的选取：在 Photoshop 中可以使用魔棒工具、套索工具、钢笔工具等进行选区的选取操作。

羽化选区：羽化选区的作用是柔化选区的边缘。

更改选区：在 Photoshop 中，经常需要修改已有选区来达到修改图像的目的。

存储和载入选区：可将选区中的内容保存在通道面板中或调用选区。

操作实例 4－2：利用羽化选区制作图 4－23 所示的效果。

步骤 1：执行“文件”菜单→“打开”命令打开一幅图像。

步骤 2：选择工具箱中的磁性套索工具，在其属性栏中设置“羽化”属性为 40px。

步骤 3：在画布所需要的位置处单击，磁性套索工具会自动粘贴到颜色反差明显的边缘上，随着鼠标的拖动，会自动产生节点，如图 4－24 所示，按键盘上的 Delete 键可以取消节点。

步骤 4：双击鼠标形成选区区域，然后按键盘中的 Delete 键即可。

步骤 5：保存文档。

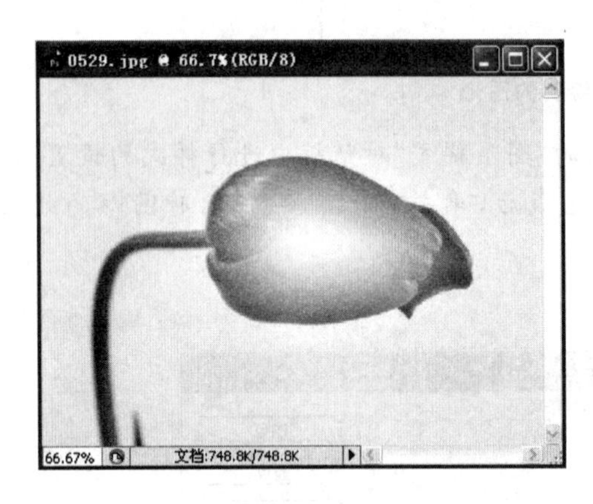

图 4－23　利用羽化制作的效果

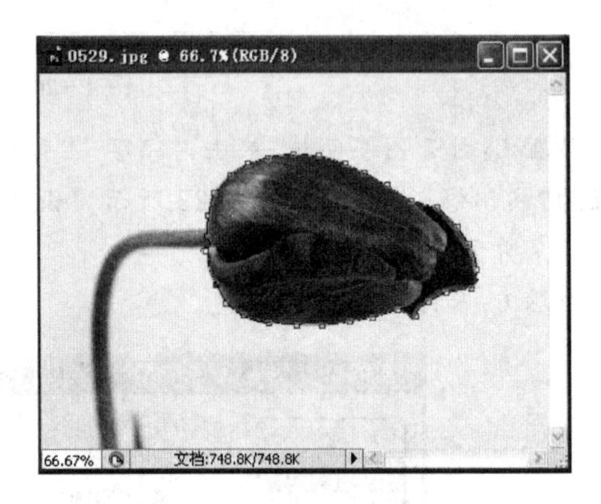

图 4－24　使用磁性套索工具选取选区

(3) 图层的操作

图层是 Photoshop 中一个十分重要的概念，利用图层可以方便地修改图像，同时也可制造出一些特殊效果。

操作实例 4－3：利用图层制作图 4－25 所示的效果。

图 4－25　利用图层制作的效果

步骤 1：打开两幅图像，将其中一幅图像作为背景，另一幅作为主要内容，如图 4－26 所示。

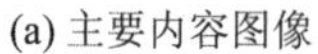

(a) 主要内容图像

(b) 背景图像

图 4－26　打开的图像

步骤 2：在动物图像文件的图层面板中，双击背景图层的名称，弹出图 4－27 所示的“新建图层”对话框，单击“确定”按钮可将其转换为普通层。将动物图像拖动到另一幅背景图像文件中。

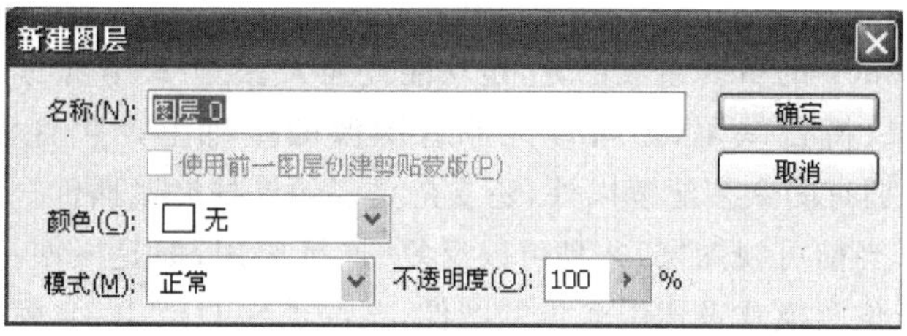

新建图层
名称(N)：图层 0　　确定
使用前一图层创建剪贴蒙版(P)　　取消
颜色(C)：无
模式(M)：正常　不透明度(O)：100 %

图 4－27　“新建图层”对话框

步骤 3：选择工具箱中的椭圆选框工具，在其属性栏中设置“羽化”属性为 30px，然后在动物图层中绘制一个椭圆选区，效果如图 4－28 所示。

图 4－28　绘制的椭圆选区效果

步骤 4：在图层面板中，选中动物图层，并将其移动到背景图层的下方，此时将在椭圆选区内显示下层动物的图像。

步骤 5：保存文档。

(4) 文本的操作

在 Photoshop 中，单击工具箱中的文字工具组 T，其中有 4 种选项：横排、直排、横排文字蒙版和直排文字蒙版。在画布中添加文字，同时在图层面板中会自动新增一个文字图层。可以通过文字工具的属性栏、字符面板、段落面板来对文字的一些基本参数进行设置。文字工具的属性栏如图 4－29 所示，其中提供了许多有关输入文字和文字外形的选项；字符面板如图 4－30 所示，可以对文本格式进行控制；段落面板如图 4－31 所示，可以对整段文字进行操作。

图 4－29　文字工具的属性栏

在对文字进行填涂或使用滤镜效果时，需要先将其进行栅格化，执行“图层”菜单→“栅格化”→“文字”命令即可。

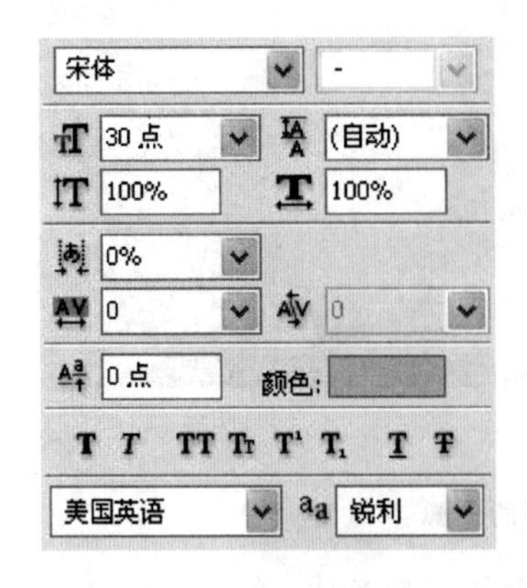

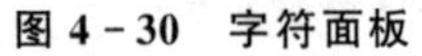
图 4－30　字符面板

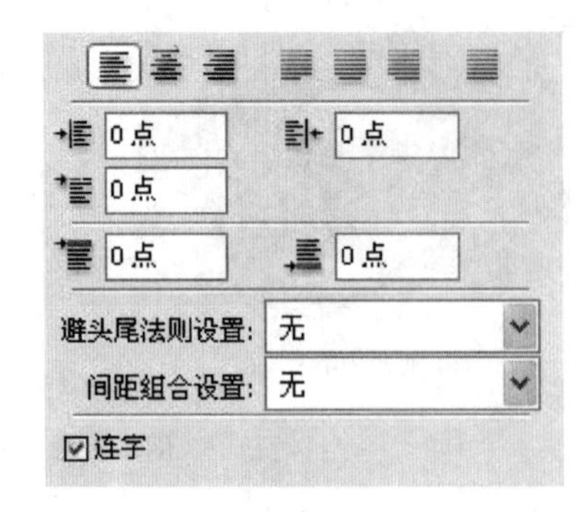

图 4－31　段落面板

（5）应用滤镜

滤镜作为 Photoshop 的重要组成部分，是功能最强大、效果最丰富的工具之一。使用它不仅可以改善图像效果、掩盖缺陷，还可以在原有图像的基础上产生许多特殊炫目的效果。Photoshop 除了自身拥有的众多滤镜以外，还支持更多的外挂滤镜插件。

滤镜只能应用于当前可视图层，并且可以反复、连续应用，但是一次只能应用于一个图层上。滤镜不能应用于位图模式及索引颜色的图像，某些滤镜只对 RGB 模式的图像起作用，如画笔描边滤镜、素描滤镜、纹理滤镜等就不能在 CMYK 模式下使用。另外，滤镜只能应用于图层的有色区域，对完全透明的区域没有效果。

滤镜是通过选择“滤镜”菜单中的命令来实现的，在“滤镜”菜单选项的顶部显示的是上次使用的滤镜，可以通过执行此命令对图像再次应用上次使用过的滤镜效果。

有些滤镜很复杂或是要应用滤镜的图像尺寸很大，因此执行时需要很长时间，可以按 Esc 键结束正在生成的滤镜效果。

操作实例 4－4：利用滤镜制作图 4－32 所示的蜡笔画效果。

步骤 1：打开一幅图像，如图 4－33 所示。

步骤 2：执行“滤镜”菜单→“艺术效果”→“粗糙蜡笔”命令，弹出图 4－34 所示的对话框。

图 4－32　利用滤镜制作的效果

图 4－33　原始图像

步骤 3：设置完成后单击“确定”按钮即可。

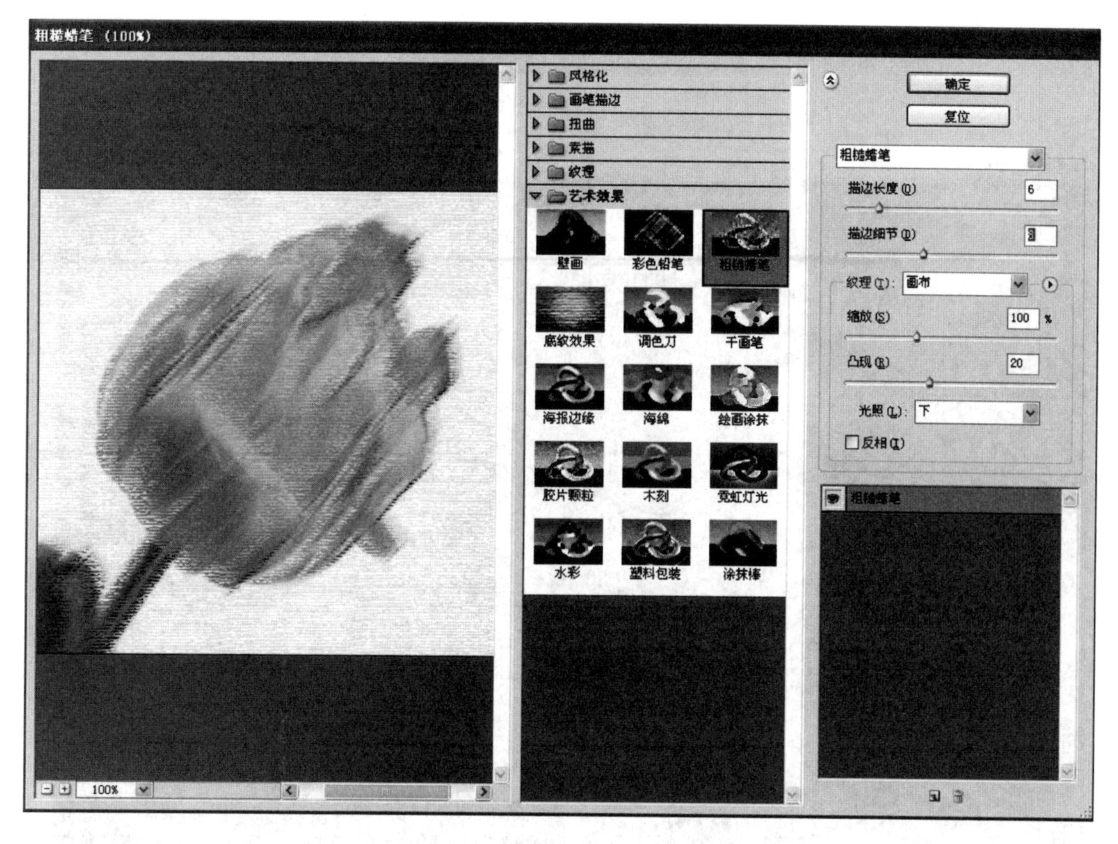

图 4－34　"粗糙蜡笔"对话框

4.2　网络动画编辑

4.2.1　网络动画的格式

动画是通过连续播放一系列画面，在视觉上造成连续变化的图画，通常用来完成简单的动态过程演示。目前，常用的动画格式主要有以下形式：

1. FLA 动画格式

Flash 动画是一种矢量动画格式，具有品质高、体积小、交互性强、可带声音和兼容性好的特点，而且可以在下载的同时进行流畅地播放，完全打破了网络带宽的限制，非常适合在网络上进行传播。

SWF 文件是由 FLA 文件在 Flash 中编辑完成后输出的成品文件，可以由 Flash 插件来播放，也可以制成单独的可执行文件，无须插件即可播放。

案例 4－1：浏览搜狐网嫦娥一号卫星探月全程演示的动画，如图 4－35 所示。①

案例分析：该动画形象地模拟了嫦娥一号卫星探月的全过程。Flash 动画与文字描述相

① 资料来源：http://videoad.sohu.com/goddess/main.html.

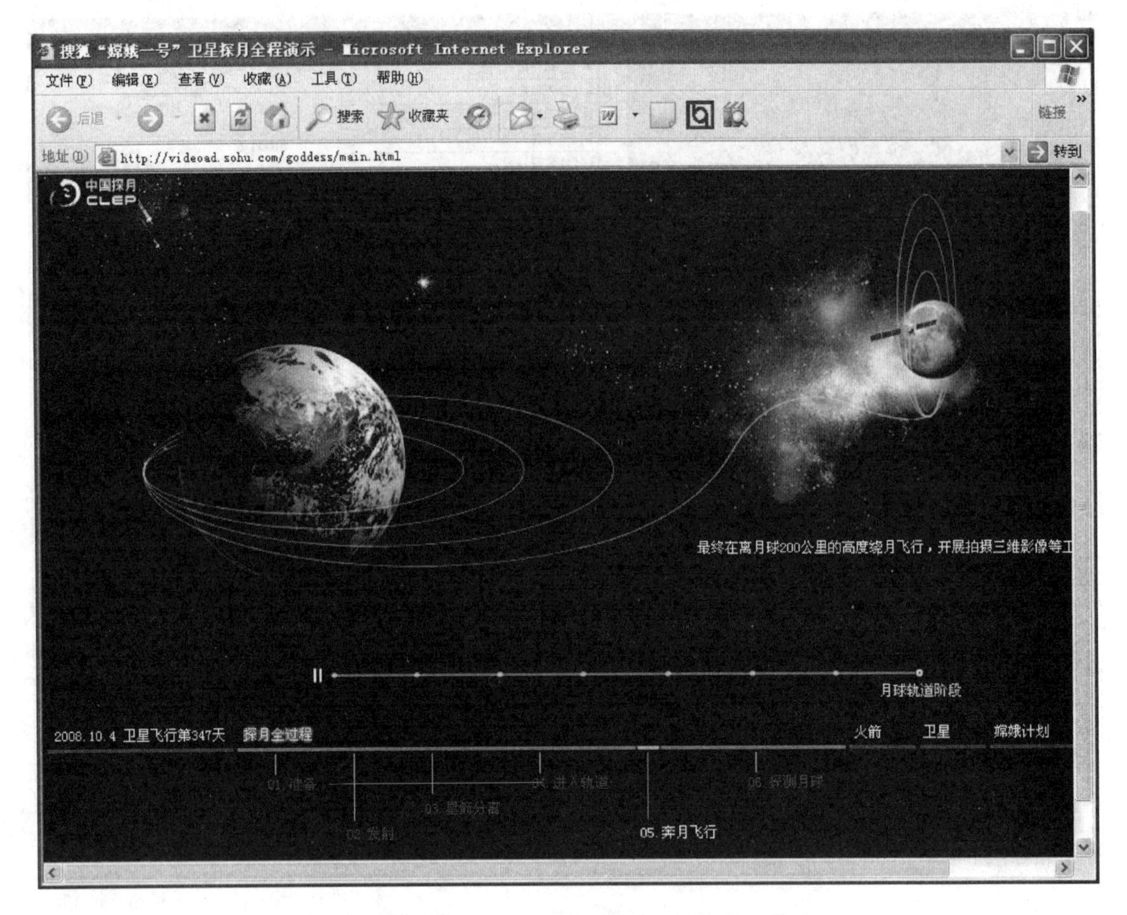

图 4-35　搜狐网-嫦娥一号卫星探月全程演示的动画

比更逼真,更形象,因此,Flash 在各网站中都得到了大量的应用,主要用于模拟战局示意图、灾难或事故的场景报道等。

2. GIF 动画格式

在一个 GIF 文件中可以保存多幅彩色图像,如果把存在于一个文件中的多幅图像数据逐幅读出并显示到屏幕上,就构成了一种最简单的动画。网上很多小动画都是 GIF 格式。

4.2.2　Flash 的使用

Flash 是当前 Internet 上最为流行的 Web 动画制作软件,它集矢量编辑和动画创建于一体,同时可以将图形、图像、音频、动画和交互动作有机地结合在一起,制作出美观、新颖、交互性强的动态网页。

1. 工作界面

启动 Adobe Flash CS3,进入其工作界面,如图 4-36 所示。该工作界面主要包括标题栏、菜单栏、主工具栏、工具箱、时间轴面板、舞台、属性面板、功能面板等。

(1) 菜单栏

菜单栏中包含了 Flash 中所有可以使用的菜单命令,利用这些菜单命令,可以实现文件管理、动画编辑和测试等操作。

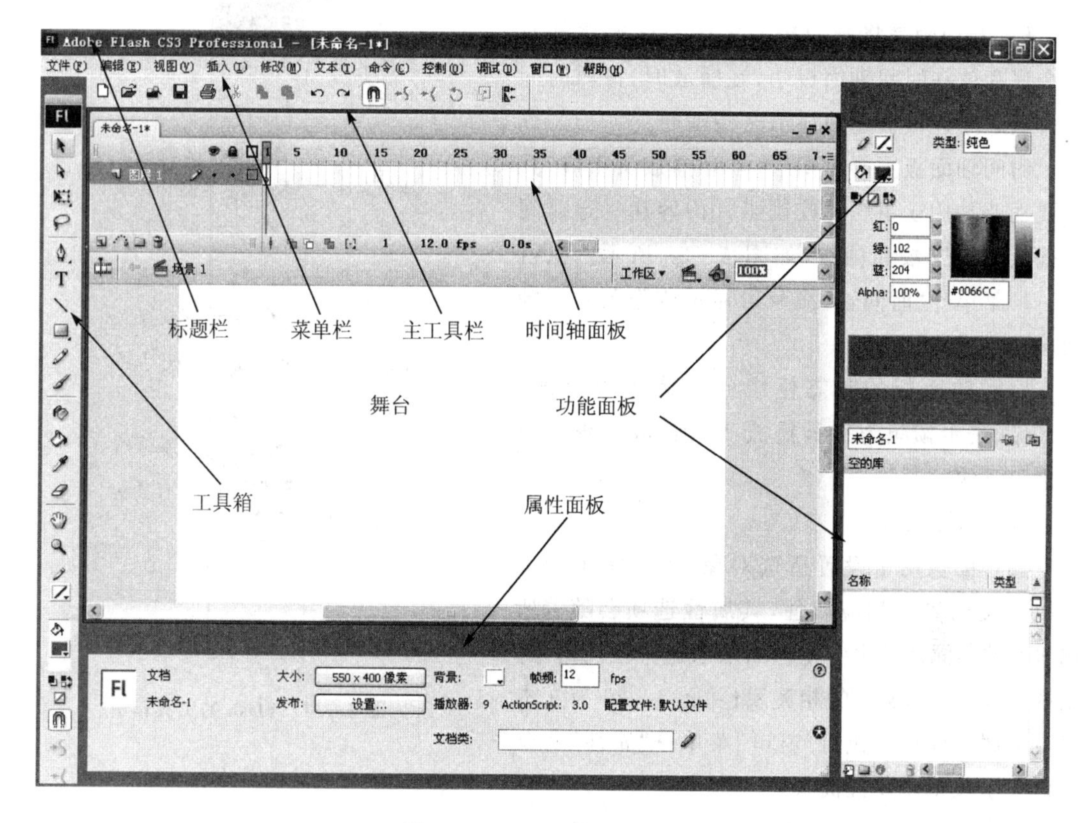

图 4－36　Flash 的工作界面

（2）主工具栏

主工具栏中放置了文件处理、对象处理的常用工具。可执行“窗口”菜单→“工具栏”→“主工具栏”命令来显示或隐藏主工具栏。

（3）工具箱

Flash 中的工具集中存放在工具箱中，如图 4－37 所示。有些工具按钮的右下角有个小三角，表明这是一个工具组，包含其他几种工具。可执行“窗口”菜单→“工具”命令来显示或隐藏工具箱。

（4）舞台和场景

舞台是影片中作品的编辑区域，是对影片中图片、文字、元件等对象进行编辑、修改的场所。舞台中显示的内容也是最终生成动画影片里能够显示的全部内容，当前舞台的背景也是最终生成的动画影片的背景。舞台大小及背景色是由影片属性所决定的。

场景为舞台上的一幕，舞台上可以出现不同场景。场景的大小、色彩等属性是可以设置的。舞台和场景这两个术语在很多场合使用时常常通用。一个比较复杂的动画往往是采用多个场景并按它们在场景面板上排列的先后顺序进行播放，这样将有利于对动画进行制作和修改。

(5) 时间轴

Flash 动画是将画面按一定的空间顺序和时间顺序存放在时间轴面板中,在播放时,按照时间轴排放顺序连续快速地显示这些画面。

时间轴面板主要由图层、帧和播放头组成,其主要功能是用于组织和控制影片内容在一定时间内播放的图层数和帧数,如图 4－38 所示。执行"窗口"菜单→"时间轴"命令可显示或隐藏时间轴面板。

时间轴面板的状态栏中的 1 表示当前帧; 12.0fps 表示帧频为每秒播放 12 帧,数字越大表示播放越快。

(6) 属性面板

属性面板用于设置所选对象、工具箱中的工具以及文档等的相应属性,其属性选项会随着所选对象的不同而发生变化。如果未选中任何对象,属性面板将显示文档的相关属性,图 4－39 为文本工具的属性面板。执行"窗口"菜单→"属性"命令可以显示或隐藏属性面板。

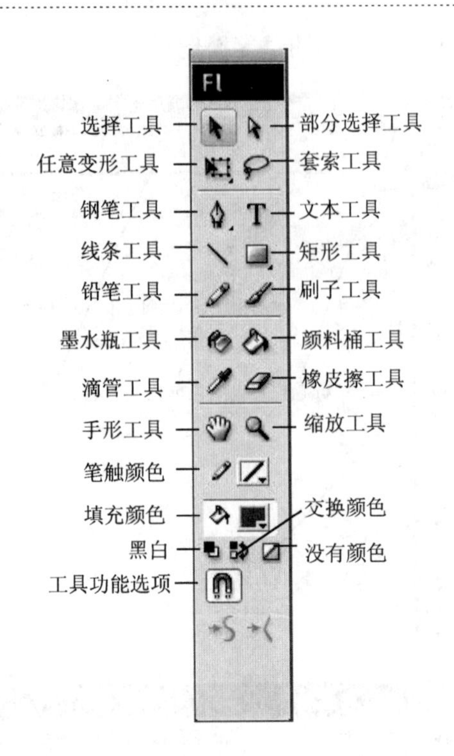

图 4－37 Flash 的工具箱

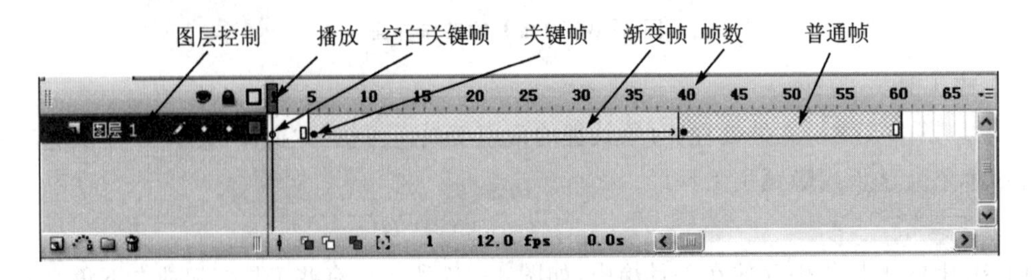

图 4－38 时间轴面板

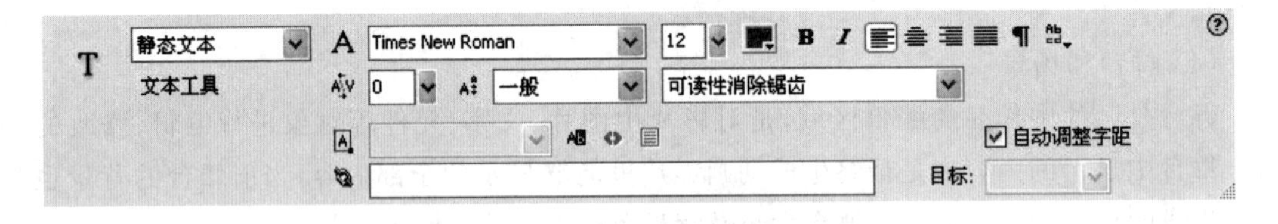

图 4－39 文本工具的属性面板

2. 基本概念

(1) 帧

在 Flash 中,帧是最小的时间单位。时间轴上的每一个小方格就是一个帧,默认状态下,以 5 帧作为一个单位进行数字标识。帧在时间轴上的排列顺序一般就决定了一个动画的播放顺序，而每个帧中具体包含什么内容，则须在相应帧的舞台中进行制作。在 Flash 中，帧根据其功能可分为关键帧、普通帧和渐变帧三种类型，如图 4－38 所示。

关键帧是指控制一段动画的开始或结束的帧。关键帧又可细分为有内容的关键帧和无内容的关键帧。有内容的关键帧以实心圆点表示；无内容的关键帧又称为空白关键帧，以空心圆点表示。

普通帧是指延续关键帧状态的帧。

渐变帧是指两个关键帧之间的空白内容根据设计者的设定通过 Flash 自动计算得到的帧。渐变帧又可分为形状渐变帧和动画渐变帧，形状渐变帧以绿色表示，动画渐变帧以蓝色表示。

注意：普通帧与普通帧之间，关键帧与普通帧之间不能产生正确的渐变动画。

（2）图　层

图层可以看成是叠放在一起的透明胶片，而各个胶片之间是独立的，在不同图层上编辑不同的动画，它们之间互不影响，放映时得到的则是合成后的效果。在 Flash 中，除普通图层外，还包含了遮罩层、引导层等特殊的图层。

普通图层是指放置图形、文字、声音等对象所使用的图层。

引导图层是控制 Flash 中对象做复杂曲线运动的特殊图层。在该图层中，设计者可以绘制引导线，被控制的对象将会按照这条路径进行复杂运动。

遮罩层是一个控制舞台显示区域的特殊图层，遮罩图层中的内容无论是在预览过程中还是在以后的作品中都不会被显示。在被遮罩的图层中，除遮罩层中遮住被遮罩图层中对象的部分被显示出来，其余的部分不被显示。注意：线条不能作为遮罩层中的对象。

（3）元件、实例、库

Flash 中的元件包括图形、按钮、影片剪辑三种形式。在动画制作过程中，动态对象采用影片剪辑元件形式进行存放，而静态对象一般采用图形元件形式存放。元件只需创建一次，即可在整个文档或其他文档中重复使用，任何元件一旦被创建后都会自动存放在库中。

实例是元件在舞台上的一次具体使用。元件的改变将直接导致所有对应的实例的改变；每个元件实例都有独立于该元件的属性，可以更改元件实例的色调、透明度和亮度，对元件实例进行变形等。

库是 Flash 中存放和管理元件的场所。Flash 中的库有两种类型：一种是 Flash 自身所带的公共库，此类库可以提供给任何 Flash 文档使用；另一种是在建立元件或导入对象时形成的自建库，此类库仅可以被当前文档或同时打开的文档调用。库可以减少动画制作中的重复制作并且可以减小文件的体积，在 Flash 制作过程中应该有调用库的意识，养成使用库面板的习惯。

3. 文档的建立与保存

（1）创建新文档

执行“文件”菜单→“新建”命令，在弹出的“新建文档”对话框中选择“Flash 文档”，或是单击主工具栏中的□新建按钮，均可创建一个新文档。

（2）文档的属性设置

在制作 Flash 作品时首先要对影片的一些基本属性进行设置，如影片尺寸、背景颜色等。单击文档属性面板中“大小”右侧的 550 x 400 像素 按钮，或双击时间轴面板状态栏中的 12.0 fps 帧频率处，或执行“修改”菜单→“文档”命令，都可以调出图 4－40 所示的“文档属性”对话框，在该对话框中进行文档属性的设置。

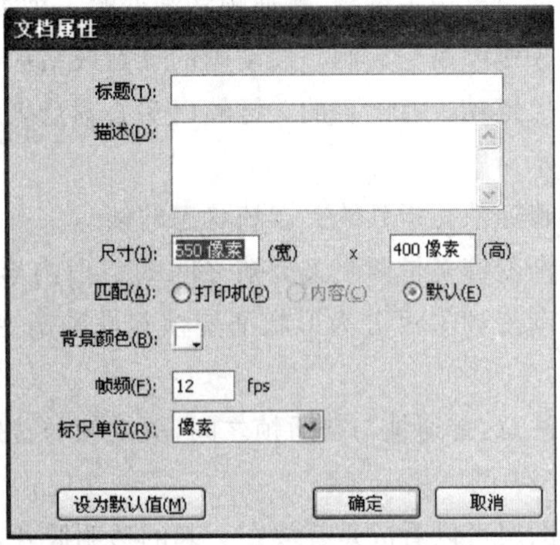

图 4－40　“文档属性”对话框

（3）文档的保存

Flash 文档创建完成后，可执行“文件”菜单→“保存”或“另存为”命令进行保存，文件的扩展名为.fla。只有将 Flash 文档发布为.swf 格式的影片，才可使用 Flash 播放器播放。

4. Flash 的基本操作

（1）帧的基本操作

① 添加关键帧的主要方法

将光标定位在时间轴中需要插入关键帧的位置，执行“插入”菜单→“时间轴”→“关键帧”或“空白关键帧”命令。

将光标定位在时间轴中需要插入关键帧的位置，单击鼠标右键后在弹出的快捷菜单中选择“插入关键帧”或“插入空白关键帧”操作。

将光标定位在时间轴中需要插入关键帧的位置，按 F6 键可创建关键帧，按 F7 键可创建空白关键帧。

② 删除关键帧的主要方法

将光标定位在时间轴中需要删除关键帧的位置，单击鼠标右键后在其快捷菜单中选择“删除帧”命令。

在时间轴上选中需要删除的关键帧，使用组合键 Shift＋F6。

③ 添加和删除普通帧的主要方法

执行“插入”菜单→“时间轴”→“帧”命令、按 F5 键或使用时间轴快捷菜单中的“插入帧”命令，可以添加普通帧。

执行“编辑”菜单→“时间轴”→“删除帧”命令、组合键 Shift＋F5 或使用时间轴快捷菜单中的“删除帧”命令，可以删除普通帧或渐变帧。

④ 转换帧的主要方法

可以通过帧的转换操作将普通帧、渐变帧转换为关键帧。选择需要转换的帧或帧区域（可以通过 Shift 键或 Ctrl 键和鼠标配合选择），通过时间轴快捷菜单中的“转换为关键帧”命令或“转换为空白关键帧”命令将指定的帧或帧区域转换为关键帧或空白关键帧。也可以执行“修改”菜单→“时间轴”子菜单中的命令，或通过 F6 键和 F7 键完成操作。

(2) 帧内容的基本操作

① 选定对象的主要方法

通过工具箱中的选择工具点选、框选或部分选择工具的框选选定对象。

使用组合键 Ctrl+A 进行全选。

执行“编辑”菜单→“全选”命令进行全选。

单击鼠标右键,通过其选项菜单中的“全选”命令进行全选。

按住 Shift 键通过鼠标单击选择多个对象。

② 复制和剪切对象的主要方法

执行“编辑”菜单→“复制”或“剪切”命令完成复制或剪切操作。

单击鼠标右键,通过其选项菜单中的“复制”或“剪切”命令完成复制或剪切操作。

通过组合键 Ctrl+C 或 Ctrl+X 完成复制或剪切操作。

单击鼠标右键,通过其选项菜单中的“粘贴”命令完成粘贴操作。

通过组合键 Ctrl+V 完成粘贴操作。

③ 删除对象的主要方法

选中需要删除的对象,按 Delete 键即可完成帧内容的删除。

④ 对齐和排列对象的主要方法

执行“修改”菜单→“对齐”菜单下的子菜单命令来完成帧对象对齐的操作;通过“对齐”面板实现对齐操作。

执行“修改”菜单→“排列”菜单下的子菜单命令来完成帧中对象排列的操作。

⑤ 对象变形的主要方法

执行“修改”菜单→“变形”菜单下的子菜单命令来完成帧对象变形的操作。

使用工具箱中的任意变形工具对选定对象进行变形操作。

⑥ 组合对象的主要方法

一个帧中多个对象可以进行组合操作。组合操作首先要对需要组合的对象进行选定(选定对象至少要有两个),然后执行“修改”菜单→“组合”命令进行组合操作。

如果需要对已经组合的对象进行独立操作,就需要进行取消组合的操作,其方法是先选中组合对象,然后执行“修改”→“取消组合”命令。

⑦ 分离对象内容的主要方法

当帧的内容为位图时,Flash 将其作为一个整体来进行处理,但有时需要对这些对象进行一些再加工,如分离背景、复制其中的部分内容等,此时就需要对图像进行分离操作,可通过执行“修改”菜单→“分离”命令或组合键 Ctrl+B 完成。

(3) 影片的预览和测试

在 Flash 中,用户既可以在 Flash 的编辑环境中预览和测试影片,也可以在单独的窗口或 Web 浏览器中进行影片的预览和测试。

执行“控制”菜单→“播放”命令或按 Enter 键可以在编辑环境中预览影片;执行“窗口”菜单→“工具栏”→“控制器”命令,可在打开的播放控制器中进行播放操作;利用“控制”菜单中的相关命令可对影片的播放进行更多的控制。

执行“控制”菜单→“测试影片”和“测试场景”命令，或按组合键 Ctrl＋Enter，可以将当前影片导出为 Flash 播放器影片并在新窗口中进行播放。如果当前影片已经保存了.fla 格式，执行测试操作后会在.fla 格式文件所在的文件夹中生成一个与.fla 格式文件同名的.swf 格式文件。

(4) 创建和编辑元件

① 将场景中的对象转换为元件

选择对象，执行“修改”菜单→“转换为元件”命令或按快捷键 F8，打开“转换为元件”对话框，如图 4－41 所示，输入元件名称，选择元件的类型，确定元件注册点的位置，然后单击“确定”按钮即可将所选对象转换为元件并存放在库面板中，场景中的对象就成为一个元件实例。

② 创建新元件

执行“插入”菜单→“新建元件”命令或按组合键 Ctrl＋F8，打开“创建新元件”对话框，如图 4－42 所示，输入元件名称，选择元件的类型，然后单击“确定”按钮，进入元件编辑模式创建和编辑元件的内容。

图 4－41 “转换为元件”对话框

图 4－42 “创建新元件”对话框

在元件编辑模式中，舞台的中心有个十字标志。元件编辑结束后，单击 场景 1 图标返回场景中。

(5) 时间轴特效

Flash 中的时间轴特效分为三类：变形/转换、帮助和效果。只有在场景中选择了具体的对象以后，菜单命令才能正常显示，否则可能成灰色显示(不可用状态)。

在 Flash 影片中添加时间轴效果时，需要先在舞台上选中要添加时间轴特效的对象，然后再执行“插入”菜单→“时间轴特效”命令，将具体类型的时间轴特效添加到这个对象上。

5. Flash 动画的基本类型

Flash 动画主要有逐帧动画和渐变动画两种类型。

(1) 逐帧动画

逐帧动画是指在时间轴的每帧上逐帧绘制不同的内容，当连续播放帧时便形成了动画。在创建逐帧动画时，需要将每个帧都定义为关键帧，然后给每个帧创建不同的内容。

操作实例 4－5：利用逐帧动画制作倒计时效果动画。

步骤 1：新建 Flash 文档，大小设置为 400px×400px，背景设置为白色。

步骤 2：使用工具箱中的椭圆工具在舞台中绘制一个边框为黑色，填充为浅灰色的正圆(在绘制图形的同时按住 Shift 键)，其宽、高均为 300px，坐标为(50,50)。

步骤 3：再使用椭圆工具绘制两个无填充的正圆，大小分别为 240px、190px，坐标分别为

(80,80)和(105,105)。

步骤 4:使用工具箱中的线条工具绘制横、纵两条线段,宽或高为 400px,坐标分别为(0,200)和(200,0)。

步骤 5:使用工具箱中的文本工具插入静态文本"9",设置文本大小为 160、黑色。然后调整文本的位置,使其正好处于正圆的中心位置,效果如图 4-43(a)所示。

步骤 6:在时间轴面板中,每隔 12 帧按 F6 键插入关键帧,共插入 8 个关键帧,然后依次将关键帧中的文本"9"修改为"8""7"……"1",其中第 9 个关键帧(第 96 帧)中的内容如图 4-43(b)所示。

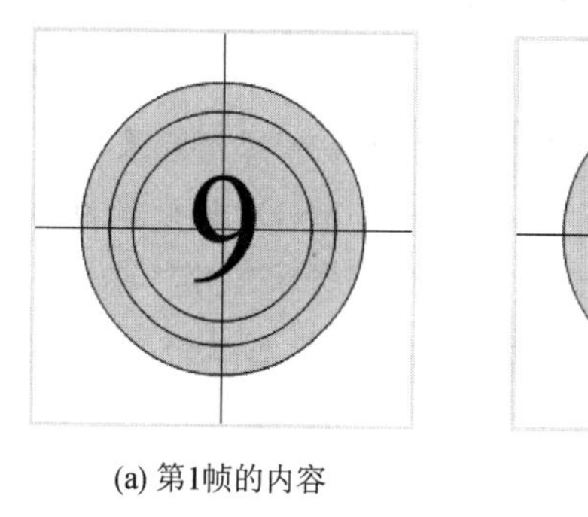

(a) 第1帧的内容　　(b) 第9帧的内容

图 4-43　倒计时效果动画

说明:Flash 动画在网页中的标准播放频率为每秒 12 帧。若想每秒钟变换一下数字,可每隔 12 帧插入一个关键帧,改变其内容即可。

步骤 7:按组合键 Ctrl+Enter 预览效果,然后保存文档。

(2) 渐变动画

每一个渐变动画是由两个关键帧和位于中间的渐变帧组成,两个关键帧分别定义了该动画的开始和结束状态,渐变帧产生动画的中间效果。在 Flash 中,只需要编辑动画对象在两个关键帧中的位置、形状、颜色和大小等属性,然后设置渐变类型及效果,即可生成效果平滑的渐变动画。用这种方法制作动画操作简单,占用的存储空间小。渐变动画又可分为形状渐变动画和动画渐变动画。

① 形状渐变动画

当创建渐变动画时,需要先建立好开始和结束两个关键帧中的内容,然后单击开始帧,在帧的属性面板设置"形状"补间,此时的属性面板如图 4-44 所示。

图 4-44　形状渐变动画的属性面板

形状渐变动画主要有以下属性：

缓动：数据范围为 1～－100，表示动画运动的速度从慢到快；数据范围为 1～100，表示动画运动的速度从快到慢。

混合：有“角形”和“分布式”两个选项。

形状渐变动画通过定义起始和结束两个关键帧可产生一种图形之间颜色、形状、大小、位置相互变化的效果。在形状渐变动画制作过程中需要注意，处理的对象为矢量对象；形状渐变动画的过渡帧颜色为绿色；可以通过“形状提示”点来标识起始形状和结束形状中的相对应点，以此控制动画效果，“形状提示”在起始关键帧上呈黄色，在结束关键帧上呈绿色，当不在一条曲线上时为红色。

操作实例 4-6：利用形状动画制作图形与文字之间的变换效果。

步骤 1：新建 Flash 文档，大小设置为 400 px×150px，背景设置为白色。

步骤 2：选择工具箱中的椭圆工具，设置“笔触颜色”为透明，“填充颜色”为红黑渐变填充。再执行“窗口”菜单→“颜色”命令，打开“颜色”面板，将颜色调整为粉白渐变颜色，如图 4-45 所示，然后在舞台中绘制一个无边框的椭圆。

步骤 3：复制 3 个椭圆。选中舞台中的 4 个椭圆图形后，单击主工具栏中的对齐图标，打开“对齐”面板，如图 4-46 所示，进行对齐和水平均分宽度的操作。

步骤 4：在第 40 帧处按 F7 键创建空白关键帧，使用工具箱中的文本工具在其舞台中输入文字“节日快乐”，字体为华文彩云。然后按组合键 Ctrl+B 将其分离成 4 个独立的字符对象。

步骤 5：在第 40 帧处，单击时间轴面板状态栏中的绘图纸外观轮廓图标，舞台上会显示第 1 帧中的 4 个图形的轮廓，调整每个字符到适当位置，然后同时选中 4 个字符，再次按组合键 Ctrl+B 进行分离操作，将其转化为矢量对象，效果如图 4-47 所示。

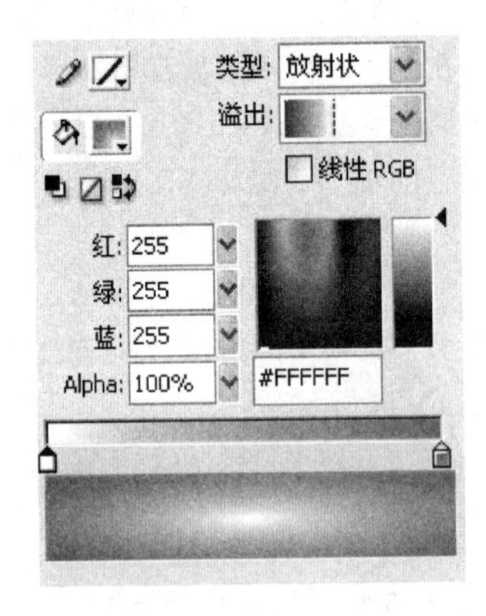

图 4-45 “颜色”面板

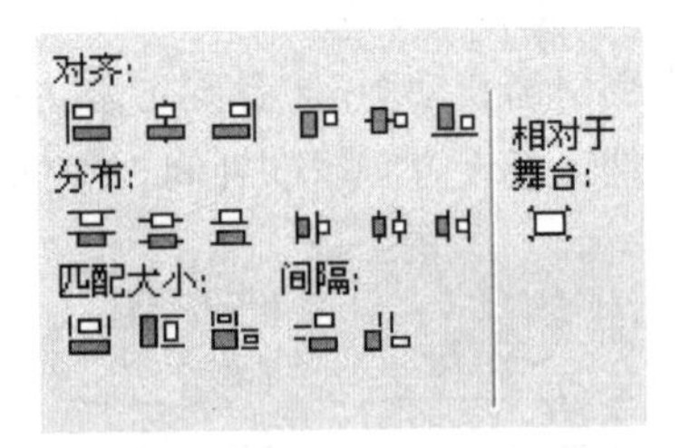

图 4-46 “对齐”面板

步骤 6：选择第 1 帧，在其属性面板中设置“形状”补间。在第 60 帧处插入普通帧。拖动播放头就会看到如图 4-48 所示的变形效果。

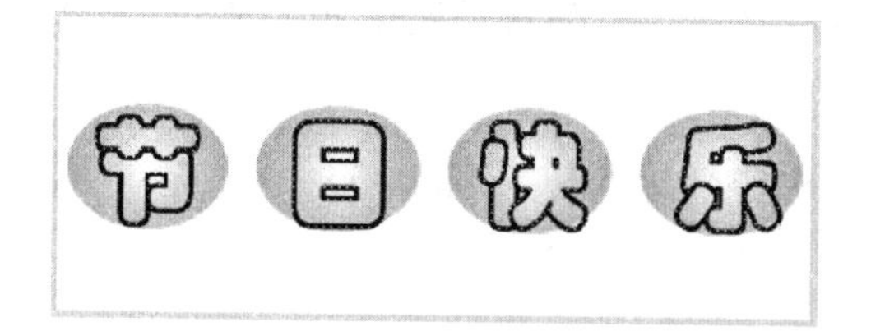

图 4-47　分离后的文字效果

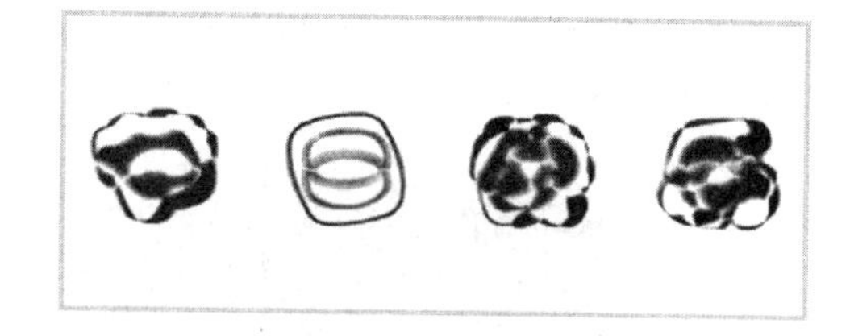

图 4-48　图形转化为文字的效果

步骤 7：按组合键 Ctrl＋Enter 预览效果，然后保存文档。

② 动画渐变动画

通过运用动画渐变动画可以实现元件实例的大小、位置、颜色、透明度、旋转等属性的变化。动画渐变动画的对象不能是矢量图对象，如果矢量对象想参与动画渐变动画，则其必须进行转换操作，如转换为图形、按钮元件等。

创建动画渐变动画的要点在于起始和结束关键帧的制作和动画渐变动画属性面板的使用。在帧的属性面板中选择“动画”补间，此时的属性面板如图 4-49 所示。

图 4-49　动画渐变动画的属性面板

在创建动画渐变动画时，可设置以下属性：

缓动：数据范围为 1～－100，表示动画运动的速度从慢到快；数据范围为 1～100，表示动画运动的速度从快到慢。

旋转：共有无、自动、顺时针、逆时针 4 个选项。

调整到路径：将运动对象的基线调整到运动路径，此项功能主要用于导线运动。

同步：使元件实例的动画和主时间轴同步。

对齐：将运动对象附加到运动路径，此项功能主要用于导线运动。

操作实例 4-7：利用动画渐变制作滚动字幕的动画效果。

步骤 1：新建 Flash 文档，大小设置为 400px×300px，背景设置为白色。

步骤 2：使用工具箱中的矩形工具在第 1 帧的舞台中绘制一个略大于画布的矩形，颜色为黄色。再使用矩形工具在黄色矩形上绘制一个其他颜色的小矩形，如图 4-50(a)所示。

步骤 3：先在舞台的其他地方单击一下，然后再选中小矩形，按 Delete 键，此时小矩形处将镂空，效果如图 4-50(b)所示。

步骤 4：在时间轴面板的图层控制区，将此层重命名为“pingmu”，同时添加一个新层，命名为“wenzi”。

步骤 5：使用文本工具在“wenzi”层的第 1 帧中输入文本，然后按 F8 键将文本对象转换为图形元件。调整舞台中文本元件实例的位置，使其处于画布的中间。

步骤 6：在“pingmu”层的 60 帧处按 F5 键插入普通帧，在“wenzi”层的 30 帧和 60 帧处分别按 F6 键插入关键帧。

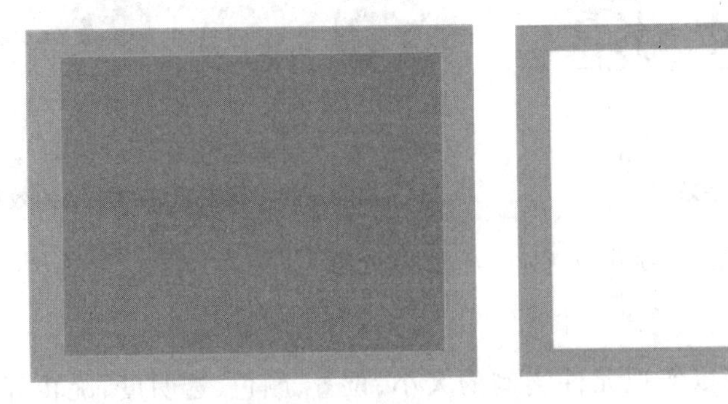

(a) 绘制两个矩形　　(b) 删除小矩形后的效果

图 4-50　屏幕的制作

步骤 7：选中“wenzi”层的第 1 帧，在场景中使用 Shift＋向下箭头键将文字垂直移动到屏幕的正下方。选中“wenzi”层的第 60 帧，在元件实例的属性面板中将“颜色”选项设置为 Alpha，透明度为 0。然后分别在“wenzi”层的第 1 帧和第 30 帧处设置“动画”补间。

步骤 8：将“wenzi”层移动到“pingmu”层的下方，按组合键 Ctrl＋Enter 键预览结果。文字从播放器的底端慢慢移动到画布的中央，然后原地慢慢消失，如图 4-51 所示。

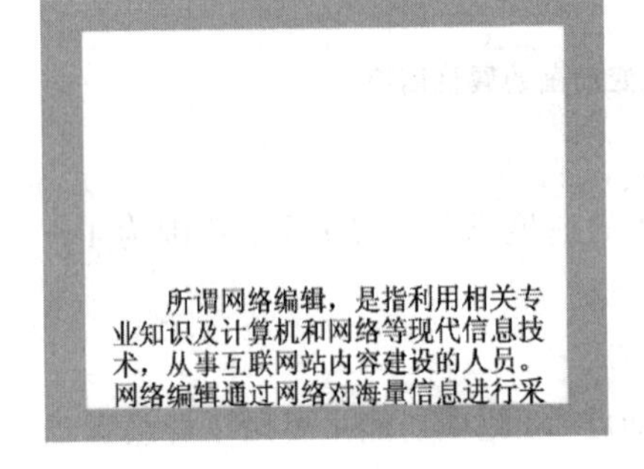

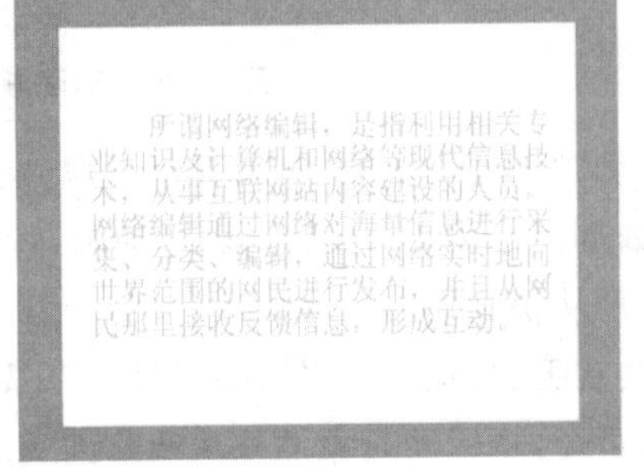

(a) 文字由下向上移动　　(b) 文字消影

图 4-51　预览效果

注意：只有将导入的位图或通过 Flash 制作的矢量对象转换成图形元件后才能对其进行“颜色”属性的调整。

6. 导线运动和遮罩

(1) 导线运动

导线运动可以使一个或多个对象完成曲线或不规则运动。运动的对象可以是图形、影片剪辑、群组等实例。引导线可以用钢笔、铅笔、线条、椭圆工具、矩形工具或画笔工具以及各个工具配合使用创建的不闭合的曲线。

一般情况下引导层仅对其下方相邻图层中的对象进行引导，在进行紧贴至对象操作时应选择工具箱中的工具，此时拖动运动对象靠近引导线，会自动吸附到引导线上。在制作导线动画时应注意，引导线上的任一个点都可以作为端点，引导线不能是闭合的曲线；可以使用工具箱中的任意变形工具来改变运动对象的中心位置，不同的中心位置其动画效果是不同的；创建动画时要设置为“动画”补间。

操作实例 4-8：利用导线制作图 4-52 所示的小球在 U 形槽中运动的效果。

步骤 1：新建 Flash 文档，大小设置为 300 px×200 px，背景设置为白色，重命名图层 1 为“U”。

步骤 2：使用工具箱中的矩形工具在画布底端绘制一个宽、高为 300px×160px 无边框的矩形，其坐标为(0,40)。

步骤 3：选中工具箱中的椭圆工具，在其属性栏中将“笔触样式”设置为极细，然后在画布上绘制一个 260px×260px 无填充的正圆，其 X 坐标为 20，Y 坐标根据需要进行设置，此例设置为 −110。

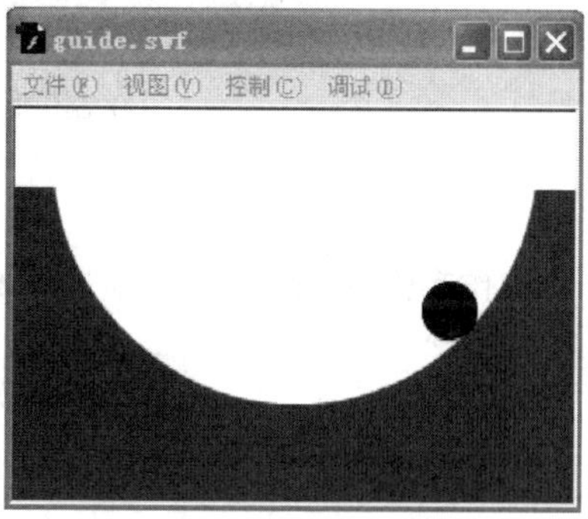

图 4-52　小球在 U 形槽中的运动

步骤 4：单击画布空白处，然后分别选中圆的上半部分和圆与矩形相交的部分，按键盘上的 Delete 键进行删除，效果如图 4-53(a)所示。

步骤 5：在 U 层上新建一个图层，命名为“path”，将 U 层中的圆弧剪切到 path 层中，放置在原位。

步骤 6：在 U 层上新建一个图层，命名为“ball”，使用工具箱中的椭圆工具绘制一个 30px×30px 无边框、红色渐变填充的正圆，使用颜料桶工具单击小球的边缘，使亮点出现在小球的边缘处。然后选中小球按 F8 键将其转化为元件，注册点为小球的中心。

步骤 7：在 U 层中，将圆弧的宽度减去 30(小球的直径)，高度减去 15(小球的半径)，其 X 坐标加上 15(小球的半径)，Y 坐标不变，如图 4-53(b)所示。将 U 层的属性设置为引导层，ball 层的属性设置为被引导。

步骤 8：分别在 U 层、path 层的 60 帧处插入普通帧。在 ball 层的第 15 帧、30 帧、45 帧、60 帧处插入关键帧，小球的位置分别在 U 形槽的左端、底端、右端、底端、左端。

步骤 9：在 ball 层的第 1 帧、15 帧、30 帧、45 帧处设置“动画”补间，将第 1 帧、30 帧处的“缓动”设置为 −100，第 15 帧、45 帧处的“缓动”设置为 100。第 1 帧、15 帧处的“旋转”设置为顺时针 3 次，第 30 帧、45 帧处的“旋转”设置为逆时针 3 次。

步骤 10：按组合键 Ctrl+Enter 预览结果。小球从 U 形槽的左端开始顺时针旋转运动，先慢后快，到底端后再先快后慢，运动到 U 形槽的右端；然后再逆时针旋转运动，先慢后快，到底端后再先快后慢运动到 U 形槽的左端。

(2) 遮　罩

在 Flash 中，遮罩图层提供了一种有选择地显示图层的某些部分的简单方法，从而实现一些特殊的显示效果。应用遮罩需要使一个图层成为遮罩图层，而其下面的图层成为被遮盖的图层。

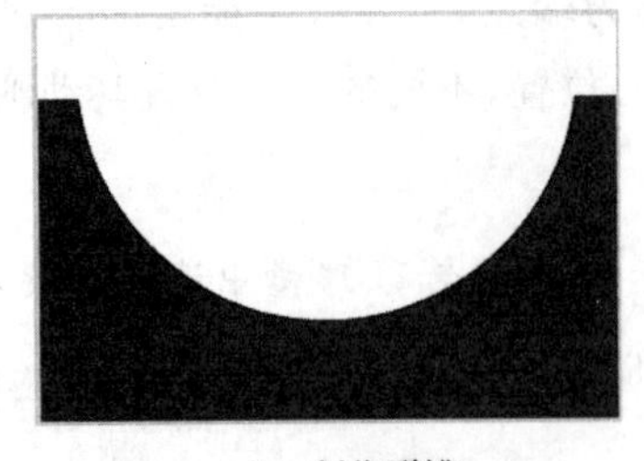
(a) 制作形槽

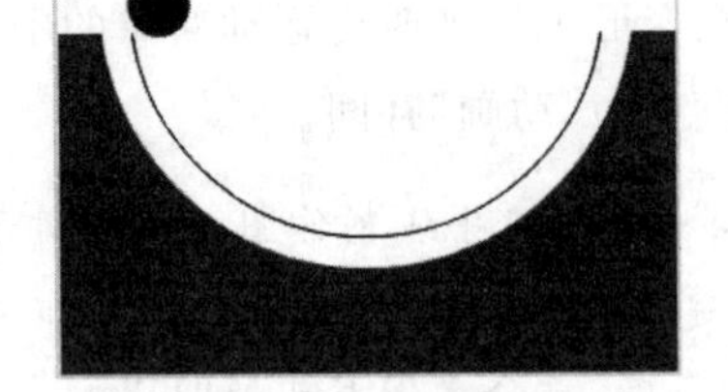
(b) 制作运动轨迹

图 4－53 制作小球运动的轨迹

操作实例 4－9:利用遮罩制作图 4－54 所示的效果。

图 4－54 制作遮罩效果

步骤 1:新建 Flash 文档,大小设置为 400px×300px,背景设置为白色。

步骤 2:执行"文件"菜单→"导入"→"导入到舞台"命令导入一幅图片,调整图片的大小与画布一致。并将"图层 1"重命名为"tu"。

步骤 3:在"tu"层上新建一个层,命名为"mask"。使用工具箱中的椭圆工具在舞台中绘制一个无填充的椭圆。

步骤 4:在"tu"层的第 80 帧处按 F5 键插入普通帧,在"mask"层的第 15 帧、30 帧、45 帧、60 帧处按 F6 键插入关键帧,第 80 帧处按 F5 键插入普通帧。

步骤 5:使用工具箱中的任意变形工具和部分选取工具,调整"mask"层第 15 帧、30 帧、45 帧、60 帧处椭圆的位置和形状。第 30 帧、第 60 帧处的形状和位置如图 4－55 所示。分别在"mask"层的第 1 帧、15 帧、30 帧、45 帧处设置"形状"补间。

步骤 6:选中"mask"层后右击,在快捷菜单中勾选"遮罩层"选项。

步骤 7:按组合键 Ctrl+Enter 预览动画效果,保存文件为 mask.fla。

7. 影片剪辑和声音的运用

(1) 影片剪辑

影片剪辑元件主要用来制作独立于主时间轴、可重复使用的动画片段。可以将影片剪辑

(a) 第30帧处的图形

(b) 第60帧处的图形

图 4－55　遮罩效果的制作

看作是主时间轴内的嵌套时间轴，影片剪辑中可以包括其他影片剪辑实例、声音、交互式控制等。

(2) 声音的运用

Flash 提供了多种声音的使用方法，可以使声音独立于时间轴连续播放，也可使声音和动画保持同步播放，还可使用按钮来控制声音。在 Flash 中主要使用 WAV、MP3 等格式的声音文件。

执行“文件”菜单→“导入”命令，根据需要选择把声音是导入到舞台还是库中。从音效的角度可以导入 22kHz、16 位立体声声音格式文件。如果从减小文件的大小来提高传输速度的角度考虑，可以导入 8kHz、8 位单声道声音格式文件。

操作实例 4－10：制作图 4－56 所示的地球在自转的同时由小变大的效果。

步骤 1：新建 Flash 文档，大小设置为 550px×400px，背景设置为白色。

步骤 2：执行“文件”菜单→“导入”→“导入到舞台”命令导入星空图片，调整图片的大小与画布一致。重命名“图层 1”为“sky”。

步骤 3：在“sky”层上新建一个层，命名为“earth”。按组合键 Ctrl＋F8 新建一个名为“diqiu”的影片剪辑元件。在“diqiu”影片剪辑中制作地球自转的动画，在第 1 帧中导入地球图片。因地球图片带有黑色的背景，需要去掉其背景。

步骤 4：先按组合键 Ctrl＋B 将地球图片转换为矢量对象，然后使用工具箱中的圆形工具，绘制一个无填充的圆，调整其大小及位置，如图 4－57 所示。先在舞台的其他地方单击一下，再选择圆的外部区域，按 Delete 键进行删除操作，此时的地球已经没有背景了。

步骤 5：选中“diqiu”影片剪辑中的第 1 帧，按 F8 键将地球转换为图形元件，调整地球元件实例位置与画布的中心重合。在第 30 帧处按 F6 键插入关键帧，在第 1 帧处设置“动画”补间，顺时针旋转 2 次。

步骤 6：返回到场景中，选中“earth”层的第 1 帧，将 diqiu 影片剪辑元件从库面板中拖入舞台。在“sky”层的第 60 帧处按 F5 键插入普通帧，“earth”层的第 60 帧处按 F6 键插入关键帧。

步骤 7：选中“earth”层的第 1 帧，使用变形工具，按住 Shift 键进行缩放操作，这样可以保证地球的中心位置不变。在此帧处设置“动画”补间。

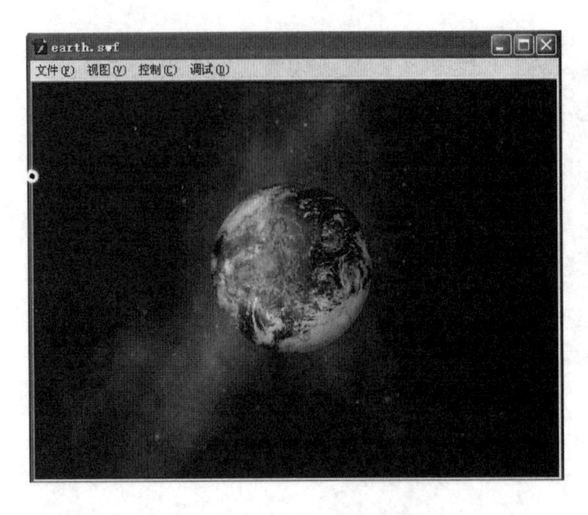

图 4-56 地球运动的效果

图 4-57 去除地球的背景

步骤 8:插入声音。在“earth”层上新建一个层,命名为“sound”。执行“文件”菜单→“导入”→“导入到库”命令,把声音导入到库中。

步骤 9:选择“sound”层的第 1 帧,然后在其属性面板中的“声音”属性中选择所需要的声音文件,即完成了声音引用,此层上就会出现声音对象的波形,如图 4-58 所示。

步骤 10:按组合键 Ctrl+Enter 预览动画效果。

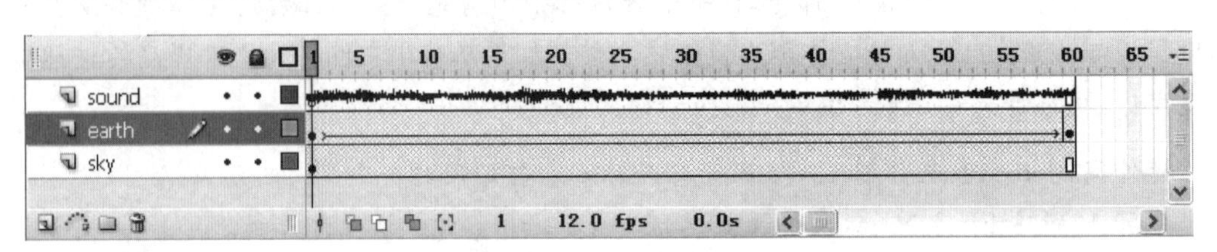

图 4-58 声音的引用

8. 按钮及交互动画

(1) 按 钮

按钮是 Flash 中最常用的交互手段,会响应鼠标事件。按钮以元件的形式存放在库中,可以被多次调用。另外在公共库中存放了一些按钮成品,可以根据需要直接调用。在 Flash 中,按钮有特殊的编辑环境,它是在按钮编辑器中进行的。可以直接在按钮编辑器中创建按钮,也可以将舞台上的对象转换成按钮,然后在按钮编辑器中再进行编辑。

在按钮元件编辑器中,通过图 4-59 所示的时间轴面板上的 4 个帧来定义按钮的不同状态,意义分别如下:

弹起:定义鼠标指针不在按钮上时的按钮状态。

指针经过:定义鼠标指针在按钮上时的按钮状态。

按下:表示鼠标单击按钮时的按钮状态。

点击:定义对鼠标做出反应的区域,该区域在影片中是看不到的。

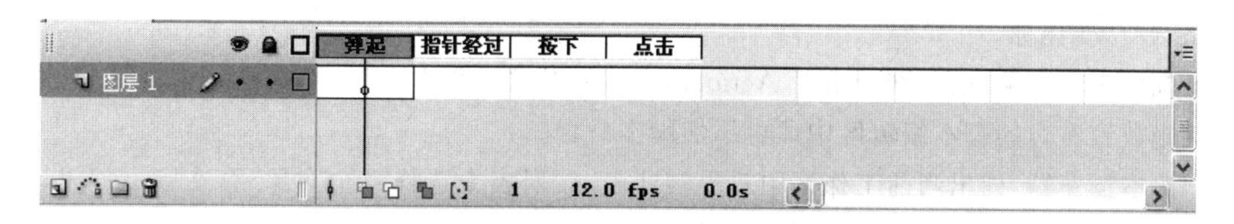

图 4－59　按钮元件编辑器的时间轴面板

(2) 交互动画

所谓交互动画是指动画浏览者可以使用键盘、鼠标来控制动画的播放和停止，改变动画的显示效果和尺寸，还可以填写表单等反馈信息及执行其他的各种操作。在 Flash 中，主要通过脚本语言 ActionScript 进行交互动画的设计和制作。ActionScript 是 Flash 中内嵌的脚本程序，可以实现对动画流程以及动画中实例的控制，从而制作出丰富多彩的交互效果和动画特效。同其他程序设计中所使用的语言一样，ActionScript 语言也有其自身的语法、结构和设计规则。Adobe Flash CS3 中的 ActionScript 是 3.0 版。

动作面板是一个动作脚本编辑器。执行“窗口”菜单→“动作”命令可打开动作面板。在 Flash 中，只能为关键帧、按钮实例和影片实例设置动作。当选中对象是时间轴中的关键帧时，动作面板标签为“动作-帧”，如图 4－60 所示；当选中对象是舞台中的按钮元件实例时，动作面板标签为“动作-按钮”；当选中对象是舞台中的影片剪辑实例时，动作面板标签为“动作-影片剪辑”。

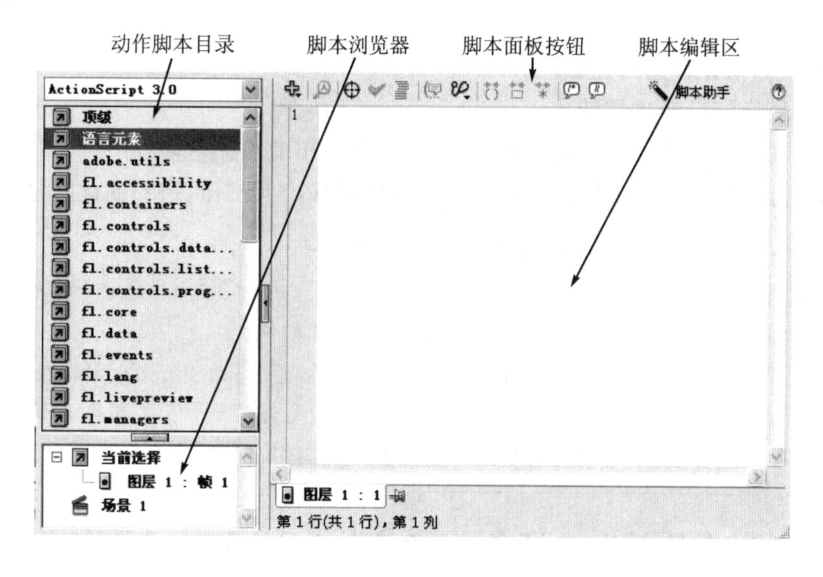

图 4－60　动作面板

动作面板由 4 个部分组成：

脚本编辑区：如同一个文本编辑器，可以输入脚本代码，在工作区中选中不同对象时，此处会显示和对象相对应的脚本。

脚本面板按钮：包含与脚本编辑相关的工具，如将新项目添加到脚本中图标、查找图标、插入目标路径图标、语法检查图标、自动套用格式图标、显示代码提示图标、调试选项图标。

动作脚本目录：按类别列出了 ActionScript 所提供的脚本命令，双击这些命令条目，或者将其拖放到右边的脚本编辑区中即可添加脚本命令。

脚本浏览器：列出当前工作区中对象的列表，在列表中选择某个对象后，在脚本编辑区中会出现相应的脚本，该窗口为编写脚本提供了很大的方便。

在 Flash 的 ActionScript 2.0 版中，可以通过按钮进行交互操作。按钮会响应鼠标事件，执行指定的动作，实现动画交互效果。鼠标事件是通过关键字 on 来触发指定动作，on 的语法结构如下：

语法：

```
on(mouseEvent) {
 statement(s);
 }
```

其中，大括号中的 statement(s)是指发生鼠标事件时要执行的指令，mouseEvent 是指鼠标事件。当发生一个事件时，就会执行后面大括号中的语句。

mouseEvent 参数的取值主要包括：

press：在鼠标指针经过按钮时按下鼠标。

release：在鼠标指针经过按钮时释放鼠标。

releaseOutside：当鼠标指针在按钮之内时按下按钮后，将鼠标指针移到按钮之外，此时释放鼠标。

rollOut：鼠标指针移出按钮区域。

rollOver：鼠标指针滑过按钮。

dragOut：在鼠标指针滑过按钮时按下鼠标，然后滑出此按钮区域。

dragOver：在鼠标指针移过按钮时按下鼠标，然后移出此按钮，再移回此按钮。

操作实例 4-11：利用按钮实现地球旋转动画的控制。

步骤 1：打开实例 4-10 制作的 earth. fla 动画文档。执行“插入”菜单→“新建元件”命令或使用组合键 Ctrl+F8，创建一个名称为“anniu”的按钮元件。

步骤 2：使用工具箱中的矩形工具在舞台上绘制一个宽、高为 90px×30px 的矩形，并进行属性设置，笔触颜色为＃CC66FF，笔触高度为 4，笔触样式为实线，填充颜色为＃FFFFFF。再利用文本工具在矩形上输入文字“PLAY”，字体为 Arial Black，大小为 24，颜色为＃CCCCCC，加粗。

步骤 3：选中“指针经过”帧，按 F6 键插入关键帧，然后在其舞台中选择文字，修改文字颜色为＃FF00FF，其他参数不变。

步骤 4：选中 “按下”帧，按 F6 键插入关键帧，然后在其舞台中选择文字，修改文字颜色为＃0000FF，其他参数不变。

步骤 5：至此简单的按钮设计完成。返回场景，在“sound”层上新建一个图层，命名为“button”，从库面板中将“anniu”按钮元件拖拽至舞台的右上角，如图 4-61 所示。

步骤 6：单击画布的空白处，在其属性面板中单击“发布”属性右侧的“设置”按钮，在弹出的“发布设置”对话框中设置“ActionScript 版本”属性为 ActionScript 2.0，如图 4-62 所示，然后单击“确定”按钮。

图 4-61　制作的按钮

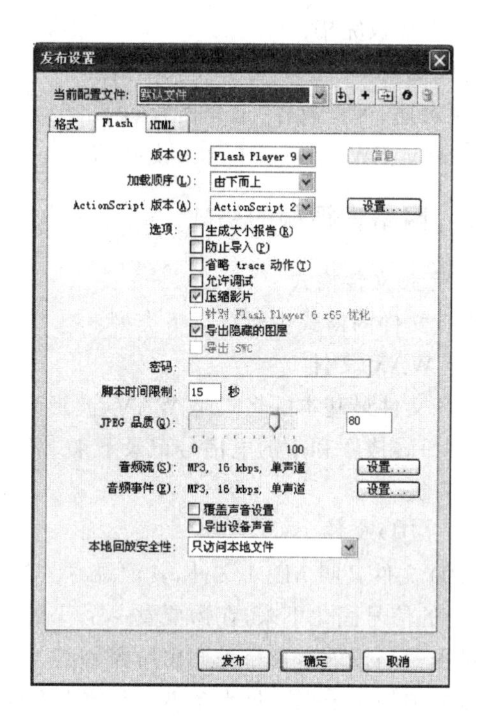

图 4-62　“发布设置”对话框

步骤 7:选中其中任何层的第 1 帧(因为它们都是关键帧),执行“窗口”菜单→“动作”命令打开“动作-帧”面板,添加如下帧动作脚本:

```
stop() ;
```

步骤 8:选中“button”层中第 1 帧中的“PLAY”按钮,在“动作-按钮”面板中,为 “PLAY”按钮添加如下脚本:

```
on (press) {
 play();
 }
```

步骤 9:保存文档。按组合键 Ctrl+Enter 预览效果。开始时地球在原地旋转;单击“PLAY”按钮,地球自转的同时由小变大,通过按钮实现了对动画的控制。

4.3　网络音视频编辑

4.3.1　流媒体技术

所谓流媒体是指采用流式传输的方式在 Internet 播放的媒体格式。流式传输方式是将视频和音频等多媒体文件经过特殊的压缩方式分成一个个压缩包,由服务器向用户计算机连续、实时传送。在采用流式传输方式的系统中,用户不必像非流式播放那样等到整个文件全部下载完毕后才能看到当中的内容,而是只需要经过几秒或几十秒的启动延时即可在用户计算机上利用相应的播放器对压缩的视频或音频等流式媒体文件进行播放,剩余的部分将继续进行下载,直至播放完毕。

流媒体技术广泛应用于互联网信息服务,如多媒体新闻发布、在线直播、网络广告、电子商务、视频点播、远程教育、远程医疗、网络电台、实时视频会议等。目前,常用的流媒体格式有ASF、WMV、SWF、RT、RP、RA、RM等。

4.3.2 网络音视频的格式

1. 音频文件格式

声音文件的格式主要有以下类型:

(1) WAV文件

声音文件最基本的格式是WAV(波形)格式。它把声音的各种变化信息(频率、振幅、相位等)逐一转成0和1的电信号记录下来,记录的信息量相当大,其具体大小与记录的声音质量高低有关。

(2) MID文件

MID文件又叫MIDI文件,其记录方法与WAV完全不同。人们在声卡中事先将各种频率、音色的信号固化下来,在需要发一个什么音时就到声卡里去调那个音。一首MIDI乐曲的播放过程就是按乐谱指令去调出所需要的各个音来。因此,MIDI的文件体积很小,即使是长达十多分钟的音乐也不过十多KB至数十KB。

(3) MP3文件

MP3可以说是目前最为流行的多媒体格式之一。它将WAV文件以MPEG2的多媒体标准进行压缩,压缩后体积只有原来的1/10至1/15(约1 Mb/s),而音质基本不变。

2. 视频文件的格式

视频是一种声像并存的信息形式,视频可以表现强烈的现场感,而声音可以帮助说明那些没有实际形态的内容,视频的信息量非常大。视频文件的格式主要有以下类型:

(1) AVI格式

AVI是音频视频交错(audio video interleaved)的英文缩写,AVI格式允许视频和音频交错在一起同步播放,支持256色和RLE压缩,但AVI文件并未限定压缩标准,因此,AVI文件格式只是作为控制界面上的标准,不具有兼容性。AVI文件图像质量好,可以跨多平台使用,但体积过于庞大,而且压缩标准不统一。

(2) MOV格式

MOV即QuickTime影片格式,它是Apple公司开发的一种音频、视频文件格式,用于保存音频和视频信息,具有先进的视频和音频功能。

QuickTime文件格式支持25位彩色,支持领先的集成压缩技术,提供150多种视频效果,并配有提供了200多种MIDI兼容音响和设备的声音装置。QuickTime以其领先的多媒体技术和跨平台特性、较小的存储空间要求、技术细节的独立性以及系统的高度开放性得到业界的广泛认可,目前已成为数字媒体软件技术领域事实上的工业标准。

(3) MPEG格式

MPEG文件格式是运动图像压缩算法的国际标准,它采用有损压缩方法减少运动图像中的冗余信息,同时保证每秒30帧的图像动态刷新率,几乎已被所有的计算机平台共同支持。同时MPEG文件格式的图像和音响的质量也非常好,并且在计算机上有统一的标准格式,兼容性相当好。MPEG采用的压缩方法是将视频信号分段取样(每隔若干幅画面取下一幅关键帧),然后对相邻各帧未变化的画面忽略不计,仅仅记录变化了的内容,因此压缩比很大。

(4) RM格式

RM是Real Networks公司开发的一种新型流式视频文件格式,包含在Real Networks公司所制定的音频视频压缩规范Real Media中,主要用来在低速率的广域网上实时传输活动视频影像,可以根据网络数据传输速率的不同而采用不同的压缩比,从而实现影像数据的实时传送和实时播放。RealVideo除了可以以普通的视频文件形式播放之外,还可以与Real Server服务器相配合,在数据传输过程中边下载边播放视频影像。RM格式包括Real Audio、Real Video和Real Flash三类文件。

(5) ASF格式

高级流格式(Advanced Streaming Format,ASF)是Microsoft公司推出的一个在Internet上实时传播多媒体的技术标准,它能依靠多种协议在多种网络环境下支持数据的传送。ASF的视频部分采用了先进的MPEG-4压缩算法,音频部分采用了WMV压缩格式。ASF的主要优点包括本地或网络回放、可扩充的媒体类型、部件下载及扩展性等。

(6) WMV格式

WMV格式也是一种独立于编码方式的在Internet上实时传播多媒体的技术标准,Microsoft公司希望用其取代QuickTime之类的技术标准以及WAV、AVI之类的文件扩展名。WMV的主要优点包括本地或网络回放、可扩充的媒体类型、部件下载、可伸缩的媒体类型、流的优先级化、多语言支持、环境独立性、丰富的流间关系以及扩展性等。

4.3.3 网络音视频的编排

1. 网络音视频的作用

声音对于文字信息是一个有力的补充,可以引导受众正确理解影像信息的含义;可以对影像信息进行补充,传达影像文件无法表现的主观信息;利用语言的概括性可以简洁而清楚地传达新闻信息。

视频是一种结合了图片与声音两者优点的信息形式,能够再现镜头前的几乎全部现象,表现出强烈的现实感;由于拍摄者的主观意图在很大程度上决定了观看者的观看效果,因此,视频的拍摄、传达与接受都是具有强制性的;视频中不同的镜头用不同的方式加以组合,可能产生不同的效果。

2. 网络音视频的编辑

(1) 视频的声画字要同步

只有将声音、动画、文字三种信息有机结合才能使新闻看起来更流畅、更容易被人接受。

(2) 视频片段的衔接要合理

一方面要符合受众的观看和认知逻辑,另一方面要符合受众的审美习惯。找到好的视频剪接点,可以将两个画面流畅地连接起来。连接点的前后是两个相互逻辑关联的场景或者相似的情景,使受众在浏览视频新闻的时候,能够将前后画面作为一个整体理解。

(3) 视频的画面选取要合理

考虑到网络信息浏览的广泛性,在选取新闻画面时必须要合理,如过于血腥和刺激的场面容易引起观看者的反感和恐惧心理,同时也要考虑未成年人的心理。

(4) 注意音频的质量

声音要达到一定的响度要求,除声源以外不能有明显的持续性噪声,声音的保真度须高等。

(5) 讲究内容集中

不论是视频或者音频,都要讲究内容集中。在一条网络新闻中,应尽量将一件事情的来龙去脉说清楚。如果有连续报道的,可以以文字形式注明为“连续报道”,并且把同一主题的新闻视频链接放置在一起。

案例 4-2:浏览北京网络电视台新闻频道标题为“2022 年江西将建成地震预警系统 覆盖所有县市区”的视频页面,如图 4-63 所示[①]。

图 4-63 北京网络电视-2022 年江西将建成地震预警系统 覆盖所有县市区的视频页面

案例分析:2019 年 6 月 17 日,四川省宜宾市长宁县发生 6.0 级地震。我国在汶川地震后开发的地震预警系统的作用再次刷屏,社区广播预报地震来袭的倒计时声令人记忆尤其深刻。这是地震预报技术取得的巨大进展,甚至是人类面对不确定性的重大胜利。

基于移动互联网技术和 GIS(地理信息系统)建立的地震预警系统的工作原理是利用地震的纵波和横波或地震波与电磁波的时差,当地震发生后,在传播速度慢、但破坏力较大的横波来临之前,这个系统可以告知、敦促公众逃生。通过网络视频以动态的方式向受众传达地震信息,使受众提早防范。

随着网络媒体技术的发展,音频、视频等多媒体信息越来越多地通过网络进行发布。网络音视频具有覆盖范围广、信息容量大、传播速度快、互动性强等特点,因此,在网站中得到了广泛的应用。

【本章小结】

本章重点讲述了网络图片、网络动画、网络音视频等多媒体信息编辑的有关知识。

通过本章的学习,应了解网络图片、网络动画、网络音视频文件的格式及特点;理解网络图

---

① 资料来源:https://item.btime.com/452k0sp2biv8ea9ai57je21iidu.

片的编排形式，网络音、视频编辑的原则；掌握图像处理软件 Photoshop、动画制作软件 Flash 的基本操作。

【思考题】

4－1 简述网络图片文件的格式及特点。
4－2 简述网络图片的作用及编排形式。
4－3 简述网络动画文件的格式及特点。
4－4 什么是流媒体？
4－5 简述网络音视频文件的格式及特点。
4－6 简述网络音视频的编辑原则。
4－7 简述 Photoshop 软件的特点。
4－8 简述 Flash 软件的特点。

【实训内容及指导】

实训 4－1 Photoshop 软件的使用

实训目的：熟悉 Photoshop 软件的工作环境，掌握 Photoshop 主要工具的使用技巧，能够处理各种图像、优化图像文件、转换图像格式。

实训内容：

(1) 设计并制作一个网站的 Logo 标志。
(2) 对一幅大的图像进行优化。
(3) 将 BMP、PSD 的文件转换为 JPG 或 GIF 格式。
(4) 图层、文本、滤镜的应用。

实训要求：能够进行各种图像的处理。

实训条件：装有 Photoshop 软件，且提供 Internet 环境。

实训操作：

(1) 根据个人需求与兴趣自选主题进行构思设计。
(2) 进行有关素材的收集。
(3) 制作作品。
(4) 将作品存储为 Web 所用的格式。

实训 4－2 Flash 软件的使用

实训目的：熟悉 Flash 软件的工作环境，掌握 Flash 的形状、动作、导线、遮罩、声音的导入、影片剪辑、添加简单动作脚本等基本动画制作技术。

实训内容：设计制作一个网站的广告或 MTV。

实训要求：

(1) 作品需要 3 个及以上的场景。
(2) 作品中需要运用导线、遮罩、声音、脚本等技术。
(3) 作品文件不宜太大。
(4) 作品需要保存为 FLA 格式及导出为播放格式的文件。

实训条件：装有 Flash 软件，且提供 Internet 环境。

实训操作：

(1) 自选主题,进行作品的构思。

(2) 收集图片、文字及声音素材。

(3) 运用导线、遮罩、影片剪辑、脚本等创意制作作品。

(4) 将作品存储为 Web 所用的格式。

第 5 章　页面的制作编辑

本章知识点：网页的版式、导航设计及页面内容编排原则，HTML 文档的结构、常用标记的作用及属性，CSS 样式的基本结构、CSS 常用属性的设置及布局定位，Dreamweaver 的功能及特点。

本章技能点：利用 Dreamweaver 进行页面布局及网页制作。

【引　例】

浏览腾讯网的首页，如图 5－1 所示。

图 5－1　腾讯网首页

【案例导读】

腾讯网首页的顶部是网站的标志及搜索栏、频道、栏目、广告等，右侧设有一条边栏，左侧和中间为主要内容区域。这种布局版式的页面结构清晰，主次分明。

网民在浏览网页时通常先关注页面的版式，然后再关注导航设计的合理性，最后眼球落在网页的信息内容上，信息内容应具有真实性、实用性。所以，网页设计的三个关键点是版面设计、导航设计及网页内容编排。有关网页内容编排的知识已在前面的第 3 章和第 4 章中进行了详细介绍，因此，本章重点介绍页面的版面设计、导航设计的相关内容。

5.1 页面设计

5.1.1 网页的版式设计

与传统报纸和杂志的版面类似，网页的版面同样也包含众多经过安排处理过的不同内容的信息。网页的布局是指在一个面积限定的范围内，合理安排布置文字、图像等内容信息。网页的布局既指单个页面的布局，也包含总体页面的布局。

1. 网页版式设计与编排的基本原则

网页的版式设计在一定程度上体现了艺术性，其设计应加强页面的视觉效果、信息内容的可视度和可读性等。在进行网页版式设计与编排时，需要遵循以下基本原则：

(1) 重点突出

在进行网页的版面设计时，必须考虑页面的视觉中心，即页面的中央或中间偏上的位置。通常一些重要的文章和图片可以安排在这个位置，那些稍微次要的内容可以安排在视觉中心以外的位置，这样可以突出重点，做到主次分明。

(2) 平衡谐调

在进行网页的版面设计时，要充分考虑受众视觉的接受度，和谐地运用页面色块、颜色、文字、图片等信息形式，力求达到一种稳定、诚实、信赖的页面效果。

(3) 图文并茂

在进行网页的版面设计时，应注意文字与图片的和谐统一。文字和图片具有一种相互补充的视觉关系，页面上文字太多，会显得沉闷，缺乏生气；页面上图片太多，又会减少页面的信息容量。文字与图片互为衬托，既能活跃页面，又能丰富页面内容。

(4) 简洁清晰

网民浏览网页是为了了解信息，因此，网页内容的编排要便于阅读。通过使用醒目的标题、限制所用字体和颜色数目来保持版面的简洁。

2. 网页版式布局的类型

(1) T 型结构布局

T 型结构布局是网页设计中应用较广泛的一种布局方式，通常页面顶部为网站的标志、广告条、主菜单等，右侧或左侧有一列边栏，然后左侧或右侧是主要内容区，如图 5-1 所示。这种布局形式的页面结构清晰，主次分明。

(2) 口型结构布局

口型结构布局形式如图 5-2 所示，通常页面最上边是网站标志以及横幅广告条，接下来是网站的主要内容，左右分列一些小条内容，中间是主要部分，最下边是网站的一些基本信息、联系方式、版权声明等。这种布局形式充分利用了版面，信息量大，但页面往往比较拥挤，不够灵活。

(3) 三型结构布局

三型布局形式如图 5-3 所示，通常页面水平划分为若干栏，色块中大多放广告条。

图 5-2　搜狐网首页

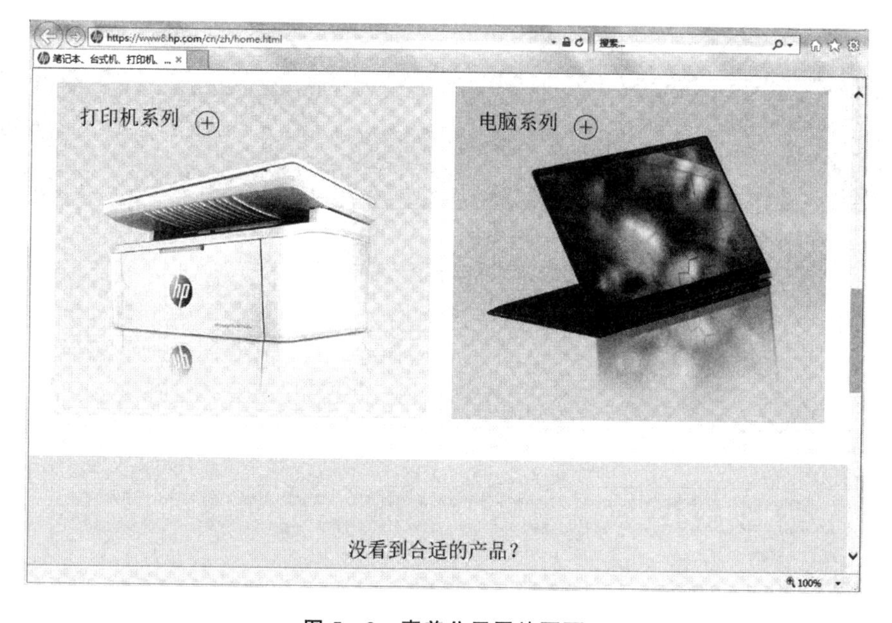

图 5-3　惠普公司网站页面

(4) POP 结构布局

POP 结构布局形式如图 5-4 所示，页面大部分内容为精美的平面设计和一些小的动画，再放置几个简单的链接；或采用 Flash 动画形式作为页面的设计中心。这种布局形式漂亮吸引人，但浏览速度较慢。

(5) 标题正文型结构布局

标题正文型结构布局形式如图 5-5 所示，通常在页面最上边是标题或类似的一些内容，下边则是正文内容。通常一些政策、帮助文章页面或注册页面等常采用这种布局形式。

图 5-4　江苏钰明集团网站首页

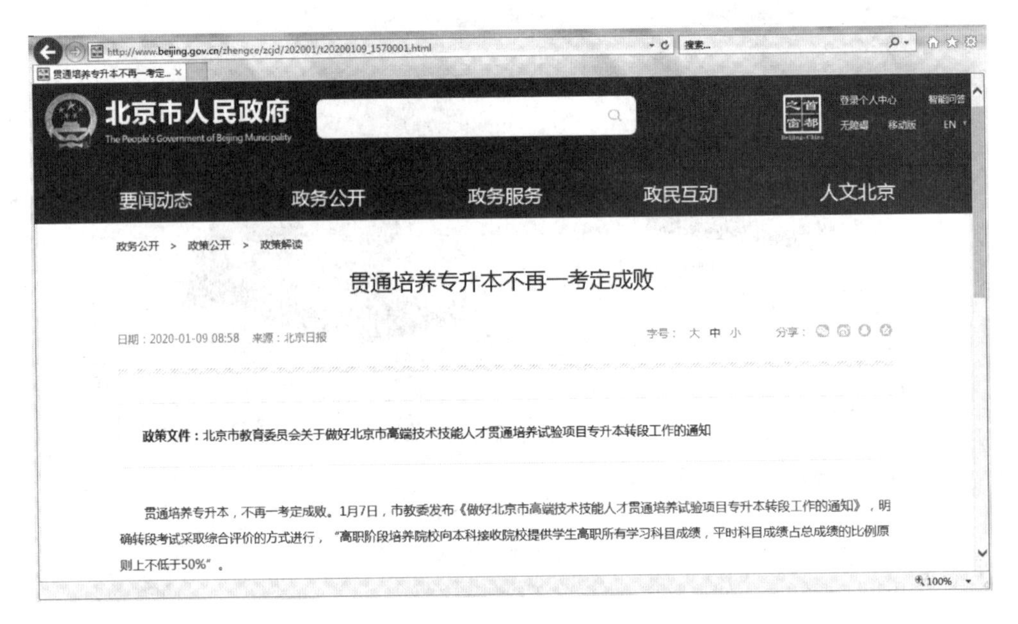

图 5-5　首都之窗-政策解读栏目中的内容页面

（6）框架型结构布局

框架型结构布局形式包括左右框架型布局、上下框架型布局及综合框架型布局等形式。图 5-6 所示为左右框架型布局的形式，与 T 型结构布局形式比较相似。

在左右框架型布局中，一般左侧是导航链接，有时最上边会有一个小的标题或标志，右侧是正文内容。这种布局形式结构清晰，一目了然。

上下框架型布局形式与左右框架型布局类似，区别仅仅在于是一种上下分为两部分的

图 5－6　天涯论坛-天涯诗会栏目中的内容页面

框架。

综合框架型布局是一种相对复杂的框架结构，通常结合了左右框架型和上下框架型的布局形式。

具体采用什么类型的布局结构，要具体情况具体分析。如果内容较多，可选用 T 型或口型布局形式；如果需要展示企业形象或个人风采，可以选用 POP 布局形式；如果是具体的内容页面，则可以选用标题正文型布局形式。

5.1.2　网页的导航设计

1. 网页的组织形式

网页的组织结构形式主要是指页面之间的关系，主要有以下几种形式：

(1) 树状结构

在图 5－7 所示的树状结构中，网站首页里往往设立若干个主要频道或栏目，每个频道或栏目中的信息再分成一些栏目或子栏目，每个子栏目中是一篇篇的文章内容页面。这种网页的组织形式是目前网站所采用的主要形式之一，其条理清晰，访问者可以根据路径清楚地知道自己所在版块的位置，不容易迷路，同时也便于内容的扩充，但是该结构的浏览效率较低。

(2) 线性结构

在图 5－8 所示的线性结构中，所有页面具有同等的地位，用户的浏览过程是从一个页面到另一个页面的水平流动。这种网页的组织形式一般用于信息量较少的小型网站、索引站点，或用来组织网站中的一部分内容。

(3) 网状结构

在图 5－9 所示的网状结构中，网页之间没有明显的结构，而是靠网页的内容进行逻辑联

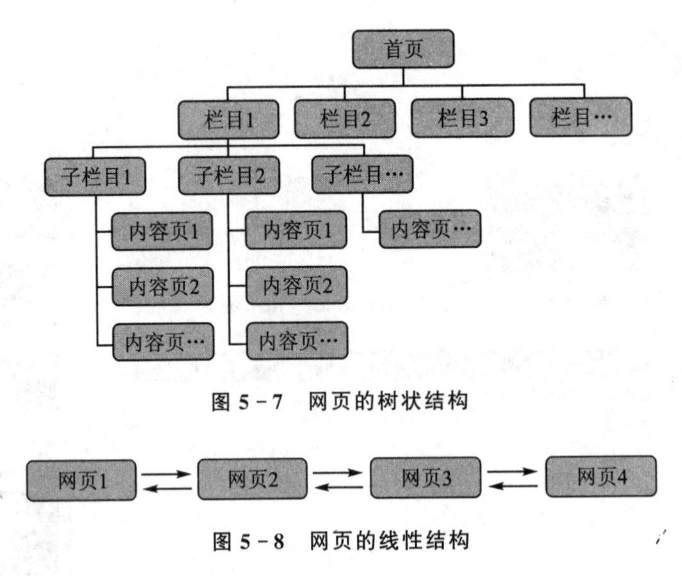

图 5－7　网页的树状结构

网页1 ⇄ 网页2 ⇄ 网页3 ⇄ 网页4

图 5－8　网页的线性结构

系。所有的网页都可以和主页进行链接，同时，各个网页之间也是链接的。这种网页的组织形式便于浏览者获取信息，可随时到达自己喜欢的页面。但是由于链接太多，容易使浏览者迷路。

2. 网页导航设计的原则

导航栏可以帮助浏览者方便地获取信息，是网页各元素中非常重要的部分，导航栏应清晰、醒目。一般来讲，网页的导航设计需要遵循以下基本原则：

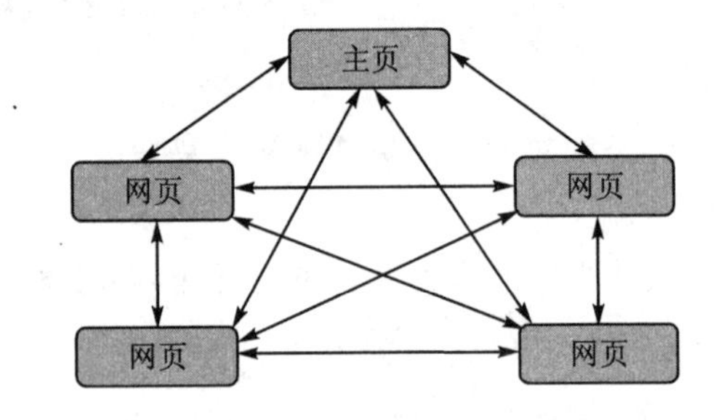

图 5－9　网页的网状结构

(1) 链接颜色的搭配

网页的导航要清晰，容易查找。在进行网页的导航设计时，可以通过更改超链接和纯文字的颜色来丰富网页的色彩。网页的主要目的是为了传达信息，因此，将网页中的文字和超链接设计成简洁素雅的色调，这样更易于阅读。

链接的文字尽量要和页面的其他文字有所区分，给读者清楚的导向。纯文字一般采用较暗、较深的颜色来表示；超链接文字则以较鲜明的色彩突出表示，以示强调；点击过的超链接则多采用比原超链接色调略暗的颜色来表示。也可将超链接的文字用粗体、加大字号、两侧加竖标或加下划线等方式与正常的文字加以区别。

(2) 层次清晰

清晰的导航应该做到使浏览者进入目的网页的点击次数一般不超过 3 次。如果一个浏览者点击了 3 次以上还找不到需要进入的页面，就可能失去耐心而放弃浏览该网站。

为了增加页面的亲和性，可以将篇幅过长的文档分隔成数篇较小的页面；或在较长的页面中提供目录表和大标题。一般网页的长度以不超过 3 个屏幕高度为佳，但是如果基于某些特殊理由，网页如果很长，则应该在网页中加上一些书签，以帮助浏览者快速跳转到所需要浏览的地方。通常以文档中关键的文字作为超链接的锚记，避免采用过长的文字作为锚记，如整行、整句等，也不要使用过短的文字作为锚记，如单个字等。

在进行网页的导航设计时，每一个网页都应有类似于“上一页”“下一页”“返回”等这样的导航按钮或超链接，并且尽可能地标明此页、上一页下一页文档的标题或内容梗概，以便及时提醒浏览者所处的文档位置。

(3) 超链接的可行性

适当、有效地使用超链接是一个良好的导航系统不可或缺的。在进行网页的导航设计时，应逐一测试每页的每个超链接与每个导航按钮的可行性，而不要将超链接链到未完成的页面上，也不要在一篇短文里提供太多的超链接。

在网页设计中，为了防止由于疏漏而造成的超链接失败，应在栏目和版面设计中画出链接的关系。在网页上传后，逐一测试每页的每个超链接是否有效，以杜绝无效的链接。

5.2 网页制作

案例 5-1：网易免费邮箱登录页面如图 5-10 所示，其页面源文件如图 5-11 所示。

图 5-10　网易 163 邮箱的登录页面

案例分析：图 5-10 所示的页面内容是通过图 5-11 所示的各种 HTML 语言标记符号来标注的。HTML 是 Web 页面的基础，通过标记可以将文字、图像、声音、影像等页面元素有机地连接起来。HTML 为网页填充内容，CSS 样式为网页内容进行修饰。

5.2.1 HTML 语言

HTML(Hyper Text Markup Language)即超文本标记语言，是一种应用于 Web 页面的标记语言。使用 HTML 编写的文档扩展名是“.html”或者“.htm”，它们是一种可供浏览器解释显示的文件格式。

图 5-11　网易 163 邮箱登录页面的源文件界面

HTML5 是 HTML 第五次重大修改，增加了一些新的元素、属性和行为，同时提供了一系列可使 Web 站点和应用更加多样化、功能更强大的技术。

最新版本的 Safari、Chrome、Firefox、Opera 等浏览器支持某些 HTML5 特性，IE 9 及以上版本的浏览器支持某些 HTML5 特性。

1. HTML 的相关概念

（1）超链接、超文本、超媒体

① 超链接（Hyper Link）是指从一种文本、图形图像等内容对象链接或者映射到其他对象上。超链接极大地扩充了互联网的表达能力，方便了用户的信息浏览。当鼠标移至超链接所在对象时，鼠标指针的形状通常会变成小手，点击超链接所在对象时，就可以链接到其他相关的对象。

② 超文本（Hypertext）是通过超链接的方式连接多种相关内容的信息组织方式，它通过建立文档内部或者与其他文档之间的非线性关系为用户提供一种超越传统文本顺序思维的自由沟通途径。

③ 超媒体（Hyper Media）是指图形图像、音频、视频、动画等媒体格式表达的内容。

（2）TCP/IP 协议

TCP/IP（Transportation Control Protocol/Internet Protocol）协议是 Internet 上所有计算机进行信息交互和传输所采用的协议，也是 Web 服务器与其他网络计算机互连的基本通信协议。

（3）HTTP

HTTP（Hyper Text Transfer Protocol）即超文本传输协议。它是一种用于在 Web 浏览器和 Web 服务器之间进行通信、传输超文本内容的应用层网络协议。

(4) URL

URL(Uniform/Universal Resource Locator)即统一资源定位器。它提供了互联网上资源的准确位置,描述了 Web 浏览器请求和显示某个特定资源所需要的全部信息,包括使用的传输协议、提供服务的主机名、客户与远程主机连接时使用的端口号及 HTML 文档在远程主机上的路径和文件名等。URL 的格式为:

(协议)://(主机名):(端口号)/(文件路径)/(文件名)

例如:http://www.ebrun.com/20200204/371936.shtml

协议:使用的信息传输协议主要有 HTTP(超文本传输协议)、FTP(文件传输协议)、Telnet(远程终端会话协议)等。

主机名:提供服务的远程主机名(域名)。

端口号:提供服务的远程主机端口号,如 HTTP 协议端口号为 80,FTP 协议的端口号为 21。

文件路径:指文件在服务器系统中的相对路径。

文件名:指资源文件的名称。

(5) Web 浏览器

Web 浏览器是用来浏览 Web 上的超文本内容的软件工具,它使用超文本传输协议 HTTP 接收采用标准 HTML 语言编写的页面,以 URL 为统一的定位格式,负责解释服务器传回的超媒体信息并将其展示在用户屏幕上。

目前,广泛使用的 Web 浏览器有 IE 浏览器(Internet Explorer)、谷歌浏览器(Chrome)、火狐浏览器(Firefox)、欧朋浏览器(Opera)、傲游浏览器(Maxthon)、360 浏览器等。在浏览 HTML 文档时,只须在地址栏中键入文件的 URL 即可。

(6) DHTML

DHTML(Dynamic Hypertext Markup Language,动态 HTML)是一种即使在网页下载到浏览器以后,仍然能够随时变换更新网页内容、排版样式及动画等的技术,它意味着 Web 页面对用户有响应,即 DHTML 能自动变化。

DHTML 将 HTML、CSS 和脚本语言有机结合起来,可以制作充满动感的交互性网页。HTML 用来定义网页元素,如段落、表格等;CSS 用来描述元素属性,如大小、颜色、位置等;脚本语言用来操纵网页元素和浏览器。

2. HTML 语言的标记语法

(1) 标　记

HTML 使用标记编写文件,标记为 Web 浏览器提供了 HTML 文件的格式信息,使得文档在浏览器中能够正确地显示效果。标记需要放置在“<　>”尖括号中,开始标记由<标记名称> 组成,如<head>;结束标记由</标记名称>组成,如</head>。注意左尖括号和标记名称之间不能有空格。标记分为单标记和双标记。

① 单标记只有一个开始标记,用于说明一次性的指令,如<img>、<hr>、
等标记。

② 双标记由开始标记和结束标记两部分构成,需要成对出现,如<div>、<p>、<table>等标记。

(2) 属　性

每个标记都拥有自己的属性，一个标记可以有多个属性。标记的属性需要放置在开始标记中，各属性间用空格进行分隔，属性的次序没有限定。属性名和属性值之间采用“属性名=属性值”对的形式进行描述。如在网页中插入水平线的标记及其属性：

```
<hr width = "90 %" size = "2" color = "#0000FF">。
```

(3) 元　素

元素一般是由开始标记表示元素的开始，结束标记表示元素的结束，把标记和标记之间的内容组合称为元素。标记相同而标记中对应的内容不同的元素，应视为不同的元素。同一网页中标记和标记内容相同的元素，如果出现两次则应视为不同的元素。元素可以是空元素、需要显示的文字内容或其他的元素内容。元素依据其排列方式的不同可以分为行内元素和块级元素。

① 行内元素(inline 元素)之间从左到右并排排列，只有当浏览器窗口容纳不下时才会切换到下一行，如<a>、<img>、<iframe>、<input>等元素。

② 块级元素(block 元素)通常占据浏览器一整行的位置，块级元素之间自动切换从上到下进行排列，如<div>、<p>、<ul>、<ol>、<li>、<table>等元素。

(4) HTML 语法规则

① HTML 文件为纯文本文件，其列宽不受限制；多个标记可写成一行，甚至整个文件都可写成一行；一个标记的内容也可以写成多行。标记可以嵌套，但不可以交叉。

② HTML 标记忽略大小写(注意引用框架名称时是区分大小写的)，建议使用小写形式。

③ 在 HTML 中使用的注释语句为<！ --……-->。注释语句可以放在任何地方，注释的内容在浏览器中不显示。

3. HTML 文件的结构

HTML 文件主要由文件头部和文件主体两部分组成。HTML 文件的整体结构为

```
<html>
<head>
文件头部
</head>
<body>
文件主体
</body>
</html>
```

HTML 文件均以<html>标记开始，以</html>标记结束。

<head>和</head>标记之间的内容用于描述页面的头部信息，其中<title>标记用于定义页面的标题，<meta>标记用于定义页面的作者、摘要、关键词、版权、自动刷新等页面信息。

<body>和</body>标记之间的内容为页面的主体内容。网页正文中的所有内容包括文字、图像、声音、影像等都包含在<body>标记之间。

4. 文本标记及正文布局标记

主要介绍 HTML5 支持的文本标记及正文布局标记。

(1) <p>标记

<p>是双标记，用于划分段落，控制文本的位置。<p>标记的主要属性是 align 属性，用于定义水平对齐方式，属性值可以是 left(左对齐)、center(居中对齐)、right(右对齐)和和 justify(两端对齐)。

(2) <hi>标记

<hi>标记是双标记，用于定义段落标题的大小级数。标题标记共有6级，从1级到6级标题字号逐渐减小。

(3) 字符格式化标记

字符格式化标记用于定义文字的风格。常用的字符格式化标记如表5-1所列。

表5-1 常用的字符格式化标记

标 记	描 述	标 记	描 述
b	双标记，定义文本加粗显示	sub	双标记，定义文本成为下标
i	双标记，定义文本斜体显示	em	双标记，定义文本加重显示
small	双标记，定义文本字号减小	strong	双标记，定义文本着重显示
sup	双标记，定义文本成为上标		

(4)
标记

标记是单标记，用于定义文本从新的一行显示，它不产生一个空行，但连续多个
标记可以产生多个空行的效果。

(5) <nobr>标记

<nobr>标记是单标记，用于定义该标记后面的内容不换行显示，可以强制文本在一行显示内容。

(6) <hr>标记

<hr>标记是单标记，用于插入一条水平线，以分隔文档的不同部分。<hr>标记的主要属性如表5-2所列。

表5-2 <hr>标记的主要属性

属 性	描 述
width	定义水平线的宽度，可用像素或窗口的百分比表示
size	定义水平线的粗细
align	定义水平线的对齐方式
color	定义水平线的颜色
noshade	定义水平线的阴影

(7) <div>标记

<div>标记是双标记，用于定义文档中的分区或节，可以用来排版大块 HTML 段落，设置多个段落的文本对齐方式等。<div>标记的主要属性如表5-3所列。

表 5-3 <div>标记的主要属性

属 性	描 述
position	定义定位方式，取值主要有 absolute(绝对定位)、relative(相对定位)、fixed(固定定位)、static(默认值，无定位)等
visibility	定义显示方式，取值主要有 visible(显示)、hidden(隐藏)、inherit(继承父对象设置)
left\top\right\bottom	定义相对于窗口左边、顶端、右边、底端的位置
width\height	定义宽度和高度
z-index	定义层叠顺序
margin	定义外边距
padding	定义内边距
border	定义边框

设置<div>标记的 id 或 class 属性来应用样式，把文档分割为独立的、不同的部分，从而实现对文档的布局。DIV＋CSS 布局是目前流行的网页布局方式，可以实现页面内容与表现的分离，使得页面主体区代码会变得更为简洁，提高页面浏览速度，易于页面内容和表现的维护。

(8) <span>标记

<span>标记是双标记，没有结构上的意义，只是为了应用样式，用来组合文档中的行内元素。一个行内的元素可以使用 span 标记将其分为不同的区域。

(9) 列表标记

① 无序列表

无序列表是通过<ul>和<li>标记来实现的。<ul>标记是双标记，<ul>与</ul>之间的内容就是无序列表的内容；<li>标记是双标记，每一项列表条目之前必须使用<li>标记。<ul>和<li>标记的主要属性是 type 属性，用于定义每个项目前显示符号的类型，其属性值可以是

type="disc"，项目符号显示为●(默认值)。

type="circle"，项目符号显示为○。

type="square"，项目符号显示为■。

可以使用 CSS 样式中的 list-style-image 属性修改项目符号的显示方式。

② 有序列表

有序列表是通过<ol>和<li>标记来实现的。<ol>标记是双标记，<ol>与</ol>之间的内容就是有序列表的内容，每一项列表条目之前必须使用<li>标记。<ol>和<li>标记的主要属性有

type：定义每个项目前显示的序号类型，其值可以是阿拉伯数字、大写英文字母、小写英文字母、大写罗马字母和小写罗马字母等。

start：定义编号的开始值，默认值为 1。

操作实例 5-1：一个简单的含有列表标记的 HTML 文件，其预览效果如图 5-12 所示。

```
<! doctype html>
```

```
<html>
<head>
<meta charset = "utf - 8">
<title>列表应用实例</title>
</head>
<body>
    <p>第 4 章　网络多媒体内容的编辑</p>
    <p>4.1　网络图片编辑</p>
    <p>网络图片的类型及格式<br>
    网络图片的编排形式<br>
    Photoshop 的使用</p>
    <p>4.2 网络动画编辑</p>
    <ol type = "a">
        <li>网络动画的格式</li>
        <li>Flash 的使用</li>
    </ol>
    <p>4.3 网络音视频编辑</p>
    <ul type = "circle">
        <li> 流媒体技术</li>
        <li>网络音视频的格式</li>
        <li>网络音视频的编排</li>
    </ul>
</body>
</html>
```

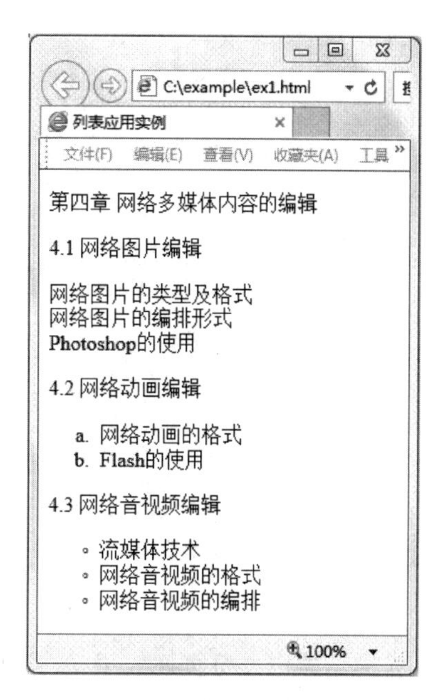

图 5 - 12　列表标记的页面效果

(10) <marquee>标记

<marquee>标记是双标记，用于设置文本滚动的效果，可以增加页面的动感。<marquee>标记的主要属性如表 5 - 4 所列。

表 5 - 4　<marquee>标记的主要属性

属　性	描　述
align	定义文本滚动的对齐方式
bgcolor	定义文本滚动的背景颜色
direction	定义文本滚动的方向，取值主要有 left(向左)、right(向右)、up(向上)和 down(向下)
behavior	定义文本滚动的方式，取值主要有 scroll(由一端滚动到另一端)、slide(由一端快速滑动到另一端且不再重复)、alternate(在两端之间来回滚动)
width\height	定义文本滚动的宽度和高度
scrollamount	定义文本的滚动距离
scrolldelay	定义文本滚动两次之间的延迟时间
loop	定义文本是否循环滚动

操作实例 5 - 2：一个简单的文本滚动 HTML 文件，其预览效果如图 5 - 13 所示。

```
<! doctype html>
<html>
<head>
<meta charset = "utf - 8">
<title>滚动字幕实例</title>
</head>
<body>
<div align = "center">
    <marquee onmouseover = "this.stop();" onmouseout = "this.start();" align = "middle" behavior = "scroll" bgcolor = "#ffccff" height = "20" width = "500" direction = "left" scrollamount = "4" scrolldelay = "10">
    欢迎浏览互联网内容运营课程的学习资料!
    </marquee>
</div>
</body>
</html>
```

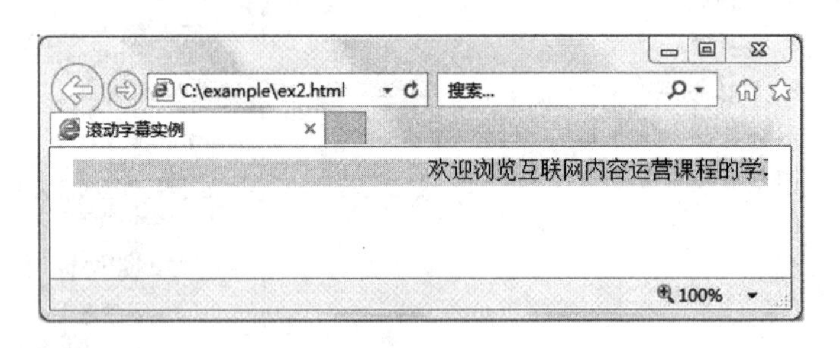

图 5-13　文本滚动的页面效果

在浏览器中预览页面效果，文字内容从右向左移动，当鼠标放置在滚动内容上时，滚动停止；鼠标移开后，内容又开始滚动。

(11) <pre>标记

<pre>标记是双标记，用于以用户预先定义的格式显示内容。一般情况下，浏览器将根据实际需要自动设置显示格式，自动排版，忽略文件中的回车键、空格等。

使用预排格式<pre>标记可以保留文字在纯文本编辑器中的格式，原样显示，不受前面文字格式和段落格式的影响。

操作实例 5-3：一个含有预排格式标记的 HTML 文件，其预览效果如图 5-14 所示。

```
<! doctype html>
<html>
<head>
<meta charset = "utf - 8">
<title>预排格式标记实例</title>
</head>
<body>
<pre> 杜甫 - 春望
国破山河在，城春草木深。
```

```
感时花溅泪,恨别鸟惊心。
烽火连三月,家书抵万金。
白头搔更短,浑欲不胜簪。
</pre>
杜甫 - 春望
国破山河在,城春草木深。
感时花溅泪,恨别鸟惊心。
烽火连三月,家书抵万金。
白头搔更短,浑欲不胜簪。
</body>
</html>
```

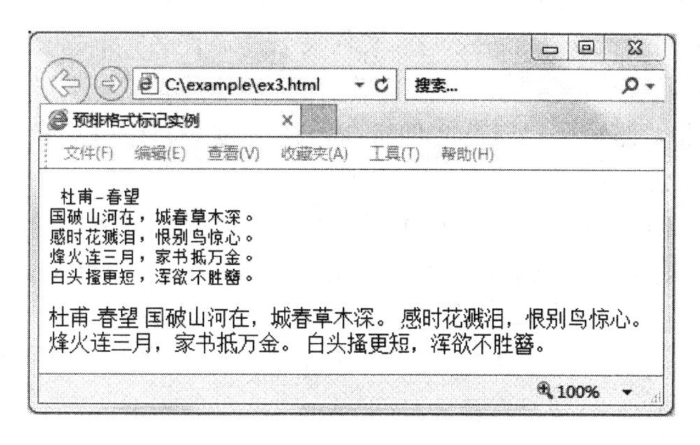

图 5 - 14　预排格式的页面效果

(12) 特殊字符

在 HTML 文档中,有些字符无法直接显示出来,如空格、<、>等,需要使用一些代码来表示这些特殊的字符。

通常一个字符代码由三部分组成,即 and 符号(&)、字符名称、分号(;),常用的字符代码如表 5 - 5 所列。

表 5 - 5　最常用的字符代码

显示结果	描　述	字符代码
	不可拆分的空格	
<	小于	<
>	大于	>
&	and 符号	&
"	引号	"

5. 超链接标记

(1) <a>标记

在 HTML 中是通过<a>标记来实现超链接的,<a>标记是双标记。<a>标记的主要属性如表 5 - 6 所列。

表 5-6 <a>标记的主要属性

属 性	描 述
href	定义链接文件的 URL 地址
target	定义链接目标的位置,取值主要有"_blank"(新开窗口)、"_self"(当前窗口)、"_parent"(上级窗口)、"_top"(浏览器窗口)等
name	定义锚记名称
title	定义当鼠标放置在超链接上时显示的文字提示信息

(2) 链接路径

① 绝对路径。绝对路径包含了标识 Internet 上文件需要的所有信息。文件的链接是相对原文档而定的,包括完整的协议、主机名、文件夹名和文件名,如<a href=" http://www.ebrun.com/20200204/371936.shtml">友情链接</a>。

② 相对路径。相对路径是以当前文件所在路径为起点进行相对文件的查找。一个相对的 URL 通常只包含文件夹名和文件名,甚至只有文件名。

可以使用相对 URL 指向与源文档位于同一服务器或同文件夹中的文件。要链接到同一目录下,则只需要输入链接文件的名称,如<a href="aa.html">相对路径 1</a>;如果要链接到下级目录中的文件,需要输入文件夹和文件名,如<a href="pages/bb.html">相对路径 2</a>;如果要链接到上一级目录中文件,则先输入"../"(表示上一级),再输入文件名,如<a href="../cc.html">相对路径 3</a>。

③ 根路径。根路径同样可用于创建内部链接,但大多数情况下,不建议使用此种链接形式。根路径的书写也很简单,首先以一个斜杠开头,代表根目录,然后书写文件夹名,最后书写文件名,如<a href="/pages/dd.html">根路径</a>。

(3) <a>标记的应用

① 站点内部文件的链接。内部文件的链接是指在同一个网站内部不同的 HTML 页面之间的链接关系,链接的 URL 地址一般采用相对路径。

② 外部链接。外部链接是指跳转到当前网站外部,与其他网站中的页面或元素之间的链接关系。这种链接的 URL 地址一般采用绝对路径,要有完整的 URL 地址,包括协议、主机名、文件所在主机上的路径及文件名。

③ 电子邮件的链接。在 HTML 页面中,可以建立 E-mail 链接。当浏览者单击电子邮件的链接后,系统会启动默认的本地邮件服务系统发送邮件,如<a href="mailto:xxx222@163.com">联系我们</a>。

④ 锚记链接。在浏览页面时,如果页面较长,需要不断的拖动滚动条才能浏览到更多地内容,这给浏览带来不便,此时可以通过页内的超链接来进行跳转,以便于浏览信息内容。创建锚记链接的过程如下:

先在页面中特定部位命名一个链接点——锚记,语句如下:

```
<a name = "锚记名称">
```

再定义指向锚记的超链接,语句如下:

```
<a href = "#锚记名称">
```

创建锚记链接时应注意页内链接锚记的形式为“#+锚记名称”；如果链接的目标锚记位于其他文档中，链接锚记的形式则为“文件路径+文件名+#+锚记名称”。注意锚点名称的命名，最好使用字母和数字，不能使用空格，且不建议以数字开头；同一文档中的锚记名称是唯一的；锚记名称区分大小写。

6. 多媒体标记

(1) <img>标记

<img>标记是单标记，用于在 HTML 页面中插入图像。<img>标记并不是真正把图像加入 HTML 文档中，而是将图像文件的文件名和路径赋值标记的 src 属性。<img>标记的主要属性如表 5-7 所列。

表 5-7　<img>标记的主要属性

属　性	描　述
src	定义图像文件的 URL 地址
width\height	定义图像的宽度和高度
alt	定义图像无法显示时的说明文字
border	定义图像的边框粗细
hspace\vspace	定义图像左右、上下留有的空白
usemap	定义图像为客户端图像映射(图像映射是指带有可点击区域的图像)

(2) <embed>标记

<embed>标记是双标记，用于定义外部交互内容或插件。<embed>标记可以用来插入 Flash 动画、音频、视频等媒体文件，支持 rm、mp3、mid、wav 等音频文件格式，rm、rmvb、wmv、asf、avi、mpeg 等视频文件格式。<embed>标记的主要属性如表 5-8 所列。

表 5-8　<embed>标记的主要属性

属　性	描　述
src	定义文件的 URL 地址
autostart	定义文件是否自动播放，取值主要有 true(自动开始播放)、false(默认，不自动播放)等
hidden	定义控制面板的显示或隐藏，取值主要有 true(隐藏)、false(显示)
width\height	定义控制面板的宽度和高度
controls	定义控制面板的外观
loop	定义文件是否循环播放，取值主要有 true(无限次重播)、false(不重播)、整数(重播次数)
volume	定义音量大小，取值范围为 0～100

(3) <audio>标记

<audio>标记是双标记，是 HTML5 标记，用于在网页当中插入声音文件。<audio>标记的主要属性如表 5-9 所列。

表 5-9 <audio>标记的主要属性

属　性	描　述
src	定义音频文件的 URL 地址
autoplay	定义音频在就绪后马上播放
controls	定义向用户显示控件，主要包括播放、暂停、定位、音量、全屏切换、字幕、音轨
loop	定义音频文件是否循环播放
preload	定义音频文件在页面加载时进行加载并预备播放

<audio>标记支持的声音文件格式主要有 wav、mp3 和 ogg 三种文件格式。

(4) <video>标记

<video>标记是双标记，是 HTML5 标记，用于在网页中插入视频文件。<video>标记常用的属性与<audio>标记的很相似。

<video>标记支持的视频文件格式主要有 ogg、mp4 和 webm 三种视频文件格式。

7. 表格标记

表格在网页制作中使用的频率较高，使用它可以有序、整齐地组织网页中的信息。在 HTML 文档中，表格是通过<table>、<tr>、<td>等标记来定义的。

(1) <table>标记

在 HTML 中，所有表格内容均包括在<table>和</table>之间。<table>标记的主要属性如表 5-10 所列。

表 5-10 <table>标记的主要属性

属　性	描　述
align	定义表格在页面中的相对位置
background	定义表格的背景图像
bgcolor	定义表格的背景颜色
width\height	定义表格的宽度和高度
border	定义表格边框的粗细
bordercolor	定义表格边框的颜色
cellspacing	定义表格单元格之间的间距
cellpadding	定义表格单元格内容与单元格边界之间的空白距离

(2) <tr>、<td>、<th>标记

在 HTML 中使用<tr>…</tr>标记定义各行，使用<td>…</td>标记定义各列，使用<th>标记定义表头行的各列。<tr>、<td>和<th>标记的主要属性如表 5-11 所列。

(3) <caption>标记

在 HTML 中使用<caption>…</caption >标记指定表格标题。<caption>标记的主要属性有

align：定义表格标题的对齐方式。

valign：定义标题和表格之间的对齐方式。默认值为 top 表示标题位于表格上方；bottom 表示标题位于表格下方。

<caption>标记一般位于 table 表格标记之后，tr 行标记之前。

表 5-11　<tr>、<td>、<th>标记的主要属性

属　性	描　述	属　性	描　述
align	定义单元格中内容的相对位置	bordercolor	定义单元格的边框颜色
background	定义单元格的背景图像	rowspan	定义该单元格所跨行数
bgcolor	定义单元格的背景颜色	colspan	定义该单元格所跨列数
width\height	定义单元格的宽度和高度		

操作实例 5-4：一个含有表格的 HTML 文件，其预览效果如图 5-15 所示。

```
<! doctype html>
<html>
<head>
<meta charset = "utf - 8">
<title>表格应用实例</title>
</head>
<body>
<table width = "450" height = "120" border = "1" align = "center" bordercolor = "#000000" bgcol-
or = "#FFCCFF" style = "text - align:center;">
    <tr>
        <tdrowspan = "2" >课程名称</td>
        <tdrowspan = "2">总学时</td>
        <td colspan = "2">授课方式</td>
    </tr>
    <tr>
        <td>讲课</td>
        <td>上机</td>
    </tr>
    <tr>
        <td>电子商务概论</td>
        <td>48</td>
        <td>18</td>
        <td>30</td>
    </tr>
    <tr>
        <td>网络营销</td>
        <td>64</td>
        <td>32</td>
        <td>32</td>
    </tr>
    </tr>
        <td>互联网内容运营</td>
        <td>64</td>
        <td>32</td>
```

```
        <td>32</td>
    </tr>
    </table>
    </body>
    </html>
```

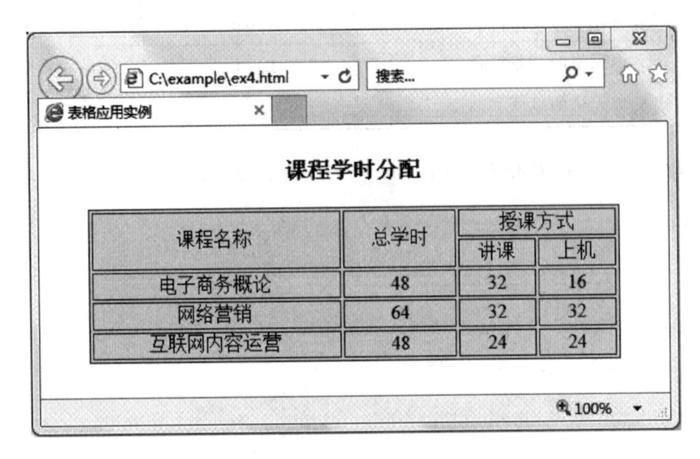

图 5-15　含有表格的页面效果

说明：align="center"属性定义整个表格居中对齐，style="text-align:center;"使用行内样式定义当前表格元素中的所有内容水平居中对齐。

8. 框架标记

<iframe>框架标记是双标记，可以把其他网页无缝地嵌入到当前网页中，既可以是网站内部其他页面的内容，也可以用于引用站外的网页。<iframe>框架标记的主要属性如表5-12所列。

表 5-12　<iframe>标记的主要属性

属　性	描　述
src	定义框架中要加载文件的 URL 地址
name	定义框架的名称，是链接标记 target 属性所要的参数
align	定义框架的对齐方式
width\height	定义框架的宽度和高度
frameborder	定义框架是否显示边框，取值主要有 0(无边框)、1(显示边框)
scorlling	定义框架是否显示滚动条，取值主要有 auto(根据内容自动出现)、yes(出现)、no(无)

操作实例 5-5：一个简单框架的 HTML 文件，其预览效果如图 5-16 所示。

```
<! doctype html>
<html>
<head>
<meta charset = "utf - 8">
<title>框架应用实例</title>
</head>
<body >
```

```
<table width = "800" style = "text - align:center;">
    <tr><td height = "100" bgcolor = "#66ccff">Banner</td></tr>
    <tr><td><table>
        <tr>
            <td><table width = "160" height = "380" border = "0" cellpadding = "0" cellspacing
= "1">
                    <tr><td bgcolor = "#ffccff">栏目 1</td></tr>
                    <tr><td bgcolor = "#ffccff">栏目 2</td></tr>
                    <tr><td bgcolor = "#ffccff">栏目 3</td></tr>
                    <tr><td bgcolor = "#ffccff">栏目 4</td></tr>
                    <tr><td bgcolor = "#ffccff">栏目 5</td></tr>
                </table></td>
                <td><iframe src = "right.html" name = "kuangjia" width = "640" height = "380"
scrolling = "auto" frameborder = "0"></iframe></td>
            </tr></table>
        </td></tr>
    <tr bgcolor = "#ccccff">
        <td height = "30" align = "center" bgcolor = "#cccccc">Copyright</td>
    </tr>
</table>
</body>
</html>
```

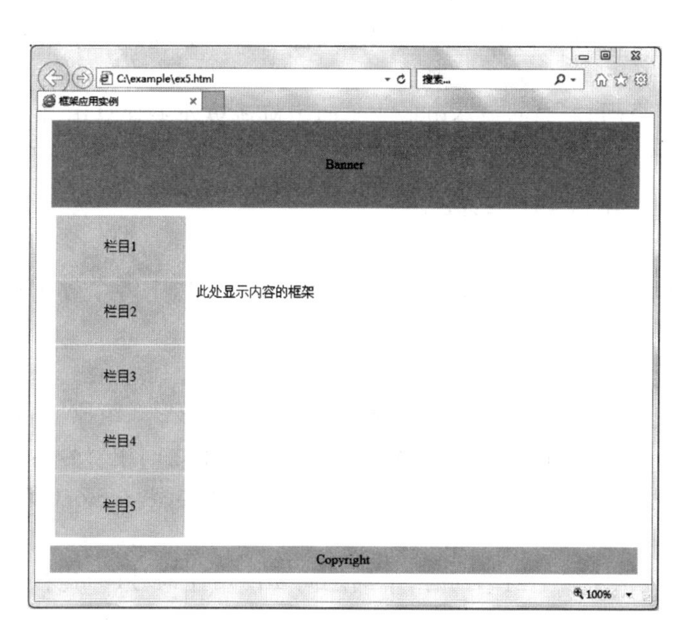

图 5－16　简单框架的页面预览效果

9. HTML5 结构标记

HTML5 为了解决 HTML 文档结构定义不清晰的问题，专门增加了页眉、页脚、导航和文章内容等结构标记，主要包括<header>、<nav>、<section>、<article>、<aside>、<footer>等标记，它们都是双标记，各标记的作用如表 5－13 所列。

表 5-13 HTML5 结构标记及其作用

标　记	作　用
header	定义文档的页眉或者是介绍信息
nav	定义导航链接部分的内容，一般用于创建导航条、侧边导航条、页内导航、翻页操作等场景
section	定义文档中的节 section 段落，如章节、页眉、页脚或文档中的其他部分，通常由标题和内容组成
article	定义一个独立的、完整的相关内容块，通常拥有自己的标题或脚注
aside	定义<article>标记以外的内容，其内容通常与<article>标记的内容相关
footer	定义节或文档的页脚

5.2.2 CSS 样式

CSS(Cascading Style Sheets)即层叠样式表，是现在广泛使用的格式控制技术。CSS 样式表具有很好的易用性和扩展性，它可以精确地控制页面中的每一个元素，灵活地控制页面的布局和显示。CSS 扩充了 HTML 样式定义的语法和语义，使得样式表达更为丰富和灵活。CSS 语言不需要编译，可以直接由浏览器解释执行。

CSS3 是 CSS 技术的升级版本，可使代码更为简洁，页面结构更为合理，性能和效率得到兼顾。CSS3 的开发朝着模块化发展，包括文本效果、背景和边框、盒子模型、2D/3D 转换、动画、多列布局以及用户界面等。

最新版本的 Safari、Chrome、Firefox、Opera 等浏览器支持 CSS3 的绝大多数属性，IE 9 及以上版本的浏览器支持 CSS3 的部分属性，IE8 及以下版本基本不支持 CSS3 属性。

1. CSS 语法结构

CSS 样式由选择器和声明两部分组成。声明需要放置在大括号中，由一个或多个属性名和属性值对组成。CSS 样式的基本结构为

选择器 { 属性 1:值 1; 属性 2:值 2: ……}

(1) 选择器

选择器用于指定本语句所定义的样式是为 HTML 文档中哪个标记或哪些内容所定义的，CSS 提供了丰富的选择器类型。

(2) 声　明

声明用于指定选择器的具体样式，由“属性名:属性值”的形式组成。同一个选择器可以定义多个属性，属性与属性之间用分号(;)隔开，属性与属性值之间用冒号(:)隔开。

① 属性。属性是 CSS 的关键词，如 font - family(字体类型)、color(字体颜色)、border(边框)等。

属性名为两个或两个以上的单词时，单词之间要使用连词号(-)连接，如字体类型 font - family 属性。

有些属性可以表示多个属性，各属性之间需要使用空格进行分隔并按照一定的顺序进行设置，如 font 属性要按照 font - style、font - weight、font - size、font - family 的顺序进行指定，属性可以有缺省。

② 属性值。属性值的形式可以是指定范围的值或是指定的数值。

属性值不是一个单词时，需要用引号(" ")将其括起来，如 p {font - family: "Times New

Roman"}。

属性值有多个值时，属性值之间用空格分隔，属性值之间没有先后顺序，如 p {border - top：#CCC 1px solid；}。

属性有多个候选值时，候选值之间用逗号(,)分隔，如 p{font - family："Times New Roman"，Times，serif；}。

(3) 注释语句

CSS 的注释语句为/ * …… * /。不管是多行注释还是单行注释均可以使用注释语句进行内容注释，浏览器会忽略注释的内容而不显示。

2. 网页应用 CSS 样式的方法

CSS 通过定义标记或标记属性的外在表现对页面结构风格进行控制，实现文档内容和表现的分离。CSS 不能独立使用，需要结合 HTML 进行使用。

(1) 链接外部 CSS 样式表

外部样式表是指将 CSS 样式规则保存为一个以 CSS 为后缀的文件中，当网页需要应用该样式文件时再进行调用，一个外部样式表文件可以被多个网页调用。

链接外部 CSS 样式表需要在页面的<head>区中使用<link>标记链接样式表文件。代码语句如下：

```
<head>
    <link rel = "stylesheet" href = "css/mystyle.css">
</head>
```

(2) 导入外部 CSS 样式表

导入外部 CSS 样式与链接外部 CSS 样式比较相似，都是应用外部样式表文件。导入 CSS 样式需要在页面<head>区的<style>标记中使用@import 指令导入外部 CSS 样式表文件。代码语句如下：

```
<head>
<style>
    @import url(css/mystyle.css);
</style>
</head>
```

(3) 嵌入 CSS 样式

在页面的<head>区中使用<style>标记将样式信息作为文档的一部分用于 HTML 文档，嵌入的 CSS 样式只对当前网页有效。代码语句如下：

```
<head>
<style>
    div{
        font - size:16px;
        text - indent:2em;
}
</style>
</head>
```

(4) 行内样式表

在某个元素内,使用标记的 style 属性进行样式定义。代码语句如下:

```
<div style="font-size:16px; text-indent:2em;">行内样式表</div>
```

在实际应用中不提倡使用行内样式表,其为充分体现 CSS 样式的作用。

3. CSS 常用的选择器类型

(1) 标记选择器

标记选择器是指直接将 HTML 标记名称作为选择器,HTML 文档中与选择器同名的标记都会应用该标记选择器的样式。如为段落标记定义样式:

```
p{text-align:center; font-size:16px;}
```

(2) 类选择器

类选择器是以一个点号(英文句号)开头再加上类选择器名称命名,类样式可以应用于一个或多个包含 class 属性的元素。如定义类选择器样式:

```
.txt{text-align:center; font-size:16px;}
```

(3) id 选择器

id 选择器以半角“#”开头再加上 id 选择器名称命名,通常只应用于一个 HTML 元素的 id 属性。如定义 id 选择器样式:

```
#banner{ margin:auto; width:950px; clear:both;}
```

(4) 伪类选择器

伪类选择器是 CSS 中已经定义好的选择器,不能随便更改名称。通常使用冒号(:)表示,放置在选择器之后,用于指明元素在某种状态下才能够被选中。如定义超链接四个状态的样式:

```
a:link{color:#666;}                                   /*普通状态*/
a:visited{color:#333}                                 /*已访问过的状态*/
a:hover{color:#F60; text-decoration:underline;}       /*悬停状态*/
a:active{color:#33F;}                                 /*激活状态*/
```

在超链接状态的 CSS 定义中,需要遵循 LVHA(a:active、a:hover、a:link 和 a:visited)顺序。

(5) 伪元素选择器

伪元素选择器以“::”或“:”开头,放置在选择器之后,用于选择指定的元素。如定义段落 p 首字母字体大小的样式:

```
p:first-letter{ font-size:2em;}
```

(6) 通用选择器

使用通用选择器(*)可以对网页中所有元素或某区域内的元素进行集体声明。如对所有标记进行重置其外边距和内边距的样式设置:

```
*{margin:0; padding:0;}
```

(7) 交集选择器

交集选择器是由两个选择器直接连接构成，其结果是选中两者各自作用范围的交集。第一个选择器必须是标记选择器，第二个选择器必须是类选择器或 id 选择器，交集选择器中两个选择器之间不能有空格。如定义<h2>标记和 txt1 类样式的交集选择器样式：

```
h2.txt1{color:#33F;}
```

(8) 并集选择器

并集选择器是指对多个选择器进行集体声明，多个选择器之间使用逗号(,)分隔。如同时定义<div>、<h2>、<p>三个标记的字体样式：

```
div,h2,p{ color:#63F; font-size:16px;}
```

(9) 后代选择器

使用后代选择器可以选择某元素的后代元素。其写法是将外层的标记写在前边，内层的标记写在后面，之间使用空格进行分隔。如定义<ul>标记的后代<li>标记的样式：

```
ul li{
    width:100px;
    font-size:16px;
}
```

4. CSS 常用属性的设置

(1) CSS 字体属性

CSS 字体属性用于定义文本的字体系列、字体大小、加粗字体(风格)，以及英文字体的大小写转换等。常用的 CSS 字体属性如表 5-14 所列。

表 5-14　常用的 CSS 字体属性

CSS 属性	描　述
font-family	设置文本的字体
font-style	设置文本显示的字形，取值主要有 normal(默认值，普通字形)、italic(斜体)和 oblique(倾斜)
font-weight	设置文本的粗细，取值主要有 normal(正常粗细，相当于 400)、bold(粗体，相当于 700)、bolder、lighter、100、200、300、400、500、600、700、800、900
font-size	设置文本字体的大小，取值主要有绝对大小、相对大小、长度值和百分比等形式
font	复合属性，按照 font-style、font-weight、font-size、font-family 的顺序指定多个属性(属性可以有缺省)

(2) CSS 文本属性

CSS 文本属性用于定义文本的外观，可以改变文本的颜色、字符间距，对齐文本、装饰文本、缩进文本等。常用的 CSS 文本属性如表 5-15 所列

表 5-15　常用的 CSS 文本属性

CSS 属性	描　述
letter-spacing	设置字符的间距，取值主要有 normal 和数值。对中文的文字间距有影响
word-spacing	设置单词之间的间距，取值主要有 normal 和数值。多用于英文文本

续表 5-15

CSS 属性	描 述
text-transform	设置文本的大小写形式，取值主要有 none(默认值，无变化)、capitalize(每个单词的首字母大写)、uppercase(字母都大写)、lowercase(字母都小写)
text-align	设置文本水平对齐的方式，取值主要有 left(左对齐)、right(右对齐)、center(居中对齐)、justify(两端对齐)等
vertical-align	设置元素的纵向排列方式
line-height	设置行高(行距)，取值主要有字符的倍数、单位数值和百分比
text-indent	设置文本块首行的缩进量，取值主要有单位数值、字符的倍数或百分比
text-decoration	设置添加到文本的修饰效果，取值主要有 none(默认值，无修饰)、underline(下划线)、overline(上划线)、line-through(删除线)等
color	设置文本的颜色(元素的前景色)，取值主要有颜色英文名称、rgb 代码、十六进制数
text-shadow	设置文本的阴影效果

(3) CSS 背景属性

CSS 可以设置元素的背景颜色或背景图像，常用的 CSS 背景属性如表 5-16 所列。

表 5-16 常用的 CSS 背景属性

CSS 属性	描 述
background-color	设置元素的背景颜色，默认值 transparent(透明)
background-image	设置元素的背景图像，取值主要有 none 或 URL
background-repeat	设置背景图像是否重复背景图像及如何进行重复，取值主要有 repeat(默认值)、repeat-x(水平方向重复)、repeat-y(垂直方向重复)、no-repeat(不重复)
background-position	设置背景图像的起始位置，通常与 background-image 属性联合使用
background-attachment	设置背景图像是否固定或随着内容一起滚动，取值主要有 scroll(滚动)、fixed(背景图像静止而内容滚动)
background	复合属性，按照 background-color、background-image、background-repeat、background-attachment、background-position 的顺序设置多个属性(属性可以有缺省)
background-size	设置背景图像的尺寸
background-origin	设置背景图像相对于某个区域定位，取值主要有 padding-box(相对于内边距框定位)、border-box(相对于边框定位)、content-box(相对于内容框定位)

(4) CSS 列表属性

CSS 列表属性用于设置文本以列表形式显示及列表项目符号的样式，常用的 CSS 列表属性如表 5-17 所列。

表 5-17 常用的 CSS 列表属性

CSS 属性	描 述
list-style-type	设置列表项符号的类型
list-style-position	设置列表项目符号的位置

续表 5-17

CSS属性	描　述
list-style-image	设置将图像作为列表项目符号，取值主要有 none 和 URL
list-style	复合属性，按照 list-style-type、list-style-position、list-style-image 的顺序设置多个属性（属性可以有缺省）

(5) CSS 边框属性

border 属性可以设置元素边框的宽度、颜色和样式，可以改善表格的外观。常用的 CSS 边框属性如表 5-18 所列。

表 5-18　常用的 CSS 边框属性

CSS属性	描　述
border	复合属性，用于设置一个元素边框的宽度、样式和颜色，可以同时设置各边框的宽度、颜色和样式
border-left border-right border-top border-bottom	分别用来设置左、右、上、下边框的宽度、样式和颜色
border-width	设置边框的整体宽度，可以按上、右、下、左的顺序分别设置各边框的宽度
border-style	设置边框的样式，可以按照上、右、下、左的顺序分别设置各边框的样式
border-color	设置边框的颜色，可以按照上、右、下、左的顺序分别设置各边框的颜色
border-radius	设置边框的圆角效果
border-image	设置边框的背景图像
box-shadow	设置块级元素的阴影效果
border-collapse	设置表格或单元格边框的线条效果
border-spacing	设置相邻单元格边框之间的距离

操作实例 5-6：一个 CSS 属性设置及应用的 HTML 文件，其预览效果如图 5-17 所示。

```
<! doctype html>
<html>
<head>
<meta charset = "utf-8">
<title>CSS 属性设置及应用</title>
<style>
h2 {
    text-align:center;                  /* 定义 h2 元素水平居中对齐 */
    text-decoration:underline;          /* 定义 h2 元素加下划线 */
}
div,p{
    text-indent:2em;                    /* 定义 div 元素和 p 元素首行缩进 2 个字符 */
    line-height:150%;                   /* 定义 div 元素和 p 元素的行距 */
```

```
        color:#333;                          /*定义div元素和p元素的字体颜色*/
        font-size:16px;                      /*定义div元素和p元素的字号*/
    }
    p span{
        font-weight:bold;                    /*定义p元素中的span元素加粗显示*/
    }
    div:first-letter {
        font-size:2em;                       /*定义div元素的首字母字号*/
    }
    div:first-line {
        font-weight:bold;                    /*定义div元素的首行加粗显示*/
    }
    .text1{
        font-style:italic;                   /*定义字体斜体显示*/
    }
    #frame{
        border:#999 3px double;              /*定义边框的颜色、粗细和样式*/
    }
    </style>
    </head>
    <body>
        <h2>西域佳景:喀纳斯</h2>
        <div>喀纳斯蒙古语意为美丽富饶而神秘,湖面状如弯月,会随着季节和天气的变化而时时变换
颜色,是有名的变色湖。</div>
        <p>喀纳斯湖四周群山环抱、峰峦叠嶂,峰顶银装素裹,森林密布、草场繁茂,山坡一片葱绿,湖面
碧波荡漾,群山倒映湖中,使蓝天、白云、雪岭、青山与绿水浑然一体,<span>湖光山色美不胜收</span>。
</p>
        <p class="text1">每至秋季时更是万木争辉,五彩缤纷的湖光山色,宛如童话世界……5月下
旬—6月中旬,赤芍花、金莲花漫山遍野,宛如人工园林。</p>
        <p id="frame">湖光山色融为一体,既具有北国风光之雄浑,又具江南山水之娇秀,加之这里还
有"云海佛光""变色湖""浮木长堤""湖怪"等胜景、绝景,怎能不称是西域之佳景、仙景呢?</p>
        </body>
        </html>
```

说明:本例在样式中定义了标记选择器h2、div、p和span,类选择器.text1,id选择器#frame,伪元素选择器div:first-letter和div:first-line,div,p为并集选择器,p span为后代选择器。在<body>区中应用样式时,类选择器使用class属性进行应用,id选择器使用id属性进行应用,标记选择器是对应的元素直接进行应用。

5. CSS定位布局设置

(1) 盒子模型

网页中的每个元素都被浏览器看成一个矩形的盒子,由元素的内容(content)、边框(border)、内边距(padding)、外边距(margin)组成,如图5-18所示。

① margin属性

margin属性(外边距)用于设置盒子边框与其他盒子之间的距离,该属性接受任何长度单

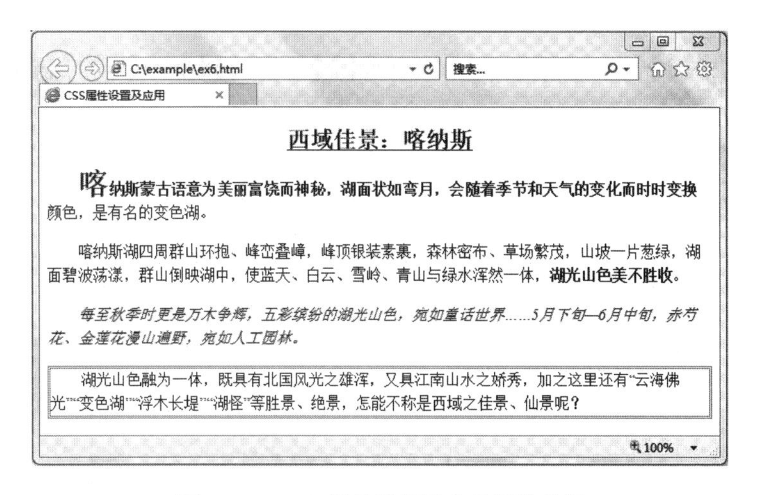

图 5－17　CSS 属性设置及应用预览效果

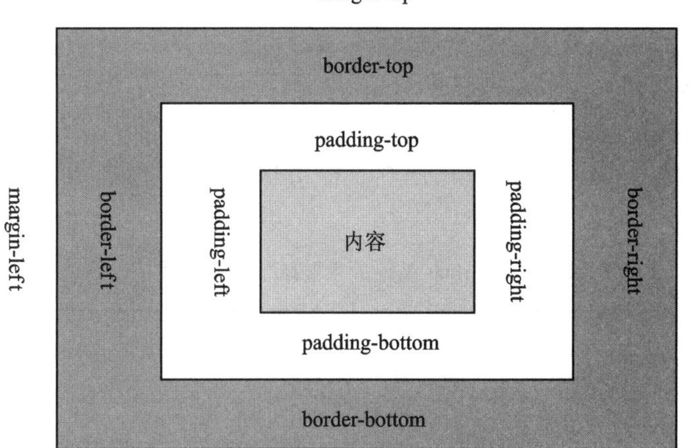

图 5－18　盒子模型结构图

位或百分比。可以在一个声明中按照上、右、下、左的顺序（顺时针）分别设置盒子四个外边距属性，属性值可以为负值。

可以通过 margin－top、margin－right、margin－bottom、margin－left 四个单独的外边距属性分别设置盒子上、右、下、左各边的外边距。

当两个盒子的上下（垂直）外边距 margin 属性相遇时，它们将合并形成一个外边距，合并后的外边距数值等于两个合并的外边距数值中较大者的数值。

② padding 属性

padding 属性（内边距）用于设置盒子边框到内容之间的距离。可以在一个声明中按照上、右、下、左的顺序分别设置盒子四个内边距属性，padding 属性可以设置多个值，属性值不能为负值。

可以通过 padding－top、padding－right、padding－bottom、padding－left 四个单独的内边距属性分别设置盒子上、右、下、左各边的内边距。

(2) display属性

display属性用于设置元素如何被显示，主要取值及其描述如表5-19所列。

表5-19 display属性的主要取值及其描述

属性值	描 述
none	设置元素不被显示
block	设置元素显示为块级元素
inline	设置元素显示为内联元素，默认值
inline-block	设置元素显示为行内块元素
list-item	设置元素显示为列表
table	设置元素显示为块级表格
table-cell	设置元素显示为表格的单元格

流布局是默认布局方式，除非专门指定，否则所有元素都在标准流中布局定位。在标准流中，行内元素在同一行内从左到右并排排列，只有当浏览器窗口容纳不下时元素才会转到下一行；而块级元素占据浏览器一整行的位置，块级元素之间自动换行，从上到下排列。通过设置display属性可以实现块级元素和行内元素显示方式的改变。

(3) float和clear属性

① float属性用于设置将元素内容浮动到页面边缘位置，主要取值及其描述如表5-20所列。

表5-20 float属性的主要取值及其描述

属性值	描 述
none	设置元素不浮动，保持在标准流中的位置。默认值
left	设置元素浮动到包含元素的左侧，而包含元素的其他内容浮动至其右侧
right	设置元素浮动到包含元素的右侧，而包含元素的其他内容浮动至其左侧

浮动的盒子可以向左侧或向右侧移动，直到其外边缘碰到包含的盒子或者另一个浮动的盒子为止。浮动的盒子将脱离标准流，不再占据浏览器原来分配的位置。未浮动的盒子将占据浮动盒子原有的位置，同时未浮动盒子的内容会环绕浮动后的盒子。多个盒子浮动后会产生块级元素水平排列的效果。

② clear属性

clear属性用于设置元素的哪一侧不允许有其他浮动元素，该属性可用于控制环绕效果，主要取值及其描述如表5-21所列。

表5-21 clear属性的主要取值及其描述

属性值	描 述
none	默认值，允许浮动元素出现在两侧
left	设置元素的左侧不能有任何内容的浮动元素
right	设置元素的右侧不能有任何内容的浮动元素
both	设置元素的左右两侧都不能有任何内容的浮动元素，元素会在浏览器中另起一行显示

清除浮动是清除其他盒子浮动对该元素的影响，而设置浮动则是让该元素自身浮动，两者并不矛盾，因此可以同时设置元素的清除浮动和浮动属性。浮动只对后面的内容有影响，对前边的内容没有影响。

(4) position 属性

position 属性用于设置元素在网页上定位的方式。使用定位属性能够使元素通过设置偏移量定位到页面或包含框的任何位置。position 属性的主要取值及其描述如表 5-22 所列。

表 5-22 position 属性的主要取值及其描述

属性值	描 述
static	默认值，设置不使用定位属性定位，元素按照流布局方式布局
relative	设置相对定位，对象不可层叠，使用 left、top、right、bottom 属性值在标准流中发生偏移
absolute	设置绝对定位，使用 left、top、right、bottom 属性进行绝对定位，通过 z-index 属性定义其层叠关系
fixed	设置固定定位，总是以浏览器窗口为基准进行定位，其位置通过 left、top、right、bottom 属性设置

在 CSS 布局中，position 定位属性发挥着非常重要的作用，很多元素的定位都是使用 position 属性来完成。在实际应用中，position 属性使用较多的是相对定位(position:relative)和绝对定位(position:absolute)。

① 相对定位是指相对元素本身进行偏移，不会使元素脱离标准流，元素初始位置占据的空间会被保留。如果元素设置为相对定位且设置 top、left、right、bottom 属性，元素将根据其原来所在的位置进行偏移。

② 绝对定位是以距离其最近的设置了定位属性 position 的父元素为基准，其将脱离标准流不再占据网页中的位置，其将浮于网页上。绝对定位允许元素与原始的流布局分离且任意定位，利用绝对定位可以制作漂浮广告、弹出菜单等效果。

(5) top、left、bottom、right 属性

top、left、bottom、right 属性用于设置定位元素与其他元素之间的距离。当 position 属性值为 relative、absolute、fixed 时，使用这些属性可以设置定位元素的偏移量，取值主要有 auto、长度值、百分比。

top：用于设置定位元素的上外边距的偏移量。

left：用于设置定位元素的左外边距的偏移量。

bottom：用于设置定位元素的下外边距的偏移量。

right：用于设置定位元素的右外边距的偏移量。

(6) z-index 属性

z-index 属性用于设置定位时重叠元素之间的上下层关系，z-index 属性值大的元素位于属性值小的元素上方。可以通过设置 z-index 属性值改变重叠次序，值越大其层级越高，默认 z-index 属性值为 0。

操作实例 5-7：一个图文环绕效果的 HTML 文件，文字左环绕图像，预览效果如图 5-19 所示。

```
<! doctype html>
<html>
<head>
```

```
<meta charset = "utf - 8">
<title>图文环绕效果实例</title>
<style>
div {
    border:1px solid #CCC;          /* 定义 div 元素边框的宽度、样式及颜色 */
    width:600px;                    /* 定义 div 元素宽度 */
    padding:5px;                    /* 定义 div 元素内边距 */
    margin:auto;                    /* 定义 div 元素外边距 */
}
p{
    font - size:14px;               /* 定义 p 元素字号 */
    text - indent:2em;              /* 定义 p 元素首行缩进 2 个字符 */
}
h2 {
    text - align:center;            /* 定义 h2 元素水平居中对齐 */
}
img {
    float:right;                    /* 定义 img 元素右侧浮动 */
    margin:10px;                    /* 定义 img 元素外边距 */
    width:250px;                    /* 定义 img 元素宽度 */
    height:160px;                   /* 定义 img 元素高度 */
}
</style>
</head>
<body>
<div>
    <h2 align = "center">西域佳景:喀纳斯</h2>
    <p><img src = "images/gns.jpg">“喀纳斯”蒙古语意为“美丽富饶而神秘”,湖面状如弯月,海拔 1374 米,湖长 25 公里,宽 1.6~2.9 公里,面积 4478 平方公里,最深处为 188 米,是新疆最深的湖泊。喀纳斯湖面会随着季节和天气的变化而时时变换颜色,是有名的“变色湖”。</p>
    <p>喀纳斯湖四周群山环抱、峰峦叠嶂,峰顶银装素裹,森林密布、草场繁茂,山坡一片葱绿,湖面碧波荡漾,群山倒映湖中,使蓝天、白云、雪岭、青山与绿水浑然一体,湖光山色美不胜收。</p>
    <p>每至秋季时更是万木争辉,五彩缤纷的湖光山色,宛如童话世界……5 月下旬—6 月中旬,赤芍花、金莲花漫山遍野,宛如人工园林。</p>
    <p>喀纳斯蓝天、白云、冰峰、雪岭、森林、草甸、河流与喀纳斯湖交相辉映,湖光山色融为一体,既具有北国风光之雄浑,又具江南山水之娇秀,加之这里还有“云海佛光”“变色湖”“浮木长堤”“湖怪”等胜景、绝景,怎能不称是西域之佳景、仙景呢? </p>
    </div>
    </body>
    </html>
```

说明:本例中设置图像右侧浮动,其将脱离标准流不再占据原有的位置,而未浮动的段落内容将占据图像原有的位置并环绕图像。

5.2.3 Dreamweaver 的使用

Dreamweaver 是一款专业设计与管理网页和网站的开发工具,与 Fireworks、Flash、Pho-

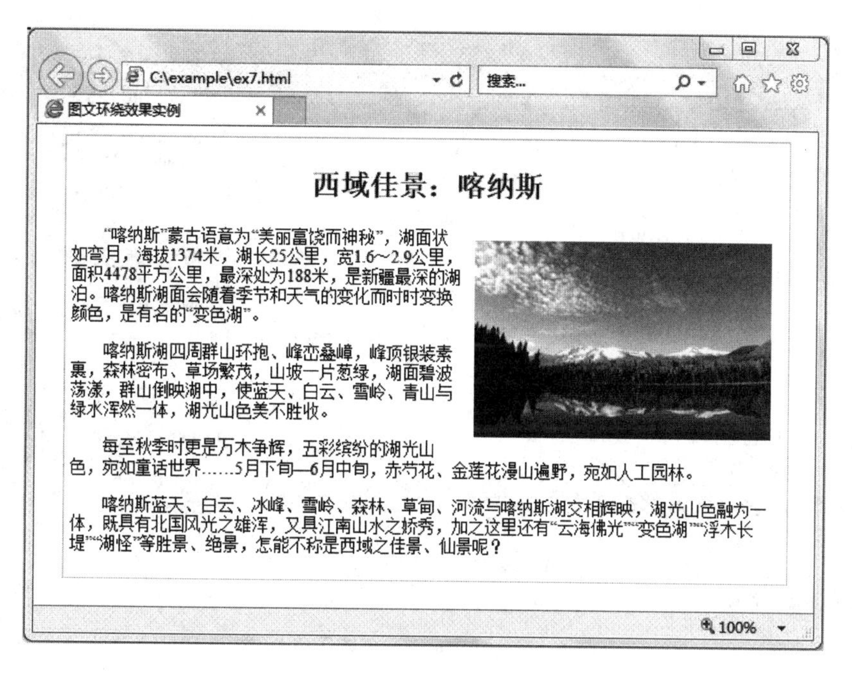

图 5－19　图像的页面效果

toshop 等软件具有良好的兼容性。Dreamweaver 除了提供功能强大的可视化设计工具外，还具有应用开发环境和代码编辑支持功能。

Dreamweaver 具有强大的站点管理功能；支持本地、局域网内和 Web 远程网站的管理功能；支持数据库开发应用的编程环境，可以轻松地建立基于 ASP－JavaScript、ASP－VBScript、ASP. NET C#、ASP. NET VB、JSP、PHP 等编程语言的网站开发。

1. 工作环境

启动 Adobe Dreamweaver CS6，新建文档后进入其工作界面，如图 5－20 所示。Dreamweaver 具有友好的人机操作界面，文档窗口的大小可以灵活调整以便于操作。

（1）菜单栏

Dreamweaver CS6 的菜单栏包括文件、编辑、查看、插入、修改、格式、命令、站点、窗口、帮助等项目，每一个菜单项实现一类操作。

① 文件菜单：为用户提供基本的文件操作功能，如文件的打开、保存、在浏览器中预览等。

② 编辑菜单：为用户提供常用的编辑操作，如拷贝、粘贴、查找等操作。同时，编辑菜单还提供了首选参数设置功能，供用户自定义环境参数。

③ 查看菜单：主要供用户设置在编辑过程中工作界面中显示的内容，如是否显示标尺、网格、工具栏等。

④ 插入菜单：主要为用户提供插入各种网页对象的功能，在网页上建立的元素基本上都是通过这个菜单实现的。

⑤ 修改菜单：主要为用户提供修改网页对象的功能，可以对页面属性、链接、表格、图像、表单等对象进行修改和调整。

⑥ 格式菜单：用来对网页中的文本属性进行设置，如缩进、颜色、段落格式、对齐方式、列表和 CSS 样式等。

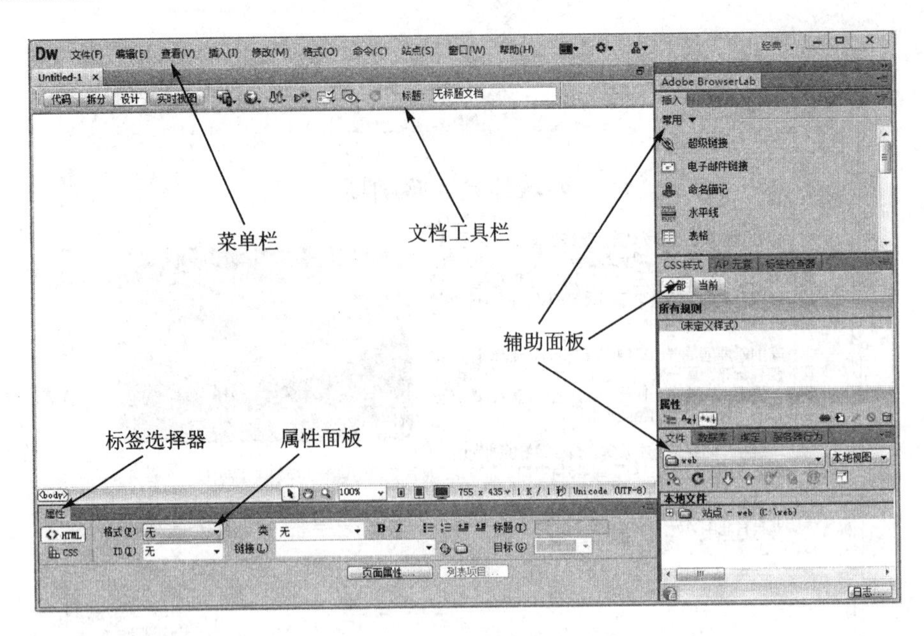

图 5-20　Dreamweaver 的工作界面

⑦ 命令菜单：集成了一些常用的操作命令，可以调用 Dreamweaver 提供的特殊功能以实现网页特殊操作。

⑧ 站点菜单：用于定义自己的站点，管理站点中的文件，还可以完成文件的上传和下载等功能。

⑨ 窗口菜单：为用户提供访问 Dreamweaver 中所有窗口和辅助面板的功能。

⑩ 帮助菜单：为用户提供 Dreamweaver 的功能说明和操作指南。

（2）插入面板

插入面板中包含了许多能够添加到页面的对象或元素，这些对象和元素根据不同的类型被划分为常用、布局、表单、数据、Spry、InContext Editing、文本、收藏夹等组。默认情况下是“常用”插入栏，如图 5-21 所示。

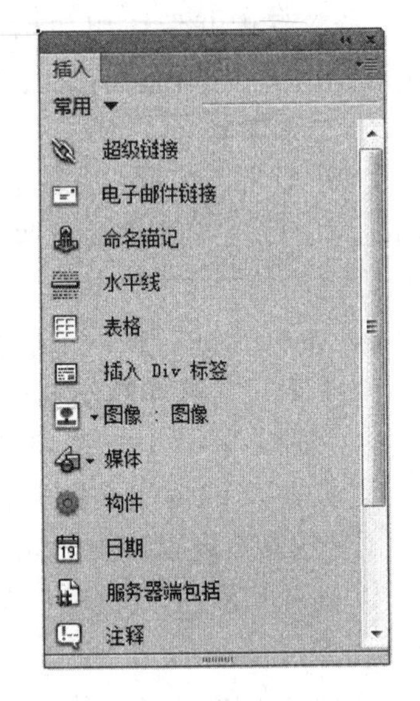

图 5-21　常用插入面板

（3）文档窗口

在文档窗口可进行多种 Web 页面元素的插入、修改和删除等操作。利用文档窗口中的工具栏可以方便地进行工作模式的切换选择，所有打开的页面都显示在文档窗口中。文档窗口底部的状态栏提供与当前文档有关的其他信息。文档窗口主要有以下显示状态：

① 代码：显示网页的 HTML 源代码，可以直接进行代码的输入或修改。

② 拆分：文档窗口一分为二，左侧窗口可以编辑源代码，右侧窗口可以进行网页的制作。

③ 设计：全部窗口用于网页的制作。

④ 实时视图：可显示页面在 Web 上的效果。

(4) 属性面板

属性面板通常位于文档窗口的下方，使用属性面板可以查看和修改页面上被选中对象的属性，它会随选中对象的不同而发生变化，图5-22所示为图像对象的属性面板。

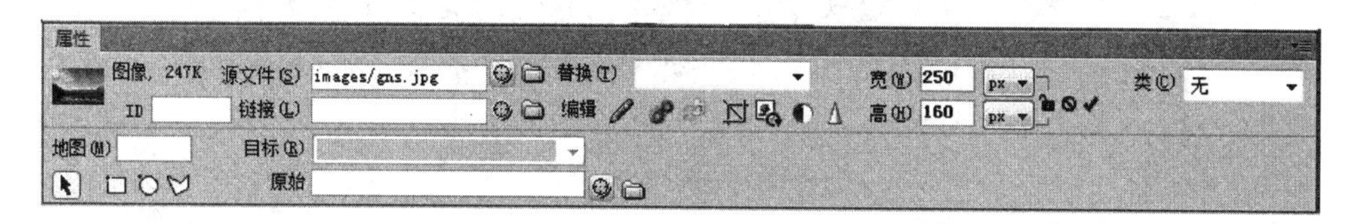

图5-22 图像对象的属性面板

(5) 文件面板

在如图5-23所示的文件面板中，可方便地对站点内的所有文件及文件夹进行创建、移动、删除等各种操作。

(6)其他面板

Dreamweaver的大部分面板根据功能的不同被分配到不同的面板组里，以选项卡的形式排列。每个面板组都可以折叠或展开，图5-24为CSS样式、AP元素、标签检查器面板组。

图5-23 文件面板

图5-24 AP元素面板组

如果以前曾经打开过Dreamweaver应用软件，其所有面板会位于用户最后一次退出程序时的位置。执行“窗口”菜单中的相应命令，可以显示或关闭相应的面板。

2. 站点的建立

建立网站的基本方式是先在本地计算机上创建页面，然后再上传到服务器。网站的文件往往比较多，为了便于对文件进行管理、维护，可以把所有的文件都放置在一个目录及该目录的子文件夹中，这个目录就是站点。

Dreamweaver中的站点包括远程站点和本地站点，其中本地站点是网站文件的本地存储区，建立本地站点是建立远程站点的前提和基础。建立本地站点的操作过程如下：

(1) 建立站点文件夹

在本地磁盘，如C盘中，建立一个名称为site的文件夹作为站点的根文件夹。由于此文件夹是站点的根文件夹，所以尽量不要使用中文名称命名。

(2) 定义站点

执行“站点”菜单→“新建站点”命令，打开“站点设置对象”对话框。在“站点”选项中设置站点的名称、本地站点文件夹的路径，如图5-25所示。然后单击“保存”按钮即可完成站点的创建。

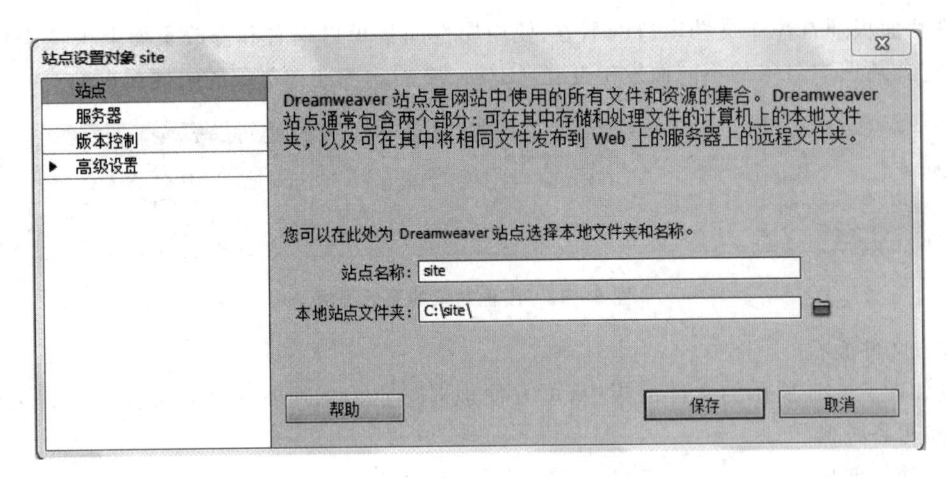

图 5-25 “站点设置对象”对话框

(3) 修改站点

如果需要修改站点的设置，可以执行“站点”菜单→“管理站点”命令，打开图 5-26 所示的“管理站点”对话框，单击编辑当前选定的站点图标，然后在弹出的“站点设置对象”对话框中进行相应的修改即可。

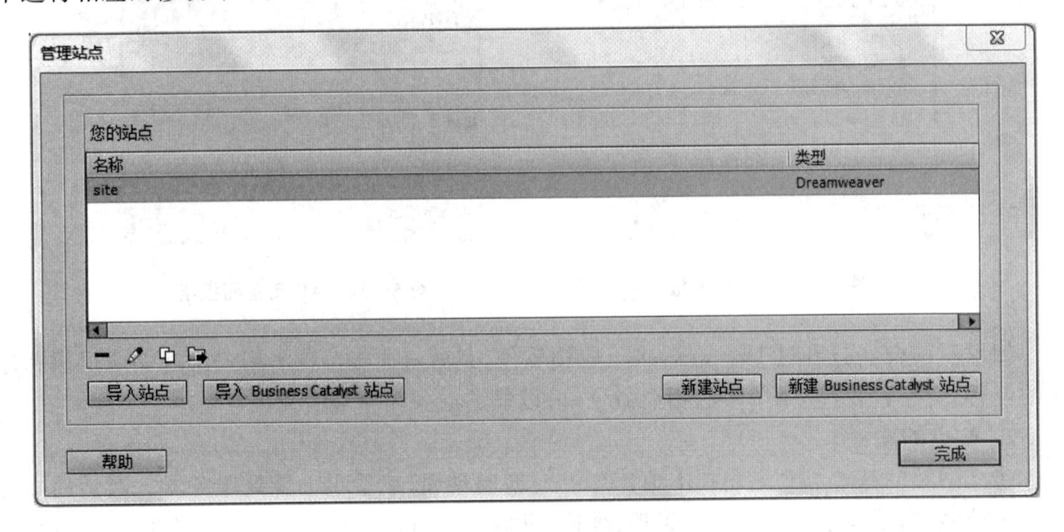

图 5-26 “管理站点”对话框

3. 文档的建立与保存

(1) 页面的创建

执行“文件”菜单→“新建”命令或按组合键 Ctrl+N，均可弹出“新建文档”对话框，在“页面类型”列表中选择“HTML”选项，在“文档类型”下拉列表中选择“HTML5”，如图 5-27 所示。然后单击“创建”按钮，即可创建一个 HTML5 类型的页面文件。

(2) 页面的保存

执行“文件”菜单→“保存”命令或按组合键 Ctrl+S，在弹出的“另存为”对话框中，输入文件名称、保存位置及类型，单击“保存”按钮即可保存该页面文件。

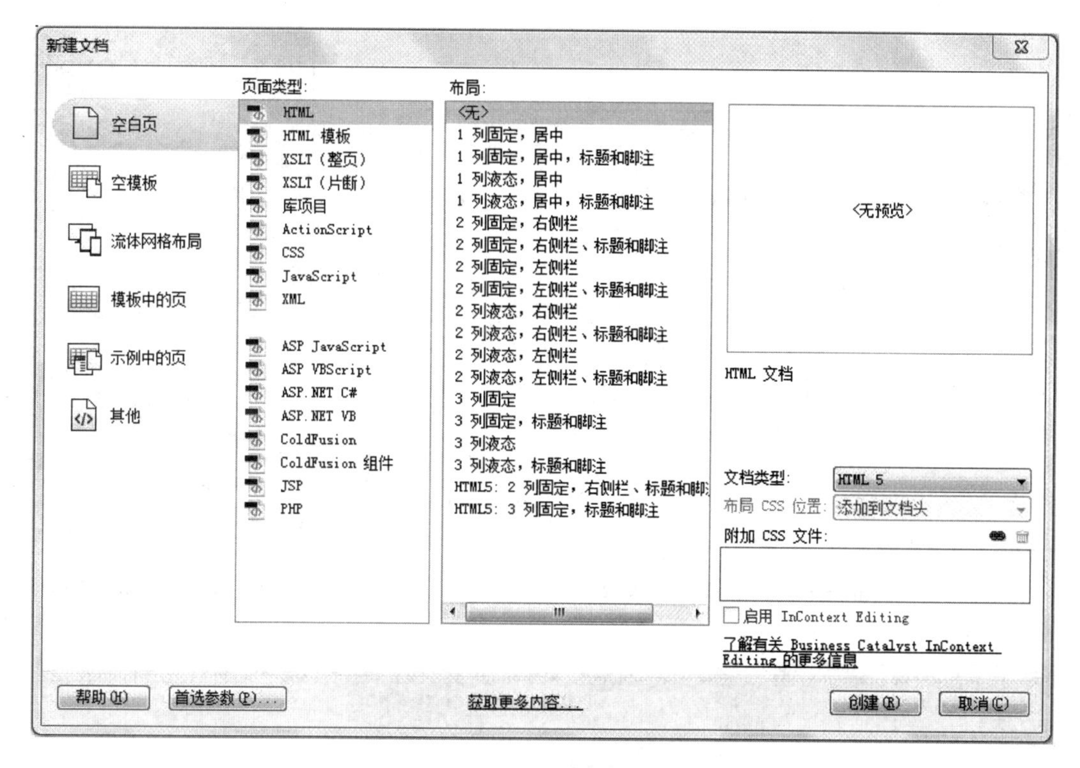

图 5-27　“新建文档”对话框

(3) 页面属性的设置

执行“修改”菜单→“页面属性”命令；或单击页面属性面板中的“页面属性”按钮；或在页面空白区单击鼠标右键，从其选项中选择“页面属性”操作，都可以打开图 5-28 所示的“页面属性”对话框，即可设置页面外观、链接、标题等属性。

4. 常见页面元素的插入

(1) 文本对象

文字是网页中最基本的元素对象。

① 插入文本

可通过键盘录入，或从已有的文档中复制文本等方式在网页中插入文本。

② 插入特殊字符

执行“插入”菜单→“HTML”→“特殊字符”命令，或单击图 5-29 所示的“文本”插入面板中的“字符”图标，可以插入版权、换行符、空格等特殊字符。

使用组合键 Ctrl+Shift+Space 可以在网页中插入空格。

③ 设置文本属性

可通过文本的属性面板或“文本”插入面板对文本进行字体、大小、对齐方式等属性的设置。文本的“HTML”属性面板如图 5-30 所示，文本的“CSS”属性面板如图 5-31 所示。

在文本的“CSS”属性面板中，如果“字体”属性下拉列表中没有所需要的字体类型，则需要手动添加，操作过程如下：

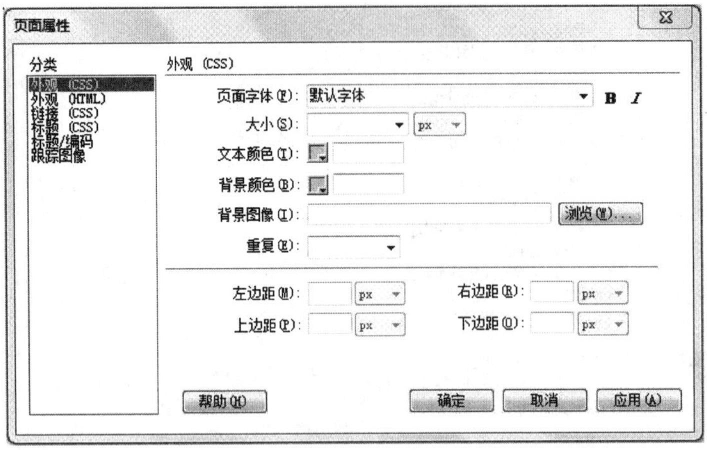

图 5-28 “页面属性”对话框

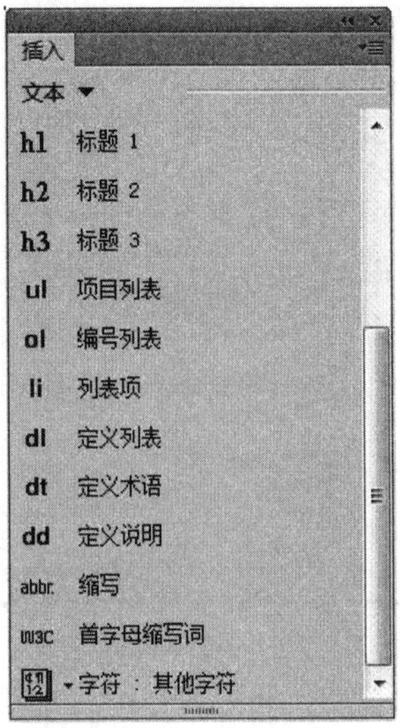

图 5-29 文本插入面板

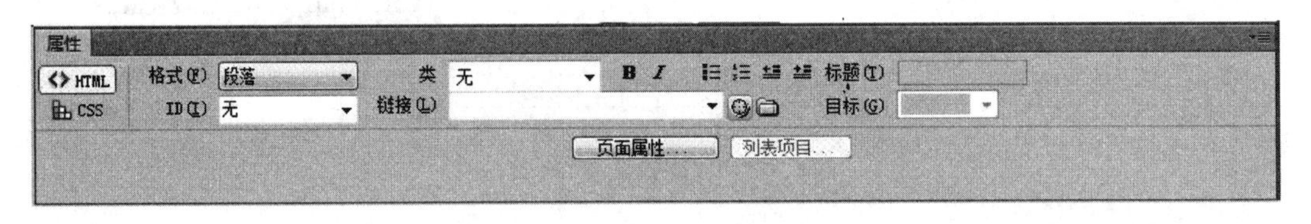

图 5-30 文本的“HTML”属性面板

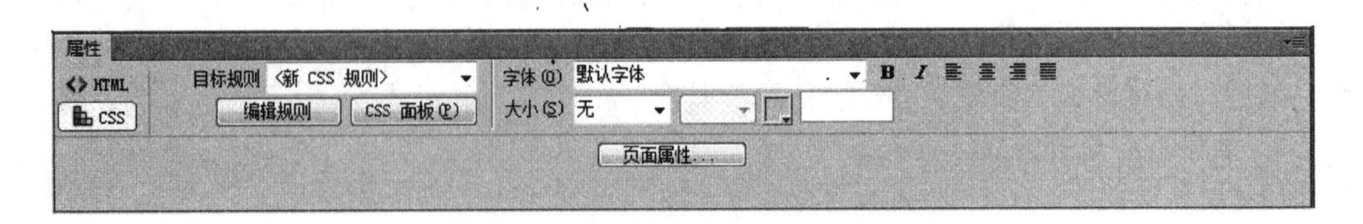

图 5-31 文本的“CSS”属性面板

单击“字体”属性下拉列表中的“编辑字体列表”选项，弹出“编辑字体列表”对话框；在“可用字体”列表框中选择所要的字体，单击图标，将其加入左边的“选择的字体”列表框中，如图 5-32 所示，再单击图标将其加入上边的“字体列表”框中；利用、图标调整新加字体的顺序，然后单击“确定”按钮即可。

(2) 图像对象

① 插入图像

执行“插入”菜单→“图像”命令，或单击“常用”插入面板中的图像图标，在弹出的“选择图像源文件”对话框中选择所需要的图像即可。

图像的链接地址既可以使用相对地址，也可以使用绝对地址。在“选择图像源文件”对话框中，“相对于”选项下拉列表中的“文档”表示使用相对地址，“站点根目录”表示使用“/”符号。一般建议使用相对地址。

② 设置图像属性

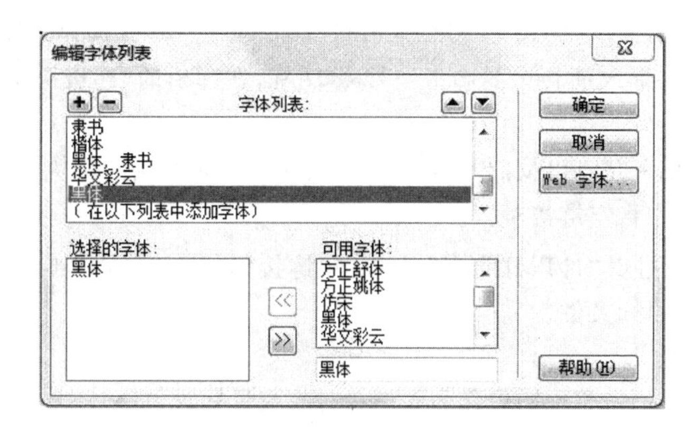

图 5－32　"编辑字体列表"对话框

在图像的属性面板中可以对图像的 alt 替换、宽度、高度、链接、目标、图像热点等属性进行设置。

③ 修饰和编辑图像

利用图像属性面板中的编辑图标、编辑图像设置图标、裁剪图标、亮度和对比度图标、锐化图标等，可以直接对图像进行修饰和编辑。

④ 创建图像热点

图像热点是指位于一幅图像上的多个交互区域。利用图像属性面板中的矩形热点工具图标、圆形热点工具图标、多边形热点工具图标可以绘制图像热点，从而完成图像局部区域的链接设置。

(3) 鼠标经过图像对象

鼠标经过图像是指当鼠标经过图像时，图像内容将自动更新。执行"插入"菜单→"图像对象"→"鼠标经过图像"命令，或单击"常用"插入面板图像图标下拉菜单中的鼠标经过图像图标，在弹出"插入鼠标经过图像"对话框中进行相应属性的设置即可，如图 5－33 所示。

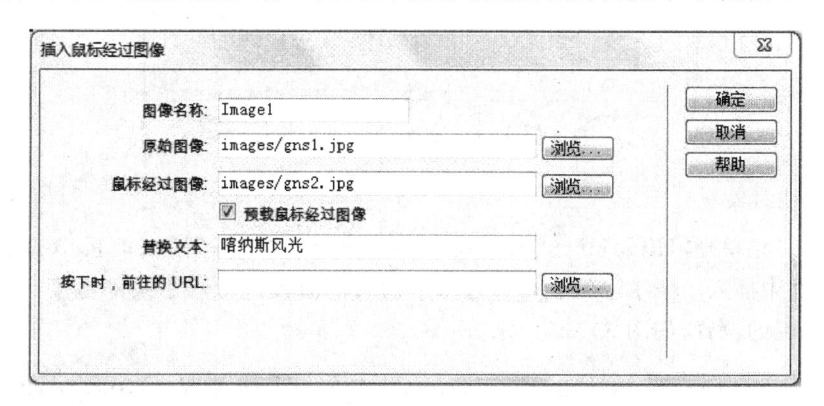

图 5－33　"插入鼠标经过图像"对话框

(4) 超链接

① 创建文字超链接

在 Dreamweaver 中，创建文字链接的主要方法有以下几种：

选中文字对象，执行“修改”菜单→“创建链接”命令，在弹出的“选择文件”对话框中指定链接对象；或单击“常用”插入面板中的超级链接图标，在弹出的“超级链接”对话框中指定链接对象。

选中文字对象，单击其“HTML”属性面板中“链接”属性右侧的浏览文件图标，在弹出的“选择文件”对话框中指定链接对象。

选中文字对象，按住其“HTML”属性面板中“链接”属性右侧的指向文件图标拖动指向文件面板中的链接目标文件。

② 创建图像链接

创建图像链接时，可将整幅图像作为超链接对象与目标对象链接，具体操作方法与文字的超链接设置相同。

创建图像链接时，也可将图像热点作为超链接对象链接到目标对象。先选中图像中的热点，然后在图 5－34 所示的热点属性面板中设置该图像热点对应的 URL 链接地址。

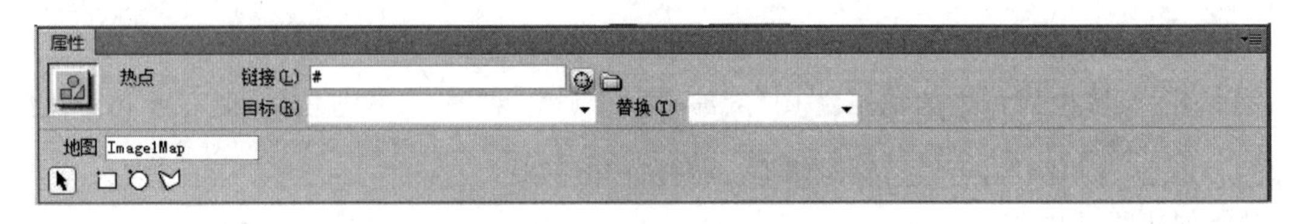

图 5－34　图像热点属性面板

③ 创建电子邮件链接

执行“插入”菜单→“电子邮件链接”命令，或单击“常用”插入面板中的电子邮件链接图标，在弹出的“电子邮件链接”对话框中进行相应的设置，如图 5－35 所示。

图 5－35　“电子邮件链接”对话框

（5）水平线对象

执行“插入”菜单→“HTML”→“水平线”命令，或单击“常用”插入面板中的水平线图标，均可在页面中插入一条水平线。可通过水平线属性面板进行水平线的宽度、高度、颜色和对齐方式等属性的设置，如图 5－36 所示。

图 5－36　水平线属性面板

水平线的宽度单位可以是像素或百分比(%),高度的单位是像素。选择“阴影”属性可将原本实心的水平线变为立体的。设置水平线的颜色需要通过编辑代码才能实现。

(6) 日期和时间对象

执行“插入”菜单→“日期”命令,或单击“常用”插入面板中的日期图标,即可在弹出的“插入日期”对话框中进行日期和时间的设置,如图 5-37 所示。

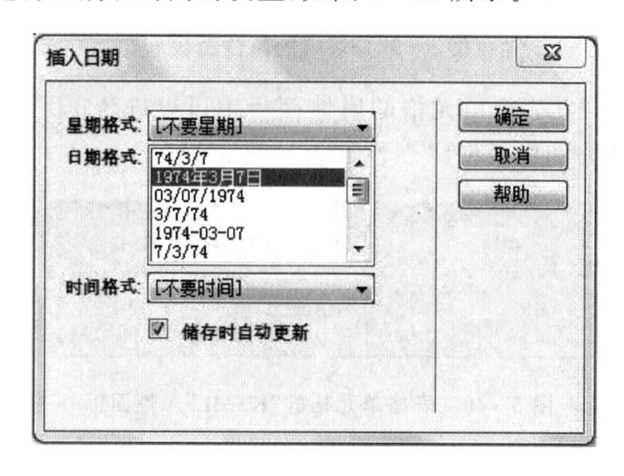

图 5-37　“插入日期”对话框

(7) 表　格

表格是一种能够有效地描述信息的组织方式,它不仅可以有序地排列数据,而且能够精确定位文本、图像及其他网页元素,还可以增加网页的层次。

① 插入表格。执行“插入”菜单→“表格”命令,或单击“常用”插入面板或“布局”插入面板中的表格图标,在弹出的“表格”对话框中即可设置表格的相应属性,如图 5-38 所示。

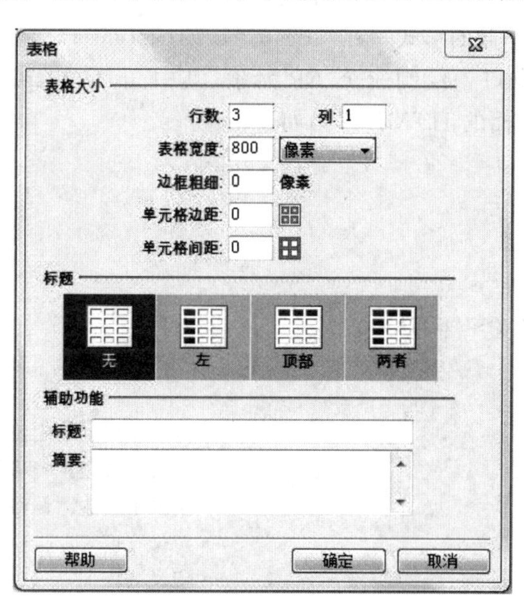

图 5-38　“表格”对话框

② 设置表格属性。在表格的属性面板中可以进行表格宽度、边框、填充和间距等属性的

设置，表格的属性面板如图 5－39 所示。

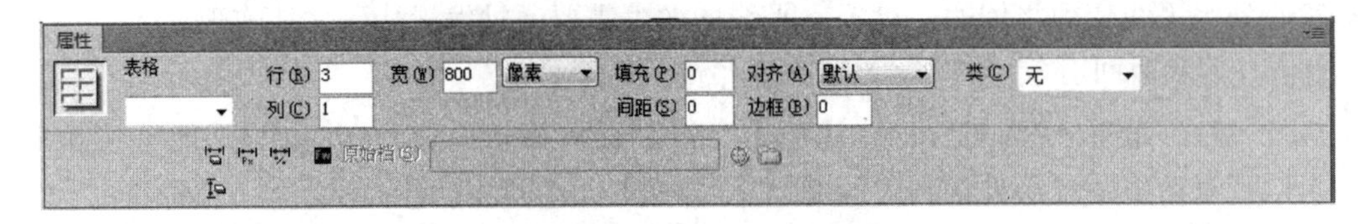

图 5－39　表格的属性面板

③ 设置单元格属性。在表格单元格的属性面板中可以进行单元格宽度、高度、背景颜色等属性的设置，表格单元格的“HTML”属性面板如图 5－40 所示。

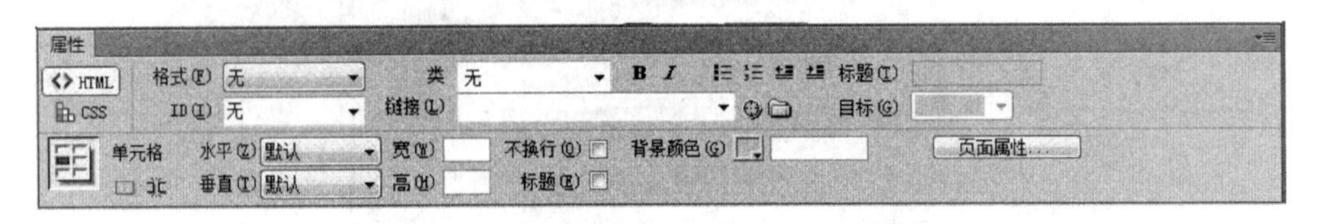

图 5－40　表格单元格的“HTML”属性面板

5. 创建<div>元素

在 Dreamweaver 中，可以使用绘制 AP Div 工具和插入 Div 标签工具创建<div>元素。

(1) 绘制 AP Div 工具

单击“布局”插入面板中绘制 AP Div 图标，在需要创建 AP 元素的地方按住鼠标左键，拖动鼠标即可绘制出一个 AP 元素；也可执行“插入”菜单→“布局对象”→“AP Div” 命令，即可在光标位置处插入一个大小为 200×115 像素的 AP 元素。

AP 元素的标记是<div id="AP Div 名称"></div>，其属性不包括在<div>标记中，而是以 CSS 样式的 id 选择器的形式写在<head>区的<style>标记中，因而<body>标记的代码比较简洁。在文档窗口中绘制三个 AP 元素，其中 apDiv2、apDiv3 分别嵌套在 apDiv1 中，如图 5－41 所示，该页面的 HTML 代码如下：

```
<! doctype html>
<html>
<head>
<meta charset = "utf - 8">
<title>绘制 AP Div 对象</title>
<style type = "text/css">
#apDiv1 {
    position:absolute;                    /*定义采用绝对定位方式*/
    left:24px;                            /*定义左外边距偏移量*/
    top:14px;                             /*定义上外边距偏移量*/
    width:499px;                          /*定义宽度*/
    height:137px;                         /*定义高度*/
    z - index:1;                          /*定义层叠属性值*/
    background - color: #FFCCFF;          /*定义背景颜色*/
}
#apDiv2 {
```

```
    position:absolute;                          /*定义采用绝对定位方式*/
    left:0px;                                   /*定义左外边距偏移量*/
    top:2px;                                    /*定义上外边距偏移量*/
    width:214px;                                /*定义宽度*/
    height:133px;                               /*定义高度*/
    z-index:2;                                  /*定义层叠属性值*/
    background-color: #00CCFF;                  /*定义背景颜色*/
}
#apDiv3 {
    position:absolute;                          /*定义采用绝对定位方式*/
    left:222px;                                 /*定义左外边距偏移量*/
    top:2px;                                    /*定义上外边距偏移量*/
    width:274px;                                /*定义宽度*/
    height:131px;                               /*定义高度*/
    z-index:3;                                  /*定义层叠属性值*/
    background-color: #FFFFFF;                  /*定义背景颜色*/
}
</style>
</head>
<body>
<div id="apDiv1">
    <div id="apDiv2"></div>
    <div id="apDiv3"></div>
</div>
</body>
</html>
```

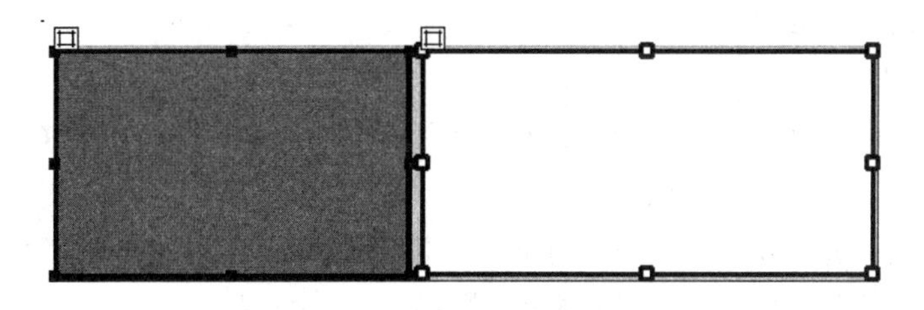

图 5-41　绘制 AP 元素

在 AP 元素中可以插入各种对象。AP 元素未选中时，仅显示边框；选中后显示控制柄和控制点。在 AP 元素的属性面板中可以进行宽度、高度、Z 轴、可见性、背景图像、背景颜色、溢出、剪辑等属性的设置，上述 apDiv1 元素的属性面板如图 5-42 所示。

执行“窗口”菜单→“AP 元素”命令，可以打开 AP 元素面板，显示 AP 元素的可见性、元素名称、Z 轴顺序等属性。AP 元素是按 Z 轴顺序排列的，最先生成的 AP 元素位于列表的下方，最后生成的位于 AP 元素列表的上方。嵌套的父元素名称的左侧有个三角符号，上述三个 AP Div 的 AP 元素面板如图 5-43 所示。在创建 AP 元素时，若要防止它与其他 AP 元素发生重叠，可在 AP 元素面板中勾选“防止重叠”选项。

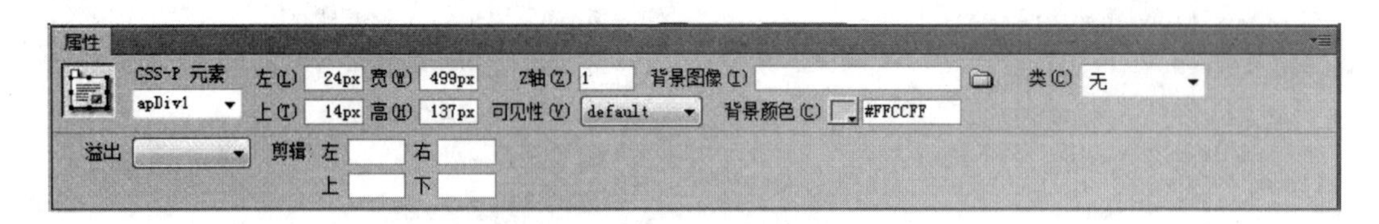

图 5-42　AP 元素的属性面板

(2) 插入 Div 标签工具

单击“布局”插入面板中的插入 Div 标签图标,或执行“插入”菜单→“布局对象”→“Div 标签”命令,弹出图 5-44 所示的对话框,即可进行相应的设置。

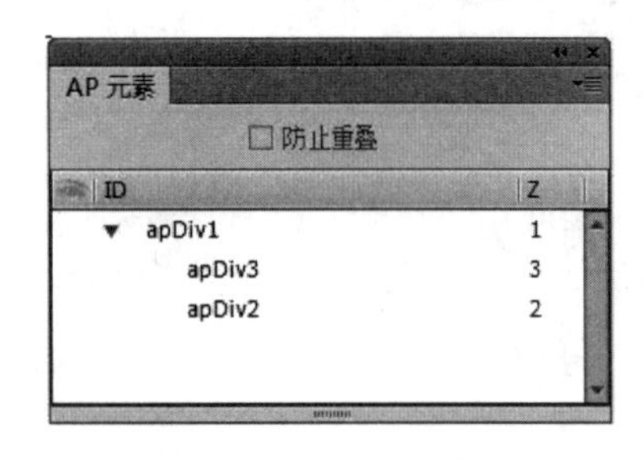

图 5-43　AP 元素面板

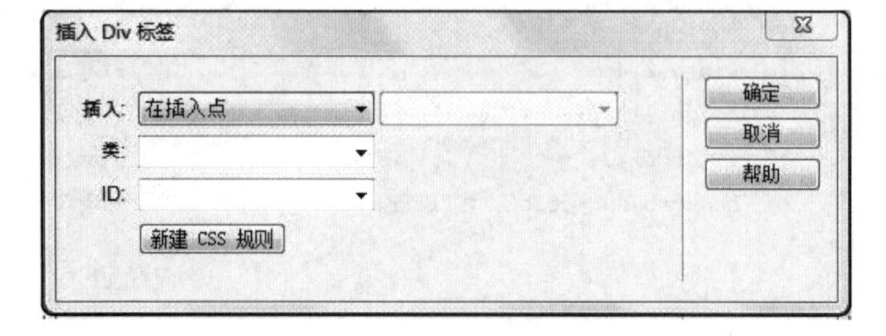

图 5-44　“插入 Div 标签”对话框

Div 标签以一个虚线框的形式出现文档中,并带有占位符文本。在“插入 Div 标签”对话框中,“插入”属性用于选择 Div 标签的位置;“类”属性显示了当前应用于标签的类样式,如果附加了样式表,则该样式表中定义的类样式将出现在列表中;“ID”属性用于更改标识 Div 标签的名称,如果附加了样式表,则该样式表中定义的 ID 将出现在列表中;“新建 CSS 样式”按钮可以打开“新建 CSS 规则”对话框。

6. 创建及应用 CSS 样式

(1) 新建 CSS 样式

执行“格式”菜单→“ CSS 样式”→“ 新建”命令;或执行“窗口”菜单→“CSS 样式”命令,打开 CSS 样式面板,点击该面板右侧的小箭头,选择“新建”操作,均可弹出图 5-45 所示的“新建 CSS 规则”对话框,进行相应的设置后单击“确定”按钮将弹出“CSS 规则定义”对话框。

“新建 CSS 规则”对话框中的“选择器类型”有以下 4 个选项:

类(可应用于任何 HTML 元素):可以将自定义的样式应用于任何 HTML 元素。

ID(仅应用于一个 HTML 元素):只对某特定元素定义的独立样式。如网站首页 index.html 中的 apDiv1 样式,只对 id=“apDiv1”的元素起作用。

标签(重新定义 HTML 元素):可以重新定义 HTML 标记的格式,凡是包含在此标记中的内容都会按照重新设置的格式显示。选择这个选项后,在“选择器名称”选项的下拉列表中可以看到所有的 HTML 标记,可以从中选择或直接输入标记名称。

复合内容(基于选择的内容):定义具有包含关系的元素样式,如“选择器名称”为 table img,表示此选择器名称将规则应用于<table>标记中的<img>标记。

(2) 定义 CSS 规则

在“CSS 规则定义”对话框中进行样式内容的定义,该对话框左侧有 9 类选项,选择其中一

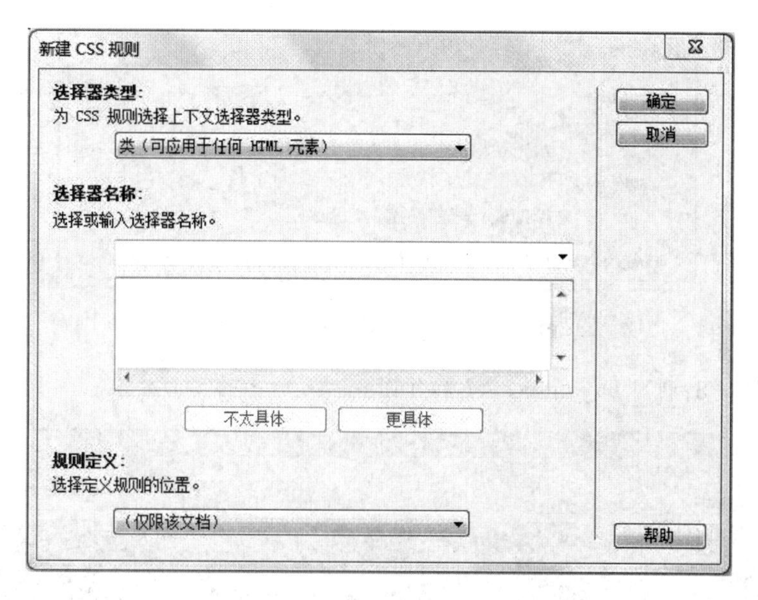

图 5-45　“新建 CSS 规则”对话框

类，右侧会出现相应的选项，即可进行选项内容的设置，如图 5-46 所示。

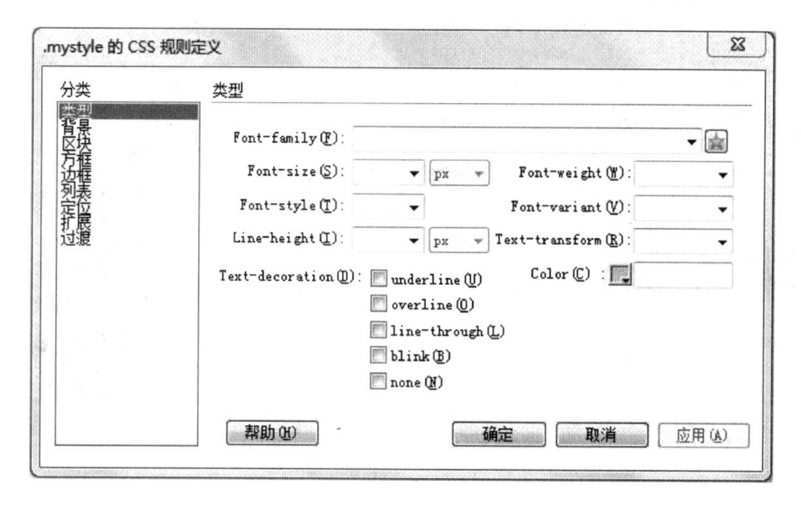

图 5-46　“CSS 规则定义”对话框

（3）应用 CSS 样式

① 应用仅对该文档定义的 CSS 样式

选中对象，执行“格式”菜单→“CSS 样式”命令，选中相应样式名称即可。

选中对象，在 CSS 样式面板中选中相应样式名称，按右键从其选项菜单中选择“应用”操作。

选中对象，在文本“HTML”属性面板的“类”或“ID”属性选项中选择所需要的样式。

② 应用外部样式表文件

在 CSS 样式面板单击按鼠标右键，在其选项菜单中选择“附加样式表”操作，弹出图 5-47 所示的对话框，进行相应的设置后单击“确定”按钮。

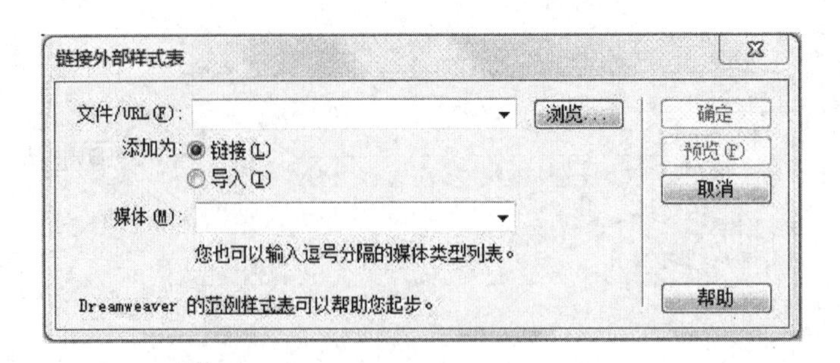

图 5-47 “链接外部样式表”对话框

操作实例 5-8:利用 Dreamweaver 制作图 5-48 所示的页面效果。

图 5-48 页面预览效果

该页面的顶端为一幅图片，中间为主要内容区，下端是版权声明信息。在制作页面时，先使用 DIV+CSS 进行页面布局定位，再插入相应的页面内容，然后再进行相应内容的样式设置。在页面<head>区中使用<style>标记嵌入样式，使用图 5-45 和图 5-46 所示的“新建 CSS 规则”“CSS 规则定义”对话框创建样式及规则，在创建并集选择器、后代选择器等样式时，需要在“新建 CSS 规则”对话框的“选择器类型”选项中选择“复合内容”。具体的制作过程如下：

步骤 1：新建 HTML5 文档，命名为 xjgns.html，设置页面的标题为“新疆喀纳斯 西域佳境”。

步骤 2：单击“布局”插入面板中的插入 Div 标签图标，在页面中插入四个无嵌套关系的 Div 标签。定义四个 Div 标签的 id 选择器样式 #banner、#content、#footer1、#footer，使用并集选择器同时设置其宽度 950px、外边距自动、水平居中对齐、两侧清除浮动。然后在＜body＞区分别使用各元素的 id 属性应用样式。设置的样式内容如下：

```
#banner,#content,#footer1,#footer {        /*定义并集选择器*/
    clear:both;                            /*定义两侧清楚浮动*/
    width:950px;                           /*定义宽度*/
    margin:auto;                           /*定义外边距*/
    text-align:center;                     /*定义水平对齐方式*/
}
```

步骤 3：在第二个 Div 标签中嵌入两个 Div 标签，并定义 Div 标签的 id 选择器样式。#left 设置浅蓝色背景（#F1FBFC）、左侧浮动、宽度 650 px；#right 设置左侧浮动、宽度 300 px、上内边距 5 px（两个 Div 标签的宽度之和≤950 px）。然后在＜body＞区分别使用各元素的 id 属性应用样式。设置的样式内容如下：

```
#left {                                     /*定义 id 选择器*/
    background-color:#F1FBFC;               /*定义背景颜色*/
    float:left;                             /*定义浮动方式*/
    width:650px;                            /*定义宽度*/
}
#right {                                    /*定义 id 选择器*/
    float:left;                             /*定义浮动方式*/
    width:300px;                            /*定义宽度*/
    padding-top:5px;                        /*定义上内边距*/
```

至此该页面的大致布局设计完成，页面布局效果如图 5-49 所示。下面将在页面相应的位置插入内容并进行样式设置。

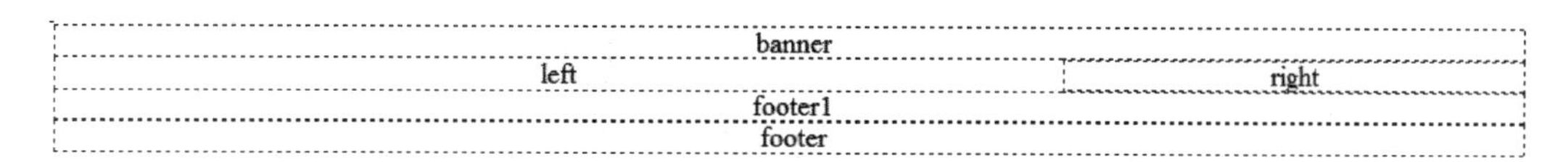

图 5-49　页面布局效果

步骤 4：在 Div 标签 banner 中单击“常用”插入面板中的图像图标插入相应的图像文件。为 Div 标签 banner 中的图像定义样式，设置宽度 950 px、高度 160 px。设置的样式内容如下：

```
#banner img{                       /*定义后代选择器*/
    width:950px;                   /*定义图像宽度*/
    height:160px;                  /*定义图像高度*/
}
```

步骤 5：在 Div 标签 left 中先输入文本“新疆喀纳斯：西域佳境［图］”并设置为＜h3＞标题；执行“插入”菜单→“HTML”→“水平线”命令，在文本的下方插入水平线，设置其宽度 90%、高度 1 px、浅蓝色（#DCE9FC）；在水平线下方的 HTML 属性面板中单击内缩区块图标，然后输入四段正文内容。将光标定位在正文第二段的开始处，单击“常用”，插入面板中的图像图标，可以插入一幅图像，设置图像的替代文本为“喀纳斯风景”。

为 Div 标签 left 中的文本段落定义样式，设置宋体、字号 16 px、行距 18 px、首行缩进 2 个字符、左对齐；为其图像定义样式，设置左侧浮动、外边距 10 px。设置的样式内容如下：

```
#left p {                          /*定义后代选择器*/
    font-family:"宋体";             /*定义字体类型*/
    font-size:16px;                 /*定义字号*/
    line-height:18px;               /*定义行距*/
    text-indent:2em;                /*定义首行缩进*/
    text-align:left;                /*定义水平对齐方式*/
}
#left img{                         /*定义后代选择器*/
    float:left;                     /*定义浮动方式*/
    margin:10px;                    /*定义外边距*/
}
```

步骤 6：在 Div 标签 right 中先输入文本“推荐文章”；设置段落的样式为宽度 280 px、蓝色背景(#DAF4F8)、高度和行高 30 px(实现单行文本垂直居中)、黑体、字号 18 px、左对齐、外边距自动。再单击项目列表图标进行列表操作，并为文字内容设置超链接(此处设为空链接)；设置无序列表的样式为宽度 220 px、上下外边距 10 px、左右外边距自动、左对齐；设置无序列表中列表项目的样式为高度和行高 20 px。然后再单击“布局”，插入面板中的插入 Div 标签图标，可以插入一个 Div 标签，在其中插入三幅小图像；设置图像的样式为块级元素显示、上下外边距 10 px、左右外边距自动。设置的样式内容如下：

```
#right p {                         /*定义后代选择器*/
    width:280px;                    /*定义宽度*/
    height:30px;                    /*定义高度*/
    margin:auto;                    /*定义外边距*/
    font-size:18px;                 /*定义字号*/
    line-height:30px;               /*定义行距*/
    text-align:left;                /*定义水平对齐方式*/
    font-family:"黑体";             /*定义字体类型*/
    background-color:#DAF4F8;       /*定义背景颜色*/
}
ul {                               /*定义标记选择器*/
    width:220px;                    /*定义宽度*/
    margin:10px auto;               /*定义外边距*/
    text-align:left;                /*定义水平对齐方式*/
}
ul li{                             /*定义后代选择器*/
    height:20px;                    /*定义高度*/
    line-height:20px;               /*定义行距*/
}
#right img{                        /*定义后代选择器*/
    display:block;                  /*定义显示方式*/
```

```
    margin:10px auto;                    /* 定义外边距 */
}
```

此时的效果如图 5-50 所示。

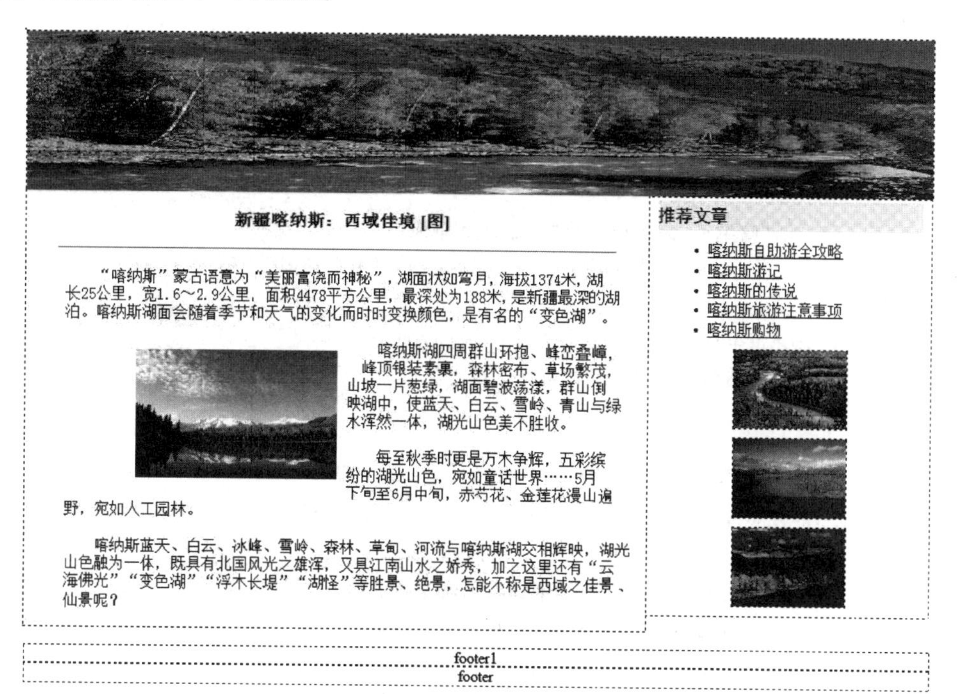

图 5-50　添加相应内容的页面

步骤 7：在 Div 标签 footer1 中输入相应内容，设置其样式为蓝色背景(#DAF4F8)、高度和行高 24 px、黑体、字号 14 px、字体深蓝色(#000066)。设置的样式内容如下：

```
#footer1 {                              /* 定义 id 选择器 */
    background-color:#DAF4F8;           /* 定义背景颜色 */
    height:30px;                        /* 定义高度 */
    line-height:30px;                   /* 定义行距 */
    font-family:"黑体";                  /* 定义字体类型 */
    font-size:14px;                     /* 定义字号 */
    color: #000066;                     /* 定义字体颜色 */
}
```

步骤 8：在 Div 标签 footer 中输入相应内容，设置其样式为高度和行高 30 px、字号 14 px。设置的样式内容如下：

```
#footer {                          /* 定义 id 选择器 */
    font-size:14px;                /* 定义字号 */
    height:30px;                   /* 定义高度 */
    line-height:30px;              /* 定义行距 */
}
```

页面制作完毕后预览效果，如图 5-48 所示。其中，<body>区中的内容代码如下：

```
<body>
<div id = "banner">
    <img src = "images/gns_a.jpg">
</div>
<div id = "content">
    <div id = "left">
        <h3>新疆喀纳斯:西域佳境 [图]</h3>
        <hr width = "90%" size = "1" color = "#DCE9FC">
        <blockquote>
            <p>"喀纳斯"蒙古语意为"美丽富饶而神秘"……</p>
            <p><img src = "images/gns.jpg" alt = "喀纳斯风景">喀纳斯湖四周群山环抱、峰峦
叠嶂…… </p>
            <p>每至秋季时更是万木争辉……</p>
            <p>喀纳斯蓝天、白云、冰峰……</p>
        </blockquote>
    </div>
    <div id = "right">
        <p>推荐文章</p>
        <ul>
            <li><a href = "#">喀纳斯自助游全攻略</a></li>
            <li><a href = "#">喀纳斯游记</a></li>
            <li><a href = "#">喀纳斯的传说</a></li>
            <li><a href = "#">喀纳斯旅游注意事项</a></li>
            <li><a href = "#">喀纳斯购物</a></li>
        </ul>
        <img src = "images/gns2.jpg">
        <img src = "images/gns3.jpg">
        <img src = "images/gns4.jpg">
    </div>
</div>
<div id = "footer1">【评论】【保存】【大 中 小】【打印】【关闭】</div>
<div id = "footer">Copyright&copy;2020 All Right Reserved 版权所有</div>
</body>
```

5.2.4 页面的更新与维护

一个网站如果要始终保持对网民有足够的吸引力,一个行之有效的方法就是对网站的页面内容进行定期的更新和维护。

1. 页面更新

(1) 页面更新的作用

页面更新是指在不改变网站结构和页面形式的情况下,为网站的固定栏目增加或修改内容。

随着互联网络的迅猛发展和网民数量的急剧增加,页面的日常更新也变得越来越重要。页面更新的作用主要体现在:可以给网民提供最新的信息,从而避免陈旧信息对网民的误导;

可以保持页面内容的新颖，以吸引更多的网民点击、浏览；可以提高网站在网民心目中的形象。

(2) 页面更新的方式

① 手工更新：直接修改 HTML 文件源代码或借用网页制作工具进行信息的更新。由于 HTML 文件组成的复杂性，手工更新的工作量往往比较大，而且容易出现错误，这种更新方式完全依赖于操作人员网页制作的熟练程度，所以一般不采用这种方式更新信息。

② 利用内容管理系统及时更新：内容管理系统的出现是为了解决动态网页技术带来的一些更新和维护的问题。

(3) 页面更新的内容

页面更新内容可以分为：核对页面信息、新增页面信息、更新历史信息、更新数据库。

2. 页面维护

(1) 页面维护的作用

页面维护是指对网页的运行状况进行监控，发现问题及时解决。在页面的维护过程中，可以及时发现和更正页面和系统中因各种原因引发出现的错误，避免对网民产生误导和疑问；可以对页面进行简单的修改、校正，提高和保证网页正常、高质、快速的响应；可以不断提高系统的运行效益，为今后对系统进行大的修改积累经验和数据；可以保存大量珍贵的数据信息，这些信息为系统的正常运作提供了有力的保证。

(2) 页面维护的内容

① 定期查看网站页面内容，检查网页内容是否与实际情况相符、网页内容是否正常显示。修改已更新的内容，取消已无法连接的超链接。

② 对网站页面进行监控，关注点击率、访问人数，访问流量，对各种数据资源进行分类统计，及时阻断非法连接、登录、使用等。

③ 需要定期备份网站和后台数据，及时保存被更新的信息。

④ 需要定期升级杀毒软件，尽量防止由于病毒造成的损害；关闭部分不使用的端口，防止网络入侵攻击。

⑤ 需要定期删除系统中无用的垃圾文件，清空临时文件夹，减轻系统运行的负荷。

【本章小结】

本章重点讲述了页面设计、HTML 语言、CSS 样式、页面制作等有关知识。

通过本章的学习，应了解 HTML 相关的概念；理解 HTML 基本语法结构和规则；理解 CSS 样式的语法结构；理解网页设计的基本原则、站点管理、超链接等概念；掌握网页制作软件 Dreamweaver 的基本操作；能够进行网页的布局设计及制作简单的网页，能够读懂简单的 HTML 源代码。

【思考题】

5-1 简述网页版式的类型及各自的特点。

5-2 简述网页版式设计与编排的基本原则。

5-3 简述网页导航设计的原则。

5-4 简述 HTML 文件的结构及语法规则。

5-5 简述常用 HTML 标记的属性及作用。

5-6 简述 CSS 样式规则的基本结构。

5-7 简述网页中应用 CSS 样式的方法及其特点。

5-8 简述 CSS 常用的属性及作用。

5-9 简述 Dreamweaver 软件的特点。

5-10 简述 Dreamweaver 提供的布局定位技术。

【实训内容及指导】

实训 5-1 HTML 语言

实训目的：掌握 HTML 语言的书写格式、语法结构，掌握 HTML 语言的常用标记及属性。

实训内容：使用文本编辑器编写一个简单的 HTML 文件。

实训要求：

(1) 使用记事本工具手工编写 HTML 文件。

(2) HTML 文件中要有文字、图像、表格及超链接等标记。

实训条件：装有记事本等文本编辑器、客户端浏览器软件。

实训操作：

(1) 根据个人需求与兴趣进行网页的构思。

(2) 打开记事本工具，按要求输入相应的 HTML 代码。

(3) 将文件保存为 HTML 文件类型。

(4) 在浏览器中预览 HTML 文件的效果。

实训 5-2 CSS 样式

实训目的：掌握 CSS 样式的语法结构，掌握 CSS 常用属性的设置。

实训内容：使用文本编辑器编写一个 CSS 样式文件，并使用链接外部样式表的方式将其应用于实训 5-1 创建的 HTML 文件。

实训要求：

(1) 使用记事本工具手工编写 CSS 样式表文件。

(2) CSS 文件中至少要使用标记选择器、类选择器和 id 选择器等。

实训条件：装有记事本等文本编辑器、客户端浏览器软件。

实训操作：

(1) 打开记事本工具，进行页面元素的样式设计。

(2) 将文件保存为 CSS 文档类型，并在实训 5-1 创建的 HTML 文件中应用此样式表文件。

(3) 在浏览器中预览页面设计效果。

实训 5-3 Dreamweaver 的使用

实训目的：熟悉网页制作软件 Dreamweaver 的工作环境，理解站点及站点管理等概念，掌握创建站点的方法、常见页面元素的插入操作及网页的布局技术，能够制作简单的网页。

实训内容：策划并制作一个简单的网站。

实训要求：

(1) 网站的页面数量不少于 6 个，页面布局合理，内容编排有序。

(2) 首页布局设计，使用 DIV+CSS 进行页面布局，CSS 样式采用嵌入式的方式。

（3）首页制作，要求首页在 1024×768 分辨率下没有横向滚动条；要有 Logo、Banner、栏目、主要内容和版权声明等区域；Logo 和 Banner 分别使用 Photoshop 和 Flash 实训时制作的作品。

（4）建立一个有关定义超链接各状态的外部 CSS 样式表文件，网站中所有页面中的超链接都要应用此样式。

实训条件：装有 Dreamweaver 软件，且提供 Internet 环境。

实训操作：

（1）自选主题，创意网站。

（2）收集所需要的素材。

（3）页面布局及版式设计。

（4）页面导航设计。

（5）页面样式设计。

（6）首页的设计与制作。

（7）其他页面的设计与制作。

（8）在浏览器中预览网站效果，检查超链接的设置。

第 6 章　网络信息原创

本章知识点：网络信息原创的概念、形式及特点，网络信息的采访方法及特点，网络稿件写作的基本知识。

本章技能点：网络信息原创的形式，网络信息的采访，网络稿件的撰写。

【引　例】

浏览新浪网首页，具体内容如图 6－1 所示。

图 6－1　新浪网的首页

【案例导读】

通过对新浪网主页栏目设置的分析可以看出，其主要的原创性栏目是新闻、体育、财经、读书和博客。这些原创栏目不仅能为新浪“粘住”大量的用户，而且对其树立网站品牌形象和提高网站可信度大有益处。

网络之战，内容为王。在网站发布的信息中，是否具有以及具有多少富于冲击力和渗透力的原创信息至关重要。网络原创信息是指并非转载传统媒体或其他网络媒体的信息。[①] 一个媒体网站如果仅仅是进行信息的搬运工作，不可能占据网络之战的制高点。而这种原创性信息的意义主要表现在有助于打造网站的品牌影响力，有助于吸引和稳定用户，有助于网站从众多竞争对手中脱颖而出。

① 资料来源：宋文官，王晓红. 网络信息编辑实务[M]. 北京：高等教育出版社，2008.

6.1 网络信息原创的概述

“内容为王”是传媒界老生常谈的一句话。网络时代亦是如此，只有拥有独特的信息资源，并且具有对信息资源的整合和加工能力，网络公司才能获得核心竞争力。只要网站能够持续不断地提供原创信息，便可逐渐累积权威度，随着时间的推移，便有可能成为同领域、同行业的权威网站。

6.1.1 网络信息原创及其重要性

这里所说的网络原创性信息是指除转载传统媒体或其他网络媒体的信息之外，网络编辑根据网站的主体形象和用户的多样化需求，对信息源进行整合、提炼的再次加工。随着国内网络媒体的采访权限制逐渐放开，网络信息原创更是包括了采、写、评的全过程。

具体地说，网络信息原创对于网站来说具有如下意义：

(1) 原创性信息有助于打造网站的品牌影响力

毋庸置疑，媒体为影响力经济。可以说品牌即影响力，品牌影响力对于网站来说是一种资源与力量的整合。而品牌的价值，在于它的与众不同，在于不断创新。所以，原创性信息是提升媒体品牌影响力的最有效途径之一。

(2) 原创性信息有助于吸引和稳定用户

用户需要的是有价值的信息，他们对于千篇一律的没有实际内容的网页并无兴趣。唯有持续不断的原创内容才能够促使用户访问网站。优秀丰富的原创内容不仅能培养忠诚的用户群体，用户群体的增大反过来还会使原创内容的作者受到鼓励，进一步生产更多更丰富的原创内容，这将使网站进入一个良性循环。

(3) 原创性信息有助于网站从众多竞争对手中脱颖而出

人们往往会用“人无我有，人有我优”这句话来概括核心竞争力的要义。目前，网络媒体竞争激烈，相互抄袭、转载拼凑的现象非常普遍。没有原创性信息，何谈“人无我有，人有我优”，更不用说建立核心竞争力了。

6.1.2 原创性信息的形式及特点

网络媒体不能仅仅局限于转载传统媒体的稿件，还要注重对自己的原创内容的开发。网络信息原创的形式主要有以下几种：

1. 原创新闻

互联网的精神是自由、开放、共享，它在提供快速、便捷、自由流动的信息的同时也带来了一个问题：转载抄袭、复制粘贴已成为网站制作新闻的常用手段。很多记者编辑奉行“拿来主义”，他们直接把传统媒体的新闻搬上网络，然后大家再彼此搬来搬去。记者编辑成了信息的搬运工，他们的工作过程大致是：从报纸上选出具有新闻价值的稿件；只改写标题，内容原封不动；敲入关键字并发布。

事实上，上面所说的复制新闻只是与网络媒体发展初期相适应的一种新闻形态。只有复制新闻是不够的，“如果只有复制，或者复制新闻所占比例过多，就会出现网络媒体的‘新闻沙漠化’，直接影响到网站的生存”。如果仅仅依靠来自其他信息源的信息，这个网站就不可能有自己的特色，只是一个空壳。

(1) 网络原创新闻的途径

原创性是新闻的根本和生命力所在。纸质媒体要求记者贴近实际、贴近生活、贴近群众，追求第一落点，深入第一现场、获得第一手材料；而网络原创新闻实现的途径则更广泛，主要包括：

① 网络记者自己采访写作的独家的、第一手的新闻报道。新华网是我国网络新闻媒体中的主力军，并具有全球的影响力，已经高扬起“新闻信息原创量第一”这面大旗。

案例 6-1：浏览新华网 2020 年 3 月 13 日的一则报道。

我国出台 19 条硬举措促进消费扩容提质[①]

新华社北京 3 月 13 日电（记者安蓓、王雨萧）记者 13 日了解到，国家发展改革委等 23 个部门日前联合印发《关于促进消费扩容提质加快形成强大国内市场的实施意见》，聚焦改善消费环境、破除体制机制障碍、提升消费领域治理水平，提出 19 条政策举措。

国家发改委就业收入分配和消费司副司长常铁威说，促进消费扩容提质，短期有利于对冲新冠肺炎疫情影响，充分释放因疫情被抑制、被冻结的消费，培养壮大在疫情防控中催生的新型消费、升级消费，使实物消费和服务消费得到回补；长远看有利于破除制约消费的体制机制障碍，更好满足人民群众消费需求，为经济增长培育持久动力。

意见从市场供给、消费升级、消费网络、消费生态、消费能力、消费环境六方面促进消费扩容提质——

一是大力优化国内市场供给，全面提升国产商品和服务竞争力，加强自主品牌建设，改善进口商品供给，进一步完善免税业政策；

二是重点推进文旅休闲消费提质升级，丰富特色文化旅游产品，改善入境旅游与购物环境，创新文化旅游宣传推广模式；

三是着力建设城乡融合消费网络，结合区域发展布局打造消费中心，优化城乡商业网点布局，加强消费物流基础设施建设；

四是加快构建“智能＋”消费生态体系，加快新一代信息基础设施建设，鼓励线上线下融合等新消费模式发展，鼓励使用绿色智能产品，大力发展“互联网＋社会服务”消费模式；

五是持续提升居民消费能力，促进重点群体增收激发消费潜力，稳定和增加居民财产性收入；

六是全面营造放心消费环境，强化市场秩序监管，积极推进消费领域信用体系建设，畅通消费者维权渠道。

中国宏观经济研究院研究员王蕴说，在疫情防控出现积极向好态势、经济社会发展加快恢复的背景下，意见释放了鼓励和促进消费的积极信号，有利于为尽快恢复“生产-流通-消费”的社会大生产循环营造良好政策环境，培育“智能＋”等新型消费和消费新增长点。

案例分析：该则新闻是新华网的独家新闻。当今媒体竞争异常激烈，各种媒体上千篇一律的雷同新闻比比皆是，在这种情况下，不少新闻媒体都十分注重写独家新闻。独家新闻也可以说是“人无我有、人弃我取、人浅我深、人平（平庸）我新（有新意）”的新闻。一家媒体新闻报道的水平、质量、实力在很大程度上就取决于刊登独家新闻的数量。

---

① 资料来源：http://www.xinhuanet.com/fortune/2020-03/13/c_1125706102.htm.

② 通过整合新闻资源，重新编辑加工的新闻报道

这种意义上的原创新闻是网站记者综合和重组其他媒体有关新闻报道和新闻资源，而重新编辑改写的新闻。

案例 6－2：浏览中国新闻网 2015 年 6 月 3 日的一则报道。

马航新任总裁：新马航将保留现有机队及航线[①]

中新网 6 月 3 日电　综合报道，马来西亚航空新任总裁慕勒日前宣布，尽管马航已宣布"技术性破产"，但新马航（MAS Berhad）将保留马航现有机队及所有国内和国际航线。另外，马航的两架客车 A380 客机未来或被脱售用于"止血"。

据悉，新马航 9 月 1 日将正式运营。慕勒表示："新马航将是国际上一家成熟的航空承运商，而非区域性航空公司。新马航仍直接或通过联盟和伙伴关系，连接亚、欧、大洋和美洲超过 26 个目的地。"

他也宣布马航在重组计划下将裁退 6 000 名员工，这是马航历来最大规模的裁员行动。慕勒称，马航已发出两万封信给马航员工，当中 6 000 人将终止服务合约，其余 1.4 万人将获得新聘约。

50 岁的慕勒是德国人，曾担任爱尔兰航空公司前总裁，他是马航有史以来所聘请的首位非马来人。过去，他曾透过大规模裁员等手段，先后让爱尔兰及比利时等国营航空公司起死回生。

慕勒称，新马航将分三阶段转型，首阶段是今年至 2017 或 2018 年，目标是在 2018 年达到收支平衡。

他还表示："新马航有望在 2017 或 2018 年取得增长，但今年的重点是'止血'。"据悉，马航将准备脱售两架空中客车 A380 客机。

案例分析：该则新闻是中国新闻网记者在综合国外其他媒体中有关新马航的一系列报道的基础上，重新编辑而成的。

在目前网络媒体采访权仍受到限制的情况下，充分利用传统媒体或网上信息库所提供的海量信息资源，通过筛选整合、二次加工、深度开发等编辑手法，使其在量的方面达到信息含量增加，在质的方面达到新闻价值提升，这种资源重组的网络新闻不失为一条现实而快捷的办法。

（2）网络原创新闻的特点

① 超文本链接：超文本与传统新闻文本相比，主要的差别在于传统文本是以线性方式组织的，而超文本则是以非线性方式组织的。非线性组织方式能够把信息网络编织得更加紧密，使各类信息内容能够天衣无缝地融为一体。

② 时效性：有人说"新闻只有 24 小时的生命"，可见时效性对于新闻来说意味深重。网络新闻传播没有截稿时间，网站所发布的信息是即时的、且不受时间整点的限制，即所谓"全天候"的发稿方式。它绝大多数是以分钟为单位来更新的，随时上网随时提取有用的即时信息。如美国纽约时报网络版开设"即时新闻"栏目，每 10 分钟刷新一次；而国内许多网站也早已实现了 24 小时滚动新闻。

③ 多媒体：网络新闻诞生之前还从来没有哪种媒体能够同时以视频、音频、文字、动画、游

---

① 资料来源：http://www.chinanews.com/gj/2015/06-03/7318903.shtml.

戏、论坛的形式,从多角度向人们描述一个新闻事件,所以利用多媒体的手段成为网络媒体进行新闻报道的一个重要发展方向。

④ 互动性:网络媒体作为新媒体的代表,互动性一直被认为是其最主要的特征。在网络上,可谓“传者即受者,受者即传者”。如一年一度的“两会”报道体现了网络新闻的互动性,在“两会”期间,一些大型新闻网站如新浪、雅虎中文、搜狐、网易等都纷纷开辟了各种论坛,让受众直接参加“两会”。这样由受众被动地接受到主动参与,极大地激发了网民的主人翁意识。

2. 网络原创文学

伴随着互联网的发展和普及,文学的大家族里产生出了网络文学这种新型的文学形态,它是继口头文学和书面文学之后的新的文学形态。广义的网络文学是指所有在互联网上传播的文学作品,它不仅包括了网络原创文学,也涵盖了从传统印刷文学形式转化而来的电子作品。狭义的网络文学是指在互联网上首发的原创文学,这个意义上的网络文学的整个生产流程为:写作、发布、传播、反馈,都是在互联网上进行的。可以说,网络原创文学在创作模式、传播方式、反馈机制等方面都是对传统文学的变革。所以,狭义的网络文学就是我们所说的网络原创文学。

网络原创文学发展迅速。原创文学网站榕树下主编朱威廉的一段话道出了网络文学迅速崛起的主要原因:“网络文学就是新时代的大众文学,Internet的无限延伸创造了肥沃的土壤,大众化的自由创作空间使天地更为广阔。没有印刷、纸张的烦琐,跳过了出版社、书商的层层限制,无数人执起了笔,一篇源自平凡人手下的文章可以瞬间走进千家万户。”[①]

(1) 知名的网络文学网站

比较知名的网络原创文学网站主要有:

① 起点中文网(http://www.qidian.com/Default.aspx):作为国内最早推出付费阅读模式的原创文学网站,起点中文网如今已是业内翘楚,其首页如图6-2所示。起点中文网作为国内最大文学阅读与写作平台之一,已经成为目前国内领先的原创文学门户网站,并创立了以“起点中文”为代表的原创文学领导品牌。起点中文网共有玄幻、武侠、都市、历史、游戏、科幻六种不同风格的原创小说类型供广大小说阅读爱好者阅读体验。

② 新浪读书频道(http://book.sina.com.cn):近些年来,网络文学发展迅速,一些门户网站也纷纷开设读书频道。以新浪为例,新浪读书频道具有强大的技术优势和丰富的信息来源,并与五十多家出版单位和二十多家媒体合作,为用户提供了“搜书、购书、读书、写作,一站式服务!”。新浪读书频道的首页如图6-3所示,其中,“书库大全”栏目收录了大量的文学作品和图书信息;“原创文学”栏目又分为都市情感、奇幻武侠、青春校园、军事历史等子栏目。可见新浪在文学栏目设置、相关网站链接、文学作品容量和图书信息更新等方面,毫不逊色于许多专门的文学网站。

③ 纵横中文网(http://www.zongheng.com):纵横中文网成立于2008年9月,是北京幻想纵横网络技术有限公司旗下的大型中文原创阅读网站,致力于本土优秀文化的传承、革鼎、激扬与全球化扩展,力求打造最具主流影响力与商业价值的综合文化平台,扶助并引导大师级作者与史诗级作品的产生,推动中华文化软力量的崛兴。纵横中文网的首页如图6-4所示,网站刊载的作品主要为奇幻玄幻、武侠仙侠、历史军事等9种类型。

---

① 欧阳友权.网络文学概论[M].北京:北京大学出版社,2008.

图 6－2　起点中文网的首页

图 6－3　新浪网-读书频道的首页

（2）原创文学的特点

① 文学创作主体的平民性。传统文学一直被少数"精英"所垄断，文学离大众化的要求一直相去甚远。而自从出现网络文学后，文学才真正进入寻常百姓家。如今各种文学网站已经省去现实生活中诸多编审的环节，可以让写作者自由上传发表。所以，网络文学又称为"平民文学"。

② 创作方式的多样性。传统文学的创作方法不外乎现实主义与浪漫主义两种，而网络文学创作方法多种多样，不拘一格，有问答式的，有提问式的，甚至出现许多过去不成文章的文章，但点击率却极高，吸引了广大读者的眼球。所以，有人将网络文学称为"涂鸦文学"。

③ 创作主客体的互动性。传统文学作品一经发表，读者就不能表达自己的意见。而网络

图 6－4　纵横中文网首页

文学就不同，它是作者与读者的互动过程，作品一贴上来，马上就有人跟帖，文章好坏、质量高低马上有评判。甚至读者可以直接参与作品的创作，改变作品的主题思想、情节结构、人物命运和故事结局等。

④ 传播途径的快捷性。传统文学作品的出版过程，要经历审稿、改稿、录入、校对、印刷、发行等一连串烦琐的环节。而网络文学的出版过程则大大简化了，甚至读者也可参与到创作过程中来。

3. 博　客

博客是一种网上个人出版的形式，其中当然也包含了独立的思想和原创的信息。它的内容可以是各种主题，作者可以是各种身份，作品可以有各种风格。作者可以在虚拟空间里自由发表自己的独到见解，使写作成为了一个大众都可参与的领域。

在内容方面，博客大都是纪实性的心情告白、琐碎人生、思想启迪，体裁涉及散文、杂感、诗歌、小说等。

目前中文网络中，用户最多的博客是新浪博客(http://blog.sina.com.cn)，其首页如图 6－5 所示。新浪博客依托其门户网站的影响力、庞大的用户群、名人效应(名人博客)和专业优势(财经博客)逐渐成为中文博客的翘楚。

图 6－5　新浪博客的页面

博客除了具有互联网的一般特点之外,还具有其独特之处。

① 简单、快捷、低成本。博客是一种“零进入壁垒”的网上个人出版方式,只需几分钟时间就可以申请到一个属于自己的博客空间,并方便地发表观点或评论,快速建立起自己的网络形象。只要“会上网打字,就会博客”。与传统的个人主页相比,博客的优势在于简单、快速和低成本。

② 开放性、私有性、交互性。博客文本本身是开放的、多义的、被建构性的(Constructedness)。它远离了教化、规训,而向告知、感化和娱乐靠拢。此外,博客是属于博主的私人空间,它可以针对某个主题公开发表评论,而且可以凭借博客所特有的引用通告(Trackback)机制简便的发表日志和评论。在“你来我往”的相互作用下,形成了一种社会舆论和文化氛围。

③ 快捷易用的知识管理系统。互联网促成了世界信息的大爆炸。每一个人都被众多的信息包围着,改变着。这到底是一种方便还是一种不便,只有人们自己知道。要想使自己的行动跟上日新月异的信息,就必须有代替人类对信息进行分类和搜索的工具,博客主页的 Tag 技术和 RSS 技术恰好满足了这种需要。Tag 是一种信息分类技术,在 Tag 主页的下端设有 Tag 搜索,用户可以输入任何感兴趣的 Tag;RSS 中文多称为“简单信息聚合”,用户利用 RSS 阅读器可以方便地读到送上门来的新闻,而无须到各家网站逐一浏览,同时又可以实现信息消费的个性化。

6.2 常用的采访方法

案例 6-3:我国于 2005 年颁发的《互联网新闻信息服务管理规定》中有关互联网新闻信息服务单位及其登载新闻信息的规定。

第五条:互联网新闻信息服务单位分为以下三类:

(一) 新闻单位设立的登载超出本单位已刊登播发的新闻信息、提供时政类电子公告服务、向公众发送时政类通信信息的互联网新闻信息服务单位;

(二) 非新闻单位设立的转载新闻信息、提供时政类电子公告服务、向公众发送时政类通信信息的互联网新闻信息服务单位;

(三) 新闻单位设立的登载本单位已刊登播发的新闻信息的互联网新闻信息服务单位。

第十六条 本规定第五条第一款第(一)项、第(二)项规定的互联网新闻信息服务单位,转载新闻信息或者向公众发送时政类通信信息,应当转载、发送中央新闻单位或者省、自治区、直辖市直属新闻单位发布的新闻信息,并应当注明新闻信息来源,不得歪曲原新闻信息的内容。

本规定第五条第一款第(二)项规定的互联网新闻信息服务单位,不得登载自行采编的新闻信息。

2014 年 10 月 30 日,国家新闻出版广电总局在官网公布与国家互联网信息办公室联合发布的《关于在新闻网站核发新闻记者证的通知》全文内容。通知要求在全国新闻网站正式推行新闻记者证制度。全国范围内的新闻网站采编人员由此正式纳入统一管理。

国家互联网信息办公室新闻发言人姜军表示,首批实施范围是经国家互联网信息办公室批准的且取得互联网新闻信息服务许可一类资质并符合条件的新闻网站,申领人员应为新闻网站编制内或者正式聘用的专职从事新闻采编工作且具有一年以上新闻采编工作经历的人员。国家互联网信息办公室负责新闻网站编辑记者培训和资格审核把关,国家新闻出版广电总局负责核发记者证。中央新闻网站申领新闻记者证的人员经国家互联网信息办公室审核后,由国家新闻出版广电总局核发;地方新闻网站申领新闻记者证的人员经所在地省级互联网信息主管部门和省级新闻出版广电行政部门审核后,报国家互联网信息办公室复审,由国家新闻出版广电总局核发。

案例分析:截至2014年10月,网络媒体是没有记者证的,新闻网站和商业网站都只能登载或转载时政类新闻信息,即有关政治、经济、军事、外交等社会公共事务的报道、评论,以及有关社会突发事件的报道、评论。换言之,网络媒体没有新闻采访权,不能进行直接的新闻原创。对于许多具有传统媒体背景的新闻网站,如人民网、新华网、千龙网等,这些网站的采访任务大都依托传统媒体的新闻资源。所以,对于滋生于传统新闻的网络新闻,实地采访和电话采访是最基本的采访方式。随着网络媒体的发展,网络新闻的影响力正在不断地提高。2008北京奥运会有史以来首次在中国内地发放网络采访证,网络媒体成为奥运报道的主体,搜狐、新浪、腾讯、网易等商业网站都从其中分得一杯羹。由此,利用网络进行新闻采访、电子邮件采访和BBS论坛采访,成为了互联网时代新闻采访的新形式。从中可以发现网络媒体采访、网络媒体舆论监督已经势不可挡。

2014年10月29日,国家互联网信息办公室和国家新闻出版广电总局联合下发《关于在新闻网站核发新闻记者证的通知》,通知要求,在全国新闻网站正式推行新闻记者证制度。此举不仅引发媒体聚焦、社会关注,也在新闻业界、学界产生反响。新闻记者证制度开始覆盖新闻网站,标志着全国范围内的新闻网站采编人员正式被纳入统一管理。与此同时,这一动作从某种意义上讲也让新闻网站加入"正规军",将助推网络新闻驶向新蓝海。

"新闻是用脚跑出来的""没有调查就没有发言权",记者不管采访何种新闻,都必须先了解情况,掌握足够的材料,把事实真相调查清楚,通过研究得出正确的结论,然后才能进行报道。新闻采访必须反映客观事物、事件的原貌。新闻必须真实,真实性是新闻的生命。网络媒体的可信度或公信力一直不如传统媒体,与传统媒体相比,网络新闻的真实性更加令人怀疑。所以,网络媒体要想与传统媒体竞争,首先就要从网络新闻的真实性入手,提高网络新闻的可靠性。

新闻采访的方式很多,加之新闻事件、新闻人物各不相同,所以新闻采访很难有一个固定的模式,但一些规律性的方法和技巧是采访任务都应共同遵循的。记者应根据采访性质和对象的不同,采取相应的采访方式,或者将多种采访方式综合运用,以达到采访的最佳效果。

6.2.1 实地采访

新闻是用脚跑出来的,网络新闻同样是站在传统新闻的肩膀上。在新闻采访活动中,实地采访是传统记者最基本的也是最常用的采访方式,它是记者生涯中一项最重要、最经常的业务活动,也是记者的基本功。

实地采访,也称面对面采访,是指记者直接与采访对象进行面对面的交流,或者通过亲临现场的调查、访问和观察从而获得能够形成新闻稿件的新闻素材。

1. 实地采访的特点

实地采访是记者亲临现场,面对面地和采访对象打交道,这样有力地保证了新闻报道的真实性。采访活动是新闻报道的第一个环节,如果这个环节出现问题,后面的一切活动都会失去意义。因此,实地采访的重要性需要得到广大记者的充分重视。

① 要确有其事,这是针对假新闻泛滥而言的,因为很多假新闻只是无中生有、凭空捏造。

② 保证构成新闻的基本要素必须准确无误。

③ 新闻中引用的数字、史料等背景资料必须准确无误。

④ 新闻所反映事实的环境、条件、过程、细节、人物的语言、动作必须真实。

⑤ 尊重当事人所述事实,真实反映当事人的思想活动和心理活动。

案例6-4: 浏览2018年9月12日《呼和浩特晚报》刊发报道《车祸瞬间老师把生的希望留给了孩子》,随后13日呼和浩特市托克托县宣传部官方微博@魅力托克托:此为不实消息。

生命的壮举,车祸瞬间,这名乡村教师舍命奋力一推,把生的希望留给了孩子

(呼和浩特晚报 苏日娜)9月4日,开学的第二天,11时50分,托克托县双河镇第五小学五年级语文老师丁燕桃从学校出来后,准备去吃午饭,此时一辆失控的小轿车突然飞速开上了道牙,向行人撞去……一瞬间,丁老师奋力将身边的两位学生推开,自己却被轿车碾轧并拖行了好几米。两个孩子得救了,丁老师却因伤势严重,在送医途中不治身亡。

9月11日,丁老师的爱人邢春圆告诉呼和浩特晚报记者,还有三天就是女儿一周岁生日,妻子平时一个人在托县工作,自己和孩子在呼市,每周末妻子才能回家,开学前约定好开学第一周比较忙就不回家了,等孩子生日回家一起庆祝,没想到这个约定永远不可能实现了。邢春圆哽咽地说:"孩子每天想妈妈,却不知道永远也见不到妈妈了。"

当天,记者联系到托克托县双河镇第五小学副校长冯军,他告诉记者,丁老师的离开让全校师生都很悲痛。丁老师28岁,朝气蓬勃,在学校工作四年,一直爱岗敬业,是公认的好老师。据副校长冯军介绍,丁老师毕业于包头师范学院,以前是特岗教师,去年9月通过考试成为正式教师。丁老师离开已经一周,这几天,学校积极寻找车祸目击者,终于找到了一名在车祸中受皮外伤的二年级学生,他的脸部和手被擦伤。据这位学生说,在汽车撞来的瞬间,他确实感觉被推了一下,因事发突然,他不知道是谁把他推了出去,让他躲开了汽车。还有5个四年级的学生说,他们目睹了丁老师舍己救人的瞬间:她将身边一左一右两个学生推开,自己却被撞倒在地……

丁老师离开了,但她的事迹一经传出,刷爆了朋友圈。很多市民留言:"危难时刻,彰显师者之魂。""乡村女教师用自己的生命诠释了爱生如子的誓言。""向丁老师致敬。""一路走好!天堂没有车祸,丁老师用自己珍贵的生命挽救了学生,把生的希望留给了学生。"

目前,校方正在积极配合家属申报工伤保险等善后工作。而肇事司机因涉嫌交通肇事罪已经被采取刑事强制措施,案件正在进一步调查当中。

案例分析: 丁燕桃老师因车祸遇难,是一件令人悲伤的事情。但当地报纸的虚假报道却让逝者卷入一场小小的争议。原报道中舍己救人最直接的证据,一是受伤学生感觉被人推了一下,二是5个四年级的学生声称目睹了丁老师推开学生的行为。但地方政府发布的第二次情况说明则明确指出,受伤学生在事发瞬间没有被人推开,所谓的目睹救人行为的学生事发时并不在车祸现场。无论如何,当地晚报疏于核实,虚构了一个莫须有的英勇事迹,由此可见实地采访的重要性。

2. 实地采访的操作要点

采访是记者和采访对象之间的人际沟通,其实质是一种心理互动。如果记者能和采访对象之间建立良好的心理互动,那么自然会取得较好的采访效果。所以,如何提问成为了新闻采访初学者的第一项修炼。善于提问是一个记者成熟的标志,是其采访水平高低的体现。

提问方法对于实地采访至关重要,基本的提问方法主要包括以下几种:

(1) 正面提问

正面提问,又称直接提问、“开门见山法”“单刀直入法”。它是一种基本的提问类型。这种提问方式使双方的谈话在很短的时间内切入正题,无须拐弯抹角。在讲明采访目的和要求以后,直截了当地提出问题请采访对象做出回答。如“此次地震灾害造成的全部的经济损失是多少?”“您怎么看金融危机对中国汽车业的影响?”直接提出问题,能限制交谈范围,采访对象容易了解记者的意图,以做出相应配合。

正面提问一般适用于限定时间的采访,或领导干部、公众人物、社会名流和学术专家等采访对象。

(2) 侧面提问

侧面提问,又称迂回提问法、旁敲侧击法。当实际采访中遇到有些问题不便直截了当提出时,记者可以先从侧面入手,采用聊天的形式,先迂回一下,绕个弯子,提些表面上似乎与访问无关的问题,然后不动声色地悄悄进入话题。

如记者想问一个在外打工的人一年能挣多少钱,这类问题属于很隐私、很敏感的问题,因此他可能不愿意直接告诉记者。那么记者可以侧面问“你一个月吃饭和房租要多少钱?”“你老家还有几口人?”“孩子上学要花多少钱?”“父母看病要花多少钱?”“给老家寄多少钱,过年回家还剩多少钱?”这样通过得出比较大的花销,就可以大致算出他的收入了。采取这样的提问方法,首先是拉近了和该位在外打工的人的距离,使对方放松戒备;然后建立其采访对象对你的信任,所谓以心换心就是如此,即设身处地地为采访对象着想,最后打开他的话匣子也就不是难事了。

侧面提问一般适用于时间限制不强,不善言谈,不习惯接触记者的采访对象,或者想三言两语很快把记者打发走的采访对象。

(3) 设问法

设问法,顾名思义,即设定前提进行提问。记者对采访对象、采访事件进行合乎规律、合乎常理的预测、假设、推断,然后提出一些假设性问题;或者明知故问,以使对方放松警惕,进而获得采访对象的真实想法。这种方法是一种投石问路、抛砖引玉的试探性提问方法,如“如果将来有新人赶上来你是不是会更刻苦地训练?”。

由于设问法是记者先提出自己的假设,所以把握假设的合理性至关重要。记者不能把自己的观点强加于采访对象,或者暗示采访对象跟着自己主观的想法走。此外,采用设问法提问时,要多提开放性问题,避免封闭性问题。所谓开放性问题,就是所提问题比较抽象、范围的限制不是很严格,可以给采访对象充分自由发挥的余地。相反,封闭性问题就是问题提的具体、范围限制严格、指向性强,采访对象没有自由发挥的空间。

(4) 追问法

追问即打破砂锅问到底,问题具有跟进性,抓住采访对象谈话中的线索追下去,直到得到自己满意的答案为止。调查性报道中常用这种提问方式,以把问题搞得水落石出,即指记者把握事物的矛盾法则,抓住重点,循着某种思路、某种逻辑,连珠炮式的提问。如在“追踪私盐”中,记者匿名采访一名私盐贩子,“有好多人到这来买吧?”“厂子不小啊?”“无碘盐呢?”“就是说为了安全,把这个白袋子装在加碘盐的袋子上”“车皮上有没有问题?”“火车上人家不检查?”这些提问看似闲聊,实际上把私盐生产销售流通的一系列过程和细节展示出来了。

对于追问来说，吸引采访对象的注意，让其开动脑筋、产生兴趣尤为重要。因此，追问对记者的水平要求较高。记者要善于察言观色，揣测采访对象的态度。如果采访对象对你的采访失去兴趣，继续追问只能把提问变成逼问、审问，采访对象随便应付，根本达不到应有的采访效果。

（5）激问法

激问法，又称激将法，即提出比较尖锐的问题，激烈发问，适当刺激对方，切中其要害，引起采访对象的重视，甚至会使采访对象迫不及待地澄清事实。如曾有某国的元首在接受意大利著名女记者法拉奇的采访时，当他介绍自己的统治是如何民心，民众是如何爱戴他时，有这样一段对话：

法拉奇：既然人们这样爱戴你，为什么你还需要这么多的护卫？在到达这里之前，我曾三次被武装的士兵截住并进行盘查，好像我是一个罪犯，在进门的地方甚至还有一辆炮口对准大街的装甲车。

采访对象：请你不要忘记这是兵营。

法拉奇：可是你为什么住在兵营呢？

采访对象：我的大部分时间根本不是在这里度过的。可是，在你看来，这些防御是为了什么呢？

法拉奇：因为你害怕被谋杀，的确，有些人曾经多次企图谋杀你。

采访对象：这是你们报纸发表的反对我的一种可笑的宣传，对于这种宣传，我多次一笑置之，即使曾经发生过几次谋杀，你又如何解释这种事实呢？

法拉奇：这个事实说明，在你的国家里，你并受到人们的爱戴。

激问法适用于那些不愿意接受采访的或者戒备心理较强的采访对象。这种方法的难度较大，对记者驾驭提问过程的能力要求较高。记者需要熟练把握刺激的强度和谈话的气氛，不然稍不注意，激问就会使采访对象情绪激动，何谈采访效果。所以，这种方法只是在得不到采访机会迫不得已的情况下才会使用。

案例 6－5：2019 年央视 315 晚会上曝光的关于“药房医师证竟能租借　聘证网公然‘挂靠’”的采访片段。

记者调查发现，不只是药店，诊所等医疗机构，也存在挂证现象。无论是药师证还是医师证，这些医疗机构所挂的证件都是来自哪里呢？内幕人士告诉记者，围绕着“挂证”这种畸形的市场需求，已经形成了一个灰色产业，不少企业甚至直接做起了挂证中介的生意。

聘证网，表面看起来是一个发布求职招聘信息的专业网站。记者注意到，在聘证网上，执业医师应聘兼职的信息有 4 925 条，执业药师的应聘兼职信息更是高达 11 800 条。聘证网的工作人员透露，所谓的兼职只是一个幌子，实际上是为了挂证。

聘证网客服人员：我们说的兼职就是我的证书挂在你那里，就算兼职。不是理论上那种小时工，或者说我在这个公司干一下这种工作。

记者通过聘证网，联系到了几位以应聘兼职为由寻找挂证机会的医生。

记者：他（中介）给你开什么价？2 万（元）？

租证医生 1：1.8 万（元）。

租证医生 2：我说实在话，因为我挂上去了，有三、四家找我，如果价格差不多的话，还是想挂在重庆这边，因为方便一点。

记者：费用怎么给你们呢？

租证医生 2：就一次性给，全科给我 2 万（元），然后精神科（的）话，有的可以给 3 万（元）这样的。

租证医生 3：我已经谈好了一个地方。这个康复院，因为我是神经内科嘛，他们是拿去申请医疗执业许可证吧。

我国《医师执业注册管理办法》第十六条中有明确规定：《医师执业证书》应当由本人妥善保管，不得出借、出租、抵押、转让、涂改和毁损。

而对于国家规定，这些出租证件的医生也是非常清楚。

租证医生 1：这个证出租以后，其实是不合法的，因为是禁止你去租的。

记者：那你知道这个其实是违法的，为什么还要租出来？

租证医生 1：因为没有查，反正大家都在租。

本应是医疗、建筑行业安全保证的执业资格证却成了牟利工具，而对于挂证的危害，从业人员也心知肚明。证件挂靠已经形成了一条完整链条，每个参与其中的人都知道自己的所作所为是违法违规的，但谁也不捅破这层窗户纸，按照自己的利益自行其是。

案例分析：315 晚会是中央电视台的一档大型晚会，从开播以来，晚会揭穿了无数的骗局、陷阱和黑幕，维护了公平公正，改变了无数人的命运和人生。在 315 晚会节目中，揭露消费陷阱的记者采访占有很重要的地位，调查者辛辣尖锐又张弛有度的提问为我们解开了消费疑团，切实从消费者角度出发，给观众留下了深刻的印象。

该题材的采访对记者极具挑战力，不仅要求采访者能反映某种事实，还要说出这些事实的来龙去脉。记者在这次采访中充分发扬“韧”的精神，表现出怀疑一切的介入态度和打破砂锅问到底的工作作风。此外，面对圈钱黑幕，记者始终把握住访问的分寸和尺度，捕捉到切中要害的事实和证据，展示事件真相。

6.2.2 电话采访

电话采访，就是记者借助电话，与采访对象交谈，从而获得所需新闻素材的一种新闻采访方式。随着新闻传播事业和传播技术的飞速发展，电话采访已经成为记者常用的采访方式之一，各种媒体采用这种采访方式都取得过很好的效果。

1. 电话采访的特点

电话采访是通信技术高度发达的产物。电话采访因其方便、及时、省成本的优点而被新闻单位和新闻记者所接受、所热衷。其实，电话采访是一把双刃剑，稍有不慎，便会犯采访不实、道听途说的错误。

（1）电话采访的优点

① 快是新闻的特点，电话采访方便、快捷可以为发挥新闻的时效性服务，并可以突破空间限制，节省大量时间、人力和采访经费。

② 对于突发性事件的采访，电话采访具有其他采访形式不可替代的作用。电话采访不受时间、空间限制，即使相隔很远或者用其他采访方式难以进行采访的特殊环境下，都可以进行电话采访。如在 5·12 汶川地震中新华社四川分社在总社的指导下，各个方面快速反应，通过电话采访及时报道灾区的救援工作、灾民的安置、灾区的卫生防疫状况等具体情况。

③ 电话采访不可能长时间采访，也不可能与多人同时讨论，所以记者依靠电话采访很难

写出深度报道。

④ 电话采访容易获取独家新闻。采访对象因在公共场合或受情绪影响，不愿回答某些问题，在记者难以获得私下约见的机会时，电话采访就成了唯一途径。

(2)电话采访的缺点

① 如果在电话采访时稍有不慎，就会犯采访不实、道听途说的错误。这是因为新闻记者在进行电话采访时，是运用语音信号同采访对象进行沟通的，这同记者面对面地向采访对象采访相比，就缺少了对采访对象形象的了解以及采访对象所处环境的把握，因而有时就难以判断采访对象向记者提供新闻素材的真实程度[①]。

② 电话采访的拒访率高。北京作家徐城北曾说："一个和我从未谋面的记者，首次采访我就靠打电话聊，总是觉得不太合适。"著名影星宁静说："我轻易不会接受电话采访，这是因为，许多记者打电话采访我以后，我发现他们写出的文章和我说的差别太大，有时候简直就是胡编乱造。"

③ 在进行电话采访时，记者很难做到"察言观色"，所以记者把握整个采访过程的能力没有实地采访强。如采访对象对此采访开始厌倦时可能会表现出无奈的肢体语言，记者由于看不到没有及时停止采访，那么接下来的采访可能会变成"垃圾时间"。

2. 电话采访的操作要点

(1) 电话采访的操作原则

一般来说，电话采访要遵循以下操作原则：

① 采访前准备，拟出要提的问题。电话采访与实地采访不同，时间紧迫，回旋余地少，记者很难见机行事，所以采访中力求提问简明扼要，以便对方理解和答复。因此，电话采访要事先准备有关采访对象的书面资料，并写出待问的问题。

② 采访中边听边记。电话采访的特点是转瞬即逝，不容你反复推敲，所以要边听边记，养成随时记录的习惯很重要。如果要录音，应首先争取采访对象的同意。

③ 核实。电话采访最大的弊端就是误差较大，这种误差，有时是采访对象刻意放大或缩小所致，有时是记者主观上的耳误所致。所以，在形成第一手的采访资料后，一定要再进行核实，尤其是涉及人名、地名、数据、时间、专业名词等，以保证资料准确无误。

(2) 电话采访需要注意的问题

实施电话采访时，要注意以下问题：

① 在进行电话采访时，要讲究礼貌，及时说出自己的身份、姓名和单位。

② 确定采访对象是否方便接听，是否有时间通话，并说明采访的重要性和必要性。

③ 注意语言措辞要切合身份，不能太过随便，也不可太多生硬。

④ 适时结束通话，通话时间过长是浪费对方的时间。

电话采访经常在重大事件、突发事件、热点话题、咨询专家、澄清事实等情况下使用。哪些情况适合用电话采访，要靠记者在工作中积累经验，灵活掌握。

案例 6－6：以下是《人民日报》2020 年 8 月 12 日第 3 版刊登的电话采访美国知名人士对于最新中美关系看法的消息。

---

① 张德生. 论电话采访的技巧与局限[J]. 记者摇篮，2005(06)：62－62.

"'新冷战'不是对美中关系的恰当描述"

——访美国卡内基国际和平基金会前副会长包道格①

美国卡内基国际和平基金会前副会长、资深中国问题专家包道格日前在接受本报记者电话采访时表示,美国对华接触战略对美国、中国和国际社会都产生了相当有利的结果,美中应当开展合作。

包道格表示,美国国务卿蓬佩奥在过去一段时间不停地重复一个主题,即美国的对华接触战略失败了。"在我和其他一些观察者看来,蓬佩奥的说法并不正确。美国奉行的对华接触战略,对美国、中国和国际社会都产生了相当有利的结果。如果认为对华接触是为了改变中国的政治制度,那是他们对这一政策初衷的根本性误解。"

对于当前美国一些政客甚嚣尘上的对华"新冷战"论,包道格认为,"'新冷战'不是对美中关系的恰当描述。"他说,大多数国家并不想在美国和中国之间选边站队,同时与美国和中国保持友好关系符合他们的利益。

包道格表示,从长远来看美中合作依然重要。他说,技术的发展和时代的进步,让美中脱钩已经变得不再可能。未来,随着经济全球化的演变和调整,全球供应链可能会发生一些变化,但这与脱钩是两回事。

6.2.3 电子邮件采访

随着互联网技术的发展和个人电脑的普遍使用,电子邮件开始悄然被新闻记者用在新闻采访中,正成为记者采访的新型工具。

1. 电子邮件采访的特点

(1) 电子邮件采访的优点

① 电子邮件采访克服了热线电话采访即时思考的弊端,得到的信息和思想是成熟思考的结果。电子邮件采访还拓宽了采访的范围,可以采访那些语言表达和听力都不太好的人,或者那些不容易联系上的人和繁忙的政府官员,还包括那些居住在遥远偏僻地方的人②。

② 邮件合并功能可使针对同一内容的采访信件对不同的采访对象分别进行采访。当邮件需要批量制作,且邮件中待填写的部分(姓名、单位等)来自现成的数据表时,利用邮件合并功能可以简化工作量。

③ 电子邮件具备附件功能,既可以发送文字信息,又可以发送图片、声音等多媒体文件。

④ 电子邮件提供的文字是实实在在存在的,可以防止因错误引用而引起的麻烦甚至诉讼。

(2) 电子邮件采访的缺点

① 电子邮件的回收率低。经常会出现没有答复,发出的信件石沉大海的情况。

② 电子邮件采访不如传统采访那样透明和可靠。因为电子邮件采访的信息是经过思考的、非自然的真实交谈,是经过加工和过滤的信息,不符合事件的本来面目。

③ 电子邮件会使记者养成懒惰的习惯且易使用不可靠的信息。

2. 电子邮件采访的操作要点

实施电子邮件采访时,要注意以下几点:

---

① 资料来源:http://paper.people.com.cn/rmrb/html/2020-08/12/nw.D110000renmrb_20200812_2-03.htm.

② 梅茨勒.创造性的采访[M].李丽颖,译.北京:中国人民大学出版社,2004.

① 有一个好的标题，在标题中清楚地点明采访主旨，吸引采访对象点击阅读。如果没有标题或者标题只是简单的寒暄，很可能被对方当作垃圾邮件删除。

② 提出问题以前，首先对自己和所在媒体单位进行简短的介绍，表达采访意愿，说明采访原因，使对方了解采访的重要性以及对他个人或者公司的影响，吸引对方接受你的采访，并做出回复。

③ 问题要简明扼要，直接切入主题。多从背景资料上得到信息，不要重复提问。重点提问必须他本人回答的问题。

如新华社记者熊蕾在撰写一篇科技报道时，曾利用电子邮件在 1 周之内采访了美国、英国、日本、瑞士、加拿大等国的 10 位科学家。电子邮件系统传递信息的高效和快捷帮了记者大忙，在采访过程中，有的采访对象的回复信件甚至当天就从大洋彼岸传送了过来，这使记者的报道得以迅速完成，后来被刊登在美国的《科学》杂志上。

从上面的例子我们可以看出，由于采访对象远在他国，所以选择通过电子邮件的采访方式，这样能使采访更加方便快捷。

6.2.4　使用即时通信工具采访

常用的即时通信方式包括 QQ、MSN、ICQ 等。即时通信工具独有的互动性和私密性会使记者的采访过程变成轻松的聊天，可以深入地探讨一些问题，如情感类的问题就比较适合采用这种方式采访。

记者要通过谈话的综合信息来把握对方的真诚度。更要注意，采访过后应及时整理采访资料，并对其真实性做进一步核实。

6.2.5　BBS 论坛和聊天室采访

如今，很多 BBS 论坛和聊天室经常邀请一些嘉宾和网友就各方面的问题进行交流。

1. 聊天室与 BBS 采访的主要方式

① 利用聊天室或 BBS 由记者或编辑来控制采访过程，记者、编辑充当主要提问人，网民提的问题也由他们筛选后再转提。

② 对网民与嘉宾的交流不做任何干预，只是记录交流过程。这时，交流过程实际上是由网民来控制的，他们提出的问题、对嘉宾回答的反馈，直接推动着整个进程。这种交流本身也可以看作是一种新闻事件。

③ 记者作为众多的网民中的一员，通过主动、积极地参与来获得自己需要的信息。这时，在众多的提问者中，记者只是其中的普通一员。

BBS 论坛和聊天室采访就像是记者组织的一场新闻发布会，众多网友对一个新闻发言人提问。只要提的问题恰当，就能够引起嘉宾的注意并认真回答，再结合嘉宾的其他谈话，就可以写出需要的新闻作品。

2. 聊天室与 BBS 论坛采访的特点

① 网络速度快，可以对新闻进行及时点评。各种新闻事件发生后，立即就有人在网上发布评论，重大新闻事件尤为如此，如奥巴马就任美国总统、山西古交煤矿瓦斯爆炸事故等。

② 交互性采访过程，舆论效果更加。在聊天室中，嘉宾和网友可以直接对话，有助于对某些观点进行深入讨论和形成共识。

③ 指导性、实用性强。如健康专题论坛、股市行情聊天室等。

6.2.6 博客/微博采访

近些年来，无论名人还是草根纷纷在网上开设了自己的博客或是微博。博客/微博主页是博主的个人空间，博主不仅可以表达自己，而且还可以经常关注访客的留言。采访对象的博客/微博空间也为记者提供了很多有用的信息。因此，通过博客/微博留言联系采访博主，就变成了一个可行的采访渠道。

如 2015 年 1 月，有网友发微博称，复旦大学管理学院的一位教授是复旦泉纯水实业有限公司的法人，而“复旦泉”是复旦部分校区的统一订购桶装水的品牌。该微博质疑：“作为本校老师的谢百三同时作为饮用水推销人，如学校统一订购中是否存在幕后操作?”对此，微博认证为“复旦大学教授，金融与资本市场研究中心主任”的谢百三，1 月 9 日晚发表微博予以否认：“郑重声明：我从来没有办过什么复旦泉纯水公司。”其博文如图 6-6 所示。

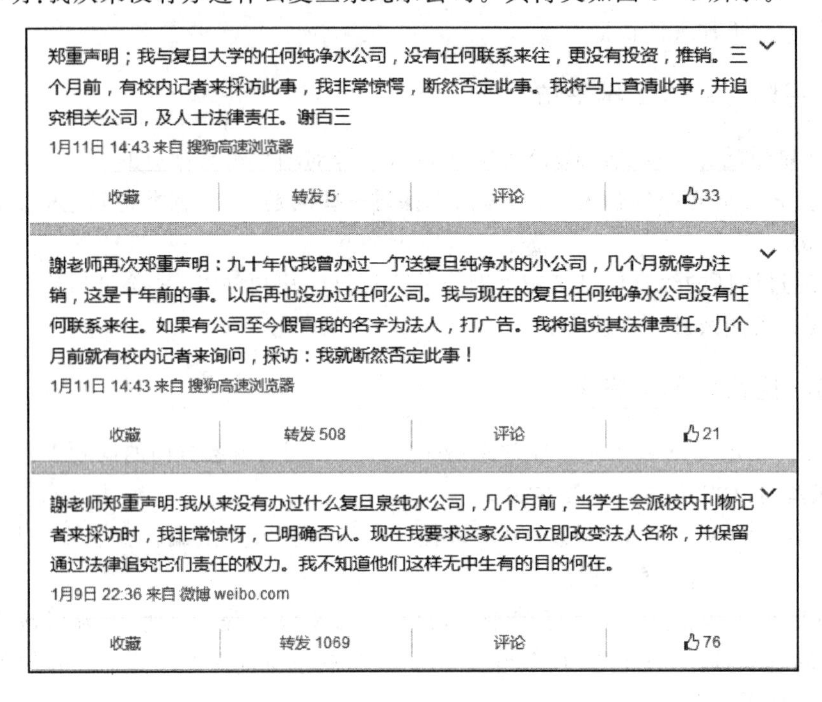

图 6-6 谢百三的微博文章[①]

后经查实，网上流传的和事实并不符合，首先，谢百三已经退休；第二，桶装水学校并不是垄断，学校一共有三家桶装水公司；第三，他当过法人，但很早以前就不是了法人了。

6.3 网络稿件写作的基本知识

消息是各种新闻体裁中用的最多、最活跃的一种体裁，在新闻报道中占有重要地位。所

① 资料来源：http://weibo.com/xiebaisan.

以，人们又称它为新闻报道的主角①。

6.3.1　消息的结构及写作要求

消息的结构分为外部结构和内部结构。消息的外部结构，即消息的外部形态、整体结构。主要有："倒金字塔"结构和"正金字塔"结构。

"倒金字塔"结构是消息写作最常用的结构形式。顾名思义，"倒金字塔"就是把重头戏放在开头第一段，它以事实的重要性程度或受众关心程度依次递减的次序，先主后次地安排消息中各项事实内容。

"正金字塔"结构一般按事物自身发生发展的时间顺序安排层次，先发生的事在前，后发生的事在后。这种结构方式常常是结构或最重要的事实在最后，因此，又叫悬念式结构②。

消息的内部结构，一般由标题、消息头、导语、主体、背景、结尾 6 部分组成。

1. 消息标题

"题好一半文"，一则好标题常常会使一篇消息增色添辉，起到画龙点睛的作用。消息的传播效果如何，很大程度上取决于消息标题大小是否醒目、标题思想是否重要鲜明、标题语言是否生动引人等。

(1) 消息标题的类型

消息标题主要有三种类型：多行标题、双行标题、单行标题。

① 多行标题：多行标题由引题(眉题)、正题、副题组成。它所包含的信息容量大，宣称声势大。具有重大新闻价值的消息，往往会采用多行标题的形式，如新华网 2020 年 3 月 16 日时政新闻中的一则标题：

习近平：让青春在党和人民最需要的地方绽放绚丽之花(引题)

习近平回信勉励北京大学援鄂医疗队全体"90 后"党员(正题)

新时代的中国青年是好样的，是堪当大任的！(副题)

引题(眉题)，是用来交代背景、渲染气氛、说明原因，解释意义、引出正题的。横向排版时引题在正题之上，纵向排版时引题在正题之前。它的字号小于正题，可以是虚题(评价新闻事实)，也可以是实题(叙述新闻事实)，且不是消息必备的标题。

正题，指新闻报道中多行标题的中心标题。它用于概括一则消息的中心思想或主要事实，是消息内容的精华之所在。它字号最大、占据空间最大，且是消息必备的标题。

副题，又称辅题、子题。它对正题的内容予以补充、说明、印证、注释的作用。横向排版时副题在正题之下，纵向排版时副题在正题之后。它的字号也小于正题，且不是消息必备的标题。

当然，多行标题也有四行、五行甚至更多行的。多在报道全国性重要会议和重大节日时，在一行引题、正题、副题之外，根据需要增加一两行标题。

② 双行标题：双行标题分两种，即一引一正和一正一副，如人民网 2020 年 3 月 11 日时政要闻中的一则标题：

习近平在湖北省考察新冠肺炎疫情防控工作 看望慰问奋战在一线的医务工作者、解放军

---

① 刘明华，许泓，张征. 新闻写作教程[M]. 北京：中国人民大学出版社，2002.

② 田志友，王薇薇. 采写编实训教程[M]. 北京：清华大学出版社，2007.

指战员、社区工作者、公安干警、基层干部、下沉干部、志愿者和居民群众时强调(引题)

毫不放松抓紧抓实抓细各项防控工作 坚决打赢湖北保卫战武汉保卫战(正题)

又如人民网2020年3月8日社会类新闻头条中的一则新闻标题:

巾帼英雄战疫魔(正题)

献给抗疫最前线的"半边天"(副题)

③ 单行标题:单行标题是最常见的一种标题,如以下两则标题:

重庆森林覆盖率达50.1% 将全面推行林长制

浙江义乌实施首批20项促进市场繁荣行动

(2) 消息标题的写作要求

消息标题写作的基本要求是:具体、准确、鲜明、生动、简练。

① 内容要具体。所谓具体,就是首先必须用事实说话。标题用事实说话的"事实"包含"事实""新闻事实""主要新闻事实"。而这些"事实"又主要包括7个方面:什么人、什么事、什么话、什么时候、什么地点、什么原因、什么结果。这7个"什么"在标题中用得最多、起主导作用的是其中的什么人和什么事。这是每一个消息标题所必须具备的最基本的要素,如标题"北京时间21日零时30分 奥巴马宣誓就职美国新总统"。

② 概括要准确。消息标题要准确地表达其内容,标题就是消息内容的浓缩。好的标题,既是消息全文的纲要,提挈全文,又能凝聚全文、表明态度和观点,帮助读者正确理解它、重视它[①]。这里的准确包含着三层意义:概况事实准确、体现观点准确、遣词造句准确,如"国庆60周年阅兵车就绪 元首座驾选定红旗"。

③ 观点要鲜明。消息标题要有鲜明的导向性,鲜明指标题通过对新闻事实的选择、揭示和评价,表现出来的立场和观点要明确,不能模棱两可,含含糊糊。在强调标题鲜明时,还要防止主观片面导致说话过头。标题在某些情况下,也要讲究含蓄,如标题"个税改革应考虑按家庭征收""'家电下乡'要惠农而不能坑人"。

④ 表述要生动。消息标题在准确的基础上,应当尽量做得生动形象,有可读性。生动形象,即要把原本刻板的东西变活起来。因此还得借助和掌握多种表现手法和修辞方法。如标题"地王受困高价地'割肉vs苦熬'何去何从?""'躲猫猫'案县政府网站被黑,满屏'打酱油'"。

⑤ 文字要凝练。凝练即简洁而无铺张赘言,重点突出,有的放矢,如标题"新旧西藏两重天""黄金回购现第二次高峰"。

2. 消息头

消息头,也成"电头"。消息头是新闻单位在发表新闻稿时,对消息来源的简要交代。它在新闻正文之前或文尾以特定方式注明供稿源、发稿的时间和地点。它的形式主要有"讯"与"电"两大类。

"讯"是指记者通过邮寄或书面递交向本媒体单位传递的新闻报道。如果是记者或者通讯员为新闻单位写稿,一般冠以"本报讯"三字,如果消息是从外部寄回来的,还应标明发布新闻的时间和地点,如"本报广州2月24日专讯"。

"电"主要是指记者通过电报、电话、传真、电传、电子邮件等形式向媒体传递新闻报道,如"新华社北京2月23日电"。另外,媒体转发其他报刊或电台、电视台、通讯社的消息,通常冠

① 倪国红,孙斌园.消息标题制作的三个原则[J].安徽消防,2003(011):34-35.

以“本报讯据××报(××台,××社)报道”,以示消息来源和版权所属该报(台、社)所有。对于所转发的报道,本媒体无权任意增补修改,但可以删节或摘编。这也是有效补充本媒体采编报道的方式。

消息头的作用主要体现在以下方面:

① 表明新闻来源,受众会根据不同消息来源判断该消息的真实性和权威性。

② 表明独家新闻,版权所有。

③ 区分消息与其他文体,澄清评价标准。

④ 消息头与新闻单位和记者声誉紧密相连。消息头被誉为新闻发布单位的信誉卡,它迫使新闻单位必须认真对待每一条新闻,力求客观、翔实、新鲜和生动①。

3. 消息导语

“在新闻工作中,最高的嘉奖之一就是让人说作者的导语写得好。”②导语是消息开头用来提示新闻要点与精华、发挥导读作用的段落。这个定义包含了三层意思:它是新闻(消息)题材所特有的;它处于文章的开头部分;与任何文章的开头不同,它是(新闻事件或问题的)结果、提要或高潮。

(1) 消息导语的类型

导语按表达方式不同划分为以下几类:

① 叙述式导语:是指用直接叙述的方法,把新闻中最重要、最新鲜、最生动的事实简明扼要地写出来。这类导语朴实具体,是比较常见的写法。

② 描述式导语:对新闻事实所处的空间特征、时间特征以及某个细节问题加以简要描述。它绘声绘色,可以给受众造成一种亲临现场的生动感。但要注意,辩证地处理适当描述和导语长度的问题,争取做到寥寥几笔勾勒出报道对象的主要特征。

③ 提问式导语:先提出问题,引人思考,再写出新闻事件的主要事实。提问的目的在于激发受众的好奇心和求知欲,引导他们阅读全文。提问式导语常用在抓问题、谈经验的新闻。

④ 引用式导语:援引文件、报道或人物谈话的部分内容,把最重要的意思加以突出。要注意的是,做引的话需要在一定程度上反映报道的中心思想。引用式导语多用于谈话报道或某些公报式新闻。

如人民网 2020 年 3 月 6 日一则消息的导语“人民网北京 3 月 6 日电 据民政部官方网站消息,3 月 5 日,国家卫生健康委和民政部联合印发《关于加强应对新冠肺炎疫情工作中心理援助与社会工作服务的通知》(以下简称《通知》),要求在新冠肺炎疫情防控中加强对新冠肺炎感染者、被隔离者和一线工作人员的心理援助与社会工作服务。”

⑤ 橱窗式导语:顾名思义,有如橱窗展示商品一样,橱窗式导语由典型事例构成。它多用于综合性新闻,其特点在于:它不是靠叙述、描写、提问、引用,而是靠讲故事吸引受众。写入导语的故事具有代表性,通过剖析这个典型事例,受众可以了解新闻事件的细微部分,获得具体印象,受到感染,并为之感动,从而产生兴趣,进而由感性认识转入理性思考。

如人民网 2020 年 3 月 11 日一则消息的导语“人民网重庆 3 月 10 日电(记者:陈琦、何雷)‘婆婆,该吃药了。’‘爷爷,吃饭时间到了哦。’3 月 10 日,在武汉市中心医院收治新冠肺炎患者

---

① 宋文官,王晓红.网络信息编辑实务[M].北京:高等教育出版社,2008.

② 钱赛勒,米尔斯记者生涯[M].北京:世界知识出版社,1985.

的隔离病区，重庆援湖北医疗队员、重庆市急救医疗中心护士余小琴用一幅幅手绘的'卡通画'与老人交流，起到了良好的沟通效果，温暖和感动了整个病区。"

(2) 消息导语的写作要求

① 反映新闻事实。导语的任务就是开门见山，报告新闻事实、吸引读者。所以，要把最重要、最新鲜的新闻事实放在最前面。

② 突出主体要素，即时间、地点、人物、事件、单位、原因、结果等。

③ 炼字炼句，力求简短。国外新闻界用计算机算出导语的理想长度不能超过23个字。我们的导语未做死规定，并较之长些，但有经验的新闻工作者一般会将导语的长度控制在80～100个字。一条导语应该只包含一个思想，此外要使导语变短，还应注意：不能把很多的单位名称、专业术语、人名和头衔一并写进导语；不要把导语写成全篇消息的目录，导语应只写主要的、又能引出全文的事实；导语应少些细节和附属事实。当然，某些描述式导语需要细节，但也只能用一个细节，而且要有代表性；导语不要强求要素具全，有时只写两三个要素即可，其他要素可在后文交代。

4. 消息的主体

消息导语之后，结尾之前的部分称为主体，也有人称为躯干、正文。它包含的内容比导语丰满、详尽、充实，篇幅要比导语长。正所谓导语要求精彩，主体要求丰满。

(1) 消息主体的作用

消息主体的作用主要体现在以下方面：

① 具体展开导语中交代的主要事实。导语为了简明扼要，往往省略一些新闻要素。要想阐明新闻事件的全貌，还必须在导语之后，通过消息主体对新闻事件展开导语中尚未出现的新闻要素，展开导语中高度概况的事实。

② 补充导语中尚未揭示的事实。一条消息往往要涉及若干个事实，有新闻事实和非新闻事实，新闻事实里又有第一重要新闻事实、第二重要新闻事实、第三重要新闻事实等。要使消息完整深刻地揭示主题或给受众提供更多的信息，就要靠主体部分去完成。因此，消息的主体部分承担了补充导语的任务——补充导语中没有提到的其他新鲜的材料①。

③ 回答导语提出的问题。一则合格的消息应能解释疑惑，清楚地回答读者渴望了解的问题。这个任务当然由主体部分来承担，交代新闻事件的来龙去脉、前因后果，使读者对新闻事件有一个具体的了解和整体的印象。这对记者的水平要求较高，首先记者不仅要从受众的角度向自己提出问题，还要求记者给受众一个满意的回答。

案例6-7：分析新华网2015年9月8日的一则消息导语和消息主体的特点。

阿里万达斗法影视业 院线衍生品等竞争苗头初显②

由阿里影业参与投资的《碟中谍5：神秘国度》日前在上海举办首映礼，令人意外的是，阿里巴巴集团掌门人马云来到现场亲自站台，使得阿里影业瞬间受到多方关注。而在刚刚结束的8月，阿里影业旗下的粤科软件推出凤凰佳影"电影云"渗入线下影院，万达院线随后也发布公告战略投资时光网。通过观察不难发现，原本不存在直接竞争的阿里影业和万达院线在院线、票务、衍生品、抢滩好莱坞等方面的竞争苗头已经初显。

---

① 资料来源：田志友，王薇薇.采写编实训教程[M].北京：清华大学出版社，2007.

② 资料来源：https://finance.huanqiu.com/article/9CaKrnJPcwr.

院线

在院线市场，万达院线的名头已然响当当，而其收购澳大利亚第二大院线运营公司和世茂股份旗下18家影院的举动更使其将龙头地位牢牢坐稳。不少人认为阿里影业属于电影产业链的上游公司，在终端院线领域不会与万达院线产生竞争，但实际上，阿里影业的触角已然伸向院线，近日其以8.3亿元收购目前国内最大的影院票务系统提供商之一的粤科软件，成功与国内约1 700家影院建立联系，用看不见的“虚拟院线”攻占市场。“阿里影业借助粤科软件的票务系统则能直接掌握影院核心技术，从而打入院线终端。且随着阿里影业与越来越多的院线合作，通过集结众多合作院线的力量，不仅能帮助自己的影片进行营销推广，同时该力量还能抢占万达院线的客流”，深创投华北大区总经理刘纲分析道。

衍生品

电影衍生品也成为阿里影业和万达院线的竞争地之一。阿里影业凭借娱乐宝的粉丝营销能力，以及其背后阿里巴巴集团的电商体系，拥有优势。但万达院线也不甘落后，其在今年7月与时光网就电影衍生品达成战略合作，与时光网共建衍生品销售体验中心。随后在8月底，万达院线再次发布公告表示，将战略投资时光网20%股权，双方将全面展开电影电商O2O业务，利用移动互联网将电影衍生品、电影推广与线下影院无缝连接，创造电影电商新模式。北京大学文化产业研究院副院长陈少峰表示，电影衍生品领域仍处于初级发展阶段，双方均存在各自的市场空间。

线上票务

在众多在线票务平台中，淘宝电影已经成为一股不可忽视的力量，而该平台正是阿里影业布局线上票务、实现互联网营销的有力武器，此外粤科软件也能让阿里影业的在线票务如虎添翼。而万达院线虽然在线下强势领先，线上似乎落了一截，但目前万达院线也在积极吸收互联网基因，其中在今年4月，万达与腾讯领投微信内置电影票购买平台“微票儿”，此后万达院线也与微信电影票联手推出相关活动，均为万达院线的线上票务带来多个优势。在刘纲看来，互联网已经改变消费者的生活习惯，而第三方在线票务平台的出现对传统院线产生较大的影响，使得线上票务成为电影院的入口，而电影院沦为一个实施场所。

国际资源

事实上，双方的竞争范围并未只局限在国内，而是已经蔓延到好莱坞等国际市场。阿里影业在成立之初就致力于进军国际电影市场，据公开资料显示，阿里影业目前已在洛杉矶组建了团队，并与美国派拉蒙影业签署合作协议，直接投资好莱坞大片，而《碟中谍5：神秘国度》则是阿里影业国际化的开端。

与此同时，万达院线也没有放过好莱坞的优质资源，并在日前收购与好莱坞六大制片公司有合作关系的慕威时尚，从而借此拓展自身在好莱坞的业务资源。

“在国内的市场达到一定饱和后，为将产业做大，国际化的发展路线会成为众多电影产业相关企业的未来发展方向，且由于国内电影市场发展速度较快，受到海外市场的青睐，此时阿里影业和万达院线进军海外市场能先占据一席之地，”陈少峰表示，“虽然阿里影业和万达院线存在竞争的关系，但在现阶段双方之间还存在较多合作契机，处于合作和竞争并存的阶段。”（卢扬 郑蕊）

案例分析：这则消息的导语由马云为《碟中谍5：神秘国度》首映礼站台而引出，指出阿里影业和万达影业在院线衍生品市场竞争激烈。接着对两大影业集团在“院线、衍生品、线上票务、国际资源”四个方面做出了简单的对比分析，使大众能清晰地明了两者之间的竞争状况，并指出现在处于合作与竞争共存的状态。

（2）消息主体的写作要求

① 围绕一个主题选材。消息主体部分涉及内容较多，但选择和运用这些材料时要把握一个原则，那就是紧紧围绕导语确立主题，把那些与主体事实无关、对阐明主题无益的材料统统删除。

② 合理安排材料层次。消息主体一般所占篇幅较长，常常由多个自然段构成。写主体容易犯层次杂乱的毛病，因此必须讲究材料层次的安排，常用的安排方式有三种：按重要程度安排材料，即先说什么，后说什么；按事件发展的时间顺序安排材料；按逻辑顺序安排材料，即注意材料之间的因果关系、递进关系、主从关系。

③ 力求波澜起伏，防止罗列事实。消息写作应避免平铺直叙，简单罗列事实。为了增强消息的可读性，在展开主题时应该力求做到有起有落，曲折跌宕，而且文字表达上要灵活多样。

5. 消息背景

消息背景，即指新闻事实之外，对新闻事实或新闻事件的某一部分进行解释、补充、烘托的材料。简言之，是对新闻人物和事件起作用的历史情况或现实环境。

（1）消息背景的作用

消息背景的作用主要有：

① 说明、解释，令消息通俗易懂。

② 运用背景材料揭示事物的意义，唤起社会关注。

③ 用背景进行对比衬托，突出事物特点、显示变化程度。

④ 用背景语言加以暗示，表达某种不便名言的观点。

⑤ 借背景为新闻注入知识性、趣味性内涵，使其更可读。

⑥ 用背景材料介绍新闻中的人物，满足受众好奇心、阐释人物行为的合理性。

⑦ 累加同类事实，开阔受众视野。

（2）消息背景的写作要求

① 根据主体的需要选择典型的背景材料。所谓“典型”，就是最有说服力的背景材料，将新闻事实用典型的背景材料来支撑，才会挖掘出其深刻的内涵和底蕴。

② 依据受众的需要选择背景材料。写消息需要站在受众的角度去选择背景材料，利用背景材料说明、解释受众不清楚、不理解的地方。如一些新生事物和新的科学技术，就需要更多的背景材料来进行解释和说明。

③ 巧妙穿插。背景材料往往是独立、静止的，要想把它用活，就要将其分解，或插入句子中，或插入段落中，或自成段落。为了说明、补充、烘托新闻事实，背景材料受新闻事实和消息主体的调遣，哪里需要背景材料助阵，背景材料就在哪里出现。

案例 6－8：分析以下两则消息背景材料所起的作用。

消息 1：新浪网 2015 年 8 月 23 日的一则消息。

阅兵空中梯队 5 大亮点：规模与机型数量创历史之最[①]

9 月 3 日胜利日大阅兵逐渐临近，空中梯队指挥部有关负责人日前向新华社记者透露，届

① 资料来源：http://mil.news.sina.com.cn/2015－08－23/1025837612.html.

时陆、海、空三军航空兵将以前所未有的磅礴阵容飞过天安门广场上空，有5大亮点值得关注：

一是参阅规模和机型数量创历史之最。每一次大阅兵都见证了共和国航空力量成长壮大的足迹：1949年开国大典阅兵式上，空军只有17架飞机；1999年国庆阅兵，三军航空兵首次联合受阅；到了2009年，14型151架飞机受阅，规模超过了以往。这次阅兵，空中梯队规模更大，陆军航空兵、海军航空兵、空军航空兵机型和数量都超过了历次阅兵，创下历史之最。

二是多种新式装备亮相。这次阅兵除规模增加外，一些老旧机型没有了，增加了不少引人瞩目的新装备，新一代预警机、轰炸机、歼击机、舰载机、直升机等多型飞机均为列装后首次参阅。

三是富有时代特色的编队队形新颖震撼。空中梯队历次受阅编队队形包括楔形、三角形、菱形、九机编队、大小飞机编队等，这次阅兵在传统基础上又有新变化，如首次采取纪念字样的编队飞行、直升机梯队首次采用大机群密集编队飞行、歼击机梯队首次以全新队形参阅等。

四是拉烟、空中护旗等呈现方式增强美感。这次阅兵，空中梯队将有多次拉彩烟的过程，液体拉烟系统被首次应用到阅兵中，拉烟的时间、距离和色彩效果将超过以往。此外空中护旗等梯队在表现形式上更为多样，将突出纪念抗战胜利70周年主题，表达人民军队为实现中国梦、强军梦不懈奋斗的信心决心。

五是领导干部当先锋打头阵。"领导带头参训、第一架次受阅"是空军历次阅兵的优良传统之一，在本次阅兵中体现得尤为突出。有的将军担任梯队长机，有的担任梯队空中指挥员，有的既担任指挥部领导，又驾机直接受阅。还有多名师长、10余名团长直接上阵带飞，充分体现了领导干部率先垂范的优良作风。

这位负责人表示，纪念抗战胜利70周年阅兵举世瞩目，万众期待。空中梯队将全力以赴完成阅兵任务，努力奉献一场中国气派、世界一流、超越历史的阅兵盛典，向党和人民交上一份合格答卷。

消息2：腾讯网2015年9月9日的一则消息。

三星押注支付服务 寄望拯救手机业务①

腾讯科技讯　9月9日，据路透社报道，三星电子将在本月晚些时候在美国推出其移动支付工具Samsung Pay，为此该公司还推出了一支向功夫电影致敬的搞笑广告宣传造势。

Samsung Pay移动支付方案搭载了三星电子从LoopPay支付公司收购的磁性安全支付技术，用户可通过支持这种技术的设备直接支付或是贴近POS机进行消费。

早在进军美国之前，Samsung Pay就已经于8月20日在韩国本土进行推广，三星电子方面表示，该工具一经推出，其效果好于公司内部预期，目前平均每天有2.5万位新用户使用，其日交易额超过62万美元。

现如今，作为全球最大的智能手机制造商，三星电子正在尝试推动移动支付的发展。据市场研究机构IDC的数据，移动支付的市场规模到2017年能够达到1万亿美元。

三星电子之所以在移动支付上下功夫，是因为其主要业务，也就是智能手机，在市场份额上不断败给苹果、华为以及小米。

另一家市场研究机构Gartner指出，三星电子的全球智能手机市场份额在今年第二季度下降至21.9%，而去年同期的份额为26.2%。

---

①　资料来源 http://tech.qq.com/a/20150909/040593.htm.

三星电子高级副总裁李仁钟(Rhee In-jong,音译)在采访中表示,该公司可能将在明年推出支持 Samsung Pay 支付功能的中低端手机产品。

李仁钟指出,针对中低端手机推出移动支付是保持性价比的一种手段,因为消费者在其他产品上享受不了这样的服务。

三星电子希望 Samsung Pay 能与其他手机产品竞争时凸显差异化,与此同时也希望消费者愿意为快捷的支付服务多付出一点购机成本。

不过,鉴于苹果已经推出支付服务,而谷歌(微博)也准备发布类似产品 Android Pay,部分分析师认为三星电子入场较晚,其较弱的生态系统将面临挑战。

IDC 分析师希夫·普恰(Shiv Putcha)表示:"Samsung Pay 是三星电子正确发展方向上的必要步骤,但其不能保证提高该公司的智能手机销量。"

打造用户基础

对于 Samsung Pay 项目的总投资额度,三星电子至今拒绝披露。在此之前,三星电子在今年 2 月份斥资 2.3 亿美元收购移动支付初创企业 LoopPay。

三星电子的移动支付虽然并不先进,但优势在于比竞争对手覆盖更多的消费者,其不仅支持磁条读卡器,同时还支持使用 NFC(近场通信技术)。此外,三星电子还已经与 Visa、万事达以及 Chase 等信用卡公司和银行签订了合作协议。

相比之下,去年 9 月份发布的 Apple Pay 则要求零售商安装与其服务想兼容的新设备。

券商 SK Securities 在近期的一份报告中指出,Samsung Pay 或许有助于提升三星电子智能手机的出货量。该机构预计,具有 Samsung Pay 功能的 Galaxy Note 5 和 Galaxy S6 edge+在首发三天的销量要比去年 Note 4 和 Note Edg 同期高出一倍多。

三星电子高管李仁钟表示,Samsung Pay 眼下的目标在于扩大新用户,而不是盈利,但他拒绝透露新用户的目标数量。将在 10 月份发售的三星智能手表 Gear S2 也将支持 Samsung Pay。

Samsung Pay 还将进军中国、欧洲以及拉丁美洲等国家。李仁钟指出,该公司正在考虑增加网络支付等功能来进一步推广 Samsung Pay。除了 Samsung Pay,三星还将进一步增加投资和收购投入,从而推动软件和服务的发展。

李仁钟说:"对于能够令设备产生差异化元素的每家公司,我们都将好好考察。"(李路)

案例分析:在消息 1 中,由于普通大众对阅兵方面的知识知之甚少,所以这则消息从头至尾穿插了大量的背景材料,这些背景材料的叙述使得大众能清楚地知晓此次阅兵与之前阅兵在各个方面的差别,感受此次阅兵的盛大空前。

消息 2 则在最开始就 Samsung Pay 做了一个简短的背景介绍,随后简要介绍了全球移动支付规模以及转战移动支付的原因的背景知识,这些背景知识的介绍有助于了解三星的战略意图。

6. 消息结尾

消息的结尾,就是消息的主体部分已经将新闻事实交代清楚,有的需要记者对新闻事实的整体和阐明的主题做一个小结的工作[①]。结尾对消息来说也是很重要的,由于结尾是最后进入受众眼帘的,所以,受众阅读后会对结尾部分的印象十分深刻。

---

① 田志友,王薇薇. 采写编实训教程[M]. 北京:清华大学出版社,2007.

（1）消息结尾的方式

常见的消息结尾方式主要有以下几种：

① 首尾关照，巧妙呼应。

② 稍加议论，画龙点睛。

③ 自然抒情，水到渠成。

案例6-9：分析以下二则消息的结尾方式。

消息1：新华2015年9月5日的一则消息。

叙溺亡男童事件：沧海桑田须臾改 最需拯救是人心①

新华网北京9月5日电　据新华社“新华国际”客户端报道，这是一幅让整个世界为之唏嘘的画面。我们宁愿相信，他只是脸朝下睡着了。

冰冷的海水将3岁叙利亚孩子的尸体冲回他不久前满怀憧憬出发的地方。这个叫艾兰的幼儿脸朝下蜷伏在岸边，仿佛睡着一样。

有人看到照片，先想起了争执的欧洲，质疑起欧洲领导人是否为如潮的难民承担了道义上的责任。但可还曾想到，在艾兰的家园，有多少悲剧在镜头找不到的角落里上演？有多少生命以更加凄惨百倍的情状消逝？

2013年冬天，西亚北非地区遭遇百年不遇的暴风雪，在黎巴嫩边境的难民营里，呼啸的狂风裹挟着绝望，人们抱着一个叙利亚婴儿哀号痛哭。当他被发现的时候，身体已经冻僵，然而两臂却仍然保持着向前伸出的姿势，好像在期待着妈妈温暖的怀抱。

然而人们知道，这怀抱永不会来。

当战火肆虐，曾经稀松平常的一切都恐怕要以生命交换——在叙利亚首都大马士革，多少孩子在垃圾堆中睡觉；在条件更加恶劣的战区，又有多少儿童病困交加、贫饿而死？半数平民沦为难民，不断上升的死亡数字如此冰冷。而正是在这满目疮痍的国度里，以美国为首的反恐联盟空袭已历一年，那些在空袭之下丧生的难民，却很少出现在西方国家的报纸上。

交火的炮声近了，又远了，衣衫褴褛的孩子哭着找妈妈。

美军的轰炸机来了，又走了，废墟之下叠着废墟。

就在我们谈论生命的时刻，有多少生命在战火中湮灭？又有多少孩童在轰炸后淌着血找着食物？

在秃鹫注视下的苏丹女孩、眼中带着惊恐的阿富汗少女、越战期间赤裸身子在马路上奔跑的女孩……历史的悲剧一次又一次地定格，而炮火与硝烟却从未停息。

如今，战争与冲突所带来的外溢效应已经席卷中东与欧洲，创口越撕越大。从土耳其到约旦，从希腊到意大利，每一个口岸讲述着无数令人心痛的故事；在超载的难民船上，在刺鼻的催泪瓦斯中，来自西亚北非的难民上演着无数的辛酸别离。而更可怕的却是，当战争已变得稀松平常，带来战争的人们和生活在战争中的人们已经麻木。

地中海畔，潮来潮去又几回，硝烟却不知。

沧海桑田须臾改，最需要拯救的，是人心。（记者陈聪）

消息2：人民日报2019年9月10日的一则消息。

---

① 资料来源：http://www.xinhuanet.com/world/2015—09/05/c_128197825.htm.

人民日报人民时评：让教师成为让人羡慕的职业[1]

每年秋天，都是老师们一个学年辛勤耕耘的开始，也是弘扬尊师重教美德的最好时点。在第35个教师节到来之际，教育部发布的一系列成果收获不少点赞：提振“师道尊严”，树立优秀教师典型，设立教师职业行为准则；提升“地位待遇”，完善教师荣誉制度，教师工资升至全国十九大行业第七位；开拓“发展空间”，完善教师职称评聘制度，畅通教师发展通道。这些成果让更多人看到，深化教育改革实实在在落实到了教育工作者的获得感中。

百年大计，教育为本；教育大计，教师为本。这些年来，《中华人民共和国教师法》《关于加强教师队伍建设的意见》《关于全面深化新时代教师队伍建设改革的意见》等一系列法律法规、政策文件，以及“特岗计划”“公费师范生计划”“乡村教师支持计划”等专项计划的实施，夯实了保障教师安心从教的制度基石，让广大教师在岗位上有幸福感、事业上有成就感、社会上有荣誉感。

“经师易求，人师难得”。如何吸引更多优秀人才加入教师队伍、如何打造高素质的教师群体，各地学校尤其是乡村、艰苦地区面临不小挑战。身安、心安方能厚植出教育情怀。要打造一支师德优良、学识过硬、愿意扎根乡村的教师队伍，必须花大力气、下细功夫。如此，才能让优秀人才“下得去、留得住、教得好”，点亮一方梦想与心灵的“明灯”。

正是在这样的思路下，我们看到，2018年约127万名连片特困地区的乡村教师享受到了每月最高2 000元的生活补助；实施国培计划，培训教师校长120万人次；300名乡村优秀青年教师获得了1万元奖励金……制度温暖和人性关怀浇灌着偏远艰苦地区的教育事业，乡村开始留得住、也正在吸引更多教育人才。截至目前，28个省份已吸引约33.5万名高校毕业生到乡村任教，其中2018年约4.5万人。教师队伍建设的工作仍在路上，但只要将“贵师重傅”切实落到制度惠人、留人中，乡村教师队伍定能更加蓬勃壮大。

也要看到，优质教师队伍的培育离不开全社会尊师重教良好氛围的浸润和滋养。乡村教师支月英坚守在偏远山村的讲台39年，从“支姐姐”到“支妈妈”再到“支奶奶”，几十年如一日的奉献点亮了大山孩子的童年，这份执着和赤子情怀深深打动了无数人。她先后被授予了“全国教书育人楷模”“感动中国2016年度人物”等荣誉称号，她的故事还被拍成电影《一生只为一事来》，将大爱永远传颂下去。詹英贤、辛德惠等一批批中国农业大学老师把课堂搬到河北曲周的盐碱地上，带领学生把论文写在大地上，收获了全社会的点赞，曲周县还专程编演了豫剧《天绿》，感恩农大人的付出。其实，像这样的优秀教师数不胜数，他们兢兢业业地挺起了民族教育的“脊梁”。用尊敬之声、礼赞之行温暖每一位爱岗敬业的“筑梦人”，就是对教育最大的支持，给教师最好的礼物。

教育是什么样子，明天就是什么样子。习近平总书记强调：“让教师成为让人羡慕的职业。”全社会共同守护教育工作者的信仰和从教情怀，让“尊师”氛围成为常态，让“重教”主张惠及每一位老师，民族就有希望，国家就有未来。

实例分析：消息1通过对叙利亚3岁男童溺亡事件的描述，引起了作者关于战争冲突下儿童生存困境的思考，发人深省。在结尾处笔者自然抒情，水到渠成，呼吁“沧海桑田须臾改，最需要拯救的，是人心”。

消息2结尾通过点出题目“让教师成为让人羡慕的职业”，紧扣题目抒发思想，强调了尊师

---

① 资料来源：http://opinion.people.com.cn/n1/2019/0910/c1003-31345224.html.

重教的社会氛围，让我们对人民教师的感恩关怀不再浮于表面，而应该从社会整体环境入手，有教师，就有教育，有希望，就有未来。

（2）消息结尾的写作要求

① 顺势而行，忌草率拖沓。要注意，结尾并不是一则消息必须具备的。只要新闻事实交代的完整清楚，就不必再强求一个所谓的结尾。

② 紧扣事实，忌空泛议论。有些记者在报道完新闻事实后，唯恐受众不能体会事实的意义，常常爱做一些诸如"受到众人一致好评""必将进一步促进工作的展开"等空泛的议论，这些议论只能给受众留下一条空尾巴。

③ 令人回味，忌生硬说教。消息结尾文完之处，如果是文章完了，给受众的回味未完，能使人掩卷为之思索；或遒劲有利，给人强烈的印象。倘若在结尾处加上一笔生硬的说教，反而让人倒胃口。

6.3.2　消息的写作技巧

各种文体的消息在写作技巧上，既有共性，又有其各自特点。

1. 会议消息

根据报道目的，可以把会议消息分为言论新闻和经验新闻，二者的写作技巧有所不同。

（1）言论新闻的技巧

抓取会议上有特点、有新意的言论写消息。会议消息往往要报道领导在会议上的讲话，写这种消息最容易犯的毛病就是把领导的讲话不加分析地统统写入新闻，编辑应抓住有价值的部分发新闻。

（2）经验新闻的技巧

就会议提供的材料写成就、抓问题。如果记者去参加会议，目的不是为了写会议本身，而是就会议提供的材料，写成就、经验新闻，写问题新闻，那么对会议本身只作为消息来源在文中提一句就可以了，至于会议程序、什么人在会上讲了话等，不必赘述。

案例 6-10：分析新华社 2020 年 5 月一则会议消息的写作技巧。

凝心聚力，向着决胜全面小康的目标奋进！——全国政协十三届三次会议开幕侧记①

新华社北京 5 月 21 日电，新华社记者陈炜伟、陈聪、刘慧

初夏时节的北京，生机盎然。

21 日 13 时许，离全国政协十三届三次会议开幕还有近两小时。北京会议中心，全国政协委员吴浩郑重地佩戴好出席证，戴上口罩，与其他委员一道，顺次登上大客车，前往人民大会堂。

"为在常态化疫情防控下推动经济社会发展建言献策，我们肩上的责任很重。"作为北京市丰台区方庄社区卫生服务中心主任，吴浩曾在武汉为新冠肺炎疫情防控奋战 50 多天。

广泛凝聚共识，深入建言资政。2000 多名全国政协委员带着社情民意，带着真知灼见，从四面八方汇聚北京。

因疫情推迟两个多月召开的这次政协大会，注定非同寻常。

特殊的节点——

① 资料来源：http://news.cri.cn/20200522/4d72c655-f23a-abbe-eacf-30e0c82feec2.html.

2020年，中华民族站在重要的时间点。摆在面前的是决胜全面建成小康社会、决战脱贫攻坚和“十三五”规划收官的历史任务。在以习近平同志为核心的党中央坚强领导下，全党全国各族人民勠力同心，确保如期全面完成脱贫攻坚任务，实现百年奋斗目标，意义非凡。此时今年已过去近5个月，时间紧迫、任务繁重。

复杂的形势——

当前，我国疫情防控阻击战取得重大战略成果。但境外疫情扩散蔓延势头尚未得到有效遏制，我国面临外防输入、内防反弹的压力。疫情防控这根弦必须时刻绷紧，决不能前功尽弃。

这次政协大会会期缩短，全体会议和小组会议相应压减，场次适当精简，方式有所调整，但议程满满，质量不减。

两会时刻，举国关注，举世瞩目。

人民大会堂新闻发布厅，疫情防控条件下的首场“委员通道”备受关注。6位委员分3组依次进入新闻发布厅，通过网络视频，回答身处梅地亚两会新闻中心的记者提问。

“文化的力量、体制的力量、国力的力量，是这次抗疫能够取得胜利的重要原因。”第一位答问的，正是此前赴武汉抗疫一线的中国医学科学院院长王辰委员。他建议，进一步加强医学教育，构建国家医学科技创新体系，加强公共卫生体系建设，从而更加有力地应对重大挑战。

“今年也是北斗全球系统建设的收官之年。”中国北斗卫星导航系统工程总设计师杨长风委员说：“中国北斗，服务全球，造福人类，这是我们的期望。”

“曾经一步跨千年，而今跑步奔小康。”四川凉山州人大常委会主任达久木甲委员说，幸福是奋斗出来的，打赢脱贫攻坚战，说到底靠的是广大干部群众实干、巧干、齐心干。

……

万人大礼堂内，灯光璀璨，气氛庄重，会场秩序井然。

热烈的掌声中，习近平等党和国家领导人来到主席台，向大会的召开表示祝贺。

15时，大会开始。全体起立，高唱国歌，激昂的旋律在会场回荡。

随后，全体与会人员肃立默哀1分钟，向新冠肺炎疫情牺牲烈士和逝世同胞表示深切哀悼。逝者安息，生者奋进，在磨难中奋起的中华民族，力量更加凝聚。

全国政协主席汪洋代表全国政协常委会向大会报告工作——

“紧扣全面建成小康社会目标任务履职尽责”

“以协商有效凝心、以凝心实现聚力，更好把人民政协制度优势转化为国家治理效能”

“不断通过加强学习明共识、协商交流聚共识、团结—批评—团结增共识”

“模范带头真担当，敢字当头、干字为先”

……

汪洋现场所作报告，用时仅30多分钟。坦诚的话语，务实的举措，引起委员们强烈共鸣。

“今年是脱贫攻坚决战决胜之年，扶贫必先扶智，我特别关注教育扶贫和中西部地区教育发展。”中国科学院院士、兰州大学校长严纯华委员说，我们要聚焦党和国家中心任务，深入协商集中议政，察实情、出实招。

16时许，完成各项议程，开幕会结束。

一场急雨洗礼后，天气湿润凉爽，走出会场的委员们不时在天安门广场上驻足留影。

“梦想在前，使命在肩。”民进中央常委朱晓进委员脸上写满振奋，“接下来的6天，我们要聚精会神、履职尽责，努力开好这次大会，在中国共产党领导下更加广泛凝心聚力，向着第一个百年奋斗目标阔步前进!”

案例分析:本则消息并未如一般会议新闻一样通篇描述会议进展过程,而是将会议开展的时间、背景和内容分开描写,通过感性的文字和不同的角度对会议的各个侧面进行写实展开,形式轻快,层次分明,重点突出。

2. 经济消息

经济消息往往数据繁多,枯燥无味,记者容易把消息写“死”。那么怎样写活经济消息呢?常用的主要方法有:

① 在经济消息中采用比喻和拟人化手法。比喻可以使抽象的经济事物变得具体一些,可以使枯燥的数据变得生动一些;拟人化手法可使死材料活起来,比那种单纯叙述成就、经验、数字的写法要好得多。

② 多使用谚语、俗语等来自受众的语言来写经济消息。

③ 经济消息的选材要尽量接近群众生活。

案例 6-11:分析《证券日报》2020年3月3日一则经济消息的写作技巧。

疫情后“吃货”最爱火锅店　餐饮业有望迎“报复性消费”①

疫情结束后,你最想做的第一件事是什么?

超长假期和“闭关”状态不可避免地抑制了大家的“剁手”消费。随着各行各业安全有序地推动复工复产,大家压抑许久的购买力会怎样释放呢?

火锅门店“熄火”

外卖“升温”

微博上,“疫情过后的第一件事”的话题阅读量高达4.1亿。其中,被置顶的回帖——“吃火锅”仅点赞数就超过了20.1万。可见,疫情过后,餐饮行业或将迎来一波“报复性消费”机遇,而“火锅”则成为大家极为想念的食物。

海底捞工作人员向《证券日报》记者透露,为持续配合防控工作,虽然中国内地门店停业的时间将会延长,但是海底捞外送业务中国内地部分城市门店将从2月15日起陆续恢复营业,分别为北京部分外送门店2月15日起恢复营业;上海部分外送门店2月16日起恢复营业;西安、深圳、南京部分外送门店2月17日起恢复营业;其他城市门店将陆续恢复营业。

记者注意到,以饿了么平台上的海底捞火锅外送(万柳店)为例,门店规定于早上10点开始营业,但往往不到中午12点界面就显示“本店已休息”。海底捞工作人员解释,“那么多天的‘闭关’,消费者对火锅的渴望已经无法按捺,再加上海底捞门店无法正常开业,所以外卖业务刚一开通或营业时间一到,消费者就火速下单。但由于订单比较集中且有外送业务的部分门店食材有限,所以如果下不了单或显示门店已打烊,就说明订单门店接餐已饱和不再接单。”

对年轻人吸引力十足的呷哺呷哺,则于2月21日在官网上对外宣布,呷哺呷哺全国门店即日起陆续恢复营业。不过,呷哺呷哺内部人士告诉《证券日报》记者,呷哺呷哺开启惠民工程,为了消费者外卖业务一直未停歇。通过“呷哺外送”小程序,或美团、饿了么等第三方平台,就能直接在线点单。

家住海淀区的张女士告诉《证券日报》记者,她最爱吃呷哺呷哺火锅,平时堂食,现在只能点外卖了。

---

① 资料来源:http://www.xinhuanet.com/fortune/2020-03/03/c_1125653927.htm.

根据中国烹饪协会发布的《2020年新冠肺炎疫情期间中国餐饮业经营状况和发展趋势调查分析报告》显示，疫情期间，78%的餐饮企业营业收入损失达100%以上，仅在春节的7天内，疫情已对餐饮行业零售额造成5 000亿元左右的损失。为了减少损失，餐饮企业都在不断探索自救路径，尝试新措施。逐步恢复的外送业务既是餐饮企业营收的补充，也是消费者"报复性消费"的助手。

奶茶外卖订单增多

证明城市"复苏"

除了火锅，奶茶也是近期微博中的热词。例如，"我实在太想喝奶茶了""这段时间喝的最后一杯奶茶"等包含奶茶二字的话题变着花样上热搜。甚至有网友留言称，"奶茶、咖啡外卖订单增多是一座城市'复苏'的最好证明。"

为迎接复工带来的新一波消费潮，喜茶媒体公关总监霍玮告诉《证券日报》记者，喜茶根据防控情况、当地政府要求和商场通知，决定开店和关店数量。截至目前，400家左右的门店已经复工，超过门店总数的90%。不过，所有门店都暂停或减少了堂食服务，推动"线上下单+无接触配送"的服务模式。

霍玮进一步介绍，"全国范围内的微信'喜茶GO'小程序外卖和美团外卖，均支持无接触配送，用户只需通过订单备注及电话告知等方式，引导骑手将商品放置在指定位置，以做到全程无接触。此外，自2月9日起，支付宝中的'喜茶GO'小程序也正式上线，深圳是第一个试点城市，预计在3月份推广至更多城市。"

不过，作为热门饮品，即便打出无接触配送"组合拳"，喜茶的部分门店还是会遇到"爆单"情况。霍玮给出了喜茶的解决方案，"订单量较大时，小程序或美团平台就会根据订单制作的情况暂时关闭接单，待沉积订单减少，线上接单会再次开通。这样一来，也避免了消费者过长的等待时间。"

某杂志社工作人员王先生则将"报复性消费"付诸行动。他告诉记者，原本想在美团上订喜茶外卖，但无法下单。电话咨询客服后，得知是"爆单"所致，需要稍等再下单。随后，他"转战"星巴克，点了两个超大杯的拿铁外卖。"虽然喝不完，但实在是憋了太久。"

此外，一点点、COCO等奶茶品牌为了增加营收，也都推出了无接触配送服务。

建议消费者

保持理性消费

对于消费者"报复性消费"的行为，复旦大学国际问题研究院副研究员马斌在接受《证券日报》记者采访时表示，消费者在此前相当长一段时间里正常消费需求被压制，可能出现"报复性消费"行为。

苏宁金融研究院消费金融研究中心高级研究员付一夫则希望消费者树立起"消费是为了满足现实需求"的观念，他说："消费者应结合自身实际情况去购买最合适的那款商品。消费过程中，自己要有主见，尽量避免盲目地随大流、追风头，杜绝与他人攀比。"

付一夫还认为，尤其是在选择消费金融产品进行消费时，消费者务必要做到"知己知彼"。即在参与消费金融活动之前，应认真阅读相应的产品风险说明，至少可以通过互联网路径了解互联网消费信贷产品的特征，尝试获取相关行业分析报告和舆情资讯，规避被欺诈的风险。随后，还要仔细评估自身经济状况，考虑清楚自己是否能够做到按时还款，并认识到违约带来的严重后果。后面一旦进入还款周期，应做好资金配置与支出规划，从而在确保自己信用记录的同时，不额外增添不必要的麻烦。

消费稳增长的同时还要引导消费者理性消费。付一夫坦言，这需要社会各方的共同努力。重点应当加大对消费者的宣传教育，帮助他们树立理性消费观念，并加强舆论媒体等社会监督，强化对产品质量与商家经营行为的监管，以引导商家规范经营、诚信促销，同时还应完善消费者保护法等法律规范，保障消费者的合法权益。（见习记者 吕校宇）

案例分析：这则消息标题使用了“吃货”“报复性消费”两个吸引眼球的词语，使得读者对文中大致内容一目了然，简明扼要。随后文章一方面运用“熄火”“升温”等形象词语表现消费反弹效果，另一方面提供专家建议与评论为读者理性消费、保障自身权益提供专业意见。这样一则既具有趣味词语又具有专业话语的消息能为读者提供多类型角度的看法。

3. 社会新闻

社会新闻是反映人与人之间、人与自然之间关系的新闻，它包括反映社会现象、社会事件、社会问题、社会道德、社会风尚、社会生活和民情民俗等内容的新闻。社会新闻的内容应是健康的、有益无害的，并要有一定的思想性，给人以启迪和积极向上的引导。要注意，社会新闻新奇一些是必要的，但决不能把新奇、刺激放在第一位。

4. 人物消息

人物消息绝不是给人物写履历，不能面面俱到、一一罗列，更不能空乏评价，缺乏典型事例。

① 报道人物消息一定要掌握报道的契机，讲明新闻根据。就是说，只有在人物身上出现新闻事件时，才能进行报道。

中国人民大学新闻系教材在谈到这一问题时，列举了如下一些采写人物消息的新闻契机和根据：当某个人在工作中做出较大成绩或有发明创造时；当老模范有新成就、新事迹时；当一个人的行为、事迹能够有力地推动当前的工作展开，或能紧密配合形势，符合当前报道思想时；当一个人的思想境界体现一种时代精神，值得提倡和效仿时；当某些知名人士的新近动态受到人们关注时；当某个有影响的事件中涌现出的引人注意的新人物，或出现具有广泛社会兴趣的新人新事时，等等。

② 人物消息不可能像人物通讯那样展开。它只能写人物事迹中的最精彩之点，用最精彩之点反映出人物的精神本色和个性特点。

5. 新闻素描

新闻素描使用现场的活的事实说话，它注重描写，注重通过人物的情态、现场情景、事件细节的再现来反映活动中的新闻事件，传达新闻现场的特有的气氛。

6.3.3　网络稿件的语言要求

1. 网络稿件语言的特殊要求

网络稿件同传统稿件一样，对于语言的要求，总体来说应该是准确、清晰、生动的。前面在介绍消息写作相关知识时，已经渗透了网络稿件语言的这些一般要求。

虽然网络稿件的写作最终是舞文弄字的问题，但网络稿件的语言显然不同于传统稿件的书面语言，它有着自己的特点，而且网络稿件语言的要求是按照网络传播的特点提出的。

（1）简短直白，容易懂

新闻界一致认为，“新闻贵新与贵短”。而且许多记者都认为，简练就是最高级的写作技巧。所以新闻要用最精炼简短的文字，通过最典型的材料，反映出所报道的事实，阐明新闻主题，并被新闻受众所理解。网络稿件更要如此，它的句式要短而又短，用词要精而又精，这是由网络传播的特点和受众的心理所决定的。

① 网络信息传播速度十分迅速，所以网络稿件力求做到使对某一新闻事件之最新情况的报道。这就要求网络新闻更具时效性，短新闻无疑会为此提供便利。

② 网上信息繁多，网民很难有耐心反复细看、斟酌新闻的含义。虽然可以重新点击，回过头来再阅读，但多数网民不会这么做，他们往往又被新的信息所吸引，所以受众易于接受短新闻。此外，短新闻因其内容集中、主题突出，又便于受众记忆。

③ 网络稿件信息的阅读需要不断地移动鼠标，文字一行行渐进变化，都使得网络阅读速度低于传统纸质媒介。所以网络稿件信息必须做到文章短、段落短、句子短，以便受众在网页上阅读，减轻疲劳感。

④ 网络稿件的文字应该避免晦涩的词语，因为受众没有时间仔细琢磨这些难懂的词语。

⑤ 网络稿件的文字应该以朴实为主，过于花哨的文字容易让人生厌。

案例 6-12：分析人民网 2015 年 7 月 17 日一则消息的语言特点。

北京市教委正在研究论证学校安装空气净化器①

人民网北京 7 月 17 日电 据北京市环境保护局官方微博消息，昨天，北京市环境保护局和北京市政府新闻办公室共同组织"减缓污染 保护健康——北京市空气重污染应急措施解读"微访谈。

有网友提问，针对北京市重污染天气多的情况，教委有没有给学校教室统一安装空气净化器之类的计划。北京市教委体卫艺处处长王军回复，关于安装空气净化器的问题，教委与卫健委和环保局等相关单位正在进行研究和论证，是否安装还要根据最后论证的结果来确定。

王军介绍称，针对空气重污染问题，北京市教委已经制定了空气重污染应急预案。天气污染到不同的级别，将会发布不同的警告，根据对应的指标，市教委将会分别启动减少户外活动、停上体育课、停止户外活动和停课几个不同的预案。

2014 年底新修订的应急预案规定，在持续橙色预警期间，允许中小学校根据区域空气质量状况和学生、家长的要求，经市、区县教委批准后弹性安排教学活动。停课期间，学校应按照"停课不停学"的原则，通过网络、通信等途径与家长和学生保持联系，提出可参考的合理化学习建议；要求教师合理调整教学方式，灵活安排学习内容，指导学生利用北京数字学校、德育网等网络平台和数字化资源开展自主学习。

王军强调，如果重污染天如果孩子学校不停课，家长可以向市区两级教育行政部门进行举报。

案例分析：本则消息除去第一段的导语部分，消息主体部分仅 445 个字，介绍的是针对北京市重污染天气多的情况，北京市教委的处理措施。主体话语不多，分成 4 个段落，却将北京教委的应对措施娓娓道来，首先是正面回应网友问题，称该方案正在进行研究和论证，接着指出目前方案未出台之前，北京市教委的处理措施，最后指出如若学校未能执行相应措施，家长可以举报。消息将北京市教委的应对处理办法表现的有条不紊，层次清晰，令人一目了然。

---

① 资料来源：http://politics.people.com.cn/n/2015/0717/c1001-27319482.html.

（2）可扫描性

著名的诺贝尔奖获得者赫伯特·西蒙指出："随着信息的发展，有价值的不是信息，而是注意力。"与注意力经济伴随而生的是人类信息传播史上"扫描式"阅读的时代。

所谓"扫描式"阅读就是用较短的时间快速扫视文章，这种阅读带有极大的跳跃性和忽略性，如果新闻中没有读者认为值得留恋的关键词或引人注意的细节，就难以抓住他们快速移动的眼球。受众接受信息的心理机制和行为机制发生的这一系列新的变化，对平面媒体传统的新闻写作方式提出了尖锐的挑战[①]。

在网络传播异常发达的今天更是如此。面对信息海洋，受众更渴望在最短的时间内用最快的速度了解自己生存环境发生的最新变化。因此，网络稿件信息应该具有可扫描性，即可以让受众在鱼龙混杂的众多信息中一眼瞥中那些重要的信息，为此可以将某些重要内容用某些方式突出，如加粗、彩色、荧光、特殊字体等；也可以利用表格、结构图、示意图等方式将要点一一列出；此外，还可以利用多媒体技术，为稿件添加音频、视频，以增加稿件的视听效果。

案例6-13：分析中国新闻网2015年9月9日一则新闻报道的语言特点。

Apple Watch用户满意度97%超初代iPhone[②]

北京时间9月9日消息，据外媒Apple Insider报道，虽然Apple Watch的普及率不是很理想，但是其受欢迎的程度似乎并不弱，甚至超过了第一代iPhone。

关注可穿戴设备的市场调研机构Wristly称，Apple Watch的用户满意度已经达到97%，如图6-7所示，这款产品的主要用途是健身追踪和计时。

调查显示，70%的受访者查看Activity应用的次数超过预期。其次，Apple Watch最受欢迎的应用包括计时、监测心率、接打电话。超过50%的受访者表示，他们使用遥控、消息、音乐/播客功能的次数少于预期。用户对Apple Pay、Glances和Passbook的兴趣适中。

Wristly称，Apple Watch的用户满意度高于第一代iPhone和iPad。另一家市场调研公司ChangeWave的数据显示，2007年发布的第一代iPhone的用户满意度为92%，2010年发布的第一代iPad用户满意度为91%。

案例分析：这则网络新闻很好地体现了网络新闻的可扫描性，首先标题就是对该新闻的精确概括，简明扼要，指出该新闻的主要内容，其次在新闻正文中Wristly的图片的选择，吸引读者注意力。科技新闻本身枯燥无味，若通篇混沌写出，受众则更无心阅读，但此则新闻整篇报道语言简单，篇幅较短，主题明确，方便受众阅读、理解。

2. 新兴的网络语言

网络交流的普及悄悄地改变着人们的思维方式、语言习惯。伴随着网络的发展，迅速兴起了一种有别于传统平面媒介的语言形式——网络语言。它与所有的多媒体元素一起，推波助澜地制造了思想跳接、语意断裂，却又可能是妙趣横生的新语言[③]。

网络语言发展迅速，早在2001年6月，中国经济出版社正式出版的于根元先生主编的《中国网络语言词典》中，共收录了2 000多条网络词语。时至今日，网络语言更是突飞猛进、一日千里。网民们不仅用汉字、数字、符号、字母来尽情组合、改造词语，而且用谐音、怪词、错字、别

---

① 李惠惠."扫描式"阅读时代的新闻写作[J].新闻世界，2008(008)：38-39.

② 资料来源：http://it.people.com.cn/n/2015/0909/c1009-27562802.html.

③ 肖汉明.网络语言：一种新兴的语言现象[J].成都行政学院学报，2002(003)：77-78.

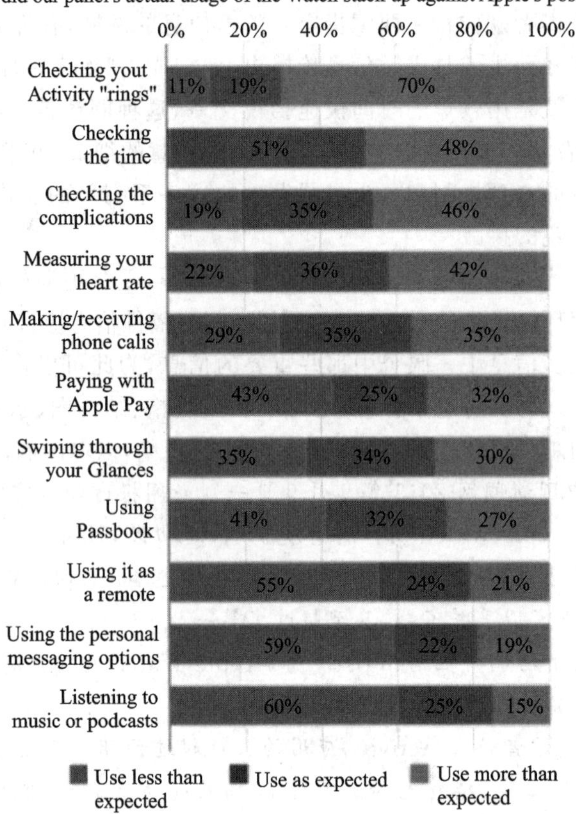

图 6-7　Apple Watch 用户满意度 97% 超初代 iPhone(图片来自 Wristly)

字大玩语言游戏。网络语言大致分为以下类：

(1) 新词新语

恐龙、美眉、帅锅、霉女、青蛙、菌男、东东、隔壁、楼上、楼下、楼主、潜水、灌水、屌丝、Duang、然并卵、果取关……这些都是网友之间为了方便交流，加强沟通而创造的有其独特风格的习惯用语，是由网民创造并在网上使用的语言。

(2) 数　字

886(再见)、885(帮帮我)、9494(就是就是)、7456(气死我了)、555～～～～(呜呜呜、哭泣声)、995(救救我)、484(是不是)、233(表示大笑)……这些数字类型的网络语言敲打起来要比中文输入方面很多，深受广大网民喜欢。

(3) 字　母

MM(妹妹、美眉)、PP(漂漂)、MS(貌似)、PFPF(佩服佩服)、XDJM(兄弟姐妹)、ZZZ(睡觉)、LZ(楼主)、BB(宝贝)……这类网络语言简洁明快、新颖奇特，并包含调侃诙谐之意。迎合了现代人放松身心的需要，为紧张忙碌的人们营造出轻松、幽默的阅读氛围。

(4) 英文缩写

F2F(face to face，面对面)、3Q(thank you，谢谢)、SP(support，支持)、So So(一般)、PPL(people，人们)、Pro(professional，专业)、download(“荡”)、CP(coupling，官配)、BTW(Bye the way，顺便说一句)……外来词进入我们的网络语言，常常有一个“汉化”的过程。起初是直接

引用，有时几种翻译方式存，有时为了简单明了使用缩写形式。经过长时间使用，有些意义明确、词形规范的则逐渐地确定了下来。

（5）图形符号

:—)普通笑脸、:—D 大笑 、:—0 吃惊、*<|:—) 圣诞老人、^—^ 快乐的人、(︶︿︶)鄙视、(╰_╯)愤怒、(⊙ o ⊙)谢谢、(^o^) 欢喜、$_$ 贪心、T^T 生气……这些图形不仅形象传神，而且输入简便。它们不时地出现在聊天的对话中或者 BBS 的帖子上面，使得交流的双方或多方仿佛可以看到了彼此的表情和动作，增添了网际交流对现实的模拟。

（6）童言童语

将“东西”说成“东东”，“一般”说成“一般般”，“试一下”说成“试一下下”，“漂亮”说成“漂漂”……这种故作幼稚的网络语言尽管在整个网络语言中所占的比例很小，但它的生成速度很快，传播效率很快，应用面越来越广，尤其深受 80 后、90 后喜爱。

【本章小结】

本章主要讲述了网络原创内容的形式及特点、常用的采访方式、网络稿件的写作等内容。

通过本章的学习，使学生了解网络原创内容的形式及特点、常用采访方式的特点，掌握实地采访、电话采访、电子邮件采访、即时通信工具采访、BBS 论坛和聊天室采访的具体方法和过程；熟知网络稿件（消息）的结构，理解网络稿件（消息）的写作要求，掌握网络稿件（消息）的写作方法和技巧。能够运用各种采访方法收集自己所需要的信息；能够运用网络稿件（消息）的写作方法撰写适合网络传播特点的稿件。

【思考题及操作题】

6-1 简述常用的几种采访方式及特点。

6-2 试述采访前准备的主要内容。

6-3 消息的导语写作有哪些方式？

6-4 分析下列一则消息采用的结构形式，该结构形式的基本特征是什么？

金融支持力度再升级 中小微企业迎及时雨[①]

中国人民银行 26 日召开电视电话会议，部署金融支持中小微企业复工复产工作。会议强调，央行系统要把再贷款再贴现快速精准落实到位，为企业有序复工复产提供低成本、普惠性的资金支持，切实解决企业复工复产面临的债务偿还、资金周转和扩大融资等迫切问题。

分析人士认为，可以预期的是，在增加再贷款、再贴现专用额度，下调支农、支小再贷款利率等更多支持政策加码后，中小微企业将增强渡过难关、应对风险的能力。

增加优惠资金来源

会议表示，在前期已经设立 3 000 亿元疫情防控专项再贷款的基础上，增加再贷款再贴现专用额度 5 000 亿元，同时，下调支农、支小再贷款利率 0.25 个百分点至 2.5%。其中，支农、支小再贷款额度分别为 1 000 亿元、3 000 亿元，再贴现额度 1 000 亿元。2020 年 6 月底前，对地方法人银行新发放不高于贷款市场报价利率（LPR）加 50 个基点的普惠型小微企业贷款，允许等额申请再贷款资金。

会议强调，再贷款再贴现资金要向重点领域、行业和地区倾斜，在现有支持领域基础上，重点支持复工复产、脱贫攻坚、春耕备耕、禽畜养殖、外贸行业等资金需求，并加大对受疫情影响

---

① 资料来源：http://www.zqrb.cn/finance/hongguanjingji/2020-02-27/A1582756421772.html.

较大的旅游娱乐、住宿餐饮、交通运输等行业，以及对防疫重点地区的支持力度。

“通过增加再贷款再贴现专用额度并下调支农、支小再贷款利率，可直接增加中小银行低成本资金来源，提高中小银行对中小微企业信贷投放能力。”民生银行首席研究员温彬表示。

中国人民银行副行长陈雨露此前表示，要支持商业银行有足够的对中小微企业发放贷款的资金来源。除普惠金融定向降准、支农、支小再贷款、再贴现这些货币政策工具要加大力度外，还要加大中小微企业金融专项债券的发行力度，让商业银行有充足的优惠资金来源。

预计金融机构将加快发行小微金融债节奏。北京银行2020年度抗疫主题小微金融债日前成功获批，成为全国首单获批的抗疫主题小微金融债。长沙银行表示，于25日至27日发行15亿元小型微型企业贷款专项金融债券。

此外，银保监会普惠金融部主任李均锋日前透露，银保监会正会同央行研究增加支小再贷款和小微企业金融专项债额度。

完善金融支持方式

加大对中小微企业支持力度，也须发挥国有大行“头雁”作用。国务院常务会议日前强调，国有大型银行上半年普惠型小微企业贷款余额同比增速要力争不低于30%。政策性银行将增加3 500亿元专项信贷额度，以优惠利率向民营、中小微企业发放。

银保监会大型银行部主任王大庆介绍，6家大型银行对医疗物资类重点企业的信贷支持累计已投放672亿元，对应对疫情的生活物资保障类企业累计发放贷款754亿元。

农业银行在近日出台的专项措施中明确单列普惠型小微企业贷款计划，足额匹配和保障信贷规模。在确保完成2020年普惠型小微企业贷款目标计划基础上加强首贷户贷款、制造业贷款、中长期贷款、信用贷款投放，更加积极进取地推动小微企业信贷投放有效增长。

从政策性银行看，国家开发银行日前设立专项流动资金贷款，支持受新冠肺炎疫情影响企业尽快复工复产，全力稳企业、稳经济、稳发展。专项贷款人民币总体额度1 300亿元，外汇总体额度50亿美元，并根据复工复产总体安排、实际进展和资金需求动态调整。截至2月20日，专项贷款发放已达699亿元人民币。

此外，中国人民银行行长易纲日前主持召开的行长办公会议要求，针对企业复工复产面临的债务偿还、资金周转和扩大融资等迫切问题，下一步要会同有关部门，创新完善金融支持方式，推动金融机构为防疫重点地区单列信贷规模，为受疫情影响较大的行业、民营和小微企业提供专项信贷额度。

政策力度大见效快

银保监会政策研究局副局长吉昱华25日介绍，截至目前，银行业金融机构为抗击疫情提供信贷超过7 900亿元。

从银行角度看，中国证券报记者获悉，当前光大银行已为医药卫生、医疗器材、支持企业复工复产及疫情防控相关行业配置专项信贷规模200亿元，其中50亿元用于武汉地区，执行最优信贷价格。同时，对医疗卫生保障和生活物资保障类行业加大授信支持，目前授信金额444.02亿元，实际投放270.78亿元。为受疫情影响较重的住宿餐饮、批发零售、交通运输等行业发放贷款已达156亿元。

农业银行则上下联动，逐户对接央行发布的全国疫情防控重点企业，累计合作201户，贷款余额180亿元。除央行发布的重点企业名单外，鼓励支持各分行积极对接地方政府确定的省市级防疫重点企业，累计为1 099家疫情防控相关企业发放贷款合计262亿元。

另外，国务院常务会议此前强调，鼓励金融机构根据企业申请，对符合条件、流动性遇到暂时困难的中小微企业包括个体工商户贷款本金，给予临时性延期偿还安排，付息可延期到6月

30 日，并免收罚息。

【实训内容及指导】

实训 6－1　浏览新华网、新浪网

实训目的：了解网络原创内容的形式及各种网络原创内容的特点。

实训内容：浏览新华网、榕树下网站、新浪网，分析比较他们采集信息进行内容原创的方式。

实训要求：

(1) 浏览新华网的新闻，分析哪些是原创新闻，哪些是从传统媒体转载的新闻，哪些是网络编辑收集各种信息整合而成的新闻。

(2) 浏览榕树下网站，了解原创文学的特点。

(3) 浏览新浪博客，体会博客信息传播的特点。

实训条件：提供 Internet 环境。

实训操作：

(1) 浏览网络新闻。

(2) 浏览原创文学网站。

(3) 浏览新浪的博客频道。

实训 6－2　网络原创内容的采集

实训目的：掌握各种采访方式。

实训内容：运用实地采访、电话采访、电子邮件采访、即时通信工具采访、BBS 论坛和聊天室采访等采集网络原创的内容。

实训要求：

(1) 了解各种采访方式的特点。

(2) 熟知各种采访方式的操作要点。

(3) 掌握各种采访方式的方法。

实训条件：提供 Internet 环境。

实训操作：

(1) 灵活运用各种采访方法。

(2) 通过采访最大限度地获得事实材料。

实训 6－3　网络稿件的撰写

实训目的：了解网络稿件语言的基本要求和风格特点，掌握网络稿件写作的基本方法。

实训内容：撰写一篇适合网络传播的稿件。

实训要求：

(1) 熟知网络稿件（消息）的结构。

(2) 掌握网络稿件（消息）的写作要求。

(3) 掌握网络稿件（消息）写作技巧。

实训条件：提供 Internet 环境。

实训操作：

(1) 分析、整理采访阶段所获得的各种信息。

(2) 按实训要求进行稿件写作。

第7章　互联网文案的写作

本章知识点：互联网文案的概念、互联网文案的分类、互联网文案的作用、互联网文案的写作步骤等。

本章的技能点：商品卖点的提炼、短文案的写作方法、中长型文案的写作方法、长文案的内容结构等。

【引　例】

江小白，是重庆江小白酒业有限公司旗下江记酒庄酿造生产的一种自然发酵并蒸馏的高粱酒品牌。江小白以"我是江小白，生活很简单"为品牌理念，定位于新青年群体的青春型小酒品牌，凭借个性化的包装和情怀满满的个性语录，迅速吸引了年轻人的目光，并收获了一大批粉丝。在全国白酒市场不景气的时候，江小白却逆势增长，第一年就实现了3 000万元的销售收入，2015年销售收入同比增长近100%，2018年销售额已经突破20亿。

江小白快速增长的背后，与其个性化和极富创意的文案不无关系。江小白将自身品牌定位成自谦、自省、自嘲、自黑、自强、自信的年轻人，2015年，江小白推出了表达瓶"我有一瓶酒，有话对你说"，如图7-1所示。江小白表达瓶以"我有一瓶酒，有话对你说"为基础语录，鼓励消费者扫描江小白瓶身上的"扫一扫"二维码，进入表达瓶H5互动页面，在该页面中消费者可以写下任何想说的话，也可以上传自己的照片，如果消费者的表达内容十分出彩，就有可能被江小白采用，拥有属于消费者自己的"定制表达瓶"。表达瓶改变了以往消费者单向接收信息的形式，让消费者也参与到商品的创作过程中，这些文案来自消费者的心声，更能引起消费者内心的情感共鸣，达到树立品牌形象的目的。

图7-1　江小白表达瓶

"最想说的话，在眼睛里，草稿箱里，梦里和酒里""愿十年后，我还给你倒酒；愿十年后，我们还是老友""我们那些共同的记忆，是最好的下酒菜""所谓孤独就是，有的人无话可说，有的话无人可说""走过一些弯路，也好过原地踏步"，江小白走心的文案备受年轻消费者追捧，使得江小白也迅速成为了现象级产品，在社交媒体得到广泛传播。

江小白的文案，很多都是围绕异地打拼的年轻人，表达年轻人的爱情、友情、思念、孤独、生活、理想、奋斗等情绪。独特的定位和个性化的文案，一方面增加了消费附加价值，另一方面更是打开了传播的阀门。

【案例导读】

互联网改变了信息传播的方式和手段，从内容到形式、从手段到渠道，都变得越来越多元化。互联网信息传播速度快、信息发布成本低、交互性强，因此在互联网上，文案的重要性有增无减。江小白的快速崛起，让很多企业意识到了文案的重要性。所以文案能力也成为内容运营人员非常重要的基础能力。

互联网文案具有哪些特点？互联网文案有哪些类型？不同类型的文案如何写作？这就是本章将要讲述的主要内容。

7.1 互联网文案概述

7.1.1 什么是互联网文案

1. 文案与互联网文案

文案来源于广告行业，是“广告文案”的简称，由copy writer翻译而来。多指以语辞进行广告信息内容表现的形式，有广义和狭义之分，广义的广告文案包括标题、正文、口号的撰写和对广告形象的选择搭配；狭义的广告文案包括标题、正文、口号的撰写。

互联网改变了信息传播的方式和手段，从内容到形式、从手段到渠道都变得越来越多元化。互联网信息传播速度快、信息发布成本低、交互性强，用户获取信息更加方便，用户的注意力也变得更加稀缺。在海量的信息和用户有限的注意力背景下，如何在有限的时间内让有效信息占领用户心智就变得越来越难，因此在互联网上，文案的重要性有增无减。文案职业角色的关键也是把要传播的内容和信息进行设计，让其更容易被人发现、理解、记住和传播。无论是文章、图片、H5页面还是短视频，文案是一切内容的基础和核心。正如尼克·欧斯本在他的著作《网络文案》中所说：“点进你最喜欢的网站，拿掉光鲜的设计与科技，最后，剩下的只有文字。这是在网络上做出区隔的最后手段，也是最好的方式。”

2. 互联网文案的作用

互联网文案可以促进企业品牌的传播，也可以促进产品的销售，归纳起来，互联网文案的作用和价值包括两点：引发传播和促进转化。

(1) 引发传播

引发传播，也就是说，看完这个文案，用户很有意愿把它分享给其他人。引发传播比较经典的案例之一是网易云音乐的文案(见图7-2)。2017年3月23日，网易云音乐把点赞数最高的优质乐评印满了杭州地铁1号线和整个江陵路地铁站，创造出现象级传播案例。网易云音乐有超过4亿条音乐评论，策划团队按照点赞数筛选出了5 000条，又按照“文案简单、一语

图7-2 网易云音乐杭州地铁文案

中的、能脱离歌曲环境被理解”的标准，人工筛选出了 85 条。首先在网易云音乐官方公众号和网易云音乐专栏进行传播，然后选择广告类、科技类、情感类大号进行投放。“乐评地铁”先是当天在杭州刷屏了朋友圈，第二天在全国范围引发了刷屏级传播，超过 2 000 个微信公众号自发传播，总阅读量超过 1 000 万，200 多家媒体自发报道，包括人民日报、新华社等中央媒体。从传播效果看，网易云音乐在 App Store 中的音乐排行榜从第三名飙升至第一名，免费排行榜从 35 位飙升至第 16 位。

（2）促进转化

制造转化是指用户看了这个文案之后会有一种动机和欲望，想要遵循这个文案的引导去消费。比如用户看了这个标题就想去看这个文章，或者看了淘宝店铺商品的一个文案，用户就想去买它。传统的文案推广往往是在媒体渠道进行长期投放，消费者在特定平台上购买。而互联网文案与电商平台结合，能直接产生销售，如消费者在看文章的时候，会直接点击推荐的一个产品购买链接并顺手购买；看视频的时候，看到有相关商品也可能直接购买。对于企业来说，只要在微信、微博等社交媒体上有一批关注自己的粉丝，很有可能在发布一条消息后直接带来销售。

7.1.2 互联网文案的类型

1. 按照目的划分

文案的目的主要在于引发传播和制造转化。按文案的发布目的及作用，可以将互联网文案划分为销售文案和传播文案。

销售文案是指能够立刻带来销售或转型的文案，如网店的详情页广告文案、产品的销售页面介绍文案、网络推广活动的文案等。销售文案的主要目的在于制造转化，促进产品的销售或引导用户完成阅读、报名、点击等转化行为。

传播文案是指能够扩大品牌影响力的文案，如企业品牌文案、互联网上的推广宣传文案、活动宣传文案、借势营销文案等。这些文案的写法有其特殊性，它们的作用在于引起人们的共鸣，并引发观众的自主自发式传播。品牌文案没有强烈的销售说服，但是却明显传递产品或品牌的定位和形象。传播文案的主要目的在于引发传播，促进内容或品牌形象的传播。

2. 按照篇幅长短划分

按文案篇幅的长短，可以将互联网文案划分为长文案、中长型文案和短文案三大类。长文案和短文案各有千秋，应根据产品及服务的不同，选择合适的篇幅撰写互联网文案。通常而言，行业属性不同，文案的运用也有不同。在价格昂贵、顾客决策成本较高的行业通常要运用长文案，如珠宝、汽车行业；而在价格较低、顾客决策成本较低的行业，则一般运用短文案，如打火机、杯子行业等。

在运营工作中，内容运营人员经常接触的文案包括：短文案，约 20 字以内，常见的有标题、App Push、Banner；中长型文案，20～150 字，常见类型有海报、短信、朋友圈文案、社群文案、微博文案、简短的公众号文案；长文案，约 150 字以上，常见类型有公众号、今日头条长文。

3. 按照投放渠道划分

按渠道及表现方式，可以将互联网文案划分为横幅广告文案、网店详情页广告文案、电商品牌文案和网络推广文案。

横幅广告文案是互联网中最常见的一种广告形式，一般以 JPG、GIF、Flash 等格式的图像文件形式出现在网页中,用于表现广告的内容。横幅广告文案一般放置在网页中较为醒目的位置,如网站的主页、App 开机画面、网店的顶部等。横幅广告文案一般是一个简单的标题再加上标志。它主要起到提示的作用,暗示用户点击图片打开其他页面,了解更详尽的广告信息。对于文案人员来说,要进行横幅广告文案的创作,需要结合一定的创意进行表现,尽量表现广告主题的独创性和新颖性。

网店详情页广告文案是电子商务文案的重要组成部分,它主要用于网店商品信息的表述,达到激发消费者购买欲望的目的。网店详情页广告文案展示的是商品详情页,主要通过文字、图片等元素全面地展示商品的功能、特性,以及销售、物流、售后等方面的信息,从而增加消费者对产品的兴趣,激发他们的潜在需求,引导他们下单购买。

电商品牌文案主要是进行品牌建设、积累品牌资产的文案。一般来说,电商品牌文案主要是通过故事进行品牌形象的建立与传播。文案的内容直接决定故事的好坏,因此要注重故事的塑造和所要表达的思想。一个好的品牌故事能够体现出品牌的核心文化,营造出脍炙人口、源远流长的效果。

网络推广文案是为了对企业、商品或服务进行宣传推广而创作的文案,起到广而告之的作用。它可以给商家带来更多的外部链接,如果引发了网友的大量转载,效果会非常可观。

4. 按照应用场景划分

按照应用场景及内容不同,文案可以分为一句话文案、深入型文案、产品型文案、总结式文案、TVC 文案、情感型文案①。

一句话文案常以标题、推荐语的形式出现,10～20 字,短小精悍,不在乎逻辑,但重视吸睛;深入型文案常见于新闻媒体、企业公关稿、企业新闻通稿,例如南都周刊、凤凰网、36 氪等,要求能概括总结,陈述客观事实、提供全面的资料信息;卖货型文案,以销售产品为目的,这类文案一般以长图文的形式展现,例如电商平台的产品详情页、公众号上的卖货文章等;总结式文案一般出现在周年庆、年会、节日活动、颁奖典礼、工作总结、收官战报、主持人发言稿、领导发言稿等场景中;TVC 文案是指视频广告文案,时长 15 秒到 5 分钟不等;情感型文案以抒发表达情感为主,比如很多公众号或自媒体的内容定位就是写情感,每个媒体平台几乎都有情感的话题专栏。

7.2　转化型短文案的写作方法

转化型文案的主要衡量标准不是内容是否是创意或是否有趣,而是用户能否看懂文案,并根据文案的逻辑完成某个特定行为,如下单、点击、报名等,即一次转化。

7.2.1　转化型文案的写作步骤

作为进入市场的产品,它必须具备一定的价值和特定的目标用户群体。通常在产品和用户这个价值链条之间,一端是产品,一端是用户,最终的目的是希望拉动用户去体验产品价值或其他价值。但用户一开始对于产品的价值的认知是不明确的,所以这个时候在很多场景下就用到了文案——通过文案把价值传递给用户,通过文案促成用户的行动,进而来体验产品、

① 资料来源:http://www.woshipm.com/copy/1625109.html.

服务。所以文案一定要体现出卖点，去撬动用户的欲望。

转化型文案的写作步骤通常包括四步：提炼产品卖点——筛选产品卖点——选择说服逻辑——结合场景完成写作。

1. 提炼产品卖点

转化型文案写作的第一步是先把所有的卖点列出来。文案写作者在为某一款产品进行转化型文案写作时，必须清楚地知道这款产品的独特卖点，在品牌、质量、功能、款式、服务或细节等方面有哪些特点，哪些方面不同于竞争对手，知道这款产品可以满足消费者的哪些需求。需要特别注意的是，产品卖点来源于产品特点，但是产品卖点不等同于产品特点。用户关心的不是产品有什么特点，而是产品能带来什么价值，他们对这个价值有没有需求，这才是文案制造转化的根本原因。

由以上分析可以得出产品的卖点公式：

产品卖点＝产品特点＋提供的价值

产品特点和提供的价值是缺一不可的。如果文案中只说产品特点，很难吸引用户，因为用户不清楚这些特点对自己的价值。如果文案中只说产品提供的价值，但是没有产品特点，那么也很难让用户相信这些价值。提炼产品卖点时，主要是围绕产品的核心特征、优于竞品的特征、目标用户的痛点与需求三方面进行分析。

(1) 围绕产品的核心特征提炼卖点

围绕产品的核心特征提炼卖点，就是要在文案中展示产品的核心概念，突出产品的核心卖点。围绕产品的核心特征提炼卖点时，可以通过强调商品的细节、特色、卓越的品质、显著的功效、优越的性价比与服务等方式。以下问题可以帮助文案写作者从这一角度提炼潜在的卖点：产品有哪些值得关注的细节？有哪些设计或生产中的细节可以体现产品的特征或独特优势？有哪些实际发生的结果和用户行为可以体现产品的特征或独特优势？有哪些人、事务、品牌背书等可以体现产品的特征或独特优势？

(2) 围绕优于竞品的特征提炼卖点

如果产品在某些方面比竞品做得更好，或者竞品在某些方面有不足，那么就可以围绕这些方面提炼卖点。以下问题可以帮助文案写作者从这一角度提炼潜在的卖点：与其他同类产品相比有何显著的特点和不同？竞品有哪些弱点是我们做得更好的？

(3) 围绕目标用户的痛点与需求提炼卖点

产品的核心价值在于满足用户的需求。在提炼产品卖点时，需要明确产品的目标用户人群，思考产品满足了目标用户的哪些需求，解决了目标用户的哪些痛点。以下问题可以帮助文案写作者从这一角度提炼潜在的卖点：产品能解决目标用户什么问题？为何能解决？产品能解决用户的哪些痛点？为何能解决？

2. 筛选产品卖点

在提炼出产品的潜在卖点以后，还需要进一步地筛选出最优卖点，这些卖点是否全部作为卖点在文案中展现，哪些是主要卖点，哪些是次要卖点。筛选产品卖点需要去考虑两个问题：

① 卖点是否能满足目标人群的主要需求？不同人的需求是不一样的，要根据目标人群的不同，对产品卖点和用户需求进行匹配。比如学生群体可能比较关注性价比，中老年群体比较关注健康等。

② 产品卖点是否在某一方面比竞品突出？在提取产品卖点的时候，往往需要去搜索一些

同类型的产品。那么经常出现的一些卖点可能就是市面上都有的卖点，比较雷同，那就需要谨慎地考虑是否要把它当成主要的卖点。

3. 选择说服逻辑

产品卖点筛选出来以后，不能直接将卖点丢给用户，而是要选择合适的说服逻辑，让用户一步一步被你的文案逻辑所引导，从各种繁杂的信息中被你的文案所吸引，从而产生兴趣，直至最后勾起消费的欲望，产生行动。选择说服逻辑的意思就是要在产品和卖点之间搭建一个桥梁，让卖点能够传递给用户。

4. 结合场景完成写作

结合场景完成写作是指在不同场景下文案的写作风格是不一样的，根据文案发布渠道的不同选择合适的写作风格。文案的发布渠道包括企业自有渠道和外部渠道。企业自有渠道包括企业官网、官方微博、官方博客、官方商城、公众号、小程序、App 等。外部渠道包括各种新媒体和自媒体渠道，例如朋友圈、公众号、社群、论坛、今日头条、知乎、简书等。在写文案时，需要考虑文案现在所处的场景适合采用什么样的风格，用户潜在的阅读时间是长还是短，该渠道以往的写作风格是什么样的，这需要不断思考琢磨、积累经验。

7.2.2 短文案的常见写法

常见的短文案包括标题、App Push、Banner 等[①]。

1. 标题文案的常见写法

标题起着引导阅读和点击的作用。在目前的碎片化阅读场景下，用户的耐心和注意力是非常有限的，如果标题写得不够吸引人，用户就不会阅读正文，更谈不上转化了，因此标题起着非常重要的作用。文案界传奇人物约瑟夫·休格曼在《文案训练手册》一书中提到“写文案的目的，就是让读者阅读我的标题，阅读完之后，让他阅读第一句话、第二句话、第三句话，直到阅读完最后一句话。”标题写法的方法有很多，在运营实践中，以下五种写法比较常见。

(1) 写法一：直接说出好处＋促使立即行动

如果产品或内容能给用户带来好处或者能帮助用户解决问题，例如一份诱人的奖品、一个有干货的内容、一个功效显著的产品、一次优惠的促销活动，那么在标题中可以直接写出好处以吸引用户注意。在说出好处之后，还可以进一步点出好处的吸引力，促使用户立即行动。不过现在用户对诱惑、福利已经麻木了，所以需要用到限时限量、制造人气感来推动，效果才会更好。

限时限量常见用词：限 xx 人领取，活动仅剩 x 天，最后 x 小时等。用户心理可能是“现在下手太划算了，赶紧下手，不然就来不及了”。

制造人气感。制造人气感又分为两种情况，若产品本身人气高，那只要直说销量或相关数据就行。比如说：销量第一、断货王、30 万人都在用、点赞最高；但当你在推荐一个人气不是那么高的产品，列出销量就没那么有吸引力，那么就可以换一个角度，描述产品受到欢迎的细节，也可以达到类似的效果。用户会有从众心理，制造人气感背后的用户心理是“这么多人都认同，质量一定很不错”。

以下是采用该写法的典型标题：

---

① 资料来源：http://www.woshipm.com/operate/2436365.html.

快来抢9.99元现金红包,限500人领取

全场零食满199减99,仅限3天

知乎点赞最高的70个神回复,看完整个人都神清气爽

新媒体小编都收藏了,这100条标题素材够你用一辈子

4招提高孩子记忆力,让孩子轻松做学霸

我凭着下班后副业月入超10万!这份躺赚指南建议收藏

(2) 写法二:提出很想解决的问题+给出解决方法

当推广一个产品,或者宣传某个活动,或者想吸引用户阅读某个内容时,可以先问这样一个问题,产品能解决目标用户很想解决,却又一直没能解决的问题吗?如果有,那么在标题中可以写出用户普遍存在的烦恼,或者是很想解决的问题。为了让问题更有代入感,最好能说出工具具体的场景表现。例如"找不到好工作"可变形为——"投了几十份简历,却都石沉大海""室友都找到了好工作,自己却一个offer都没有","工作效率低"可变形为——"每天都加班到深夜,忙得焦头烂额,却感觉很多事没做完"。在提出具体的问题后,可以再给出解决方法,需要注意的是从问题到解决方法的逻辑要合理。"经常失眠?那就用香薰机"可变形为——"压力太大,经常睡不着?用香薰机,让你彻底放松"。

以下是采用该写法的典型标题:

赚钱太难了?实习生也能靠这个核心技能月入2万

如何治好你的"英语学习拖延症"?送你一个简单粗暴的方法……

怕阅读?只是因为你没有读到适合自己的书!

还在为论文发愁?这个论文工具集,请您收好

不想当背锅侠?攻略看这里

(3) 写法三:描述一个场景+说明严重后果

描述一个场景,同时说明未曾在意的严重后果,因为用户害怕自己也会遇到,所以就会很想点进去了解具体原因和解决办法。在尝试这种写法前,最好先想想是否有什么是用户未曾在意的严重后果。比如,如果你想告诉用户65°以上的热饮不该喝,那么标题可能会是什么样子呢?可以是这样的——《有种水能致癌,很多人却天天都在喝!》,我们可以看到,严重后果就是能致癌,而场景呢,就是这种水很多人天天都在喝。

那这个写法,跟刚刚提到的写法二有什么不同呢?写法二的重点是我能解决你烦恼了很久的问题,而这个问题用户自己一直有关注的,一直有留意的;而写法三的场景,是用户一直忽视的,所以要重点说明如果你忽视了这个问题,会有什么样的严重后果。以便于引起用户的重视。

以下是采用该写法的典型标题:

这件事情不重视,孩子的皮肤和眼睛都毁了!

不懂这3个赚钱思维,你永远都会是穷人

家长再不重视,网课让你家孩子越学越糟!

口罩戴不对,和待在病毒堆里没区别

这些做法会威胁健康安全,很多人却不知道

不看这个,你的四六级成绩就白查了

(4) 写法四:提出一个有趣或颠覆认知的问题

这种写法在果壳、知乎等科普或经验分享平台非常常见，比如大家熟知的经典知乎标题：某某是怎样一种体验？如何评价什么？这样的好处是什么呢？

第一，用户可能会因为好奇就直接点进去看。

第二，有传播性和话题性，用户喜欢把它当作一个谈资，在朋友圈转发，来塑造自己有趣或者有见识的形象。所以在写文案的时候就可以想一想，产品本身有什么用户可能感兴趣，或者能颠覆用户认知的问题，如果有，就可以提炼出来当作标题。

以下是采用该写法的典型标题：

怎么避免被空虚毁掉自己的生活？

四川足球是怎么消失的？

不同社会层级玩王者荣耀是怎样的体验？

除了猪肉，土豆、西红柿为什么这么贵？

为何有的人忙忙碌碌却又碌碌无为？

这老头熬鸡汤，为啥能拿十个亿？

十位日本一流学者写的中国史，为什么卖疯了？

(5) 写法五：把话说一半

如果把所有关键信息都放进标题，用户可能就只浏览标题而不会进入正文阅读，为了吸引用户，有时可以采用把话说一半的写法。采用这种写法时，需要思考是否有什么关键信息隐藏在文章里，把重要的信息点埋在文章里，吸引用户去点击。

以下是采用该写法的典型标题：

即将出院的病人说了一句话，让护士差点就哭了……

每次下定决心学好英语却总学不来？原来是它在作怪！

官方指引来了！这种情形可以不用戴口罩

表现优秀的实习生，迟迟没有转正，只因为做错这件小事

教育部公示了，这2个地方将迎来新本科高校

2. Banner文案的写法

Banner是一种宣传广告图，可以翻译为网幅广告、旗帜广告、横幅广告等，主要用于网站、App、活动宣传广告、报纸杂志中，其中最常用的就是网站或App，如图7－3所示。网站或App Banner设计图上一般放公司的宣传口号、最新优惠活动、新品发布的产品图等。通常情

图7－3　小米优品网站上的Banner广告

况下,它是在页面的最头部,是第一个出现在消费者眼前的广告位,大多情况下,Banner 是流量的主要入口。内容运营人员实际工作中接触较多的 Banner 包括促销福利类、情感趣味类及产品推荐类。

Banner 文案的转化效果由文案、设计共同决定。写作时除了关注文案内容,还要注意阅读顺序。根据阅读顺序给文案排序,最想让用户看到的文案需要最突出。此外,为了促进转化,还要通过按钮、链接等突出行动指引。

(1) 促销福利类 Banner

促销福利类 Banner 文案的写法多数是采用短文案写法一:直接说出好处,促使立即行动。写作时需要注意一下文案的阅读顺序——用户在看到图片上的文案时,最先看到的是设计最显眼、最大,或者是最靠近左上方的文案,然后才会看到其他文案。因此,对于 Banner 文案,不仅仅要写出文案的内容,还需要考虑将哪个文案放在最显眼的位置,当作主标题;哪个放在次要的位置,让用户在看完主标题后,立刻就能看到它。对于促销福利类活动,用户最在乎最想知道的肯定是自己能获得什么好处,所以一般的阅读顺序会设置为

直接说出好处

促使立即行动

这样比较显眼突出,而促使立即行动一般会设置成按钮形状,会促使用户产生点击的冲动。那么除了这两段文案之外,Banner 上一般还会加上品牌的 logo,活动主题等附加信息。图 7-4 所示是京东图书的促销 Banner,“万物更新 好处钜惠 自营图书每满 100 减 50”是此次活动对用户的好处,立即抢购按钮会促成用户产生点击的冲动。左上角“京东尚学季”展现了活动品牌。

图 7-4　产品促销类活动 Banner

(2) 情感趣味类活动

相比促销福利类的活动,情感趣味类活动会相对弱化给到用户的福利,而是用有趣好玩的活动,来吸引用户参与行动。目的是希望用户不仅仅为了奖品而来,而是自发地参与到活动中。情感趣味类活动 Banner 文案可以采用第一种写法:直接说出好处、立即促使行动,同时要明确活动主题。通常顺序如下:

突出活动主题(做什么)

直接说出好处

促使立即行动

(3) 产品推荐类活动

产品推荐类活动的目的是推荐产品。第一种写法是运用直接说出好处,促使立即行动的写法。这里的好处,主要是指产品本身的卖点,如果除了本身的卖点,还有活动优惠的话,那就放在后面,作为好处的补充;第二种,针对内容型产品的推荐活动,通常写法是提出很想解决的问题,再给出解决方法。或反之。图 7-5 所示是某网站某课程的推荐 Banner,“通宵加班,老板却说没成效?”提出了用户面临和想解决的问题,“提升产品能力,工作更高效!”给出了解决方法。下面“戳我”促进用户立即行动。

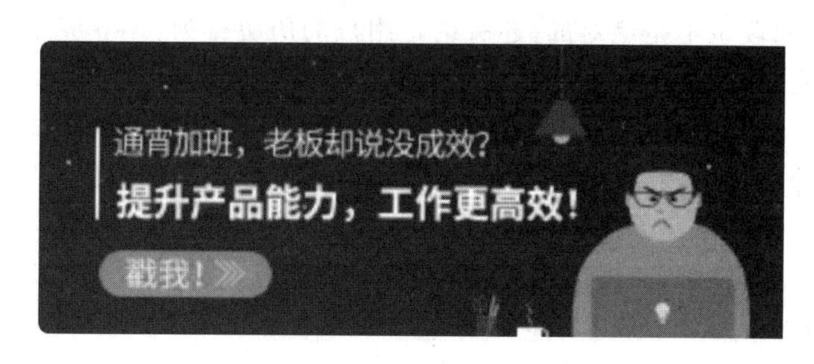

图 7-5　产品推荐类活动 Banner

3. App Push 文案的写法

App Push 的定义为在手机终端锁屏状态下展示的通知栏或在操作前台顶端弹出的消息通知,点击后可唤起对应的 App,并在 App 内跳转到指定页面。App 消息推送作为消息分发渠道,一方面起到内容告知的作用,另一方面在一定程度上可以提高用户活跃度,在用户流失后也许能够召回用户。App Push 消息是通知用户、引导用户查看消息、进行参与活动、购买产品、提升 App 活跃度的重要手段。

根据产品形态和业务类型,从大的层面看,可以将消息类型拆分为“IM 类”和“非 IM 类”。IM 类 App,如微信、QQ 等。非 IM 类又分为:

新闻资讯类:如网易新闻、今日头条、天天快报、ZAKER 等新闻资讯;

营销活动类:如天猫 App 预售、大促、满返满减等营销活动信息;

产品推荐类:如天猫、京东关联产品推荐、新品推荐等基于大数据和算法的个性化推荐;

系统功能类:如天猫发货、到货物流通知、生日祝福提醒、优惠券过期提醒等与个人信息特征或行为属性相关联的系统内消息 push。

App 消息推送有字符限制,IOS 端最多展示 60 个字符,Android 端最多展示 45 个字符。

对于活动类推送,基础的写法仍然是写法一:直接说出好处+立即促使行动。

对于内容类推送,可以通过短文案写法四:提出一个有趣或颠覆认知的问题,或者短文案写法五:把话说一半。

对于新闻事件类推送,在新闻资讯类 App 中如网易新闻、腾讯新闻、今日头条中非常常见,基本写法是把事情讲清楚,提炼 5W+H 中的某些重要信息当标题,然后再引导用户戳进去看细节。

对于App消息推送结尾可以加上“点我揭晓”“戳这里”“>>”等，指引行动。

除了推送的内容，推送的时间会对转化效果产生重要影响。一般情况下，有这样几个时间段可供参考：

上午8—10点：人们刚到公司，一般不会太忙，此时推送消息打开率比较高；

中午12—14点：这个时间段是午休时间，人们一般都会看看资讯和新闻，在App的使用高峰时段推送消息，打开率也比较高；

下午5—7点：这个时间段人们处于准备下班的状态，比较懒散放松，有时间的话一般会选择玩玩手机，此时推送消息会吸引到用户注意力，不至于被忽略；

晚上21—22点：结束了一天的工作，吃完晚饭终于可以休息了，在人们看新闻资讯、处理聊天内容或者玩游戏的间隔，推送一条消息，打开率比较高。

当然，这些时间段也不是绝对的，还有结合用户的历史行为、App应用场景、不同用户群体习惯等选择合适的推送时机，针对不同的用户进行差异化的推送。比如对于外卖类App，午餐或晚餐时段推送可能会有比较高的打开率，而对于打车类App，上下班高峰时段推送可能会有较高的打开率，而对于电商类App，还要考虑到用户购买的时间、产品的类型、消费行为等。

最后，还要注意消息推送的频率，过于频繁会对用户造成打扰，反而会起到反面的效果。

案例7-1：短文案写法综合应用案例。

背景：给“得到”App上的课程及产品撰写相应的文案。现在App上有一个新的产品《职场优势测评》刚刚上线。为了给新产品带来更多的曝光和吸引更多的用户付费使用该产品，你需要在App发现页的顶部为该课程撰写Banner文案。产品详情页：https://m.igetget.com/hybrid/evaluation/evaluation_detail? id=1.

（1）提取产品卖点

通过查看产品详情页提取出的6个卖点如表7-1所列。

表7-1 提炼产品卖点

	产品特点	提供的价值
卖点1	针对所有职场人个性的专业测评，能得到1份精准测评报告	能让职场人全面了解自己的个性
卖点2	20分钟线上作答	时间短，线上测评方便
卖点3	专家帮助解读职场测评报告	能让自己更加深入了解自己的个性
卖点4	由北森旗下专业研究机构北森人才管理研究院（BRTM）独家研发	专业性强，品质过硬
卖点5	目前已有50万人职场人使用过，被用于5000+企业招聘、选拔、绩效考核等场景，包括阿里阿巴、海尔、海航、招商银行等	使用人数多，大企业都使用过，值得信赖
卖点6	提供一套改善策略	专家针对测评报告，给出具体指导建议

（2）筛选产品卖点

通过百度、知乎对“职场优势测评”关键词查找，结合用户需求和竞品分析，比较筛选出这3点产品卖点，如表7-2所列。

表7-2　筛选产品卖点

	产品特点	提供的价值	卖点筛选
卖点1	针对所有职场人个性的专业测评，能得到1份精准测评报告	能让职场人全面了解自己的个性	适合切入职场的新人，职场遭遇瓶颈的小伙伴和职场管理者
卖点2	20分钟线上作答	时间短，线上测评方便	上班党比较在意，但是与竞品雷同
卖点3	专家帮助解读职场测评报告	能让自己更加深入了解自己的个性	可以满足主要需求
卖点4	由北森旗下专业研究机构北森人才管理研究院(BRTM)独家研发	专业性强，品质过硬	不是主要需求
卖点5	目前已有50万人职场人使用过，被用于5000+企业招聘、选拔、绩效考核等场景，包括阿里阿巴、海尔、海航、招商银行等	使用人数多，大企业都使用过，值得信赖	增强用户的信赖度
卖点6	提供一套改善策略	专家针对测评报告，给出具体指导建议	可以满足主要需求

(3) Banner文案撰写

利用短文案5种经典写作方法，结合筛选出的产品卖点，分别可以写出不同的Banner文案。

例如针对卖点3：采用写法1直接说出好处+促使立即行动，卖点3文案可以为

著名人才测评专家周丹全面解读职业发展报告，快来参与测试吧！

采用写法2提出很想解决的问题+给出解决办法，卖点3的文案可以为

不知道自己的职场优势？著名人才测评专家周丹帮你分析

上了三年半只是个助理？你只是不知道自己的职业优势

采用写法3描述一个场景+说明严重后果，卖点3的文案可以为

不了解自己的职场优势，你永远都在原地踏步

采用写法4提出一个有趣或颠覆认知的问题，卖点3的文案可以为

毕业三年，为什么和同事的差距越来越大？

使用职场优势测评自己是什么样的体验？

采用写法5把话说一半，卖点3的文案可以为

著名人才测评专家周丹，对职场新人问题发言啦！

案例思考：

问题1：运用短文案的5种经典写法对卖点5撰写不同的短文案。

问题2：运用短文案的5种经典写法对卖点6撰写不同的短文案。

7.3 中长型文案和长文案的写作方法

7.3.1 中长型文案的写作

1. 中长型文案的基本写法

中长型文案字数 20～150 字，基本写法与短文案类似，在突出一个主要卖点的基础上，进一步对卖点进行解释。常见的写法包括：

（1）写法 1：直接说出好处＋如何得到好处＋促使立即行动

如果产品或内容能给用户带来好处或者能帮助用户解决问题，那么在文案中可以直接给出好处以吸引用户注意。在说出好处之后，还要进一步指引用户如何得到好处，给出得到好处的渠道和途径。为了促进转化，要进一步通过制造人气感、限时限量等方法促使用户立即行动。例如，图 7－6 所示的文案，第一段“恭喜你获得乐纯新品蓝莓骨木的体验机会”直接点出了给用户的好处，而接下来的 1、2 内容说出了如何得到好处，最后通过“试吃限额 5 000 份”等促使用户立即行动。

（2）写法 2：提出很想解决的问题＋给出解决方法＋证明方法有效

如果产品或内容能解决目标用户的某些问题，那么可以采用写法 2，首先提出很想解决的问题，然后给出解决方法，最后证明方法有效。图 7－7 是“得到”App 一门课程的文案，开头先提出问题，说起数学就头疼，然后给出解决方法，推荐课程。最后给出课程的主要内容和收获，证明方法有效。

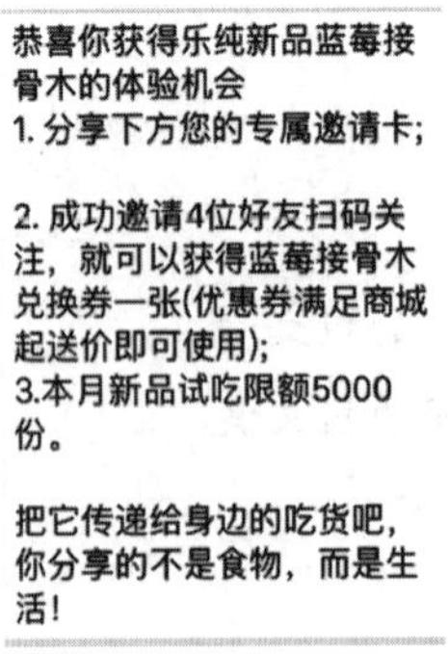

恭喜你获得乐纯新品蓝莓接骨木的体验机会
1. 分享下方您的专属邀请卡；

2. 成功邀请4位好友扫码关注，就可以获得蓝莓接骨木兑换券一张(优惠券满足商城起送价即可使用)；
3.本月新品试吃限额5000份。

把它传递给身边的吃货吧，你分享的不是食物，而是生活！

图 7－6　采用写法 1 的文案

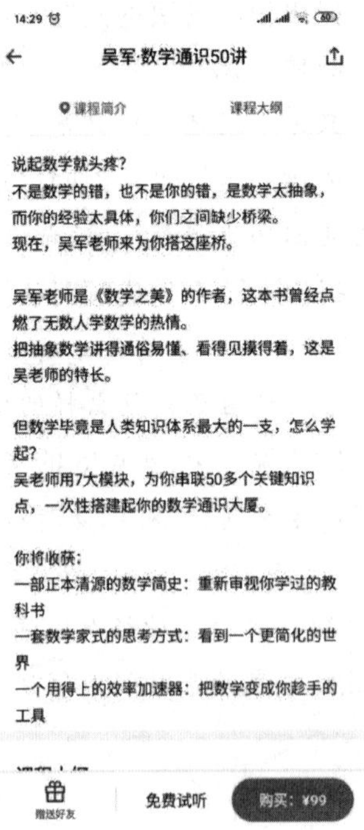

吴军·数学通识50讲
课程简介　课程大纲

说起数学就头疼？
不是数学的错，也不是你的错，是数学太抽象，而你的经验太具体，你们之间缺少桥梁。
现在，吴军老师来为你搭这座桥。

吴军老师是《数学之美》的作者，这本书曾经点燃了无数人学数学的热情。
把抽象数学讲得通俗易懂、看得见摸得着，这是吴老师的特长。

但数学毕竟是人类知识体系最大的一支，怎么学起？
吴老师用7大模块，为你串联50多个关键知识点，一次性搭建起你的数学通识大厦。

你将收获：
一部正本清源的数学简史：重新审视你学过的教科书
一套数学家式的思考方式：看到一个更简化的世界
一个用得上的效率加速器：把数学变成你趁手的工具

赠送好友　免费试听　购买：¥99

图 7－7　采用写法 2 的文案

(3) 写法 3:描述一个场景+说明严重后果+给出解决方法

描述一个场景,同时说明忽略此问题可能导致的严重后果,然后给出解决办法,推荐产品或服务。图 7-8 所示的文案,采用了写法 3,第 1、2 段描述了场景,第 3 段说明严重后果,最后给出解决方法。

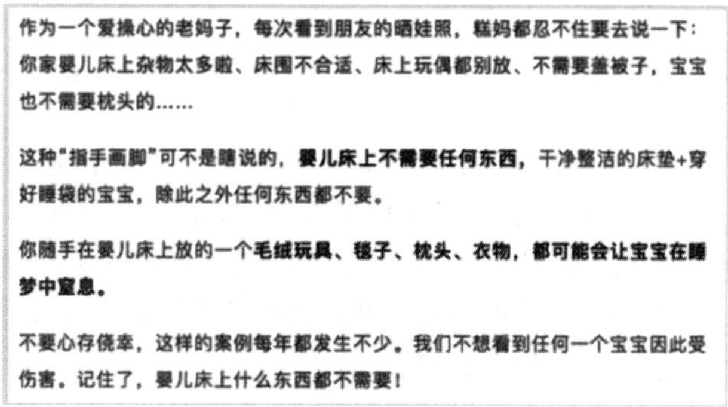

作为一个爱操心的老妈子，每次看到朋友的晒娃照，糕妈都忍不住要去说一下：你家婴儿床上杂物太多啦、床围不合适、床上玩偶都别放、不需要盖被子，宝宝也不需要枕头的……

这种“指手画脚”可不是瞎说的，**婴儿床上不需要任何东西**，干净整洁的床垫+穿好睡袋的宝宝，除此之外任何东西都不要。

你随手在婴儿床上放的一个**毛绒玩具、毯子、枕头、衣物，都可能会让宝宝在睡梦中窒息。**

不要心存侥幸，这样的案例每年都发生不少。我们不想看到任何一个宝宝因此受伤害。记住了，婴儿床上什么东西都不需要！

图 7-8　采用写法 3 的文案

(4) 写法 4:提出一个有趣或颠覆认知的问题+解答问题+给出理由

首先提出一个有趣或颠覆认知的问题,顺势对问题进行解答,并给出理由。例如图 7-9 中的文案,首先提出了一个有趣的问题“早上起床,要不要喝蜂蜜水?”,然后,直接给出答案,“不要”。接下来,给出不要的理由。

2. 海报和短信文案的写作

以上写作方法适合于海报、短信等中长型文案的写作。图 7-10 所示海报中的文案是采用写法 2 写作的。在撰写海报文案时,需要注意:①补充品牌 Logo、活动主题等信息;②根据阅读顺序给文案排序,最想让用户看到的文案需要最突出;③突出行动指引,促使用户立即行动;④海报文案的转化效果由文案内容和海报设计共同决定,因此文案内容与海报设计要相互配合。

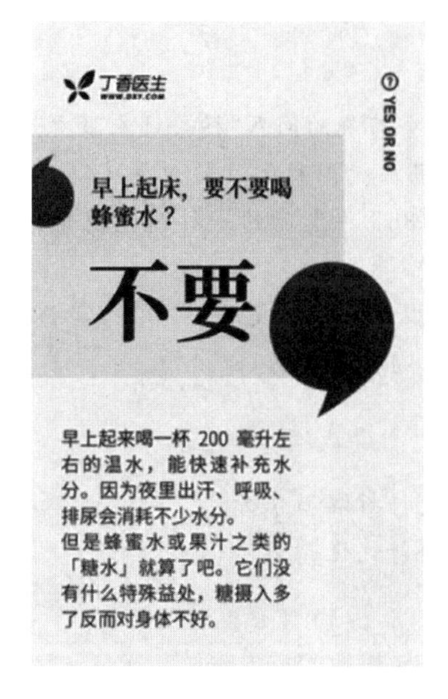

图 7-9　采用写法 4 的文案

图 7-10　采用写法 2 的海报文案

图 7-11 是采用写法 1 的短信文案。对于短信文案，开头加上品牌名，结尾要加上行动指引和退订提示。发送短信文案时，也要注意时间和频次，避免给用户造成过多打扰，或者制造垃圾短信。

【美术宝】赠送您40节免费的少儿美育公开课，120万孩子都在学，名师授课进步快，专业点评不花钱。详询：17p.me/99 回TD退订

图 7-11　采用写法 1 的短信文案

7.3.2　长文案的写作方法

长文案字数通常在 150 字以上，除了陈述主要卖点外，还可以补充几个次要卖点。对于长文案，基本的写法与中长型文案相同，可以采用中长型文案的四种经典写法进行写作。为了让长文案逻辑更加清晰，通过总-分-总结构，采用金字塔式的写作方法，将某一写法中的某个模块拆分成相互并列或独立的若干部分；为了让长文案内容更加充实和生动，每个模块下插入故事和案例来丰富内容。

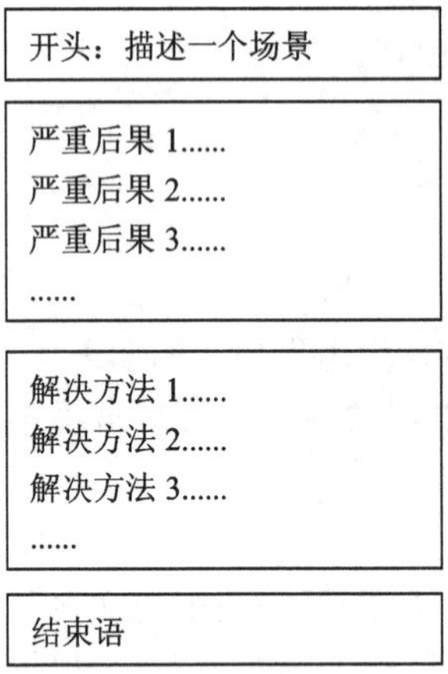

开头：描述一个场景

严重后果 1......
严重后果 2......
严重后果 3......
......

解决方法 1......
解决方法 2......
解决方法 3......
......

结束语

图 7-12　长文案的写作

以写法 3 为例，开头描述一个场景。接下来陈述严重后果，对于严重后果这一模块，可以按照一定逻辑拆分成若干个后果，分别进行陈述。在描述完严重后果后，再给出解决方法，对于解决方法模块，也可以按照一定逻辑拆分成若干个解决方法，每一种方法分别进行写作，如图 7-12 所示。

在对某一模块进行内容拆分时，可以采用《金字塔原理》一书中提到的分组的 MECE 原则，保证划分后的各部分符合以下要求：各部分之间相互独立，相互排斥，没有重叠。所有部分完全穷尽，没有遗漏。子模块之间的结构，根据内容的不同，可以采用并列、递进、时间顺序、步骤、重要程度等进行排列和组织。

案例 7-2：长文案写法应用案例[①]。

下面是一篇采用写法 4 写出的内容。

如图 7-13 所示，在该文章中，标题中首先提出一个有趣的问题“横条纹衣服更显胖?”，第一段对此进行了简单解释。接下来“但这句话是对的吗? 德国科学家赫尔曼·冯·亥姆霍兹(Hermann von Helmholtz)恐怕第一个不同意，他在 1867 年发现的一种错觉现象……”对问题进行了解答。

在给出理由模块，作者按照逻辑顺序将其拆分成“亥姆霍兹是谁?”“亥姆霍兹错觉是什么?”“究竟哪个是对的?”三个子模块进行写作，如图 7-14 所示。

最后一段进行总结。

案例思考：

问题 1：运用长文案的写法对某一公众号的文章进行拆解和分析。

问题 2：运用长文案的写法对某一公众号的文章进行优化。

---

① 资料来源：https://mp.weixin.qq.com/s/L6nHfQutbXwhE0pzTG6CLA.

横纹衣服更显胖？你可能一直都弄错了

原创 见文末 果壳 2018-08-26

穿横条纹显胖——这句话你大概不会陌生，尤其是买衣服的时候，要尽量避开横条纹，免得本来就不苗条的自己又平白无故多胖了一圈。

横条纹的衣服显胖？| Pexels

但这句话是对的吗？德国科学家赫尔曼·冯·亥姆霍兹（Hermann von Helmholtz）恐怕第一个不同意，他老人家在1867年发现的一种错觉现象，跟这个"常识"恰恰相反。

图 7－13　果壳网文章－1

亥姆霍兹是谁？

亥姆霍兹出生于1821年。那个年代的科学家们，可以成为万事通，亥姆霍兹也不例外。在26岁时，他就开始了自己第一项留名青史的研究：证明肌肉运动符合能量守恒。

赫尔曼·冯·亥姆霍兹 | Wikimedia Commons

亥姆霍兹并不是第一个"发现"能量守恒定律的人。但他的工作仍然拥有重大意义，因为它与当时大多数德国自然哲学家的观点截然相悖——当时人们普遍认为，肌肉运动需要依赖于某种"生命力"。但只有亥姆霍兹认识到，**肌肉运动需要的能量**（他称之为"力"），**其实与机械能、热能、光能和电磁能没有任何差别。**

图 7－14　果壳网文章－2

7.3.3 长文案的内容结构

在文案的写作中，在对目标用户和写作目的分析的基础上，才能动笔开始撰写。而在文案撰写中，首先要明确文案的结构。除了以上几种写法，在撰写长文案时，以下几种结构也是非常常用的。

1. AIDA 结构

AIDA 模式也称“爱达”公式，是艾尔莫·李维斯(Elmo Lewis)在 1898 年首次提出的推销模式，它的具体含义是指一个成功的推销员必须把顾客的注意力吸引或转变到产品上，使顾客对推销人员所推销的产品产生兴趣，这样顾客欲望也就随之产生，而后再促使采取购买行为，达成交易。AIDA 是四个英文单词的首字母，A 为 Attention，即引起注意；I 为 Interest，即诱发兴趣；D 为 Desire，即刺激欲望；最后一个字母 A 为 Action，即促成购买。

在文案写作中，AIDA 也是非常常用的结构之一。根据 AIDA 公式，文案首先要争取读者的注意力，然后让他们对产品感兴趣，接着将这份兴趣升华为拥有产品的强烈渴望，最后才能直接要求读者购买产品，或是请他们采取其他能促成成交的行动。

在 AIDA 这个模型中，吸引注意(Attention)是放在第一位的，没有这一步骤，其他的流程根本没办法实现。面对海量的信息，用户选择的范围更广，想要抓住用户，首先要引起用户的注意。在互联网文案中，标题通常起到吸引注意力的作用。在碎片化阅读时代，互联网文案的标题或者开头，首先要想办法吸引用户的注意。使用有冲击力的词句、有力的福利调动用户情绪，提出反常识或者令人好奇的问题、新闻事件、讲故事等是常用的引起用户注意的方法。

在引起用户注意后，接下来要进一步诱发用户的阅读兴趣(Interest)。当吸引了用户的目光之后，用户点进来看文案的内容，如果写的内容并不是用户期待的或是需要的，用户就可能会直接离开。要避免这种情况发生，写的内容必须要引起用户的兴趣，这样用户才会愿意看下去。引起兴趣的通常做法是提出问题。因为问题关系着自身的利益，而利益能引起最大的兴趣。

在激发用户兴趣以后，接下来要刺激用户的购买欲望(Desire)。当用户愿意花费 5 分钟或者 10 分钟停下来看你写的东西时，那说明这篇文案里面有传输他想要的价值点，这些价值点能勾起他的欲望，“我想要……”“我需要……”。能让用户继续看下去的动力肯定来自于文案的内容能满足用户的需求。因此在这里可能要思考的是，文案传输的价值能给到用户怎样的帮助？或者产品能满足用户怎样的需求？在刺激用户购买欲望时，经常用到消费者的恐惧心理、好奇心理或从众心理等。

从众是一种普遍的心理，用户对于被群体认同或肯定的文案更容易产生共鸣和信任，从而让产品、营销文案独具销售力。其中，许多畅销书的封面文案就利用了从众心理。比如世界著名儿童文学短篇小说《小王子》的封面文案中，大字号显示的“全球销量超过 2 亿册”，如此庞大的读者群体，不经意间就给你施加了无形的压力：全世界的人都在看这本书，你再不读就要落伍了。于是，你的购买欲望被挑起来了。大体量的公司产品可以列出自己产品的销量，用户数等，激发读者的购买欲望；小公司不知名的产品则可以从细节处出发，如“卖得快”“被大公司模仿”等。另外，引用老用户评价也是个很好的方法。既能激发读者的购买欲望，又能增强用户对产品的信任感。

恐惧心理是指对某些事物或特殊情境产生比较强烈的害怕情绪，它会促使人们去做或者不做某些事情，以对抗、减轻甚至消除这种心理状态。如今，恐惧心理被大量运用于广告、文案的创作中。通过敲响“警钟”，即制造压力直戳用户的痛点，唤起危机意识和紧张心理，以改变他们的态度或行为。因为害怕衰老，所以会买一些抗衰或者延缓衰老的产品；因为惧怕生病和死亡，所以会购入保险……

做完了以上三步（引起注意，激发兴趣，勾起欲望）准备后，最后一步就是促成行动了。当你所写的东西能吸引住用户，并提供了他们想要的价值之后，他们肯定会为内心的渴望付出相应的行动。一些公众号文章的转发与评论，朋友圈文案的互动与评论，产品销售文案的产品购买下单，这些都是用户的行动。而写一个文案的最终目的就是要引起用户的行动。促使用户立刻行动的方法有几种，比如“时间紧迫”“产品稀缺”“价格实惠”等，例如“这门课马上截止报名”“这门课仅剩3个名额”“这门课今日打折”等。

案例7-3：AIDA模型文案分析①。

文章标题：我月入40万，我老公怀疑我搞传销②

【A——Attention 引起注意】

先用热点事件“多闪、聊天宝、马桶MT等社交软件的发布且欲与微信同台竞争”来引起读者的注意，再加上“娱乐圈纪检委-思聪老公”的吐槽、“微信封杀”的加持，更让人欲罢不能，想听听作者到底葫芦里卖的什么药。

【I——Interest 激发兴趣】

引起读者的好奇心后，作者直接转到主题——今天所说的赚钱机会，就是要利用微信强大的社交属性——为好产品找到用户，或者为有需求的用户群找到好产品。

用【数据】说明现在市场还有机会：“这个重要的变现渠道，就是微信群。但95%的人只会群聊，善用微信群赚钱的只有5%”。激发人的兴趣，让人想往下看，并想知道怎么才能成为那5%的人。

【D——Desire 刺激欲望】

作者进一步用【数据】和【身边故事】刺激顾客欲望：

一个新媒体小编辞职后，只用24部手机和手机里的2 000个微信群就让一家垂死挣扎的时尚电商小公司，一年营收2个亿，销量翻几倍——她叫于小戈，时尚芭莎前主编。

2018年在社区团购领域如考拉精选、你我您、每日一淘等13家平台，融资近20亿元。他们利用社区微信群和小程序，服务小区用户，让不少小成本商家都赚了钱。

如果前两个例子还有点远，那我的前同事柚子妹，她摆过地摊，打过零工，最后却用大家嫌“low”的方式——卖柚子、卖药膏，短短6个月在微信上赚了80万。

【A——Action 引导购买】

最终主题落到一个普通到不能再普通、每月靠老公养的职场宝妈，通过微信群，3天卖出6 000个苹果，更创造出8个微信群月流水40万、现在月入10万+的小富婆——茶靡老师上。切入对顾客最敏感的痛点—手把手教你一个月额外轻松收入8千以上，引导顾客产生购买，而且产生一种“值回课价”的感觉。

---

① 资料来源：https://www.jianshu.com/p/ce5ecba56a31.

② 资料来源：https://mp.weixin.qq.com/s/KBSFhfG-g7RGHx0T-XnLcw.

案例思考：

问题1：思考有没有其他引起用户注意的方法？

问题2：思考有没有其他刺激购买欲望的方法？

2. 4P结构

所谓的4P是指：描绘(Picture)、承诺(Promise)、证明(Prove)、敦促(Push)。先描绘出一幅景象，让用户看见产品可以为他们做些什么，然后承诺假如用户购买这些产品，这些景象就能变成现实，并且产品也曾经让其他使用者满意，最后敦促用户立刻采购该产品。

描绘，主要考虑文案对用户说什么，才会让用户感觉到"我真的需要这个产品"。描绘有两种策略，描绘痛苦场景和描绘理想场景。两种场景都有助于推动用户的情绪。对于与竞品有区别的产品，可以采用如下步骤：描述痛苦场景——排除相应的选择——呈现理想场景；如果产品与竞品差别不大，可以按照如下步骤来写：痛苦场景——解释原因——给出承诺。

承诺：当用户对产品感兴趣时，文案承诺会解决用户的问题。

证明：做出承诺后，用户还有疑虑，所以这一步就要给客户提出证明，让他们相信产品是可以解决问题的。

敦促：当对方差不多决定要购买或离开时，文案临门一脚，敦促对方做出行动。

描绘让人进入场景，承诺将人带进主题，证明让人更加信任你，敦促让人更容易行动。比如某教育培训机构的招生文案，开头描绘了中考语文考试作文丢分严重的情况，然后解释了为什么作文会丢分，给出3点原因：容易离题、素材陈旧和结构混乱。接下来引出课程，告诉用户他们能够解决这个问题。这一思路会让用户感觉到机构的专业性，让用户自然而然地关注产品。此后，给出证明，让用户相信培训机构的实力，最后，用"小班授课，人数有限"来加强用户的紧迫感，促进成交。

案例7-4：4P模型文案分析①。

产品：某电动牙刷

发布渠道："遇见小米"公众号

目的：希望阅读完后文章以后，购买电动牙刷。

标题是痛苦场景描述，花费时间长和花钱多，并且将花的钱与3个iPhoneX做类比，形象生动。告诉消费者牙齿问题是一个麻烦的问题。首图放了一个女孩灿烂的笑容，在这里起到一个暗示作用，牙齿白的人笑起来很自信，如图7-15所示。

文案的写作思路"4P"，描绘—承诺—证明—敦促，第一小节就是描绘，如图7-16所示。描绘中通常用的方法是：痛苦场景＋解释原因＋承诺；理想场景＋解释原因＋给出承诺。第一小节用的是前者。痛点引发恐惧心理，是一个消极的高唤醒情绪，有相似经历的人会感同身受。

读者阅读完第一部分后，心里会产生一个疑问：我也按时刷牙，为什么我的牙也有问题呢？所以作者顺着读者的思路，在第二小节第一句话就将读者的问题问了出来。提问可以引起读者的思考，但是这个提问必须顺应读者的思考路径。

第二部分主要是两个目的，一是解释了牙齿问题的主要原因，引出推荐产品，二是排除竞争对手之一——传统的刷牙方式。然后放了一个普通牙刷和电动牙刷的比较图。

---

① 案例来源：https://www.jianshu.com/p/cd98106acfbd.

历时6个月，花了3个iPhoneX的钱，我的牙齿问题解决了……

杨小米　遇见小mi　2018-05-28

图7-15　文章标题及首图

去年，我给大家分享了我的看牙经历，查出来**我有七颗牙齿要补**，其中一颗还因为龋齿严重需要**做根管治疗，做完后还需要做冠，另外还有4颗智齿要拔。**

医生当时告诉我，我的牙齿问题要全部解决，起码要6个月，说实话，这6个月真是太漫长了。

因为治疗并不是一次做好的，次数多、流程长，还需要循序渐进。每次去医院，躺在治疗专用的椅子上，听到仪器嗡嗡响的时候，内心的痛苦感就来了，每次一治疗就是一个多小时，一打麻药就感觉嘴都肿了……　痛若场景描述

承诺

有了这次的经历之后，现在我特别重视刷牙，**不仅每天早晚刷牙，饭后还要漱口，坚持用牙线**，一来，我再也不想受这样的苦；二来，我也特别心疼钱，我这番治疗，加起来花了3个iPhoneX都不止了。　解释原因

图7-16　文章开头

然后文案的主角——小欧电动牙刷登场。进入到“文案4P公式”的第三部分，承诺。在承诺中，作者先告诉大家使用效果，这里写的详细、生动。“刷得特别干净，就像刚刚去洗了牙一样干净，用舌头触碰牙壁特别光滑，不像之前每次刷完牙后，用舌头触碰牙齿时，还是会有粗糙的磨砂感”。这句话告诉大家，使用了这个电动牙刷，刷得干净，不损伤牙齿。然后介绍了牙刷的3个卖点，外观颜值高、四种清洁功能、牙刷的价格优惠，并加以证明。

接下来就是“文案4P公式”中的第三个P：证明。这里分为两部分：创始人的故事、具体卖点。创始人的故事符合故事框架SCQOR结构。

设定状况：创始人本来生活安逸。

发现问题：创始人妻子不能使用市面上的电动牙刷。

设定课题：创始人为了妻子要设计一款适合牙龈敏感的亚洲人的牙刷。

克服障碍：主人公为目标付出努力，抵押房产，筹集资金，花了20万买了1000多套牙刷拆了研究。

解决收尾：解决问题，推出了这款电动牙刷。

第二部分是卖点证明，列举了产品的3个卖点。使用3个文案技巧（列数据、运用权威、运用效果证明）去证明。

最后，使用了用户口碑的技巧，通过感性的评价去证明产品的好处，同时也起到一定的敦促作用。然后进入到“敦促”环节。利用了损失厌恶心理，限时限量限人，比如“小米粉丝福利”，限定人群。“限时优惠，抢完为止”。

“长按文末二维码或点击‘阅读原文’，到旗舰店购买”，这些是动作引导。

案例思考：

问题1：该文案开头是如何进行描绘的？

问题2：该文案是如何证明的？采用了哪些技巧？

3. 金字塔结构

金字塔原理最初是由麦肯锡公司的成员芭芭拉·明托提出，原理中指出，文章要素的重要性是从主题到关键信息再到次要信息依次递减的。一个中心思想，分出下面2到N个思想支撑，每个分论点下面又有2到N个思想（事实或数据）支撑，以此类推，形状如金字塔，如图7-17所示。基本原则是以终为始（先结果后原因），以上统下，归纳分组，逻辑递进。先重要后次要，先总结后具体，先框架后细节，先结论后原因，先结果后过程，先论点后论据。①

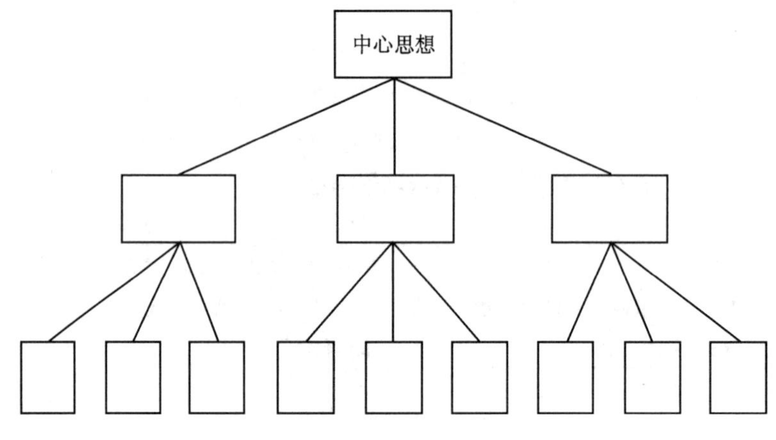

图7-17 金字塔结构

要想表达得清晰，首先要让自己想明白，记住“自下而上思考”，往上归类整理，左右逻辑排序，再总结成一个观点。

表达的时候，就要“自上而下表达”，结论先行，再讲归类整理的内容1、2、3，同时考虑逻辑顺序，先讲哪个后讲哪个。

自上而下表达：先讲你的中心思想/论点/结论，再往下阐述你的分论点或理由。以上统下，结论先行，先总结后具体，先框架后细节。先结论后原因，先结果后过程，先论点后论据。

① 芭芭拉·明托. 金字塔原理：思考、表达和解决问题的逻辑[M]. 汪洱，高愉，译. 北京：南海出版公司.

“结论”即常常说的“总—分—总”中的第一个“总”，“先行”即把“结论”放在前面。形象地说就是：开门见山地表达中心思想。

自下而上思考：即在构思时，先列出所有要点（头脑风暴），再找出各要点之间的逻辑关系，并归纳分组，最后得出结论。

纵向总结概括：金字塔结构的纵向关系是总结概括，上面的内容概括下面的内容，下面的内容解释上面的内容。

横向归类分组：金字塔结构的横向分组是不重复、不遗漏的。归类分组有个原则——MECE（Mutually Exclusive Collectively Exhaustive），中文意思是“相互独立，完全穷尽”。也就是对于一个议题，能够做到不重复、不遗漏的分类，而且能够借此有效把握问题的核心，并解决问题。归类分组，逻辑递进，一般有 4 种逻辑顺序。①可以以时间（步骤）为顺序，第一、第二、第三；②以结构（空间）为顺序，北京、上海、天津等；③以程度（重要性）为顺序，最重要、次要、最次要，最后得出结论；④按照演绎的顺序，大前提、小前提和结论，现象、原因和解决方案等。比如：所有人都会死（大前提）→苏格拉底是人（小前提）→因此苏格拉底会死（结论）。雾霾（现象/问题）→工厂排放大量污染物（原因）→加强对工厂环境污染监督（解决方案）。

4. SCQOR 结构

如图 7－18 所示，S 代表设定状况（Situation），C 代表发现问题（Complication），Q 代表设定课题（Question），O 代表克服障碍（Obstacle），R 代表解决收尾（Resolution）。SCQOR 这 5 个环节连起来就架起了一个故事、一篇文章的结构。其中，SCQ 一般作为故事的导入，O 为故事的中心，R 则是故事的结果。SCQOR 也是来源于麦肯锡公司，在高杉尚孝撰写的《麦肯锡教我的写作武器》一书中有较多的介绍。对于故事型文案的写作，SCQOR 是一种易用的结构。

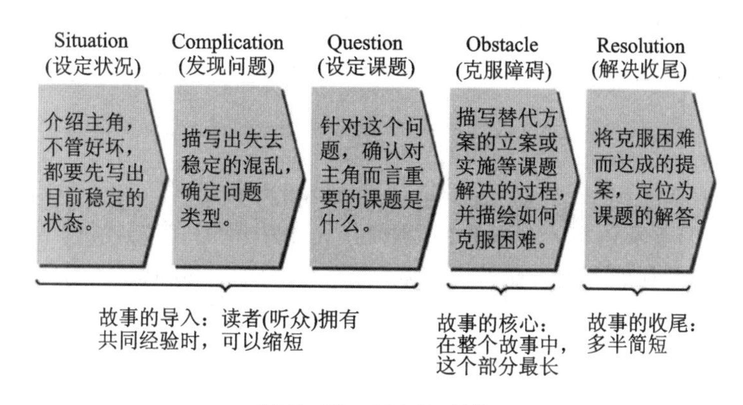

图 7－18　SCQOR 结构

故事案例：A 小姐长年任职于某成衣大厂总公司的财务部门，某日，上司试探她是否愿意转调地方分公司的业务部门，A 小姐须做出是否转调的决定，她多方考虑今后的职业生涯规划与家庭状态，最后决定转调。

（1）Situation：设定状况

设定状况：介绍主角，不管好坏，都要先写出目前的稳定状态。

设定状况在故事写作中的作用是引入故事的主角，这里的主角不一定是人，也可以是物。这里属于故事六要素中的“时间、地点、人物”介绍部分。

案例中,“A 小姐长年任职于某成衣大厂总公司的财务部门”是设定状况,故事主角为“A 小姐”,稳定的状态为“长年任职某成衣大厂总公司的财务部门”,一句话交代了故事的人物及状况。

(2) Complication:发现问题

发现问题:指主角原来稳定的状态由于一些事情的发生而失去了稳定,这个步骤要把发生这个事情的问题描写清楚。在故事的写作中,这里属于故事六要素中的“事情的起因”部分。

案例中:“某日,上司试探她是否愿意转调地方分公司的业务部门”这里是事情的起因,打破了 A 小姐原来的稳定状态,引发故事的转折点。

(3) Question:设定课题

设定课题:针对以上发生的问题,确定对主角而言要解决的重要课题是什么?

此部分在故事六要素中属于“事情的经过”部分,在故事中需要明确地表达出主角遇到的问题是什么。

例如案例中“A 小姐须做出是否转调的决定”这就是面临要解决的问题,也是故事体现冲突的地方。

(4) Obstacle:克服障碍

克服障碍:指描写问题解决的过程,同时描绘主角如何克服困难的。此部分也是整个故事的核心,案例中“A 小姐,她多方考虑今后的职业生涯规划与家庭状态”是属于克服障碍的过程。

应用在故事写作中,到这一步要更多地描写出主角如何克服困难的这个过程。

(5) Resolution :解决收尾

解决收尾:是指经过遇到问题、发现问题、克服障碍、解决问题后得到的结果。

案例中的故事的收尾是“A 小姐经过考虑,最终决定转调”。

SCQOR 故事展开法,以解决问题为导线,一步步呈现解决问题的过程中故事背后的写作逻辑。

5. ACCA 结构

ACCA 是认知(Awareness)、理解(Comprehension)、确定(Conviction)、行动(Action)的简写。这个结构来源于罗伯特·布莱的《文案创作完全手册》。首先,消费者必须先认知到产品的存在;接着他们必须能理解产品的内容及功能;在理解之后,他们还必须确定有意愿购买产品;最后,他们必须采取行动,真的掏钱购买。

【本章小结】

本章主要阐述了互联网文案概念和类型,对互联网文案尤其是转化型文案的写作步骤进行了分析,重点讲解了短文案、中长型文案和长文案的基本写法,以及长文案的内容结构。

通过本章的学习,学生能够理解互联网文案的特点,了解互联网文案的写作步骤,掌握短文案、中长型文案和长文案的写作方法。

【思考题】

7-1 简述互联网文案的特点与作用。

7-2 简述互联网文案的类型。

7-3 简述互联网文案的写作步骤。

7-4 举例说明短文案的常见写法。

7-5 思考产品特点与产品的区别与联系。

7-6 举例说明中长型文案的常见写法。

7-7 举例说明长文案的内容结构。

【实训内容及指导】

实训7-1　商品卖点提炼与短文案的写作

实训目的：掌握商品卖点提炼方法、短文案与中长型文案的基本写作方法。

实训内容：假如你现在是某公司的内容运营专员，主要负责不同渠道的内容运营。现在公司推出了一款新的产品，为了吸引更多的用户购买该产品，老板希望通过文案写作与传播来吸引更多的用户购买该产品，现在需要你做的是准备若干篇不同长度的文案供老板选择，具体的任务要求如下：

实训要求：提炼产品卖点并根据卖点撰写文案。

实训条件：提供 Internet 环境。

实训操作：

1. 根据该产品的淘宝产品详情页，提炼出5个产品特点，并找到对用户的价值，写出5个产品卖点。

2. 判断5个卖点是否都是目标用户的主要需求，筛选出2个主要卖点。

3. 运用短文案的5种经典写法，用2种不同的写法为2个卖点撰写出2篇短文案。

4. 运用中长型文案的4种经典写法，用2种不同的写法为2个卖点撰写出2篇微博文案。

实训7-2　长文案的写作

实训目的：掌握长文案的基本写作方法。

实训内容：用本章讲到的中长型文案的4种经典写法或AIDA结构、4P结构、金字塔结构、SCQOR、ACCA结构等为实训一中的产品撰写至少1篇长文案，并在不同渠道发布。

实训要求：完成长文案撰写并在不同渠道发布。

实训条件：提供 Internet 环境。

实训操作：

1. 提炼产品卖点。

2. 筛选产品卖点。

3. 选择写作方法和文案结构。

4. 进行文案撰写及修改。

第 8 章　网络专题策划

本章知识点：网络专题的概念、特点及类型，网络专题的页面结构，网络专题的版式设计。

本章的技能点：网络专题的选题策划、栏目策划、角度策划，网络专题内容组织，网络专题页面设计与制作。

【引　例】

第 29 届中国新闻奖网络专题类一等奖获奖作品：一片叶子的扶贫故事，专题首页如图 8－1 所示。

图 8－1　浙江在线“一片叶子的扶贫故事”专题主页

【案例导读】

2018 年 4 月，浙江省安吉县溪龙乡黄杜村 20 名农民党员给习近平总书记写信，提出捐赠 1 500 万株安吉“白叶一号”茶苗帮助贫困地区群众脱贫，得到了习近平总书记的肯定。浙江在线记者敏锐地意识到，在脱贫攻坚进入最为关键的阶段，这场来自茶乡党员自发的扶贫行动意义非凡，一是黄杜村致富不忘本，情怀让人点赞；二是小茶叶扶贫有担当，价值不容忽视；三是脱贫攻坚众人拾柴，精神值得弘扬。为此，策划推出“一片叶子的扶贫故事”专题报道，全程追踪采访这棵茶苗的千里西行安家记，从一片小茶叶入手，聚焦脱贫攻坚大主题。整组报道始终贯彻落实习近平总书记的重要指示精神，宣传发扬黄杜人为党分忧、先富帮后富的精神，积极营造舆论氛围，带动更多人为脱贫攻坚贡献力量。

这组新闻专题运用了技术先进且具有视觉震撼效果的搭建手法，体现形式与报道主题的高度统一。专题的开屏页面呈现一片茶叶点亮一片茶山的动画效果，随着一片叶子的飘移，带领用户步入“扶贫之路”，逐个呈现“扶贫头条”“各方助力茶叶扶贫”“视频直击”“受捐地在行动”等内容版块。不同于常见专题简单的版块罗列，而是采用叙事的语言将新闻事件直接呈现于互联网上，可视性极强。

“一片叶子的扶贫故事”新闻专题形成了全媒体矩阵的传播合力，专题在浙江在线、浙江新闻客户端、178好茶公众号、茶博览杂志等端口齐发，呈现立体式的宣传效果，网络总点击100多万。浙江在线首页重点呈现，浙江新闻App多次弹窗全网推送，人民网、光明网、东方网等多家中央、省市级主流媒体，以及商业网站和深入垂直领域的专业茶文化机构官网也纷纷转载这组报道，形成极大的影响力。更具意义的是，通过媒体追踪报道，事件持续发酵，安吉黄杜村茶农、全国茶人、浙茶集团、保亿集团、中茶所专家、各级党委政府形成“全链式”的扶贫助力体系，记者近日获悉，第二期茶苗扶贫计划如今也在积极酝酿当中。借助媒体报道，为扶贫行动做好、做实、做出成效贡献了重要力量[①]。

网络专题在表现重大新闻、突发事件、热点话题等方面具有无可比拟的优势，被称为“网络媒体的集大成者”，那么到底什么是网络专题呢？网络专题应如何策划和制作呢？

8.1　网络专题概述

8.1.1　网络专题的概念

目前，对网络专题的定义并没有统一的界定。一般认为，网络专题是指以互联网为平台，运用图片、文字、音视频、动画等多媒体手段和消息、通信、评论等多种体裁，综合在线调查、留言板、论坛、博客、短信、访谈、微博等多种互动手段，对某个主题如新闻事件、社会现象、新闻人物、重要活动等进行连续、深入、全面、详尽的集中报道。

网络专题追求的是一种立体式的报道方式，在内容上力求从不同的角度、不同层面、多层次全方位的报道同一主题，在形式上可以集中运用网络媒体的多种表现手法，被认为是最能发挥网络媒体优势的一种形式，因此被称为“网络媒体的集大成者”。

目前，网络专题不仅内容丰富，数量庞大，信息量大，质量也越来越高。优秀的网络专题能够吸引大量的访问者，提高网站的浏览率，给网站带来长期的流量，增强网站的社会影响力。目前，网络专题已成为各个网站提高访问量和增强自身影响力的重要手段。

8.1.2　网络专题的特点

网络专题综合运用了多种表现形式，多种体裁的内容，以及多种互动手段，在内容制作、页面表现、互动形式及运作过程等方面均有其特点。

1. 内容的集成性

在内容上，网络专题运用了消息、通信、评论等多种新闻体裁，调用了博客、论坛、访谈等多渠道的内容，综合运用滚动即时报道、背景资料和多媒体素材等多种信息形式。不论是从深度上还是广度上，都表现了网络专题内容的集成性，这是网络专题主要特点之一。

对一些重大事件的报道，网民往往不会满足于浏览单条孤立的新闻，而是需要不断的新闻更新来跟踪整个事件的走势，需要大量的背景材料证明事件的意义，需要直观生动的多媒体引发继续阅读的兴趣。网络专题就是把这些内容集成在一起形成的。而内容的多少和集中程度也是考察一个专题制作水平的重要指标之一。

---

① 资料来源：http://www.zgjx.cn/2019－06/24/c_138168365.htm.

2. 形式的丰富性

网络专题往往综合运用文字、图片、动画、声音、视频、互动调查、评论、手机短信等多种形式,图文并茂,视听共赏,表现主题的方法更为丰富。多种媒体形式并用,这是网络媒体的优势所在,这不仅使专题显得更为丰富多彩,还给受众带来全新的体验和感受。在页面表现上,一个网络专题的页面设计工作量并不亚于一个网站频道,网络专题所使用的多媒体形式也对页面表现提出更高的要求。

随着智能手机的普及,网民的上网终端正逐渐从电脑端向手机端转移,手机成为信息传播的主流渠道之一。网络媒体需要考虑到用户行为习惯的变化,策划制作适合手机端浏览的专题形式和内容。2014 年 11—12 月,央视新闻客户端首次尝试调用独家公共信号资源,制作推出独家微视频系列,对独家新闻视频资源做出深度挖掘和充分利用,取得了良好的宣传效果。在 2019 年两会期间,人民网两会专题中推出了“手机扫一扫”的互动活动,通过手机扫描二维码,可以在手机上浏览民生热词、3D 立体报道、大 V 评两会等内容,丰富了两会内容的展现形式。专题栏目如图 8 - 2 所示。

图 8 - 2　人民网 2019 年全国两会专题互动策划栏目

3. 专题的交互性

互动性是网络区别于其他媒体形式的本质特点之一。在网络专题中,往往多种互动形式并用,并且对互动内容的提取与利用也越来越广泛。除了常见的网友留言评论这种互动形式,网上调查、BBS、知识问答、互动小游戏、手机短信、博客、在线访谈、微博、等互动方式也得到越来越多的应用,这极大地调动了网民的关注度与参与度,同时也使得专题形式更加多样,内容更加丰富。网络媒体非常重视与网民的互动,与网民的互动以及对互动内容的利用也是考察网络专题水平的极为重要的指标之一。

4. 阅读的延时性

网络专题围绕一个主题把各种信息进行整合和集纳,提升了信息的深度和广度,网民既可以了解事情的背景,不同方的观点,又可以了解事情的最新进展,体现了信息阅读的延时性特点。

网络专题的优势不仅在于提供全方位、多角度的信息集纳,而且还支持有关内容的检索和回访,同时不断补充、跟进和更新,并保存在数据库中,以供网民随时查询和阅读,从而实现资源的反复利用。网络专题可以在网站上长时间发布，并且不断地进行更新。目前，很多网站都提供近三年的专题内容，使得一些主题得以延续，这样既方便了网民阅读，也给网站带来了长期的访问量。

5. 跨部门运转

由于选材、制作上的复杂性，在团队管理上，网络专题需要超过其他网络表现形式的资源调配能力。尽管很多网络媒体设置了专门的专题部用于运营网络专题，但专题制作团队仍不可避免地需要跨部门运转。文字编辑、图片编辑不仅要满足自身分工的需求，更要配合该次专题的所涉领域。同样，网页设计、美术编辑和程序员也要专门调拨以配合专题制作的进度，至少要付出多出通常其他工作任务的工作量。这种跨部门的大规模资源调配是网络专题的需要，同时也帮助网络专题打造成超越其他网络表现形式的精品①。

8.1.3　网络专题的类型

网络专题暂无公认的分类标准，专题的内容涵盖全面，考虑到专题策划的不同，可将网络专题划分为以下几类。

1. 事件类专题

新闻事件类专题一般源于突发性的事件，以报道新近发生的重大新闻事实为主要内容，可分为自然性重大突发事件和社会性重大突发事件两种。这类专题着重于对报道主题的延伸性挖掘，需要及时添加、更新大量的新闻事实，追踪整个事件的发展态势，同时提供大量的背景材料佐证事件的意义，满足受众获取信息的需求。

由于事件类专题一般源于突发性新闻，不可预料，因此在策划上是被动的，前期不需要花太多的时间策划选题，依照事件本身的大小和影响范围，决定是否采用专题的形式给予综合报道，专题的持续周期由事件的发展进程决定。对于重大突发事件，需要在事件发生后的第一时间及时反应，并随时更新新闻信息，使受众能够及时、全方位、多角度地了解事态发展的最新状况，凸显了网络新闻专题在应对重大突发事件上的优势。

在网络媒体类网站的日常运营中，遇到重大突发事件，网络专题常常需要首先考虑的报道形式。反过来说，网络专题也是最适合于报道重大事件的表现形式。

图 8－3 所示为人民网“全力做好新型冠状病毒感染的肺炎疫情防控工作”专题首页，人民网在报道新型冠状病毒肺炎感染疫情时，不仅报道关于疫情的最新消息，还刊登了媒体的重要评论、国内外病例的实时变化情况。此外专题还通过“武汉日记”“求真辟谣”“暖心故事”等栏目，对新型冠状病毒引发的肺炎疫情做更加详细、贴近人心的报道。

2. 主题类专题

主题类专题一般源自可预见的主题，如某个人物、事件、话题、节日、纪念日、重要活动等，由于前期可预见，在策划上往往就是主动的，前期通常需要进行周密地策划，形成自己鲜明的特色，持续周期由策划或者主题进程共同决定。由于前期可策划，因此，这类专题的制作水平往往展现了网络编辑的水平。

主题类专题的内容范围涵盖时政、国际、军事、教育、娱乐、科技等众多领域，如“两会”专题、“西藏民主改革 60 年”专题、“2019 年国家网络安全宣传周”专题、“第二届中西部国际投资

① 周科进. 网络媒体表现形式的集大成者：网络专题[J]. 新闻战线，2004(6)64－67.

图 8-3　人民网-全力做好新型冠状病毒感染的肺炎疫情防控工作专题首页

贸易洽谈会”等。图 8-4 所示是中国青年网策划制作的“庆祝澳门回归二十周年”专题首页。该专题通过微纪录片、头条新闻、澳门回归 20 年人物访谈、“一国两制”的成功实践介绍等形式，全方位展现了习近平主席考察澳门纪实，介绍了典型人物和澳门回归的故事以及“一国两制”经验。

3. 资讯服务类专题

资讯服务类专题一般围绕特定主题以向网民提供具有指导性的实用信息为主，具有较强的传播知识与提供服务的功能，内容也涵盖广泛，如旅游类专题、导购类、教育招生类专题等。此类专题的选题更多要考虑到网站受众的实际需求，尽量贴近网民日常生活所需，图 8-5 所示为网易策划制作的“网易旅游专题汇总”专题，通过“旅行攻略”“月游榜”“体验团看世界”等栏目向旅游者介绍旅游出行各方面的信息和资讯。

微纪录片丨濠江情 中国心——习近平主席视察澳门纪实

2019年12月18日至20日习近平第六次来到澳门声声问候情暖濠江殷殷嘱托引领方向中央广播电视总台推出微纪录片《濠江情中国心——习近平主席视察澳门纪实》全景记录习主席澳门之行

丨专题头条　　更多>>

推动澳门各项建设事业跃上新台阶　——论学习贯彻习近平

千年潮未落，风起再扬帆。站在回归祖国20周年的历史节点上，澳门发展将进入新阶段、迈向新征程。... [详细]

解读习近平在庆祝澳门回归祖国20周年大会重要讲话

庆祝澳门回归祖国20周年大会暨澳门特别行政区第五届政府就职典礼20日上午在澳门东亚运动会体育馆... [详细]

习近平这样阐述“澳门成就”“澳门经验”

12月20日，习近平主席在庆祝澳门回归祖国20周年大会暨澳门特别行政区第五届政府就职典礼上发表重... [详细]

丨澳门回归20年人物专访　　更多>>

张国斌：那一晚的香港 在和时间赛跑！

王西安：澳门回归20年变化天翻地覆

同心同向二十年，澳门那些人和那些事儿

60万接待4000万——小城澳门的旅游狂想曲

丨一国两制的成功实践　　更多>>

推动“一国两制”实践行稳致远

澳门繁荣进步体现“一国两制”成功实践

再谱“一国两制”成功实践的新篇章

“一国两制”让“盛世莲花”璀璨绽放

寻访澳门丨20年都发生了哪些变化？

背靠祖国支持，发挥澳门所长

图 8－4　中国青年网-庆祝澳门回归二十周年专题首页

图 8-5　网易-旅游专题汇总首页

8.2　网络专题内容策划

8.2.1　网络专题题材选择

一个优秀网络专题的成功上线，需要精心策划、组织、设计、维护等流程，以达到最优化的传播效果。其中，网络新闻专题的前期策划是重中之重，它是整个网络新闻专题的奠基石。策划中最为重要的是对新闻价值的判断，即什么样的新闻事件才能成为专题的制作对象。不同类型的题材需要采取不同的报道方式和报道侧重点。对于可预知性事件的专题策划，重点是报道的时机、规模、角度、手段①。

1. 网络专题的选题策划

选题是专题策划和制作的第一步。目前，各网站的专题选题主要集中在重大突发事件、重

---

① 杨永环. 网络专题—策划制胜—浅谈内蒙古新闻网络新闻专题的策划[J]. 新闻论坛，2012.

要庆典或活动、社会热点问题、实用信息服务等方面。具体而言，专题选题需要考虑如下原则：

（1）专题选题要与网站定位及受众需求相一致

网络专题选题必须考虑到网站的定位及受众的需求。不同的网站定位不同，风格不同，其面向的受众也不同。网站在策划专题选题时，也要考虑到网站定位和受众需求，突出网站特色和优势，这样才能做出更为准确的定位。

如新华网是国家通讯社新华社主办的中央重点新闻网站，是党和国家重要的网上舆论阵地，因此，其专题选题多以国内外重大的时政类新闻为主。

（2）专题选题要关注热点问题

网民所关心的问题就是热点，大到重大新闻事件，小到日常生活问题，只要是网民关注度高的，都可以成为热点。因此，突发事件、社会热点、具有争议性的话题等内容常常成为各大网站专题选题的重要内容。

重大突发事件虽然是现成的选题，但是它也很容易造成同质化竞争，因此，往往需要通过报道角度与内容等方面的策划来更好地发挥网站的资源优势。

（3）专题选题要有独创性

一个好的选题策划必须有其独特的思路和视角，而不是简单地停留在事件本身，也不能一味模仿别人的选题思路，抄袭别人的选题模式。只有这样，制作出来的专题才能在网民中留下鲜明的印象。

（4）专题选题要有可操作性

再好的选题，如果实施起来难度很大，或者没有充分的、高质量的资源支撑，也不具有可操作性。因此，专题选题必须立足于本网站，有充分的背景和资源的支持，能够保持专题内容的持续更新。

案例8-1：“风从海上来，改革进行时”网络专题①。

2018年7月16日，围绕庆祝改革开放40周年，胶东在线策划了“风从海上来·改革进行时”网络主题宣传，旨在全面展示首批14个沿海开放城市不断深化改革开放的生动实践，宣传在改革开放大潮中取得的突出成就、典型人物和典型事迹。专题首页如图8-6和图8-7所示。

该专题的主要创意点在于，紧紧抓住首批14个沿海开放城市在波澜壮阔的改革大潮中的生动实践和示范引领作用，以小切口入手，通过大跨度、大容量、全方位、多形态、多终端的融媒体集中报道和展示，形成了改革开放40周年网上舆论宣传的热潮。

该专题历经十余次研讨制作最终推出，页面磅礴大气、内容丰富，分为领航、潮头、采风、灯塔等一系列令人印象深刻的板块。人民网、新华网等百余家网站对活动启动予以报道，50余家网站在首页等突出位置悬挂活动专题推广宣传。专题宣传持续4个多月，10个省（区、市）、14个沿海开放城市和中央及地方40余家网站接力宣传，共刊发各类原创稿件3 800余篇，新闻累计阅读量过亿。共收到各类摄影和短视频作品1 600余件，视频播放量超过500万。新浪微博#风从海上来改革进行时#话题阅读量累计956万，讨论1 900余条，在社会榜全国热点话题排名位居前列，为庆祝改革开放40周年宣传营造了浓厚的网上舆论氛围。

① 资料来源：http://www.jiaodong.net/news/sp/fchsl/.

泛珠三角四城记：敢领风气再出发

怀抱四座首批沿海开放城市的泛珠三角地区，领风气之先，以开天辟地的精神为国家发展先试先行。如今，她正紧抓“一带一路”机遇奋力拼搏，谱写改革开放下一个40年的崭新华章。[详情]

北海打造"向海经济" 争当广西发展领头羊

北海，一座美丽宜人的海滨城市，四季绿树成荫，花果飘香，被誉为中国最大的天然“氧吧”。这里有“天下第一滩”银滩、“中国最美海岛”涠洲岛、“中国十大魅力湿地”红树林等景点。[详情]

探秘"海上森林"红树林 感受北海生态魅力

漫步在金海湾红树林生态保护区的景观栈道，可看到红树林呈整片带状生长，郁郁葱葱，红树间活跃着招潮蟹、弹涂鱼等生物，一派生机盎然，这就是素有“海上森林”“海岸卫士”之称的红树林。[详情]

- 广西北海："向海经济"打造开放新高地
- 北海:甩掉"无产业支撑"帽子 向海经济魅力尽显
- 新闻网站采访团走进北海铁山港区
- 中央和地方新闻网站编辑记者集体采访北海
- 北海40年改革开放成就让中央媒体采访团惊叹
- 北海打造“向海经济”争当广西发展领头羊
- 广西北海工业区硕果累累

更多新闻

习近平重要讲话精神

关于改革开放，习近平这20句经典话语掷地有声

党的十八大以来，习近平总书记在不同场合多次谈改革，话开放。其中，许多经典话语掷地有声、意蕴深远。今天，我们一起来学习习近平的改革开放“金句”。[详情]

- 习近平向世界宣示改革开放决心
- 习近平这样描述40年改革开放的中国力量
- 大手笔！习近平发出改革开放更强音

图 8-6 胶东在线—“风从海上来，改革进行时”专题(部分)

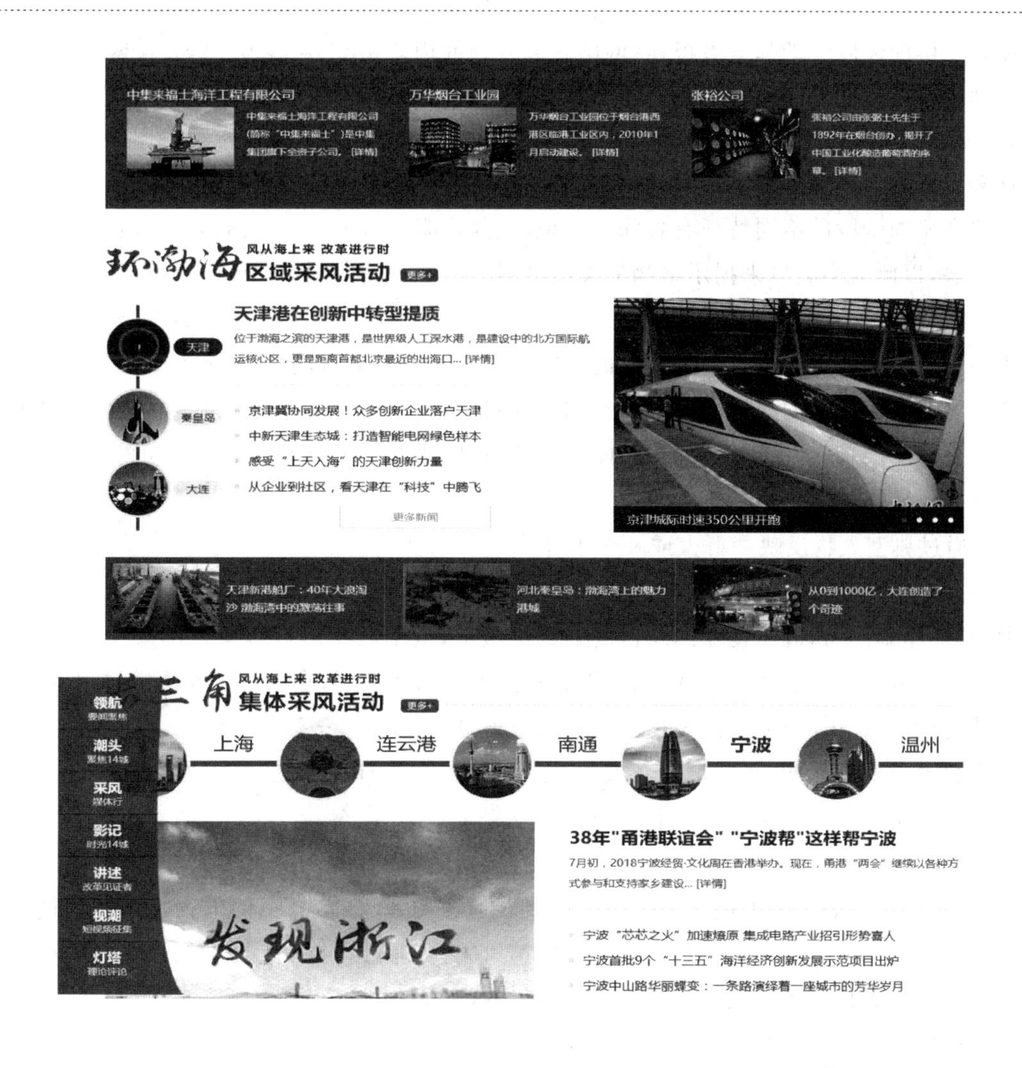

图 8-7　胶东在线-“风从海上来，改革进行时”专题（部分）[①]

2. 网络专题角度策划

网络新闻专题，贵在突出特色。网络专题具有先天的空间优势，但它并非一个无所不装、任意堆砌的“仓库”。要让专题形成自己的亮点与特色，就需要找到最佳报道角度，通过一个特别的视角来透视新闻主题，以“特”胜多。当前，网络新闻专题是网站间竞争的重要方面，突出特色的策划需要策划人员要“标新立意”——标题鲜亮、立意独特。独辟蹊径、与众不同的策划是网站专题脱颖而出的制胜法宝[②]。

专题围绕一个主题，把各种信息汇集在一起，但专题并不是简单的信息汇总，而是需要从一个独特的角度去表现主题。所谓角度，指的是表现主题的着眼点或思路。

好的角度可以让专题增值，可以使一个普通选题显得新颖，更可以使一个好的选题与众不同，进一步增色。对于非事件类专题而言，角度的策划尤为重要。网络专题的角度策划没有固

① 资料来源：http://www.zgjx.cn/2019-06/24/c_138168353.htm.

② 杨永环.网络专题—策划制胜—浅谈内蒙古新闻网络新闻专题的策划[J].新闻论坛，2012(02):049.

定的模式。中国人民大学彭兰教授在《网络新闻专题的内容策划》一文中提到，在网络专题的角度策划中，可以参考以下思路[①]：

(1) 抓住阶段性特征以显示事物的进展

许多专题的报道对象都是“老生常谈”的话题，要想在每一次报道中表现出新意，就需要对报道对象在不同阶段的不同特征有着深入认识，尤其要能判断出它在当前阶段的新动向、新特点或新趋势，以此为突破口来揭示事物的发展进程。

(2) 通过透视背景来剖析现实

大多数事件性专题都会着眼于当前的新闻事实以及未来走向，但是在突发事件的报道中，这样侧重于过程与结果的报道，不容易形成自己的特色。如果将眼光放到新闻事件发生之前，通过对事件发生的背景做出深入、透彻的分析，就能帮助人们更好地理解当前发生的新闻事实。这样的专题也能体现出编辑水平。

(3) 通过典型人物反映一群人或一个事件

反映某个人群的命运、生存状态是网络新闻专题经常涉及的主题，但是如果抽象地看这一类人时，焦点是虚的，这既不便于组织深度的文字报道，也不利于多媒体素材的采集。而如果在一类人中找到一些具有代表性的人物，那么焦点就清晰实在了，在采集多媒体素材时也就有了可以依托的对象。这种从人的角度出发做的报道也更容易引起读者的关注。

南方报业策划制作的“寻找广东新农人”专题报道，专题首页如图 8－8 所示。2019 年 10 月，南方日报、南方＋客户端联合省农业农村厅发起了“寻找广东新农人”活动，在全省寻找善于利用新技术、新理念、新模式的新农人。活动推出后，报名踊跃。经过专家评审和网友投票后，选出了第一批新农人。如图 8－8 所示，该专题通过图片、文字介绍的形式，讲述了新农人的典型故事。这些故事不仅展示了新农人的精神风貌，更通过新技术、新理念、新模式的报道，向广大农业工作者传递了新知识和新思想，更好地落实了乡村振兴战略。

(4) 通过典型时刻反映全程

很多新闻事件都有一个较大的时间跨度，尽管网络新闻专题可以满足这样一个大跨度报道的需要，但是从采访和资料收集的角度看，这会加大工作量，而从受众的角度看，他们也未必需要如此多的信息。某些情况下，对典型时刻的浓墨重彩的渲染，其效果要远胜于对全过程的蜻蜓点水式的记录。

(5) 以典型空间或环境为场景表现对象

任何报道对象，总会有它所依托的空间或环境，从空间或环境出发，不仅有利于发现报道的特定角度，同时也便于为专题的多媒体报道提供舞台。

中央网信办网络新闻信息传播局主办的“我和湿地有个约会”网络专题，专题首页如图 8－9 所示。生态文明建设必须以生态环境为依托。湿地作为生态环境恢复的典型指标，能够更好地展现生态环境恢复的程度和成效。该专题背景主要为一片绿色的湿地，专题中有关湿地的报道都配上了报道地区的湿地实景图片。

---

① 彭兰. 网络新闻专题编辑系列之二网络新闻专题的内容策划[J]. 中国编辑. 2007(05):56－58.

编者按

乡村振兴，人才为要。目前，我省正大力实施乡村振兴战略，提出了一系列明确目标和具体部署，吹响了广东新时代乡村全面振兴的号角。

近日，南方日报、南方+客户端联合省农业农村厅发起了“寻找广东新农人”活动，在全省寻找善于运用新技术、新理念或新模式的新农人。活动推出后，报名非常踊跃，经过专家评审和网友投票后，我们选出了第一批“广东新农人”。

即日起，推出“寻找广东新农人”系列报道，讲好“广东新农人”的乡村振兴故事，传播广东乡村振兴好声音，敬请垂注。

肇庆雅兰芳农业科技 潘启明：
先"下海"后"上田" 将石狗兰花带到全国

2018年，潘启明放弃广西一家公司的高管职位，回乡创办雅兰芳农业科技有限公司，种起了兰花。如今，潘启明创办的雅兰芳只用了不到半年的时间就开工建设了科技示范园、程村扶贫基地、陈坑径农业培训基地。

有了科技助力，雅兰芳还充分紧抓“互联网+”浪潮带来的机遇，开发运营“好兰找”自主品牌兰花商城，积极入驻天猫、淘宝等电商平台，实现线上线下营销并进。

“90后”新农人林岳锋：
用超声波“洗”种子 利用科技改变农业

在林岳锋的建议下，通过用超声波给水稻种子“洗澡”，合作社水稻的年产量上升了10%—20%。

在他看来，农业不太重视品牌建设，从长远来说，这对农业的发展很不利，“品牌建设需要长期投入，可能不会有立竿见影的效果，但必须投入，今年我就投入了十几万去树立‘锦沣’这个品牌。”林岳锋说，“我们合作社还将引进新的智能化技术，不断提升效率。”

图 8-8　南方网-“寻找广州新农人”专题首页①

(6) 通过典型数据勾勒全貌

在某些情况下，一个主题或事件的全貌，可以通过与之相关的一些典型数据加以反映。当然，新闻专题的任务，不仅仅是罗列这些数据，还要挖掘这些数据背后隐藏的深层背景与含义。典型数据提供了挖掘新闻主题的不同切面。

① 资料来源：http://news.southcn.com/n/node_397332.htm.

图 8－9　央视网－“我和湿地有个约会”专题首页①

中国经济网聚焦 2019 中国经济“半年报”专题如图 8－10 所示。专题不仅用文字、数据、图表的形式将 2019 年中国经济发展的成果进行了多方位的呈现，并通过头条新闻等栏目，对上半年的经济数据进行了解读和深入剖析，挖掘这些数字数据背后隐含的关于中国经济发展的势头和潜力的信息。

（7）通过典型意见来反映事件的影响

将围绕新闻主题或事件形成的意见与争论作为报道的重点，也是网络新闻专题常见的一种切入方式，它适合那些社会反响强烈并且认识多元化的题材。用这种角度进行专题报道，需要尽力做到客观、中立，尽可能呈现不同的观点，即使有些观点的声音很弱，但如果它们具有代表性，也应该给它们一席之地。在这类报道中，常常可以直接将网友的评论与编辑组织的内容结合起来。

搜狐网搜狐侃事“一样的大学宣传片 不一样的选择”专题首页，如图 8－11 所示，该专题针对微博热点进行选题，专题呈现出不同人对事件的看法和观点，所有内容全部来自网友。

---

① 资料来源：http://news.cctv.com/special/whsdygyh/.

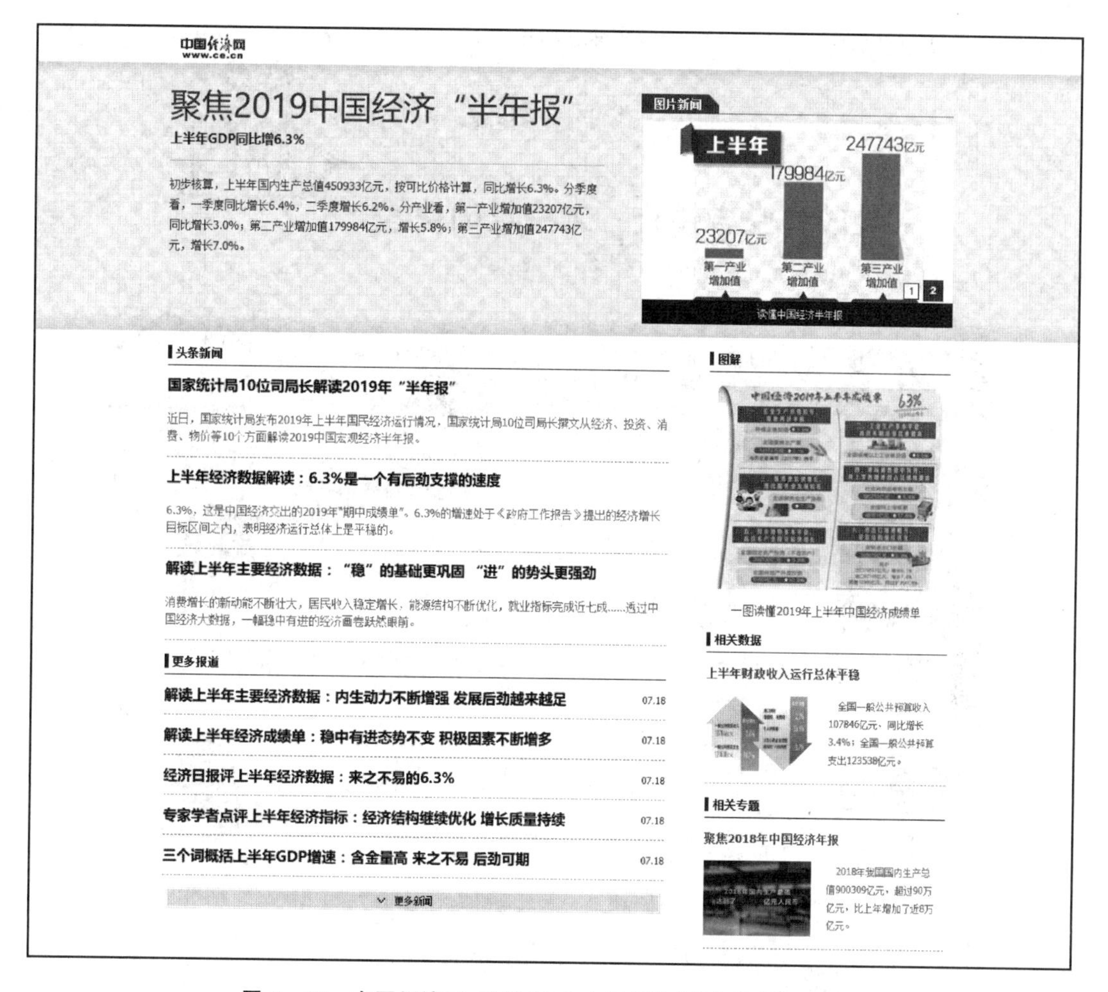

图 8-10　中国经济网-聚焦 2019 中国经济“半年报”专题报道

（8）以专业眼光审视大众话题

许多新闻报道对象本身是大众性的话题，但是如果用大众化的视角来报道，往往会使报道流于平淡，难以形成突破。而从专业的角度来加以审视，可以打开认识新闻对象的另一扇窗口，使报道超越普通人的认识高度。

新华网“战役专家说”专题首页，如图 8-12 所示，该专题以 2019 年底发生的新冠肺炎疫情为背景，从指导民众正确应对疫情出发，采用视频、文章等形式，以专家的角度介绍了新型冠状病毒肺炎疫情的个人防护、患者治疗、患者管理等方面的知识。

8.2.2　网络专题内容组织

在确定好网络专题选题和角度之后，接下来就要组织专题的内容了。由于网络专题要对一个主题进行立体、全方位、多角度的展示，因此，一个专题需要大量的内容支持。

专题的内容既可以是网站原创性内容，也可以是转载电视、报刊、网站等传统媒体和网站的信息，还可以是来源于论坛、博客的社区内容；从形式上说，包括文字、图片、图表、视频、音频、动画、在线访谈等多种形式；从获取方法上说，可以通过搜索引擎、与传统媒体合作、向专家

图 8-11　搜狐网-搜狐侃事“一样的大学宣传片 不一样的选择”专题

约稿、利用社区内容等方式来进行专题内容的组织。网络专题内容组织方法主要有：

1. 网站原创内容

网站原创内容是专题内容的主要来源之一。它运用网站内容发布系统把网站之前曾经发布过的有关内容（如图片报道、新闻等）组织起来，作为专题的有关内容。

2. 搜索引擎搜索

利用搜索引擎搜索是目前专题中最常使用的搜集材料的手段之一。它主要运用搜索引擎（如 Google、百度、Yahoo 等），按照关键词检索出与专题有关的内容如背景资料、相关新闻等，

图8-12　新华网-"战役专家说"专题

然后对其进行分类整合，作为专题的有关内容。

3. 与其他媒体和网站合作

目前，很多网站和媒体之间是通过合作协议实现彼此内容的共享和相互转载。通过与其他媒体和网站合作，大大丰富了网站的内容来源渠道。特别是一些重大事件和专题，通过这种方式组织内容，可以以较低成本，快速高效地获得专题需要的有关信息。

4. 社区内容

网民通过 BBS、博客、在线评论、微博等发布的各类社区内容，也是网站专题内容的一个重要资源。目前，大部分专题都设置"网友评论""网友看法"等类似的栏目，这些栏目就需要论坛、博客、微博等社区内容的支撑。此外，还有些中小型专题，其内容几乎全部都是来自博客、论坛和微博的文章。

5. 专家约稿

组织创作大量的独家专题是网站生存与发展的重要条件之一。有些内容，通过以上几种途径不一定都获取有关信息，或者专题中设置了"专家看法""在线访谈"等类似的栏目时，就需要编辑通过各种渠道联系到相关的专家、学者、权威人士或特约撰稿人，去深入挖掘、创作出相关的稿件。

8.2.3 网络专题栏目策划

网络专题栏目是构成整个网络专题的骨架。网络专题的内容策划，最终体现在栏目的设置上。若栏目设置不当，就容易导致专题内容的不丰满。好的栏目设置要从受众需求以及内容需要出发，充分运用发散型思维，尽可能地在有限的版面上设置比较合理的、有特点的、有针对性的栏目。在网络专题中，常见的栏目有：

1. 导　读

导读又称编者按，是指用议论性的语言简要说明网络编辑对该专题的基本观点，专题设置的原因和意义，编辑对事件的态度和观点等，帮助受众了解专题设置的意图。在网络专题实践中，并不是所有的专题都需要编者按语，而是根据专题内容的实际需要来定。一般来说，在以下情况下需要加编者按语：一是目标受众对此事件、问题或现象持有疑虑时；二是要对发生的事件、问题、现象进行必要的舆论引导，就可以通过编者按语加以赞扬、肯定或批判与否定；三是有些不良风气、习气或生活习惯需要加以纠正时，需要通过编者按语来说明有关此内容专题的重要意义等。

2. 最新消息

最新消息又称要闻、动态、最新报道等，即专题中主题或事件的最新进展和动态，是新闻类专题的重点内容。最新消息栏目，是变动、更新频率最快，也是篇幅更新最多的栏目之一。这是由最新消息栏目自身的特性——关注的是最新动态来决定的。对于新闻事件类专题来说，最新消息栏所占版面篇幅较大；而对于其他类型专题，最新消息栏中可以是几条关键性的新闻，所占篇幅相对较小。对于网络编辑来说，要时刻关注相关专题中的最新进展、变动，并且随时更新。最新消息栏目中内容根据主题的进展情况随时更新、扩充和删除。

3. 各方评论

各方评论又称各方反应、分析评论、相关评论等，主要包括专家学者的评论、网友评论、重要媒体的评论、领导人的评论等，内容上主要是表明评论者的态度、观点和立场。在实际中，可以根据内容需要，把这几项评论分别设置成不同的栏目。对于一些重大事件、问题、现象，网站编辑有必要设置评论栏目，一方面是引导舆论，另一方面帮助目标受众认清事件、问题、现象的本质。评论栏目在更新速度上有两种：一种是要求紧跟事件、事态的发展，随时更新评论栏目的内容，特别是时事评论，要求及时、快速；另一种是资料性的评论，更新速度较慢，有的甚至不用更新，比如已故知名人士对某个问题的论述、评论，经典的理论论述等。

4. 背景资料

网络专题具有数据库的特征，背景栏就承担着“数据库”的重要功能之一。在背景栏中，网络编辑要更多、更全面地安排与事件、问题、现象有关的背景资料。这些背景资料主要包括解释性背景资料（如事件发生的时间、地点、人物和专业知识等）、对比性背景资料（与以往同类事件或国内外同类事件进行比较的对比新背景资料）和说明性背景资料等。在背景栏的整体设计中，可以考虑以多种文本形式传播，比如纯文字、图片、视频、音频、动画等，力求形象、生动，同时能给广大受众更多的背景信息。背景栏与要闻栏相比，更新的频率相对比较慢，有时甚至不存在更新，只是会随时间的推移，内容不断增加。因此，对于网络编辑来说，只需要在设计背景栏的时候，全面搜集资料，然后注意在一定的时期内把要闻栏的相关旧的内容及时更换到背景栏。

5. 互动栏目

网络专题非常重视与网民的互动。互动栏目的主要内容有：刊登受众评论、受众留言、受众疑问、受众意见和建议，以及为受众服务的内容等，设置的目的是与受众进行互动，了解受众对事件的态度和看法，最大限度调动受众的积极性，同时互动内容可以延展专题内容，甚至可以挖掘专题深度。在实际中，互动栏目的形式多种多样，如嘉宾访谈、在线评论、在线调查、网络论坛、手机短信交流、微博互动等。网络编辑要充分地运用互动栏目，调动网民的积极性，提升服务品质，把网络专题做得更加深入和全面。

2019 年中国政府网在全国两会专题报道中设置的互动栏目较为丰富。其中，我向总理说句话——2019 年网民建言征集活动，将网民可能建言的问题分为了办事服务、营商环境、教育、医疗、养老、住房、就业创业等 19 个板块，增强了建言的针对性，调动了网友的参与热情。同时，“督查”“政务服务投诉与建议”“高端访谈”“政策法意见征集”栏目也拉近了两会与人民群众的距离。

6. 多媒体栏目

多媒体手段的运用不仅能够使网络专题做到图文并茂、视听共赏，它还为网络媒体发挥自己的创造性提供了更广阔的空间。多媒体在表现内容方面具有不可比拟的优势，因此，在网络专题中得到广泛的运用。常见的多媒体类栏目包括图片栏目、视频栏目、Flash 动画、音频栏目、3D 动画栏目等。在网络专题实践中，图片栏目主要内容是围绕事件或主题的图集，视频栏目则是围绕事件或主题的电视报道，而 3D 动画和 Flash 动画则是利用动画形式对主题或事件的模拟。

在策划网络专题栏目中，并无固定的模式可以遵守，需要根据专题的选题情况、网站定位和受众需求，围绕专题的主题，给专题设计出分类清楚、有针对性、有特色、动静结合的栏目。

案例 8-2：第 29 届中国新闻奖获奖网络专题“寻湘记——历史文化名人重回潇湘”专题。

出生于湖南或来过湖南的历史文化名人，都构成湖湘文化的一部分。在改革开放 40 周年之际，华声在线推出“寻湘记”专题策划，虚拟历史名人穿越场景，巧妙邀请云游天下的徐霞客、实业报国的曾国藩、“睁眼看世界”的魏源，重回湖南。通过他们的“所见所感”，创新传播了改革开放 40 年锦绣潇湘之美、产业湖南之力、开放三湘之势。

2018 年 5 月 29 日推出的 H5“跟徐霞客游潇湘，拍湖南 40 年变迁”，以湖南各市州为切入点，以三湘四水为纽带，设计徐霞客乘坐一艘船游历湖南 14 个市州的场景，随着景点移动按下快门，新旧照片对比呈现。创作团队精选上千张地标图片，匠心打造出生动的变换效果。H5

“当曾国藩邂逅湖湘小镇”于12月12日推出，美编耗时12天制作十几个小镇画卷，全手绘打造。作品虚构了曾国藩收到湖南小镇的“家书”，以其“返乡”观光之旅的故事为主线，通过H5的展现形式，呈现湖南各个小镇的特色产业。在12月21日推出的H5“你好友魏源的朋友圈有一条新动态”里，创作团队选取长沙新老九大地标，耗时一周录制手语视频，以“抖音”的形式逐一“打卡”，用魏源的“朋友圈”展现湖南改革开放崛起的新成就、新征程。专题首页如图8-13所示。

图8-13　华声在线-“历史文化名人重回潇湘”专题首页[①]

3个“寻湘记”H5推出后，分别被中央网信办主办的《网络传播》杂志以《198万+“爆款”H5如何炼成？“时空穿越术”可尝试》《24小时1000000+用户参与，华声在线如何打造轻量级“清明上河图”?》《370万+浏览量！这出古人“穿越剧”太有创意》为题进行了重点推荐。其中，“当曾国藩邂逅湖湘小镇”被《网络传播》杂志票选为全国2018年度五大“爆款”H5。同时，

① 资料来源：中国记协网，http://zt.voc.com.cn/Topic/xxjlswhmrchxx/，2019年6月24日.

3个H5都被人民日报全国党媒信息公共平台PC端及客户端同步推荐,吸引了十多万网友参与互动点赞。

8.3 网络专题的形式设计

网络专题形式设计的作用是把专题内容以合理的方式加以组织和表现,这是网络专题在制作时需要考虑的问题。好的专题通过精心的设计形式吸引网民的注意力,吸引他们进一步阅读。专题形式设计要考虑到专题的页面结构、版式及页面制作等问题。

8.3.1 网络专题页面结构

结构安排是专题形式策划的重要内容,它一方面是为了版面美观,更重要的是为了鲜明地突出专题的主题,便于材料的组织和网民的阅读。网络专题常用的结构有以下两种:

1. 单网页专题

最简单的专题结构由单个网页构成。当专题的报道和资料不多时,往往制作单网页专题。此类结构通常把有关信息集中在专题首页上,详细内容直接链接到原文,栏目设置比较少,在专题中只有一两个栏目,有的甚至没有栏目,结构形式比较简洁、直观,多采用“三型”或“川型”布局。

2. 多网页专题

当专题内容较多时,单个网页的结构就不适用了,这时需要考虑多网页专题。多网页网络专题的构架比较复杂,有线性、树状、网状结构等。其中最常见的是树状的结构,通常包括专题首页、专题栏目页和专题正文页。此外,还有一些以图片为主的专题,采用线性结构。而对一些大型的复杂专题,多是网状和树状并用的结构。

8.3.2 网络专题版式设计

专题版式是网络专题形式美的重要体现,现有的专题版面形式主要有以下几种①:

1. 综合式版面

综合式版面是一种常见的版面类型,其主要特点是栏目多,而且无论内容、体裁还是篇幅都不尽相同。版面栏目虽有主次之分,但并不有意突出这种差别。如果专题栏目设置较多,涉及面广,没有特别重要的栏目需要强调时,而且选出的要闻与其他稿件相比分量相差不是很大的话,那么专题版面就可以选择为综合式版面。这种版面上的信息可吸引不同层次、不同兴趣的网络受众。

2. 重点式版面

重点式版面的主要特征是特别强调版面的某一局部,并运用各种编排手段使其成为版面上引人注意的重点。当需要特别强调一两个栏目时,可采用重点式版面,赋予重点栏目相对的强势,放在具有强势的版区,如上面的中间部分。标题要做的醒目,采用不同的字体、字号,有冲击力的图片或不同的颜色等。

---

① 方德运,孟金芝.网络专题内部结构安排与版式设计探讨[J].中华新闻报,2007,08(29).

3. 对比式版面

对比式版面是指版面上编排了相互对立和矛盾的两个栏目,使版面上形成强烈、鲜明的对比,使矛盾暴露得更加清楚,褒贬更加鲜明。对比式版面的形式主要是两个栏目的强烈对比。这种版面方式常用在一些话题类专题中,形成观点的对比。

4. 集中式版面

集中式版面的最大特点是用整个版面或版面的绝大部分刊登有关同一主题的报道,往往针对重大的主题,如国际、国内重大事件等。这种版面内容集中,具有较大的声势,给人的印象深刻。这种版面内容单一,一般在十分必要时才用,否则会造成报道面的狭窄。运用集中式版面时,应注意主题要单一,内容、体裁要多样。

网络编辑在进行专题策划时,要根据专题的类型、专题的内容、专题的主题选择相应的专题版式,最终的目的是突出主题、强调美感以及有视觉冲击力,在最大程度上吸引受众阅读、浏览。在版式设计时,为了突出主题,还要注意页面的风格设计。

8.3.3 专题页面设计与制作

1. 专题页面设计

网络专题的页面结构通常由专题首页、更多页、正文页组成。而一些大型专题类似一个子网站,其结构通常是专题首页→专题栏目→稿件正文。网民阅读专题,首先接触到的就是专题的首页,因此,专题首页担负着引导网民专题阅读的任务。

专题页面的设计要从便于阅读和突出美感两方面入手。专题首页设计首先要结构清晰、层次分明,即用清晰的线条将页面结构划分清楚,合理布局,突出重要内容,展现专题的精华部分;其次,要注意整体风格和印象,通过色彩和亮度等元素的搭配使用,形成网页的层次。

2. 栏目编排

栏目的设置和编排是专题页面结构的具体体现。在编排专题栏目时,可参考如下几点:

(1) 首先将相关素材划分层次,用一个主体架构描述整体信息和关键的信息,把重要的内容如文章标题、文章导读、重要图片等放在首页上,而有关的细节和详细内容,则用超链接给出。

(2) 栏目的编排在确定好各个栏目名称和形式的基础上,分清栏目主次,按照主次合理安排栏目位置。重要的内容一般放在页面的左上角和顶部,然后按重要性的递减顺序,由上而下地放置其他内容,因为这符合网民的阅读习惯。

(3) 在栏目编排时,要有次序、有条理地安排栏目和内容,以便于读者阅读;要有重点地突出和强调某些栏目或内容,介绍和引导读者优先阅读。

对于时效性比较强的新闻专题,专题页面内容按照倒时间顺序组织,即把事件发展的最新进展放在专题的最前面,以期引起广大受众的注意,从而保证每时每刻最重要的、最新鲜的、受众最关注的信息都在前面。

(4) 充分考虑网民的阅读习惯,在众多网页构成要素中强化一个清楚的主体,使之成为最方便阅读的视线流动起点。如果没有这样一个主体,网民可能会找不到最佳的阅读起点。

(5) 在一篇文章中也要突出最重要的信息,如常用的加粗或用彩色字体,避免长时间拖动滚动条才能看到想看的关键内容,造成网民视觉疲劳。

3. 页面色彩搭配

颜色可以表达情感，引起不同的心理反应，专题可以根据内容的不同和风格的不同运用多种色彩组合搭配，从而突出专题的整体风格。

专题色彩在与网站整体定位和风格相协调的情况下，还需要与专题的内容风格相一致。不同的颜色代表的含义如下：

棕色：代表土地；

灰色：代表深沉、阴暗、消极；

蓝色：代表智慧、天空、清爽；

红色：火的颜色，热情、奔放、喜庆，也是血的颜色，可以象征生命；

黄色：明度最高的颜色，显得华丽、高贵，代表高贵、富有；

绿色：大自然草木的颜色，象征安宁和平与安全，代表生命、生机和希望；

紫色：高贵的象征，有庄重感，代表神秘、浪漫、爱情；

白色：给人以纯洁与清白的感觉，表示和平与圣洁。

对于战争、灾难等专题，一般采用黑色基调，因为黑色会让人产生死亡和哀悼等情绪；对于节日等喜庆内容，一般采用红色基调，因为红色能体现浓郁的节日气氛；而对于一些科技类专题，一般采用蓝色基调较多，因为蓝色能够给人严谨和理智的感觉，例如各大网站制作的航天题材专题，无一例外都采用了代表高科技与严谨的蓝色为页面设计的基调色彩，因为蓝色代表了严谨和理智，代表了清晰、合乎逻辑的态度，因此，一些与高科技有关的专题经常会选用蓝色作为底色。

专题色彩的搭配一般以简单为宜，过于花哨容易让人产生视觉疲劳。通常，一个页面中所使用的色彩应控制在三种以内，而且要有主次之分，可以通过强弱、深浅不同的颜色形成专题内容板块层次的划分；色彩的使用服务于文字内容，在鲜明、突出的颜色之外，最好也能体现网站的特色，以便区别于同类专题；对于一些特别题材的专题，可以通过色彩的使用形成强烈的视觉冲击，给网民留下深刻印象。

4. 多媒体使用

多媒体使用即根据专题及文章的内容要求，综合运用多媒体手段，配上与之相协调的图片、动画、音频、视频等，使网页呈现出与众不同的风格。多媒体具有文字所没有的直观和生动性，其丰富了专题内容的表现形式，可以活跃专题的版面。必要时可以把图片等多媒体单独作为专题的一个栏目。多媒体的适当运用，可以有效吸引网民阅读。

案例 8-3：多彩贵州网"脱贫攻坚连环计"专题页面设计[①]。

专题首页如图 8-14、图 8-15、图 8-16 所示。进入脱贫攻坚决胜阶段，多彩贵州网在 2018 年策划推出新媒体传播的有声势的精品力作"脱贫攻坚连环计"，对讲好脱贫攻坚的精彩故事，凝聚党心民心，鼓舞士气有重要作用。

在页面设计上，专题运用了最先进的"交互技术"，以书简水墨风结合场景动画的交互，摒弃了传统网页的结构，用简约的操作方式、生动的画面表现构成了这一特殊网页设计，让人眼前一亮。

在栏目的编排上，打开每一个计策的时候，用"妙计锦囊""古计今用"和"黔哨"三个主线串

---

① 资料来源：http://www.zgjx.cn/2019-06/24/c_138168588.htm.

图 8-14　多彩贵州网-“脱贫攻坚连环计”专题首页

图 8-15　多彩贵州网-“脱贫攻坚连环计”栏目切换页(1)

联起核心内容，翻动观看计策结合锦囊的场景小动画互动操作，生动直观地把贵州这一年来脱贫攻坚带来的发展和巨大变化进行了完美呈现。

在颜色的选择上，采用竹简元素既有效突出智慧表达，也没有喧宾夺主，竹简上方清晰展示了脱贫攻坚主题与内容，设计者在这块有限的空间内，完成了图文、视频等内容的一次集中统一设计，多次轮播展示，使作品的容量成倍放大。

在多媒体的运用上，专题采用富媒体交互技术，大量运用了包括图文、视频、VR、直播等多媒体交互方式，传播效果显著。

该专题的页面设计获得了 2019 年第 29 届中国新闻奖网页设计类二等奖。

图 8-16　多彩贵州网-"脱贫攻坚连环计"栏目切换页(2)

5. 专题页面的制作

目前专题制作技术有三种，第一种方式是利用网页制作软件如 Dreamweaver 手工制作静态页面，这种方式比较耗时，每次改动内容都要重新制作页面，是专题制作的初级阶段采用的方式；第二种方式是采用在线编辑器代码进行可视化编辑。第三种是绝大部分网站采用的方式，即利用内容发布系统组织制作专题，一般情况下，都是在确定专题选题后，先由编辑和技术人员共同协商确定专题的布局和版面，然后由技术人员负责制专题页面的模板，而编辑人员负责版面上的内容，把编辑好的内容添加到相应的模板即可完成专题的制作。大型专题有美工与技术人员配合，网站编辑一般只需要组织内容，而小专题需要网编自己设计、制作页面，或者根据已有模板修改。

【本章小结】

本章重点讲述了网络专题内容策划和形式设计的相关知识。

通过本章的学习，使学生了解网络专题的概念和特点、网络专题的分类；理解网络专题策划的原则；掌握专题选题、角度策划方法，专题内容的组织方法，专题常见的栏目类型。能够根据网站及栏目需要确定专题的选题和内容，设置和编排专题栏目，设计并制作专题的网页。

【思考题与练习题】

8-1 简述网络专题的类型及特点。

8-2 网络专题内容来源有哪些？

8-3 网络专题内容策划需考虑哪些问题？

8-4 网络专题形式策划需要考虑哪些问题？

8-5 网络专题常用的版式有哪些？

8-6 练习题

(1) 任选两个网站（人民网、新华网、中新网、千龙网、搜狐网、新浪网、腾讯网、网易等），对其相同选题的专题，对比分析其编辑角度、栏目设置、专题内容、页面结构、页面风格、色彩运用、互动性等。

(2) 就上述专题给出自己的策划方案。

【实训内容及指导】

实训8-1 网络专题的内容策划

实训目的:掌握网络专题内容策划的方法。

实训内容:结合近期社会热点新闻,策划一个网络专题。

实训要求:根据专题选题,确定专题的角度和栏目,能够通过各种渠道收集专题需要的文章、图片等各种内容,并撰写专题策划方案。

实训条件:提供 Internet 环境。

实训操作:

(1) 结合近期社会热点新闻,确定专题的选题。

(2) 根据专题选题,策划专题的角度。

(3) 根据专题选题及角度,策划专题的栏目。

(4) 根据专题栏目需要,利用信息采集的各种途径组织专题内容。

(5) 撰写专题的策划方案。

实训8-2 网络专题的形式设计

实训目的:掌握网络专题版式设计的方法。

实训内容:根据专题的选题情况及专题内容,进行专题结构和版式的设计。

实训要求:能够将专题内容以合理的方式加以组织和表现。

实训条件:提供 Internet 环境。

实训操作:

(1) 确定专题的结构。

(2) 确定专题版式布局。

(3) 合理编排栏目及内容。

(4) 设计并制作专题网页。

第9章　网站内容优化

本章知识点：搜索引擎优化的概念、作用、特点；关键词的内涵、分类、作用；网站流量统计的概念和主要指标。

本章技能点：搜索引擎优化的工作原理及主要步骤、关键词的设置方法及分布规则、网站流量统计工具。

【引　例】

网站内容优化发展迅速[①]

越来越多的企业意识到了将网页内容价值最大优化的重要性。

美国航空公司是美国第五大国内航空公司，每年为数百万客户提供服务，每天要运营超过3 800个航班。该公司IT部门人员一项极其重要的工作便是：每天都要对其网站usairways.com上的内容做出大量的改动和增删，其目的在于根据客户的兴趣和在线访问行为的变化更新网络内容，以向客户提供更具针对性、交互性更佳的在线体验，改进营销效果。如果仅仅依靠美国航空公司工作人员的人工分析观察在线体验的变化，这将是一项极其繁杂的工作。他们是如何做到的呢？

网络内容管理技术解决方案提供商美国Interwoven公司（团智软件）亚太区市场营销总监Siva Ganeshanandan认为，随着网站规模的日趋宏大，网站内容管理变得越来越复杂，这就对企业造成了极大的挑战。“由于公众业绩知识不够充分，很容易造成不实的内容。还有一部分就是User Generated Content（用户产生内容），你买东西，你也许不会直接上产品网站看，你也许会上一些论坛，看一些人家点击的状况，那这些信息的内容都使得这个网站的管理越来越困难。”他说。

根据Siva的介绍，Interwoven（www. interwoven. cn）提供的软件和服务，能够针对网站访客的需要与喜好，创造、部署、测试、分析、优化各种锁定性内容，通过在特定的时间和特定的环境下向正确的目标受众提供准确的内容，释放内容的价值。该公司目前在全球已经服务于包括索尼（www. sony. com. cn）、Avaya（www. avaya. com. cn）、东芝（www. toshiba. com. cn）、雅芳（www. avon. com. cn）、Sun（www. sun. com. cn）在内的超过4 400家客户和一万个站点。通过网络内容创建、交付、优化、分析四个层面来达到网页内容的最佳化。

【案例导读】

互联网的发展一日千里，没有人可以预测其究竟能发展到何种程度。各类网站不断地涌现，呈现一幅繁茂的景象，但是，当我们身在其中的时候，才明白赚钱不是一件容易的事情。企业都希望通过网站平台找到第一桶金，可是事实往往不如人意。那么，在这种情况下应该如何做呢？答案就是对网站内容进行优化。

“内容为王”，高质量的网站内容能够吸引住用户，内容的质量取决于其对用户是否有价值、是否有可读性。网站内容的可靠性、权威性、唯一性和完整性等都是网站内容优化的重点。

---

① 资料来源：http://www. cnki. com. cn/Article/CJFDTotal－HLZK200818030. htm.

网站建设的目的是创造财富，而网站内容优化可以辅助其创造更多的价值。总之，企业一定要注重网站内容的优化，因为网站内容直接影响着网站的用户体验，决定着企业网站的成败。

9.1 搜索引擎优化

党的十八届五中全会决定实施网络强国战略，推进“互联网＋”行动。如何帮助中小微企业走进“互联网＋”，助力企业网络推广，是一项重要任务。搜索引擎优化(Search Engine Optimization，SEO)是企业网络推广的一个重要技术。SEO是一套基于搜索引擎的营销思路，为网站提供生态式自我营销解决方案，从而让网站在行业内占据领先地位，获得品牌收益。

随着互联网的普及，网民使用搜索引擎搜索信息的频率正向增加。根据第46次《中国互联网络发展状况统计报告》，截至2020年6月，中国网民规模达9.39亿，互联网普及率为67.0%。其中，手机网民规模达9.32亿；搜索引擎用户规模达7.66亿，使用率为81.5%；手机搜索用户规模达7.61亿，使用率为81.6%。中国网站数量为468万，目前最大的中文搜索引擎百度网页日均浏览量已达到30亿。搜索引擎抓取信息中，如果网站缺乏必要的搜索引擎优化，搜索引擎难以采集和收录信息，进而影响网站访问量，网站排名落后，直接被网民忽略。因此，搜索引擎优化对营销型网站推广至关重要。

案例9-1：

麦包包的搜索引擎优化[①]

麦包包是国内近年迅速成长的在线零售电子商务网站，其销售额每年都以几何级数在增长：2008年380万元，2009年4 000万元，2011年达到5亿元，2013年达到8亿元。作为销售型的电子商务网站，最重要的是获取庞大的潜在客户，而搜索引擎成为其获取客户的主要来源。麦包包能取得如此好的销售业绩，很大程度上取决于其搜索引擎营销上的成功。目前，麦包包网站的“女包”“淘宝”“淘宝网”“淘宝商城”“开心网”等非常热门的高流量词汇在百度、Google等主流搜索引擎均有非常好的排名，这些热搜词为麦包包网带来了每日数以亿计的访问和无数的潜在客户。

麦包包网站SEO的成功之处在于：

● 网站主关键词(目标关键词)精准到位：title和description发力够狠

麦包包网站的title和description设置相当精准，且语句通顺简洁。显然，麦包包对自己的用户群体分析得很透彻，用户主题把握得很精准。搜索淘宝网、淘宝商城、开心网、包包，都是有购物趋势、时尚、消费能力非常强的年轻人，因此，麦包包把这些搜索量非常大、用户群体集中的热门搜索词作为网站关键词。可以灵活运用搜索引擎分词组合法，如“淘宝网商城”可以拆分为“淘宝”和“淘宝商城”。

至于description，虽然Google明确说不使用description作为排名因素，但是它是直接显示在搜索结果中，而且通过description中关键词的堆砌获得百度很好排名的例子很多，所以，description对于网站关键词排名或多或少是有帮助的。

● 注重细节，关注用户体验，应alt的坚决alt

alt的添加不仅有利于搜索引擎爬虫抓取相关信息，同时也利于提升网站访问用户的体

① 资料来源：http://wenku.baidu.com/view/f9ef481452d380eb62946d8e.html.

验。例如，麦包包网站 logo 的 alt 属性的设置，麦包包：时尚包包流行第一站，淘宝网包包优秀网商。

● nofollow 属性应用

麦包包网站对于 nofollow 属性的运用非常灵活，除了给注册、登录、购物车、去结算等没有实际内容和意义的链接添加 nofollow 属性外，最新动态新闻，包包专题促销页面，最新评论，页面底部的新手指南、如何付款、配送方式、常见问题、售后服务、联系我们等，以及合作联盟的图片链接全部 nofollow 掉了，特别要说明的是，友情链接页面没有添加 nofollow。用 nofollow 告诉搜索引擎此链接不跟踪，且不传递链接的权重，尤其对于这种大型的电子商务网站，nofollow 可以极大地提高爬虫（baiduspider、Googlebot 等）的工作效率，让爬虫在有限的时间内抓取重要的、有实际意义的页面。

● 重视优化栏目页，提升栏目页关键词的排名

● 网站结构：树形结构，层级控制在三层内

树形结构是一种对搜索引擎很友好的网站结构，便于搜索引擎爬虫逐层访问和抓取 URL 链接方面。麦包包大部分使用静态链接，层级一般控制在三个层级之内，例如，女包栏目页 http://www.mbaobao.com/k-women，荧光之夜卡包页面 http://www.mbaobao.com/pshow-1109017603.html 等，就算是搜索结果页面，也不包含无效参数。

● 外链及锚文本建设：麦包包网外链建设很到位

麦包包网站建立了大量的外链（见图 9-1），其锚文本形式也多样化（见图 9-2）。

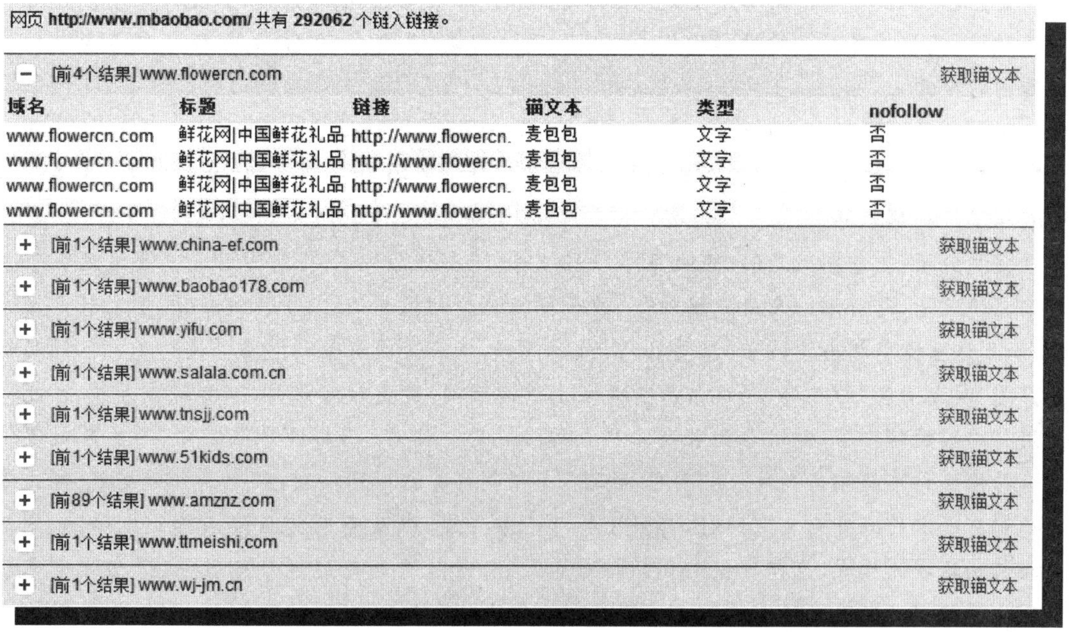

网页 **http://www.mbaobao.com/** 共有 **292062** 个链入链接。

− [前4个结果] www.flowercn.com　　获取锚文本

域名	标题	链接	锚文本	类型	nofollow
www.flowercn.com	鲜花网|中国鲜花礼品	http://www.flowercn.	麦包包	文字	否
www.flowercn.com	鲜花网|中国鲜花礼品	http://www.flowercn.	麦包包	文字	否
www.flowercn.com	鲜花网|中国鲜花礼品	http://www.flowercn.	麦包包	文字	否
www.flowercn.com	鲜花网|中国鲜花礼品	http://www.flowercn.	麦包包	文字	否

+ [前1个结果] www.china-ef.com　　获取锚文本
+ [前1个结果] www.baobao178.com　　获取锚文本
+ [前1个结果] www.yifu.com　　获取锚文本
+ [前1个结果] www.salala.com.cn　　获取锚文本
+ [前1个结果] www.tnsjj.com　　获取锚文本
+ [前1个结果] www.51kids.com　　获取锚文本
+ [前89个结果] www.amznz.com　　获取锚文本
+ [前1个结果] www.ttmeishi.com　　获取锚文本
+ [前1个结果] www.wj-jm.cn　　获取锚文本

图 9-1　麦包包外链

麦包包的外链既有同行业网站，又有其他行业网站，可以说其外链具有多样化、广泛性的特点；麦包包首页只有 18 个出站链接，通过链接中介购买大量的友情链接，根据目前的链接价格，估计月费用在 6 万左右；但对比竞价排名一个月费用五十多万的营销成本，还是比较划

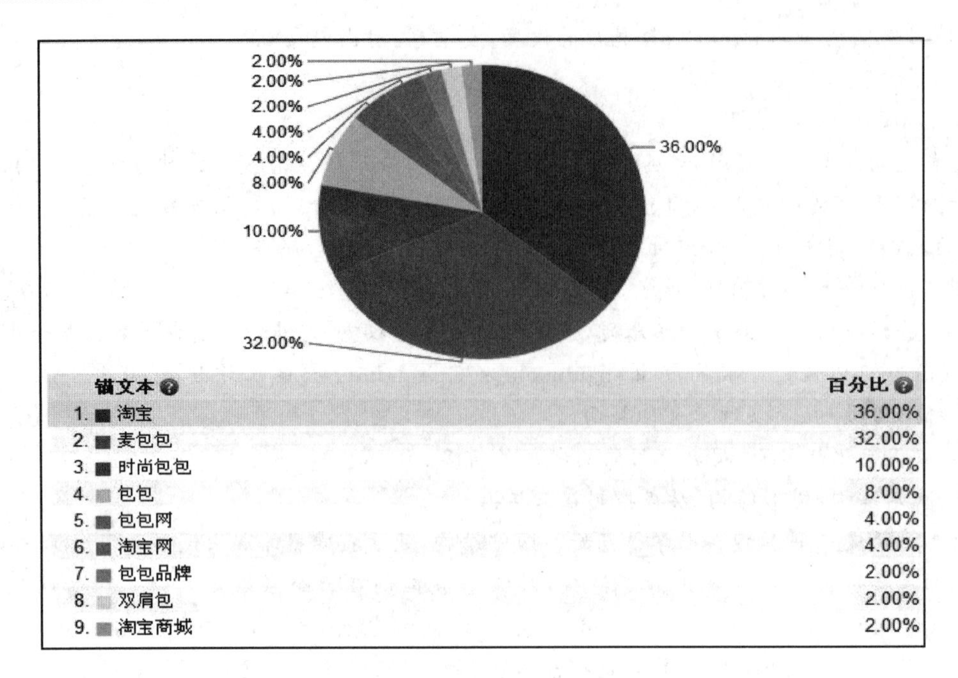

图 9-2　麦包包锚文本

算的。

麦包包 20 多万的锚文本主要是淘宝及包包，另外一些指向淘宝商城、支付宝等。查看这些关键词，麦包包在百度的排名均排在前列。由此可见，麦包包的 IP 大部分来自与淘宝相关关键词的搜索。

● 善于借势，借力发力

麦包包网站的主关键词都是热门词汇，而且多数词直接取自淘宝网、开心网等，这些词本身囊括了目标用户群。

案例分析：麦包包网站的 SEO 策略相当深厚：①截流策略。早期利用截流策略吸引了众多淘宝的流量，是所谓的大海中捞沙子、沙子中挑黄金的策略，这些词带来的流量无疑是巨大的，而且这些流量相当于沙子，只要利用、引导得好，就有变成黄金的潜质。因为麦包包的目标客户是“网上买包”的人群，而这帮人首先应上过淘宝网，有支付宝账户，只有符合条件，才能提高用户购买的转化率，并培养为长期客户。所以说用户体验、产品设计很重要，不然光截流量没有转化为订单就相当失败。②外链为王。麦包包将其利用到极致，强大的外链规划、锚文本布局都有一定的战略意义。同时，其强大的外链信任度，以及麦包包品牌名称的优势，也使其成为包包商城的权威，包包类关键词的排名非常好，同时这类关键词目标较精准，转化率也应不低。③挖掘潜在用户的需求。例如，作为一个销售女包的电子商务网站，麦包包发现搜索“买包”的女性其实并不多，可以说用户群体非常小，如何挖掘用户的潜在需求？他们发现搜索“时尚”的女性有很多。因此，他们制作了时尚的专题页面，然后推荐了《女性背什么包包更加时尚》《时尚女性应如何选取包包》等文章，将“包包”和“时尚”巧妙地结合起来，成功挖掘了用户的潜在需求。

9.1.1 搜索引擎优化的概念

中国互联网络信息中心(CNNIC)最新发布《2019年中国网民搜索引擎使用情况研究报告》中显示,截至2019年6月,我国搜索引擎用户规模达6.95亿,较2018年底增加1 338万,半年增长率为2.0%,较同期网民规模增速(3.1%)低1.1个百分点;搜索引擎使用率为81.3%,较2018年底下降0.9个百分点。多数研究发现,搜索引擎用户往往只留意搜索结果最前面的几个条目,所以,不少网站都希望通过各种形式影响搜索引擎的排序。通过搜索引擎优化这样一套基于搜索引擎的营销思路,可以为网站提供生态式的自我营销解决方案,让网站在行业内占据领先地位。

1. 搜索引擎优化的概念

目前,越来越多的个人和企业热衷于通过互联网上的搜索引擎查询资料、寻找中意商品。通过对人们的使用习惯和心理的调查发现,在搜索引擎中排名越靠前的网站,被浏览点击的概率就越大。因此,一个商业网站在主流搜索引擎中获得自然排名优先,对于企业来说显得尤为重要,这也直接催生了搜索引擎优化。

搜索引擎优化指从自然搜索结果获得网站流量的技术和过程。更完整的解释应是:搜索引擎优化指在了解搜索引擎自然排名机制的基础上,对网站进行内部以及外部的调整优化,便于搜索引擎抓取网站内容,提高网站整体网页的收录量,并且改进网站各网页在搜索引擎中的关键词自然排名,获得更多展示机会,进而获得更多流量,最终达成网站销售及品牌建设的目标。

搜索引擎优化具有涉及因素广泛、时效性和针对性强的特点,能够为网站运营带来多方面的价值,具体表现在以下几个方面:

(1) 针对性强,显著提高用户访问量

对企业产品真正感兴趣的潜在客户通过有针对性的"产品关键词"直接访问企业的相关页面,使网站通过搜索引擎自然检索获得的用户访问量得到显著提高,并且优化后的网站搜索排名属正常搜索排名,用户接受程度也非常高。

(2) 一举多得,是最划算、最有效的网站推广

搜索引擎优化通过对网站功能、网站结构、网页布局、网站内容等要素的合理设计,使得网站符合搜索引擎的搜索规则。因此,优化后的网站不仅在Google上能取得较好的排名,在百度、雅虎、腾讯搜索等其他搜索引擎上都会取得较好的排名(但不会超过点击竞价的位置)。相当于花少量的投入可以同时在几大主流搜索引擎上做广告,真正达到了低投入高回报的投资效果。

(3) 低成本,预算可控

相对于竞价排名按关键词的访问次数收费,搜索引擎优化产品采用包年的费用。关键词的定价以首页竞价结果的价格最底限为标准,根据技术难易程度制定更低的价格标准。由于优化后的网站搜索排名属于正常排名,都不用支付任何点击费用。这样避免了竞价排名相当昂贵、撒网太局限、会造成竞争对手恶意点击的缺点,不会因行业竞争而在短时间内迅速提高成本。

(4) 是全球最大的网络营销平台群,覆盖面广

调查表明:网站75%的访问量都来自搜索引擎的推荐。因此,主流搜索引擎(Google、百度、雅虎、MSN)是最有价值的企业推广平台。搜索引擎优化主要针对主流搜索引擎进行优化,能够使网站在主流搜索引擎中取得较好的排名,就有获取更多潜在客户的可能。

搜索引擎优化通过提高搜索引擎的自然搜索结果为网站导入高质量的流量。搜索引擎优化无疑是推动网络营销业绩、提升网站网络能见度的最有价值的网络营销战略之一。以搜索引擎优化为核心、搜索营销为主的综合网络营销能够将网络资源有效整合,提升网站整体竞争力。

2. 搜索引擎优化的工作原理

搜索引擎优化的工作原理是遵循搜索引擎对网页检索、收录、排序的原则,让网站对各项基本要素(网站结构、网站内容、网站链接)进行优化,满足搜索引擎的各项原则,使其提高搜索引擎排名,从而提高网站的访问量,最终提高网站的销售或者宣传能力。

(1) 网站结构

网站结构分为物理结构和逻辑结构,树形的网站能够清晰地表达网站结构的层次关系,有利于浏览者和搜索引擎爬虫识别和区分网页权重;逻辑结构又称链接结构,即网站内部链接是否合理充分,这在搜索引擎的优化中是非常重要的。

(2) 网站内容

网站内容包括网页代码、关键词、核心内容、内容价值和内容增加频率等。搜索引擎在收录网页前需要对互联网中的网页进行检索,简洁易懂的网页代码更利于被搜索引擎爬虫收录,所以代码质量很重要;搜索引擎的排名机制是基于关键词的搜索,所以需要了解关键词,知道如何使用关键词;有了关键词还需要组建更多的内容,并且内容需要凸显其核心;网站内容的发布要循序渐进,细水长流。

(3) 网站链接

网站链接分为内部链接与外部链接。内部链接也同属于网站结构部分的逻辑结构,合理充分的内部链接结构能让搜索引擎爬虫有效而迅速地爬至整个网站去检索、读取和收录内容;外部链接在搜索引擎优化过程中占到了日常工作的很大比例。因为网站内部工作由自己写,而外部链接是别人对自己网站好坏的评价,评价越高对网站的排名越有利。

搜索引擎优化是一种通过了解各类搜索引擎如何抓取互联网页面、如何进行索引以及如何确定对某一特定关键词的搜索结果排名等技术,对网页进行相关的优化,使其提高搜索引擎排名,从而提高网站的访问量,最终提高网站的销售能力或者宣传能力的技术。搜索引擎优化的作用主要分为以下几点:

① 提高网站的搜索引擎友好性,从而提高网站被搜索引擎收录的机会。

② 提高网站在搜索引擎检索结果中的排名。

③ 方便搜索引擎检索信息并返回给用户具有足够吸引力的检索信息。

④ 提供结果的自然排名,增加可信度。

⑤ 增加优秀网站的曝光率,提升网站开发的技术。

⑥ 引导用户点击企业网站,提高网站访问量,然后进一步将访问量的增加转化为销售量

的增加,达到网络营销的最终目的。

3. 搜索引擎优化的主要步骤

搜索引擎优化主要分为以下八个步骤:

(1) 关键词分析(也称为关键词定位)

这是进行SEO最重要的一环。关键词分析包括:关键词关注量分析、竞争对手分析、关键词与网站相关性分析、关键词布置、关键词排名预测等。

(2) 网站架构分析

网站结构符合搜索引擎爬虫的喜好则有利于SEO。网站架构分析包括:剔除网站架构的不良设计、实现树状目录结构、网站导航与链接优化等。

(3) 网站目录和页面优化

SEO不只是让网站首页在搜索引擎有好的排名,更重要的是让网站的每个页面都带来流量。

(4) 内容发布和链接布置

搜索引擎喜欢有规律的网站内容更新,所以合理安排网站内容发布日程是SEO的重要技巧之一。链接布置把整个网站有机地串联起来,让搜索引擎明白每个网页的重要性和关键词。

(5) 与搜索引擎对话

向各大搜索引擎登录入口提交尚未收录站点。通过site:你的域名,知道站点的收录和更新情况。通过domain:你的域名或者link:你的域名,知道站点的反向链接情况。为了更好地实现与搜索引擎对话,建议采用Google网站管理员工具。

(6) 建立网站地图(SiteMap)

根据网站结构制作网站地图,让网站对搜索引擎更加友好化。搜索引擎通过SiteMap可以访问整个站点上的所有网页和栏目。

最好有两套SiteMap,一套方便客户快速查找站点信息(html格式),另一套方便搜索引擎得知网站的更新频率、更新时间、页面权重(xml格式)。建立的SiteMap要和网站的实际情况相符合。

(7) 高质量的友情链接

建立高质量的友情链接,对于SEO,可以提高网站PR(PageRank,网页级别)值。

(8) 网站流量分析

网站流量分析可以从SEO结果上指导下一步的SEO策略,同时对网站用户体验的优化也有指导意义。建议采用Google网站流量分析工具Google analytics和百度网站流量统计工具。

9.1.2 搜索引擎优化的要求

搜索引擎优化是针对搜索引擎对网站网页内容的检索特点,对网页内容的相关要素进行优化,从而适合搜索引擎的检索原则,使网页内容能够被搜索引擎检索,即成为百度、谷歌、雅虎等搜索引擎的可见网页。因此,网站的内容是搜索引擎优化的核心。

1. 搜索引擎优化的目标

搜索引擎优化的目标可以分为以下几类:

① 吸引搜索引擎上的潜在客户光顾你的站点，了解并购买他们搜索的产品，适用于网店、销售型企业网站等。

② 希望获得来自搜索引擎的大量流量，向浏览者推介某一产品，而不是当场购买，适用于生产型品牌企业网站、交友网站、会员模式站点等。

③ 力图从搜索引擎引来充足的访问量，扩大品牌知名度，而不是某个具体的产品。

④ 依靠搜索引擎的流量，并将这个流量作为产品吸引广告商来网站投放广告，适用于谷歌广告、阿里妈妈、百度推广等。

⑤ 力图让搜索引擎给网站带来大量流量，使网站的业绩指标攀升。

搜索引擎优化的最终目标是实现多转换、多销售、多赢利。但对于网站而言，想要实现多转换、多销售和多赢利，首先要做的是增加网站的流量，而增加网站的流量需要目标关键词和长尾关键词有好的排名才能达到，网站的目标关键词和长尾关键词有好的排名则必须网站有足够的权重，而网站的权重需要网站多个因素的累积。因此，搜索引擎优化的直接目标是增加网站的权重，实现关键词排名的提升，从而增加网站的有效流量。

搜索引擎优化的着眼点不能只是考虑搜索引擎的排名规则如何，更重要的是要为用户获取信息和服务提供方便，搜索引擎优化的最高目标是为了用户，而不是为了搜索引擎。那么搜索引擎优化应重视什么呢？其实很简单，是网站内部的基本要素——网站结构、网站内容、网站功能和网站服务，尤其以网站结构和网站内容优化最为重要。可见，真正的搜索引擎优化重视的是网站建设基本要素的专业性设计，是为了给用户获取网站的信息提供方便。

2. 搜索引擎优化的要求

网站内容是搜索引擎优化的核心。SEO只不过是将网站内容的作用发挥得更好。

网站内容如何才能做好，需要满足以下三点：

（1）网站内容的吸引力

网站内容具有吸引力应是网站内容建设的第一原则。没有吸引力的内容对于网站起到的作用很小，这样的网站肯定不会得到浏览者的重视。很多人觉得搜索引擎无法辨别网站内容的准确性，但是很多东西都是相辅相成的，而且从搜索引擎的算法智能化程度来看，无法判定搜索引擎是否能读懂这些内容。所以，在无法做原创、做权威的时候，要尽可能地为网站挑选可读性高的内容丰富的网站。

（2）网站内容的更新频率

网站内容的更新频率可以提高网站本身的质量及搜索引擎爬虫的爬行频度，同时对提高网站排名有帮助。

（3）网站内容的完整性

更新快和原创性关系很大，虽然有些网站更新很快，但原创性不是第一，则搜索引擎对其权重不会很高，这也是网站内容优化的重点。伪原创是指把原文章的结构顺序打乱或复制几段其他的文章，东拼西凑成一篇文章。伪原创的方式不一定能够解决网站内容的原创性。因为有些搜索引擎存储文章是按段而不是按照篇存储的，所以即使通过打乱文章的结构顺序、复制文章内容等方式，依然没有办法躲过搜索引擎的算法。

3. 搜索引擎优化的主要方法

基于Web标准的网页设计是SEO的基础，而网页细节设置和推广才是决定SEO成败的关键。下文介绍一些常用的 SEO 方法。

(1) 主　题

网页的主题(title)在 SEO 中占有重要位置,title 示例代码如下:

```
<title>分类目录_搜索引擎_新浪网</title>
<title>教育就业_搜索引擎_新浪网</title>
<title>网上教育_教育就业_搜索引擎_新浪网</title>
<title>研究生教育_网上教育_教育就业_搜索引擎_新浪网</title>
```

本例是一个较为规范的 title 写法,title 通常的命名方式应是“当前网页主题_栏目名称_网站名称”,对 title 的设置应遵循以下原则:

① 尽量用简洁的主题介绍页面内容,切忌用过多重复的关键词定义主题,通常这种做法会适得其反,搜索引擎会认为这是一种作弊行为。所以,定义的关键词要在内容中有所体现。

② 不同网页的主题内容一定要不同,不可以千篇一律。

③ 主题中应尽量体现当前页和网站的从属关系,如上面示例代码所示。

(2) 关键词分析和选择

关键词分析和选择是 SEO 的重点。在全文搜索引擎刚兴起时,搜索引擎很重视标签中的内容,不过现在由于网络爬虫算法的改进,标签中的内容对于 SEO 的优先级已经显得不太重要了,但是标签中的内容还是有其存在的意义的。

例如,网站栏目代码为:

```
<meta name = "keywords" content = "优秀个人网站欣赏,优秀个人主页欣赏,网站欣赏,主页欣赏">
```

本例是经过网站重构后的网易主页中的标签内容,在百度中搜索“个人网站”显示的结果如图 9-3 所示。网络爬虫会自动检查“Description”即网站内容描述中的内容作为显示结果中网站的描述。

图 9-3　meta 标签在搜索结果中的作用

通常,网络爬虫会把更多的精力放在分析网页的具体内容上,因此要获得好的 SEO 必须保证网页内容的质量,杜绝错别字和复制其他网页内容的情况。根据用户的搜索习惯,用户输入的关键词有几种类型:重要关键词、重要关键词+热门关键词、广义关键词、广义关键词+热门关键词+重要关键词。因此,在设置网页文件内容时,应尽量在不影响文章流畅的前提下,保证这些关键词都出现并且注意出现的密度。同时还应通过关键词分析工具查看网站关键词在搜索结果中的位置,随时调整优化。如图 9-4 所示。

相关搜索	免费个人网站	个人网站模板	个人网站源码	个人网站欣赏	优秀个人网站
	个人网站设计	免费个人网站申请	个人网站建设	个人网站制作	中学生个人网站

图 9-4 网站关键词

(3) 网站的导出链接

网站的导出链接相当于本网站对于其他网站的投票。在设置导出链接的时候,要注意控制导出链接的数量和质量。如果网站链接的其他网站 PR 值很低或者有作弊现象,将影响本网站在搜索引擎中的排名,所以要慎重使用导出链接。

(4) 网站的导入链接

导入链接是影响网站在搜索引擎中排名的重要因素,因此要尽量多获得高质量的外部链接。通过导入链接分析工具可以查询网站的被链接情况。当源网站链接目标网站时,网络爬虫检查源网站时会发现目标网站地址,并迅速抓取目标网站内容。对于新建立的网站,得到高质量网站的链接可能比主动提交给搜索引擎网站有更好的效果。建议用户采用交换链接的方式获取导入链接。网站应尽量在少付出导出链接的情况下,获得更多的导入链接。解决这个问题的关键是网站自身的质量和专业性。另外,在选择导入链接时,应选择可以和网站形成互补或上下文关系的链接。

(5) 网站的内部链接

网站的内部链接是网站内页面间的彼此链接。从网站优化的角度应建立完整的内部链接,保证每页都有返回主页的链接。还应经常检查内部链接情况,防止出现无效链接。

(6) 提交网址

网站中加入的外部链接可以被大部分网络爬虫抓取,但有必要提交网址到各个搜索引擎、ODP 目录以及与其他有价值的网站建立链接。

① 提交到搜索引擎

建立网站之初,可以先将网站地址提交到搜索引擎中,尽管搜索引擎对新网址提交处理周期很长,但与其他外部网站建立链接相比,这种方式是最容易的。

Google 的网址提交入口:http://www.google.com/addurl/

百度的网址提交入口:http://www.baidu.com/search/url_submit.html

中文雅虎的网址提交入口:http://search.help.cn.yahoo.com/h4_4.html

② 提交到开放式目录库

开放式目录(Open Directory Project,ODP)是由志愿者审核编辑网址的目录式搜索引擎。全文搜索引擎直接使用 ODP 的数据库,而且全文搜索引擎对来自 DMOZ 等 ODP 的网址都给予很高的 PR。因此,能将网站提交到 DMOZ 是提高网站排名的一个重要手段。但 DMOZ 编辑对提交的网址审核是较严格的,所以在提交前一定要保证网站链接完整,并且内容本身具有价值，同时填写网站介绍时，要用简洁的语句说明主题，不要添加太多形容词。

(7) 创建网站地图

网站地图有两种用途：一是浏览者通过网站地图可以直接访问网站的主要功能；二是网络爬虫通过网站地图可以迅速收集网站信息。所以，网站地图可以创建两个版本，一种是满足浏览用户使用的 HTML 格式，另一种是便于网络爬虫使用的 XML 格式。如果网站的链接很多，建议分拆成多个文件存放。

可以利用免费的在线工具创建网站地图(见图 9－5)，只需要输入网站地址，在线工具会动态生成 HTML 版本或 XML 版本的站点地图。

图 9－5　网站地图

9.1.3　手机端网站的搜索引擎优化

IiMedia Research 数据显示 2013—2019 年中国手机用户数量呈上升趋势。其中 2013 年为 95 930 万，自此以后中国手机用户数量一直保持在 100 000 万以上，2019 年中国手机用户数量为 108 680 万。如图 9－6 所示。

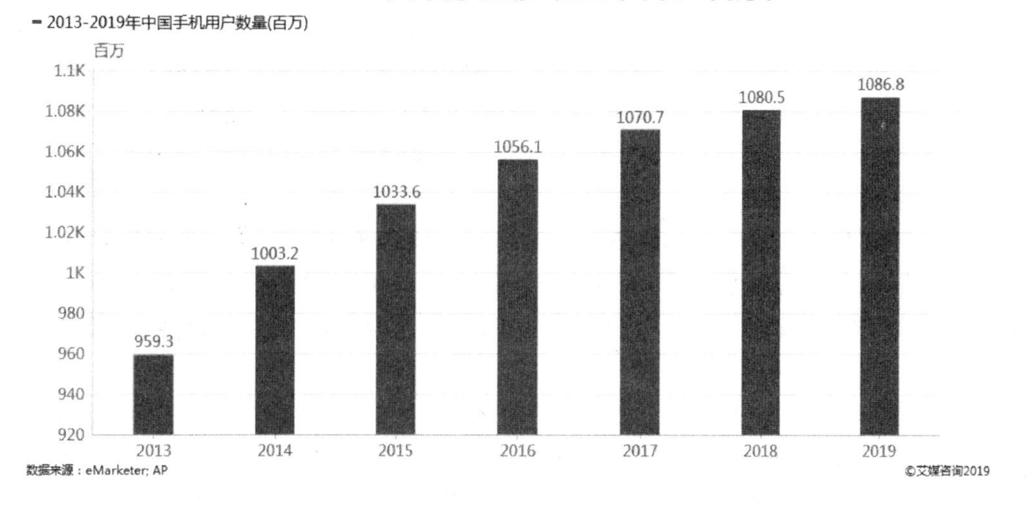

图 9－6　2013—2019 年中国手机用户数量

可以看出手机端网站处于快速发展时期，数量增长快。优质阅读资源、生活服务、工具服务及在线查询、影视、商品购物在手机端的需求非常旺盛，特别是生活服务、工具服务及在线查询、健康保健、教育的需求增幅明显。此外，随着 5G 商用在中国的正式落地，5G 手机产业得到快速发展。5G 网络覆盖率的提高、产业链的成熟以及未来 5G 手机应用的不断发展渗透，将推动 5G 手机及相关产业大爆发，预计 2025 年 5G 智能全产业规模将突破万亿元。因此，手机端网站迫切需要进行 SEO 优化。

在移动手机用户群体中，百度依然占据搜索的龙头位置不可动摇，因此，手机端网站优化依然是面向百度这个最大的中文搜索引擎开展。下文重点介绍手机端网站 SEO 的主要内容。

1. 基于搜索引擎的发展目标和用户需求提出战略性的整改规划

明确企业与用户双方的目标,规划基于用户体验各方面的设计战略。虽然智能手机用户数量非常普及,但是国内还有很多手机用户使用3G网络,所以,手机端网站在页面设计时,要考虑到用户打开网页的时长,一些炫丽的flash、JS等建议还是不用为好。这不仅仅是用户体验的问题,而且也是考虑到尽量减少百度索引抓取的工作量,让百度爬虫尽可能多的爬行和收录页面。

2. 网站尽可能简洁

手机端网站比PC端网站的页面下载速度要慢很多,因此,应尽量把页面数和页面大小控制到最低。

由于是手机用户,用户浏览网页的时间是零碎的,不可能耐心点击很多的页面,因此,要尽可能精简手机端网站设计。

购买流程或者导购页面应尽可能精简,从消费者进入网站到购买尽可能提供最简单的步骤,直接摒弃冗余内容,为消费者呈现他们想要的。

3. 域名设置

域名尽可能简短易记,大部分手机端网站的域名是PC端网站的二级域名,手机端域名与传统网站保持一致可以让用户产生信赖感。如果是专门的手机网站,应该起一个简短而且易记的域名。

避免使用弹窗、Flash、Java等行为。Flash和弹窗等行为将会占用很大一部分流量,对于移动手机用户而言,无疑会浪费时间和流量,对于搜索引擎而言,基本理解不了。从技术层面上讲,Apple产品不支持Flash功能,很大一部分智能手机用户用不了这项功能,同样,很多智能手机也不支持Java。

4. 页面细节优化

设置专属的手机端网站头部标签。手机端网站的首页或者频道首页的网页代码中的keywords、description最好加上与PC端有所区别的meta标签和关键词,与传统PC端网站一样,须有针对性地填写每个页面的关键字及描述,这对搜索结果的展现(摘要)以及优化大有帮助。

减少死链。如果没有内容,最好用状态码指定,如404、403等;如果内容死链希望重定向到首页,最好通过302跳转,不要使用Javascript跳转。

5. 使用规范化的协议,做好浏览器兼容调试工作

一般来说,手机端网站有xhtml、html5、wml三种协议,最好使用规范化、标准化的协议格式,避免造成不必要的麻烦。当然可以做多个版本的站点,站点进行不同版式的自动适配。

6. URL链接规范化

多个板块的二级域名或者目录须使用规范、简单的URL,尽量去除与页面内容无关的参数,如用来区分手机型号、区分访问用户、方便统计等的参数。

页面URL链接跳转最好是正常格式的目标URL,不要中间进行跳转。

7. 做好手机端与PC端网站的转换

确保在手机端网站或者PC端网站各个页面上有相应的导航或者提示链接,让用户可以在手机端和PC端进行切换,也便于搜索引擎更好地收录。

8. 手机端网站适配声明

手机页面进行合适的 DOCTYPE 声明有助于搜索引擎识别此页面是否适合手机浏览。＜！ DOCTYPE＞声明位于文档中的最前面的位置，处于标签之前。例如：

xhtml 协议的手机页面中可以使用如下 DOCTYPE：

＜！ DOCTYPE html PUBLIC"-//WAPFORUM//DTD XHTML Mobile 1.0//EN" "http://www.wapforum.org/DTD/xhtml-mobile10.dtd"＞

wml 协议的手机页面可以使用如下 DOCTYPE：

＜！ DOCTYPE wml PUBLIC"-//WAPFORUM//DTD WML 1.1//EN" "http://www.wapforum.org/DTD/wml_1.1.xml"＞

而 HTML5 协议的 DOCTYPE 为

＜！ DOCTYPE HTML＞

9. 其他优化事项

其他一些优化要点与传统 PC 端网站优化一样，例如，网站结构要用合理的树形结构，最好采用树形和扁平相结合；清晰的面包屑导航，方便搜索引擎爬行抓取和提升用户体验；title 写法要尽量包含关键字，首页、频道页、内容页写法要有所侧重。

10. 手机端网站改版或变动时做好重定向

手机端网站改版或者更换域名时，新老内容映射要尽量简单，换域名时，如果能够做到路径不变，则负面影响面会更小，且影响时间会更短。

9.1.4 语音搜索引擎的优化

作为消费者，我们正在转向一个解放双手的数字世界。大多数正在向市场发布的移动智能设备，都配备了最新的人工智能技术，我们可以通过语音搜索，无须手动输入文本。随着语音识别技术的不断发展，语音搜索已成为必然趋势。语音搜索改变了人们搜索的两种重要方式：搜索内容更长和搜索更具会话性。

我们注意到，语音搜索关键字比基于文本的搜索要长得多，如图 9-7 所示。但是，使用语

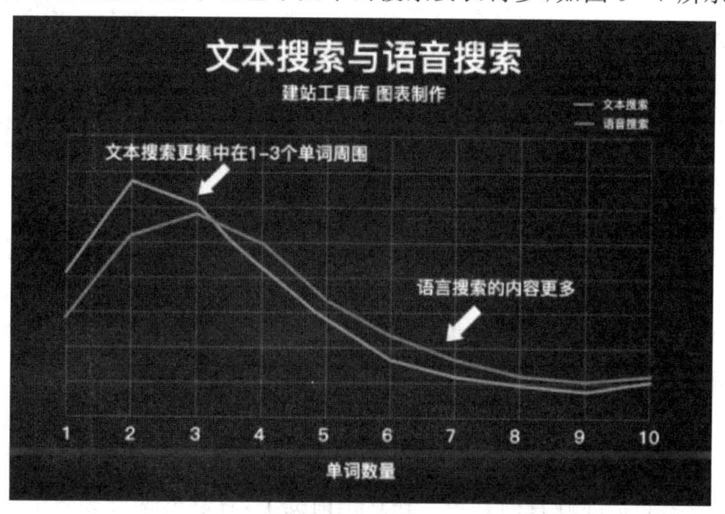

图 9-7　文本与语音搜索内容量对比图

音搜索和基于文本的搜索在执行方面是不同的。当我们发出语音指令时,我们使用自然语言而不是使用特定关键字,就像与朋友或家人交谈时一样。因此,我们熟悉的 SEO 也在发生变化。那么如何进行语音搜索引擎(Voice Search)优化?相应的 SEO 会有什么变化?我们又应该如何指定有效的搜索引擎优化策略?

1. 使用长尾词

普通的相关关键字搜索可能只需要一个或两个单词,但语音搜索通常非常准确,因此这里使用长尾词。

(1) 怎样用长尾词来优化?

例如,一家专做动物图案 T 恤的服装公司,一般会将他的关键字设为“animal T - shirt”或者“buy T - shirt”等。如果现在有一个用户想买熊猫图案的 T 恤,那这个时候他用语音搜索大概就会说“where can I buy a white panda T - shirt?”。

我们提供的关键字与用户搜索的关键字之间的区别在于使用长尾词。他给出的是“white panda T - shirt”,那 Google 就会给出精确合适的结果,不是完全相关的结果就不会出现。

(2) 标题

要优化长尾词,但不是说必须将这些特定的长尾词放入标题中。因为与普通搜索不同,标题的语音搜索权重不是很大。也就是说,在语音搜索中,Google 并没有那么看重标题关键词。Google 算法有时候可能会很大程度上忽略网页标题,直接抓取内容。

2. 网站加密——https

https 和 http 之间的区别是最后一个“s”,也就是“secure”,加密的意思。Google 搜索最开始就会直接把 https 类的网站自动排在最前面。与普通搜索不同,网站加密对于语音搜索可能更为重要。实际上,语音搜索出来的 70%都是 https 的页面,而普通搜索出来的是 50%。

据 Blue Corona 的数据显示:如果网站未加密,84%的用户将直接放弃购买,Google 会将 http 网页视为不安全页面并提醒用户。从 2014 年开始,Google 搜索引擎在考虑具有相同权重的网站时,由于使用 https 协议的网页会更安全,所以排名会优先对待。

要将网站从 http 转换为 https,须购买 SSL 证书、备份、改新代码等,这些可以交给技术人员。

3. 响应式网页设计

通常,语音搜索来自移动设备,例如手机和平板电脑。所以网站要使用能够适应各种设备的模式。响应式网页设计意味着网页可以很好地与用户可能使用的所有设备配合使用。响应式网页设计是指在保持 HTML 和 URL 结构不变的前提下,使用 Fluid 来设计,以成比例的网格、灵活的图像和不同的 CSS 样式规则,来满足不同设备的正常显示。

响应式网页设计不仅能讨好搜索引擎算法,还能让我们不落后于竞争对手。像“OK Google”和“Siri”这样的语音搜索助手,搜索出来的结果里自适应比较好的网页排名较高。总体来说,响应式网站的好处有:灵活度高、用户体验良好、Google 推荐、容易维护。

4. 内容有深度,结构清晰

据统计,Google 语音搜索的结果页面平均有 2 300 个单词,这并不意味着长篇内容会有更好排名。

语音搜索的结果非常准确且内容短。在这个前提下,谷歌的偏好必须是短而精细的内容,而不是长篇内容。至于为什么语音搜索结果出来的页面大部分内容都比较长呢?长篇内容可能涵盖更多内容，并且有更多机会来匹配语音搜索问题。

9.2　关键词的选取与设置

案例 9－2：

实名制购票、电子设备讲解，四川发布景区恢复开放指南[①]

2020 年 2 月 20 日，四川省旅游景区管理协会对外发布了《四川省新型冠状肺炎疫情防控期间旅游景区开放工作指南》（以下简称《指南》），要求疫情中恢复开放的景区须通过网络实名制购票，日接待量不超过日最大承载量的 50%；景区室内活动场所从严控制开放（博物馆、剧院和影院等封闭场所应暂时关闭），瞬时流量不能超过最大瞬时流量的 20%，确保游客间距能达到 2 米左右。

《指南》还要求，景区要设立临时隔离点，景区员工或游客出现发热和咳嗽等不适症状时立即启动预案，采取措施隔离观察，及时向当地疫情领导小组报告有关情况。景区也要对所属公共场所和停车场，每天定时和不定时消毒和检查，车辆实施隔位停放，上班时间员工都必须佩戴口罩等防护用具。景区内所有交通工具也须采取隔位就座的方式控制乘坐人数。此外，游客服务中心应备有 75% 的酒精棉球或其他消毒液等，免费供游客使用，游客服务中心提供使用的拐杖、轮椅、雨伞、语音导游设备等物品，做到一客一消毒。景区增设废弃口罩回收专用箱（桶）。

同时，景区各入口醒目位置要设立告示牌，提醒游客遵守相关防控常识、要求和注意事项，公布当地疾病控制中心电话，提醒游客进入景区须佩戴口罩，禁止不佩戴口罩游客进入景区。景区讲解员必须与游客保持 2 米左右的距离，提倡采用蓝牙耳机等电子设备讲解。另外，景区也可以根据实际安排游客分时段、间隔入园，实行分散式游览。

案例分析：在这篇简短的新闻稿中，经过分析可以看出，其有“疫情”“新冠肺炎”“四川”3 个关键词，也正是通过这 3 个关键词，文章将要表达的内容清晰、明确、简洁地呈现出来。

网络时代，信息搜索离不开关键词。设置企业网站关键词是提高搜索排名的重要任务。从操作层面上看，“关键词”的选取与设置在整个互联网内容运营工作中也确实体现出其“关键性”，例如：网站信息的筛选、网站内容的编辑、网站稿件标题的制作以及网络专题的策划等，都和“关键词”存在着直接或间接的密切关系。因此，在网站信息编辑中，“关键词”具有提纲挈领的作用和意义。

9.2.1　关键词的选取

关键词是描述产品及服务的词语，选取适当的关键词是建立一个高排名网站的第一步。选取关键词的一个重要的技巧是选取那些搜索时常用到的词为关键词。关键词的选取不仅要通过搜索引擎，而且要根据用户进行合理的添加与布局，同时，关键词的选取应符合网站长期运营定位的方向。

1. 关键词的内涵与分类

关键词是在一篇文章中具有“关键”意义的词语。从严格的规范上看，《科学技术报告、学

① 资料来源：https://news.sina.com.cn/c/2020-02-21/doc-iimxyqvz4768407.shtml.

位论文和学术论文的编写格式》(GB/T 7713—87)国家标准指出“关键词是为了文献标引工作从报告、论文中选取出来用以表示全文主题内容信息款目的单词或术语。”从这个定义可以看出,“关键词”包含以下三层意思:

(1) 关键词应是单词或术语

虽然关键词是一种自然语言,是直接从文献中选取的著者的自然用语,其不要求在词义、词形上做严格的规范化处理,但所选用的词应是能揭示文献主题内容的实词,并具有单义性的,即一个关键词应表达事物的一个概念,能对应某一主题或知识点。

(2) 关键词能够用于标引和检索

关键词可以用于文献标引。文献标引是根据文献的特征,赋予某种检索标识的过程。例如,依据文献的外表特征(包括题名、著者等),就有题名标引、著者标引;依据文献的内容特征,就有分类标引、主题标引。关键词还是主题词的一种(主题词还包括标题词、元词、叙词等),即以能揭示和反映文献主题的关键词用作文献标引。所以,关键词的选取实际上是文献标引的一个过程。关键词选取是否适当、准确,关系到网站内容的检索率和利用率。

(3) 关键词能够准确反映主题概念

关键词是从文献的题名、摘要和正文中选取的对表达文献主题内容具有实质意义的词语。关键词之所以“关键”,在于其所选取的词语必须是能反映文献的中心或主题的,不能揭示文献核心内容的词语不能选作关键词。

按照用途以及搜索量的不同,关键词分为目标关键词、热门关键词和长尾关键词。

① 目标关键词又称为主关键词、核心关键词。目标关键词一般指代表网站最核心主题的目标词语,往往是搜索量很大,竞争较为激烈,能够代表行业定义、形象和品牌的词语。考虑一个网站主题范围有限,权重也有限,一般选取的目标关键词放在整个网站权重最高的首页,且数量为2～3个较为合适。

② 热门关键词又称为二级关键词、次级关键词,一般指有一定的搜索量,但是竞争程度小于目标关键词的词语,这些词语一般放在网站的频道页或者栏目页。一般二级关键词的数量在几十个左右。

③ 长尾概念来自克里斯·安德森的长尾理论(the Long Tail),在词语的长度上,长尾关键词比目标关键词和次级关键词要长得多,因此,单个长尾关键词的搜索量非常少,但是由于数量众多,整体的流量远超过目标关键词和次级关键词。

2. 关键词的选取与作用

关键词的选取是十分重要的一步,其决定了未来网站的流量、推广方式以及内容制定,所以必须慎重考虑。总体上看,关键词的选取必须把握以下五个方面:

(1) 和内容相关

不论什么网站,正确的方式首先是确定主题,然后根据主题选取关键词。因此,关键词的选取必须要和网站的内容相匹配,这样才能带来有效的目标流量。

(2) 有用户搜索

有用户搜索的关键词排名上去之后才能产生点击和流量,没有搜索的关键词即使排名很靠前也是没有意义的。另外,把握关键词的竞争程度,竞争过于激烈的一般不考虑,因为这类关键词难度较大,即使采取一定的策略,也未必能把排名提高到前几位。

(3)专业性

专业性指关键词不能过于宽泛,需要保证在有搜索的基础上,尽量选取相关专业性的词语。做关键词最忌讳的是行业的通称,如新闻、旅游之类的词语,这些词虽然有很多搜索量,但转化率非常低。

(4)不能特殊化

不能选取过于极端和冷门的关键词。关键词的选取在于找到一个平衡点。特殊化的关键词指长度比较长或者很少人搜索的冷门词语。这样即使排名在前几名,每天用户搜索次数非常少,给网站带来的流量也非常低。

(5)具有商业价值

具有商业价值的词是能带来转化率和利润的词语。有些关键词虽然字数相同,但用户点击后导致的行为和结果是不同的。选取关键词,首先要考虑的是点击率和转化率。例如,两个关键词分别是"空调原理"和"空调促销",那么很显然,第二个关键词更能突出商业价值。因此,关键词的选取不能只考虑搜索量,还应考虑其商业价值和转化率。

关键词的作用主要表现在以下四个方面:

(1)便于网民快速做出是否阅读正文的判断

在网络信息泛滥的时代,网民常常要用"扫描"的方式阅读,关键词是为网民提供"扫描"阅读的重要信息点。网民只要分析一下关键词,就可判断正文的类别、主题的内容以及可能提供的信息量。

(2)便于稿件的归类

选取何种词语作为关键词,实际上是把稿件定位于某一特定的类别。几乎所有的网站都是依据一定的"关键词"将稿件归为一类,例如,在新浪网军事频道的南海局势下面有以下文章,如图9-8所示。

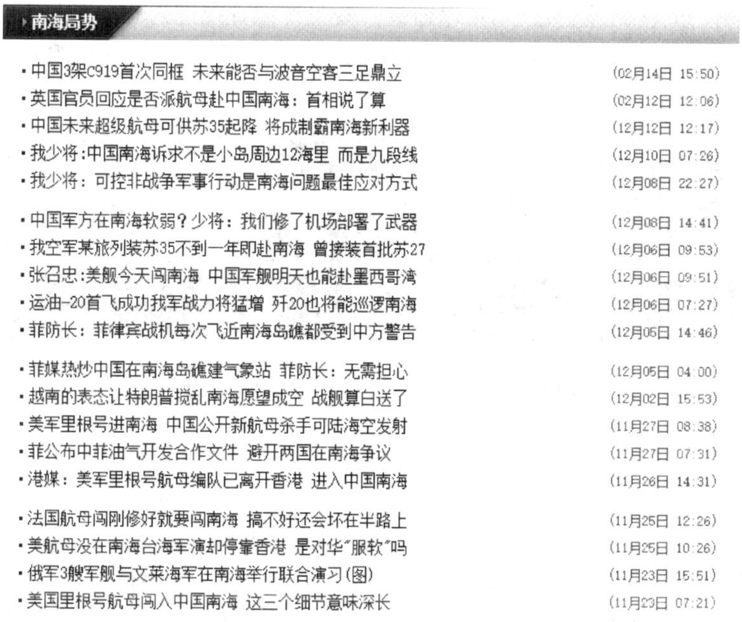

南海局势

- 中国3架C919首次同框 未来能否与波音空客三足鼎立 (02月14日 15:50)
- 英国官员回应是否派航母赴中国南海:首相说了算 (02月12日 12:06)
- 中国未来超级航母可供苏35起降 将成制霸南海新利器 (12月12日 12:17)
- 我少将:中国南海诉求不是小岛周边12海里 而是九段线 (12月10日 07:26)
- 我少将:可控非战争军事行动是南海问题最佳应对方式 (12月08日 22:27)
- 中国军方在南海软弱?少将:我们修了机场部署了武器 (12月08日 14:41)
- 我空军某旅列装苏35不到一年即赴南海 曾接装首批苏27 (12月06日 09:53)
- 张召忠:美舰今天闯南海 中国军舰明天也能赴墨西哥湾 (12月06日 09:51)
- 运油-20首飞成功我军战力将猛增 歼20也将能巡逻南海 (12月06日 07:27)
- 菲防长:菲律宾战机每次飞近南海岛礁都受到中方警告 (12月05日 14:46)
- 菲媒热炒中国在南海岛礁建气象站 菲防长:无需担心 (12月05日 04:00)
- 越南的表态让特朗普搅乱南海愿望成空 战舰算白送了 (12月02日 15:53)
- 美军里根号进南海 中国公开新航母杀手可陆海空发射 (11月27日 08:38)
- 菲公布中菲油气开发合作文件 避开两国在南海争议 (11月27日 07:31)
- 港媒:美军里根号航母编队已离开香港 进入中国南海 (11月26日 14:31)
- 法国航母闯刚修好就要闯南海 搞不好还会坏在半路上 (11月25日 12:26)
- 美航母没在南海台海军演却停靠香港 是对华"服软"吗 (11月25日 10:26)
- 俄军3艘军舰与文莱海军在南海举行联合演习(图) (11月23日 15:51)
- 美国里根号航母闯入中国南海 这三个细节意味深长 (11月23日 07:21)

图9-8 新浪网-军事频道-南海局势

（3）便于信息的检索

关键词是反映信息主题概念的词语，是对信息主题内容加以概括、提炼而标出的规范性的词或词组，是信息检索最主要的信息源。例如，在百度搜索栏中输入“东京奥运会”这个关键词，可以检索到其相关信息，如图 9－9 所示。

图 9－9　百度－“东京奥运会”的搜索页面

（4）网站“首页”建设的基本方式

关键词担负着网站重要的“导航”功能：一方面，网站可以依据关键词将相关信息集合在一起；另一方面，当用户上网浏览信息时，可以通过一些关键词直接进入相关领域，浏览所需要的信息。如在新华网和新浪网首页中就有如下关键词的选取与设置，如图 9－10 和图 9－11 所示。

图 9－10　新华网－首页“关键词”的选取

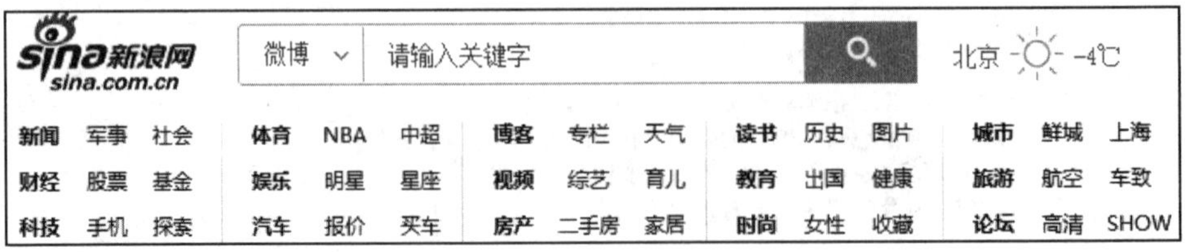

图 9－11　新浪网－首页“关键词”的选取

9.2.2 关键词的设置

关键词的设置是网站信息编辑工作的重要内容和环节。关键词的设置必须要做到与标题和正文的匹配。

1. 关键词的设置原则

(1) 精确性和规范性原则

精确性和规范性原则是关键词设置中最重要的原则。精确性指析出的关键词在语义表达上所具有的精炼性和准确性;规范性指析出的关键词是人们常用的专业性强的规范性词语。一方面,关键词的语义要明确,要客观地反映信息的主题概念,准确揭示信息的核心内容和本来面目,忌掺杂个人的主观意见、猜测和褒贬;另一方面,尽量选用表达意思准确、含义独立,或重叠很少的关键词表达信息的中心思想,避免同义词的滥用。总之,关键词的用词必须概念明确,含义清楚,能够正确表达信息的主题内容,同时,还要专业、规范,具有标引和检索的功能。

(2) 全面性和适度性原则

全面性和适度性原则指关键词能够提炼主题概念和表达全文内容,同时关键词能够适度地标引深度和选取数量。全面性的高低直接关系到标引深度,影响着查全率。例如,在一篇题名为《金融衍生产品与中国资本市场的发展》的文章中,初看标题,关键词易标引为"金融衍生产品"和"中国资本市场",但实际上文中主要论述了"股票指数期货"这种金融衍生产品在国内的发展构思,因此,"股票指数期货"这一隐含主题也应标引出来。当然,并不是说"全面性"越高越好,而是要做到标引深度恰到好处。"过细标引"和"不足标引"都是不可取的。从信息检索的角度看,"漏标"会影响信息检索的查全率,"滥标"则会影响信息检索的查准率,因此,掌握好关键词设置的"全面性、适度性"原则,可以大大提升信息检索的质量。

(3) 逻辑性和层次性原则

逻辑性和层次性原则指关键词的选取和设置能按照网站稿件的逻辑关系,使其在整体上具有逻辑性、层次性,能够清晰、深入、有序地反映信息的主题与归类属性,并使各要素的主题概念之间的语义内涵尽量独立,其组合必须能准确、精炼地高度概括各要素的主要内容,抓住本质。

2. 关键词的设置方法

(1) 把握网站稿件的主题

"主题分析"是关键词标引的重要环节。要注意专业词汇和隐含主题的标引,避免直接依据题名进行主题分析的现象。在稿件标题不足以表达主题时,应从稿件中抽取适当的词补充或重新组配增补关键词。

(2) 提炼、设置关键词

通常,提炼、设置关键词是要大体依据稿件的"题名""前言""摘要""层次标题"、正文的"重要段落"与"结语",以及所附文摘、简介、参考文献对稿件做初步了解,并经优选和取舍,尽可能从中抽取与主题概念一致、最具有检索特性的专指性、通用性与专业性的词和词组作为关键词。

需要注意的是,一方面,关键词的设置不应把选取范围仅限于文章的标题,还可以从稿件的摘要和正文中选取;另一方面,当主题在题名、摘要、正文中不是很明显时,需要整体分析,提炼关键词。

(3) 关键词的选用数量与逻辑排列

关键词选取的数量在一定程度上与反映、揭示信息主题的深度密切相关,即选取的关键词越多,揭示信息主题就越深,可供检索、利用的概率就越高。由此可见,关键词的选用数量关系到信息的查检率和应用率,关系到信息的检索和利用。一般说来,单主题网站稿件的关键词可少些,多主题的关键词应多些;研究对象多的稿件,标引的关键词要多些,反之则少些。

关键词的设置除了要数量适当,还要在排列上反映出各词之间的逻辑关系和层次性要求,并遵循一定的规则。关键词设置的逻辑排列首先要强调“首标词”的主导地位,因为首标词是一篇稿件关键词中的关键词,首标词不准确就不能揭示文章主题的最本质内容。其次,反映同一范畴又具有属种关系的关键词在排列时,要“属”在前,“种”在后。例如,在《略论党校函授教育的课程设置》一文中,其关键词应是“党校”“函授教育”“课程设置”。党校教育包括干部教育、函授教育,这两者有属种关系,所以,应把“党校”置前,“函授教育”置后。

总之,关键词的设置要把握住其“关键性”,其排列次序有一定的层次性和逻辑顺序性,做到既反映主题、切中主题,又充分反映词与词之间的逻辑关系,使信息检索者能够根据关键词的逻辑顺序去理解信息的主题内容。

9.2.3 关键词的分布

1. 关键词的分布位置

关键词可以分布在网站信息中的以下地方:

(1) 网页代码中的 title,Meta 标签(关键词 keywords 和描述 description)

例如,

```
<title>浪潮服务器报价|服务器报价</title>
<meta name = "keywords" content = "浪潮服务器报价|服务器报价">
<meta name = "description" content = "销售全系列浪潮英信服务器,提供优惠的价格。本页提供全系列浪潮服务器报价。">
```

(2) 正文内容必须适当出现关键词

正文内容必须适当出现关键词,并且“有所侧重”,意指用户阅读习惯形成的阅读优先位置——从上到下,从左至右——成为关键词重点分布位置,包括页面靠顶部、左侧、标题、正文前 200 字以内。在这些地方出现关键词对网站排名更有帮助。例如,将网站的描述放在网站的最上面,这样做的好处是让用户和爬虫都以最快速度了解网站的内容,并且以爬虫重视的<b>黑体显示,对其排名作用很大。代码显示如下:

```
<b><font color = #999999>本站是一个非商业性的网站,旨在为广大的搜索引擎研究者提供一个学习、交流场所。在这里你可以找到很多有关于搜索引擎优化资料、网站优化资料。这些资料可以帮助你的网站进行适当的优化,迎合多个搜索引擎的搜索规则,从而得到较好的排名。</font></b>
```

(3) 超链接文本(锚文本)

除了在导航、网站地图、锚文本中有意识地使用关键词,还可以人为增加超链接文本。例如,一个童装厂商网站可以通过加上以下行业资源:中国童装网、纺织童装网等含有“童装”文字的链接达到增加超链接文本的目的。

(4) Hn、Strong、B 等标签

搜索引擎比较重视标题行中的文字及加粗的文字。因此<Hn></Hn>(n 取值为 1~6)标题中的文字、用<b></b>或<strong></strong>加粗的文字一般要放入关键词。对于英文关键词来说，大写的关键词权重大于小写的关键词。

(5) 图片 alt 属性

搜索引擎不能抓取图片，因此，在制作网页时，在图片属性 alt 中加入关键词对搜索引擎是友好的，其会认为此图片内容与关键词一致，从而有利于排名。例如：

```
<img align = "center" src = "NP110.jpg" alt = "浪潮英信 NP110 G2 服务器图片">
```

(6) 域名及路径、文件名

英文网页内容的网站在进行域名选取和网页文件夹命名时，也可以考虑包含关键词(对关键词组则要用短横线隔开)。例如，www. made - in - china. com。不过对 Google 排名作用非常微小。在 Google 里面搜索 langchao，域名或目录中带有 langchao 的字母就变绿。

2. 关键词的分布规则

(1) 金字塔形结构

一个比较合理的网站关键词布局呈金字塔结构。

核心关键词位于塔尖，只有两三个，使用首页优化。

次一级的关键词位于塔身部分，可能有十几个，放在一级分类(或者频道、栏目)首页。意义最相关的两三个关键词放在一起，成为一个一级分类的目标关键词。

再次一级的关键词则放置在二级分类首页。同样，每个分类首页针对两三个关键词，整个网站在这一级的目标关键词将达到几百上千个。小型网站常用不到二级分类。

更多的长尾关键词处于塔底，放置具体产品(或者文章、新闻、帖子)的页面。

(2) 关键词分组

得到关键词扩展列表后，重要的一步是将这些关键词进行逻辑性分组，每一组关键词针对一个分类。例如，假设核心关键词确定为南昌建站，次级关键词可能包括南昌企业建站、南昌小型企业建站等，这些词放在一级分类首页。每个一级分类下，还可以再分二级。如南昌企业建站下又可以设置南昌企业建站步骤、南昌企业建站程序、南昌企业建站价格、南昌企业建站目录等，这些关键词放在二级分类首页。再往下，凡属于南昌地区内的企业建设的文章，则放在南昌企业建站目录二级分类下的文章页面。这样，整个网站将形成一个很有逻辑的结构，不仅用户浏览方便，搜索引擎也能更好地理解各个分类与页面的内容关系。

有的行业的划分标准并不十分明显，所以相应的关键词在进行分组时，其逻辑性也并不明显。例如，“减肥”这个词，需要在进行关键词扩展时按行业常识将关键词分为多个组别。经过关键词扩展得到大关键词列表后，按搜索次数排序，整体观察这些关键词可以从逻辑意义上分为几种。

(3) 关键词布局

进行关键词布局时，还要注意以下几点：

① 每个页面只针对两三个关键词，不能过多。这样才能在页面写作时有针对性，突出页面主题。

② 避免内部竞争。每个页面针对的两三个关键词，不要重复出现在网站的多个页面上。无论为同一个关键词建造多少个页面，搜索引擎一般只挑出最相关的一个页面排在前面。使

用多个页面反而分散了内部权重及削弱了锚文字效果，造成所有页面没有一个是突出的结果。

③ 关键词研究决定内部策划。从关键词布局可以看到，策划网站、撰写哪些内容，在很大程度上由关键词决定，网站的每一个版块都针对一组明确的关键词进行内容组织。关键词研究做得详细，内容策划就会变得顺利。内容编辑可以依据关键词列表不停地制造内容，将网站做大、做强。虽然网站大小与特定关键词排名没有直接关系，但是内容越多，创造的链接和排名机会就越多。

④ 关键词对应 URL。每一个重要的关键词都必须事先确定目标页面，不要让搜索引擎挑选哪个页面与哪个关键词最相关。要有意识地确定好每一个关键词的优化页面，这样做内部链接时，凡是提到这个页面的关键词，就可以链接到事先确定的 URL。

9.2.4 影响关键词搜索排名结果的主要因素

关键词搜索排名结果受 4 个主要因素影响：

(1) 相关性

关键词是否与用户搜索需求匹配，例如网页包含的用户搜索关键词个数、关键词出现的位置。

(2) 权威性

用户喜欢有一定权威性网站提供的内容，而百度搜索引擎优先抓取优质权威站点提供的内容，这类网站的关键词设置值得参考。

(3) 时效性

关键词与产品、行业发展趋势契合度要高。若关键词跟不上产品更新换代和行业发展的变化，则搜索引擎不优先收录包含该类关键词的内容信息。

(4) 一致性

关键词需要与网页内容相符合，也要与海量用户搜索行为趋势相符合，才能迎其“所好”。

9.2.5 关键词使用注意事项

(1) 确定关键词与网站内容相关

搜索引擎一般不抓取与关键词相关性不高的网站。

(2) 不堆砌关键词

同一个页面使用同一关键词频率过高，会被搜索引擎判断为恶意堆砌关键词，导致网站降权。

(3) 不频繁修改关键词、标题、描述

频繁修改关键词、标题、描述，引擎爬虫会判断为有作弊嫌疑，抓取关键词将出现问题，对后续优化造成影响，降低搜索引擎信任度，影响网站排名。

(4) 关键词密度适宜

关键词密度控制在 2% ～8%比较适合搜索引擎爬虫的抓取，关键词过密会被误判为关键词堆砌。

(5) 网站关键词应与内容原创、更新、友情链接和外链推广融合运营

制作网站友情链接和外链推广，需了解、分析对方网站内容和关键词。只有双方业务接近、关键词所涉及行业相同、主关键词接近或类似时，友情链接和外链推广才能达到“四两拨千

斤”的效果；否则，会被搜索引擎误判为“不相关”“高攀”等作弊行为，搜索排名结果不但得不到改善，反而会被列入不良网点一落千丈。

9.3　网站流量统计与分析

案例9－3：

网站流量每况愈下，Digg改版自救难掩颓势①

曾经总被人们拿来和热门社交新闻聚合网站Reddit比较的“前互联网宠儿”Digg网站，在2018年3月下旬关闭了它的RSS订阅平台(DiggReader)。而现在，我们终于知道了它为何作出这样的决定。FastCompany指出，一家名不见经传的波士顿数字广告企业BuySellAds，已经收购了Digg的多数股权。我们被告知，被收购的部分，包括了Digg的资产以及该网站的编辑团队。有关这项交易的细节，双方并没有公布。

Digg的前身，曾在互联网历史中留下过浓墨重彩的一笔。成立于2004年的该网站，尽管有着正确的愿景，但却一路跌跌撞撞，直到被Reddit后来居上。2012年，Digg的品牌和技术资产，被Betaworks以50万美元的价格收购。而在辉煌时期，Google曾计划以2亿美元将它收入囊中。

让时间回到2010年8月25日，美国社交新闻网站Digg推出最新版v4。新版网站上线仅一个月，流量却急剧下降。据Hitwise最新数据显示，自8月份改版以来，Digg网站流量大幅下滑，美国互联网用户对Digg访问量下降28%，如图9－12所示，英国用户访问量下降34%。

作为第一个掘客网站，自2004年创办之后，Digg流量迅速飙升。每天有超过100万个掘客聚集在Digg阅读、评论和“digging”超过4 000条信息，每月页面浏览量超过2亿次(2006年4月数据)。Digg拥有每月超过3 500万的独立访问用户。从全球来看，Digg的用户增长速度十分迅速，然而它的美国用户却并未增长。Quantcast的数据显示，Digg的美国流量迅速下滑，由4月的2 710万降到7月的1 370万。

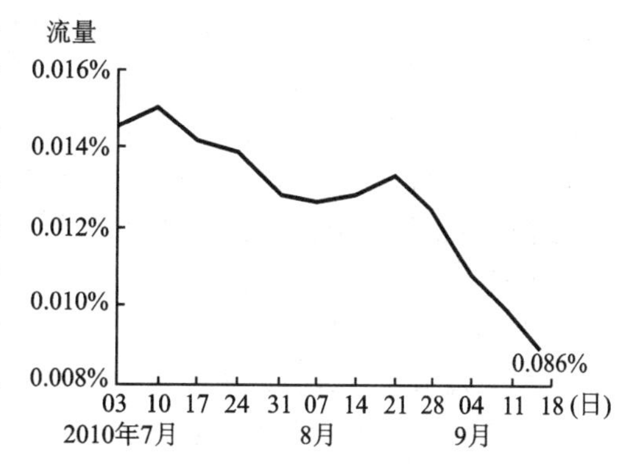

图9－12　Digg美国用户流量变化

Digg新版上线并不顺利。上线过程中，新网站登录速度缓慢，还经常登录不了Facebook。而用户的不满并不仅如此。Digg改版引来掘客们极大的不满，而争议最大的是高挖掘率的文章控制了网站首页。掘客们通过在自己的博客上投票要求将Digg改回原版。由于对Digg改版不满，很多资深用户公开转投竞争对手Reddit.com。

案例分析：网站流量统计分析是网站建设的一项重要工作。通过网站流量统计分析，可以详尽了解网站用户的构成、浏览偏好、网站的使用情况等，准确地把握指定网页的访问量，并依据访问次数找出最受欢迎的栏目、页面和相关的信息服务，改进访问量低的栏目、页面和信息服务，以此作为策划和维护网站的依据，从而使网站更受用户的欢迎。

① 资料来源：https://baijiahao.baidu.com/s?id=1598965255064711774&wfr=spider&for=pc.

Digg对网站流量进行分析，主要是了解网站当前的访问情况，从中发现网站在网络营销过程中存在的问题，方便网站运营商在后续过程中对网络营销策略做出调整。

9.3.1 网站流量统计与分析

网站流量统计并不是指主页上的计数器，主页计数器只统计主页被访问的人次数，而网站流量统计可以统计任何指定页面的访问情况。网站流量统计分析是网站运营和维护的基础工作。在分析访问数据的基础上对网站内容及营销策略进行调整，以期获得更好的营销效果，是进行流量分析的最终目的。

1. 网站流量统计分析的概念

网站流量(traffic)通常指网站的访问量，是用来描述访问一个网站的用户数量以及用户浏览的网页数量等指标的。网站流量统计分析指在获得网站访问量基本数据的情况下，对有关数据进行统计、分析，从中发现用户访问网站的规律，并将这些规律与网络营销策略等相结合，从而发现目前网络营销活动中可能存在的问题，并为进一步修正或重新制定网络营销策略提供依据。

网站流量统计分析借助于如下三种方式：①通过在服务器上安装统计分析软件进行流量监测并生成监测日志辅助分析；②采用第三方网站提供的流量分析的服务；③根据企业系统进行单独开发网站流量统计工具。

上述三种方式各有长处和弊端。采用服务器安装统计分析软件的方式，可以方便且较准确地获得企业网站的流量，除了需要支付统计软件的费用，不需要承担其余费用，但是向第三方提供数据缺乏权威度。采用第三方网站提供的服务方式能够提供具有权威说服力的分析数据，但是服务费用较高，某些第三方网站提供的免费服务，对于企业网站而言功能上有一定的局限性或者需要网站植入服务商标识，这对于企业网站而言，流量监测不具备稳定全面性和企业宣传的唯一性。采用单独开发的工具方式，可以针对网络营销的要求有针对性地进行企业网站流量数据的统计分析，具备个体性优势，然而其开发费用较前两种方式高。因此，需要依据企业本身实力、个体化需求度、网站流量分析精确度等方面进行综合考量，选择适合的企业网站流量统计分析方式。

2. 网站流量统计分析的主要指标

网站流量统计分析指标主要分为三大类：

(1) 网站流量指标

网站流量指标常用来对网站效果进行评价，主要指标包括：

① 独立访问者数量(Unique Visitors)

独立访问者数量，有时也称独立用户数量，是网站流量统计分析中一个重要的数据，并且与网页浏览数分析之间有密切关系。独立访问者数量描述了网站访问者的总体状况，指在一定统计周期内访问网站的数量(如每天、每月)，每一个固定的访问者只代表一个唯一的用户。独立访问者数量越多，说明网站推广越有成效，这也意味着网络营销的效果越好，因此其是最有说服力的评价指标之一。

② 重复访问者数量(Repeat Visitors)

与独立访问者相反，重复访问者是衡量用户重复访问的数量、重复访问的程度。重复访问者数量反映了网站用户的忠诚度，网站用户的忠诚度越高，重复访问者数量越高。

③ 页面浏览数(Page Views)

页面浏览数指在一定统计周期内所有访问者浏览的页面数量。如果一个访问者浏览同一个网页三次,那么网页浏览数为三个。页面浏览数常常作为网站流量统计的主要指标。

④ 每个访问者的页面浏览数(Page Views per User)

每个访问者的页面浏览数是一个平均数,指在一定时间内全部页面浏览数与所有访问者相除的结果,即一个用户浏览的网页数量。这一指标表明了访问者对网站内容或者产品信息感兴趣的程度,即常说的网站“黏性”。

⑤ 某些具体文件或页面的统计指标,如页面显示次数、文件下载次数等

这些指标主要针对具体每个文件的浏览和下载量。在流量统计中,受访页面统计数据可以反映具体页面的来访情况。通过这些具体的页面统计指标的分析,可以迅速看出最近用户的访问热点。

(2) 用户行为指标

用户行为指标主要反映用户如何来到网站、在网站上停留了多长时间、访问了哪些页面等,主要的统计指标包括:

① 用户在网站的停留时间

一个用户在网站上停留时间(在线时间)的长短,反映出一个网站的黏度和吸引用户的能力。一般情况下,用户在某个网站停留的时间越长,反映站点的内容越吸引人,用户黏度越高。

但这样的说法也非绝对正确。例如,Google 曾经追求的一个目标就是让用户在 Google 停留的时间尽可能短。因为用户每次在 Google 搜索上停留的时间越短,说明客户通过 Google 找到答案越迅速,Google 的搜索质量越高。

② 用户来源网站

通过用户来源网站(也称为“引导网站”)统计,可以了解用户来自哪个网站的推荐、哪个网页的链接,可以看出部分常用网站推广措施所带来的访问量,如网站链接、分类目录、搜索引擎自然检索、投放于网站上的在线显示类网络广告等。

③ 用户使用的搜索引擎及其关键词

从流量分析可以很清楚地看到,用户是通过搜索哪些关键词来到网站的,这可以对关键词实际优化情况有个大致了解。另外,从这些关键词中可以扩展出很多可以增加的内容。

(3) 用户浏览网站方式的指标

用户浏览网站方式的指标主要包括:用户上网设备类型、用户浏览器的名称和版本、访问者电脑分辨率显示模式、用户所使用的操作系统名称和版本、用户所在地理区域分布状况等。

9.3.2　网站流量统计工具

1. CNZZ 网站流量统计工具

CNZZ(网站地址:http://www.cnzz.com)是国内最有影响力的免费流量统计技术服务提供商,专注于为互联网各类站点提供专业、权威、独立的第三方数据统计分析。目前,每天有超过 80 万家活跃网站采用其提供的流量统计服务,日统计量超过 50 亿 PV(Page View,页面浏览量),一周内可以覆盖 90%以上的上网用户。

CNZZ 网站流量统计工具从流量监控上为中小网站提供安全、可靠、公正的第三方网站免费统计,可以随时掌握网站的被访问情况、每天多少人浏览了哪些网页、新访客的来源、网站用

户分布的地区等非常有价值的信息数据，一目了然地及时知道网站的访问情况，可以帮助调整页面内容、推广方式，以及对网站服务做出客观公正的评测，既节省了网站监控的成本，又能快速地发现网站问题。

CNZZ 网站流量统计工具主要包括站长统计和全景统计等产品。站长统计主要为个人站长提供安全、可靠、公正的第三方网站访问免费统计，是站长们每日必看的流量统计分析工具。全景统计是为商业站点、大型公司网站量身定做的流量统计分析系统。如图 9－13 所示。下文简要介绍 CNZZ 全景统计的功能。

CNZZ 全景统计可以为企业网站提供多角度的数据统计、对比以及生成报表功能，便于网站管理员评估，以及深入二次挖掘数据价值。通过 CNZZ 全景统计，网站管理员、公司运行维护人员等可以及时掌握站点流量的变化情况，遇到突发流量变化可以第一时间了解报警通知。其主要功能及特点如下：

① 安全稳定

配置大规模统计服务机器集群，全新底层统计架构、海量数据存储结构，保证数据统计高效性、稳定性、安全性、准确性。

② 持续维护与更新

CNZZ 的专业团队持续对全景统计服务进行运营、维护及更新，具备根据互联网动向及时增加及调整功能。

③ 多用户权限

一个公司账户可设立多个子账户。可根据不同人员的使用需求，分别设置管理员、子站点管理员，查看用户，自定义用户权限。此用户将可使用公司名及其独立用户名登录全景统计。

④ 用户视点

依据站内 URL 的点击情况，用由浅到深的颜色标示出页面相应位置的点击数据，更直观地展示站内任何受访页面的用户点击行为与页面内链接热度。

⑤ 路径分析

监测某一流程完成转化情况，如注册流程、购买流程等。路径分析功能将根据设置的特定访问线路，算出每步的转换率和流失率数据。

⑥ 页面访问轨迹

页面访问轨迹提供某受访页面的相关浏览情况，包括此页面的来路、导入 PV 和去向、导出 PV。

⑦ 流量滚动播报

流量滚动播报提供最近 15 分钟的站点页面流量实时看板，以滚动形式实时更迭网站的最新来访情况，随时了解网站的当前访问情况。

⑧ 数据分析报告

包含综合行业分析数据日报、行业内容分析数据日报、行业搜索分析数据日报。

统计概况页是用户查看报表时使用率最高的页面，用户可以在此页面直接地了解网站各种流量数据的需求。但在查看概况页展现的内容时，每个用户最希望看到的内容是存在差异的。例如，有的用户的登录周期为一周 1 次，那么此用户希望看到的是最近 7 天以来的流量变化趋势。而有的用户的登录周期为 1 天一次，那么此用户希望看到的就是最近 1 天左右的流量变化。为了满足每个用户的这种个性化较强的需求，CNZZ 全景统计工具特别对统计概况页采用了可自定义的方式。

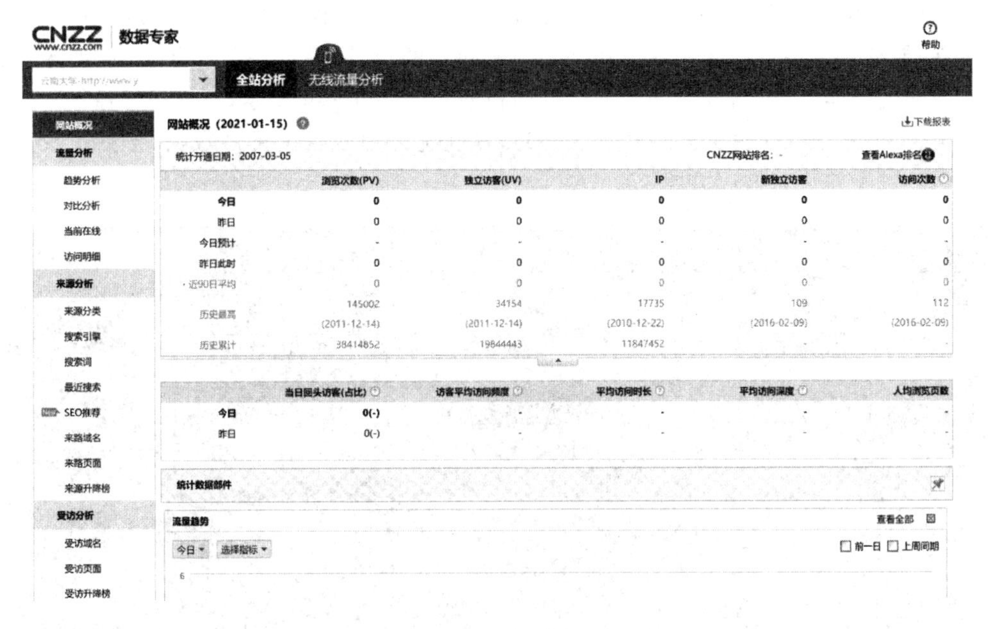

图 9－13　CNZZ 全景统计演示图

2. 51. la 网站流量统计工具

51. la 网站（网站地址：http://www.51.la）流量统计工具是所有统计工具中功能比较丰富的，其比较实用的功能是关键词分析功能，通过这一功能，可以了解到访客是通过搜索哪些关键词找到网站的。

51. la 网站流量统计的常规功能如下：

① 点击量

记录每小时的 IP 数和 PV 数，提供多种形式供用户对任意时间段进度进行查询。IP 数完全基于 24 小时 IP 防刷新。

② 客户端

记录来访者所处的地区、浏览器、操作系统、语言、时区、屏幕尺寸、屏幕颜色、IP 地址及 Alexa 安装情况，并可对这些数据按任意时间段查询。

③ 流量源

记录点击来源，并根据来源对关键词和搜索引擎进行分析。可对来路信息按时间段和特征字查询，提供多种排序方式。

④ 关键词

精确地辨别并记录各大搜索引擎搜索进入时用户所搜索的关键词，兼容各种编码格式，可按时间段和特征字查询分析，提供多种排序方式。

⑤ 被访页

记录用户进入网站时，每个网页被进入的次数（入口网址）和被浏览的次数。

⑥ 明　细

访问明细和在线用户栏目细致到用户的全部信息，并可追踪任一用户的浏览记录。

3. 百度网站流量统计工具

百度统计(网站地址:http://tongji.baidu.com/)是百度推出的一款免费的专业网站流量分析工具,能够告诉用户访客是如何找到并浏览网站的,在网站上做了些什么,帮助改善访客在网站上的使用体验,不断提升网站的投资回报率。如图9-14所示,百度统计提供了几十种图形化报告,全程跟踪访客的行为路径。同时,百度统计集成百度推广数据,帮助用户及时了解百度推广效果并优化推广方案。

图9-14 “百度统计”页面

基于百度强大的技术实力,百度统计提供了丰富的数据指标,系统稳定,功能强大且操作简易。登录系统后按照系统说明完成代码添加,百度统计便可马上收集数据,为用户提高网络营销投资回报率提供决策依据。百度统计是提供给广大网站管理员免费使用的网站流量统计系统,帮助用户跟踪网站的真实流量,并优化网站的运营决策。

目前,百度统计提供的主要功能如下:

① 流量分析

用户可以通过百度统计查看一段时间内用户网站的流量变化趋势,及时了解一段时间内网民对用户网站的关注情况及各种推广活动的效果。百度统计可以针对不同的地域对用户网站的流量进行细分。

② 来源分析

用户可以通过百度统计了解各种来源类型给用户网站带来的流量情况,包括搜索引擎(精确到具体搜索引擎、具体关键词)、推介网站、直达等。通过来源分析,用户可以及时了解哪种类型的来源带来更多访客。

③ 网站分析

用户可以通过百度统计查看访客对用户网站内各个页面的访问情况,及时了解哪些页面最吸引访客以及哪些页面最容易导致访客流失,从而帮助用户更有针对性地改善网站质量。

④ 转化分析

用户可以通过百度统计设置用户网站的转化目标页面,如留言成功页面等,然后用户就可以及时了解到一段时间内的各种推广是否达到了用户预期的业务目标,从而帮助用户有效地评估与提高网络营销投资回报率。

4. Google 网站流量统计工具

Google 网站流量统计工具——Google Analytics(分析)(网站地址:http://www.google.com/analytics/)是企业级的网站流量分析解决方案。此工具不但可以进一步了解网站流量和营销效果,还提供了富有灵活性又易于使用的强大功能,可以通过全新的方式查看并分析流量数据。图 9-15 所示为"Google Analytics"的演示账户页面。

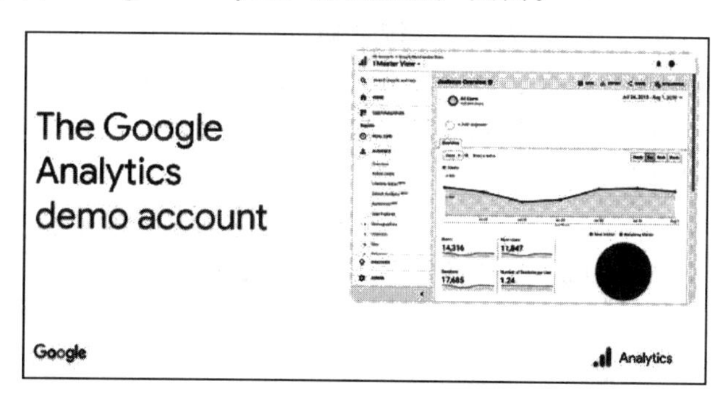

图 9-15　"Google Analytics"演示账户页面

Google Analytics(分析)的主要功能如下:

① 目　标

跟踪销售和转化情况。根据定义的阈值衡量网站的用户参与度目标。

② 高级细分

使用简便易用的交互式细分生成工具分离和分析流量子集。从"付费流量"和"带来转化的访问次数"等预定义的自定义细分中进行选择,或者使用灵活易用的细分生成器创建新的自定义细分,将各个细分应用在当前数据或历史数据中,并在报告中对细分效果进行并列比较。

③ 自定义报告

创建、保存和修改自定义报告,让这些报告按所需的方式组织并显示信息。使用拖放界面,可以选择所需的指标并定义多个级别的子报告。完成创建后,可以根据需要对每个自定义报告进行更改。

④ 高级分析工具

使用数据透视表、过滤功能和多维度对比进行高级数据分析。借助直观的动态图表发现新的趋势和深层次信息。

⑤ Google Analytics(分析)智能

Google Analytics(分析)可监控网站报告,并在数据模式发生重大变化时自动发出提醒。可以设置自定义提醒,以便在数据达到特定阈值时收到通知。

⑥ 自定义变量

通过自定义变量,可以根据匹配、会话或访问级别的数据定义多个(甚至是同步)跟踪细分。凭借自定义变量的强大功能和灵活性,可以对 Google Analytics(分析)进行定制并收集对业务最为重要的特定网站数据。

⑦ 数据导出

通过 Google Analytics(分析)数据导出 API 导出数据,或直接从 Google Analytics(分析)界面中将数据导出为 Excel、CSV、PDF 以及制表符分隔文件,并通过电子邮件发送。

5. Yahoo 网站流量统计工具

雅虎统计是一套免费的网站流量统计分析系统，致力于为所有个人站长、个人博主、所有网站管理者、第三方统计等用户提供网站流量监控、统计、分析等专业服务。雅虎统计可以帮助用户对大量数据进行统计分析，发现用户访问网站的行为规律，并结合网络营销策略提供运营、广告投放、市场推广等决策依据。

与部分统计工具的操作方法一样，雅虎统计通过在页面中插入 JS 代码获取统计数据。其数据更新非常及时，提供的数据报表虽然没有 Google Analytics(分析)的那么多，但对于普通的网站已足够。另外，其提供了一个数据公开选项，可以呈现统计数据作交流之用。

雅虎统计的主要功能如下：

① 我的统计

提供全部统计站点流量总览、统计站点管理、统计代码获取等功能。

② 留言总览

提供留言查看、删除功能。

③ 报表解读、导出数据

所有的分析报表均提供导出数据功能，并且报表附有弹出设计的报表解读功能，帮助深入迅速地分析。

雅虎统计的主要特点如下：

① 多种统计标识可随意选择，添加统计不影响页面美观。

② 支持引用图片进行统计，为个人空间、淘宝店铺等提供流量信息。

③ Cookie 处理更准确，增强了对用户行为的跟踪分析能力。

④ 统计引擎分布化。

⑤ 更丰富的报表展现形式，更加全面深入分析流量。

⑥ 强大的系统支持，服务稳定、前端快速显示最新数据。

下文介绍如何利用雅虎统计进行网站流量分析。

步骤一，使用雅虎 ID 及密码登录雅虎统计系统。如果还没有雅虎 ID，首先登陆(https://na.edit.yahoo.com/registration? intl=cn)进行注册。

步骤二，单击“添加网站”，进入添加页面，填写正确的站点名称及正确格式的 URL 地址、联系邮箱，并选择站点类型，如图 9-16 所示。

步骤三，选择数据“是否公开”：如果选择公开，则对应的此统计网站的“综合报告”数据将被公开。填写“查看账户”：如果希望其他用户可以查看到全部的报表信息，又不希望对方使用自己的账号登录修改或管理内容，可以在这里输入对方雅虎邮箱地址，对方就可以使用自己的雅虎 ID 登录查看数据报表信息，如图 9-17 所示。

步骤四，根据需要选择统计标识，如图 9-18 所示。

选择“Y!”：安装统计代码之后，在网站相应位置显示一个雅虎统计图片 logo Y!；

选择“雅虎统计”：安装统计代码之后，在网站相应位置显示汉字——雅虎统计；

选择“Yahoo! Stat”：安装统计代码之后，在网站相应位置显示英文“Yahoo! Stat”；

选择“隐藏图标和文字”：安装统计代码之后，在投放统计代码的页面上将不会出现雅虎统计的图标和问题，但是统计数据不会受到影响；

选择“给我留言”：安装统计代码之后，在网站相应位置显示“给我留言”字样，并可以享用

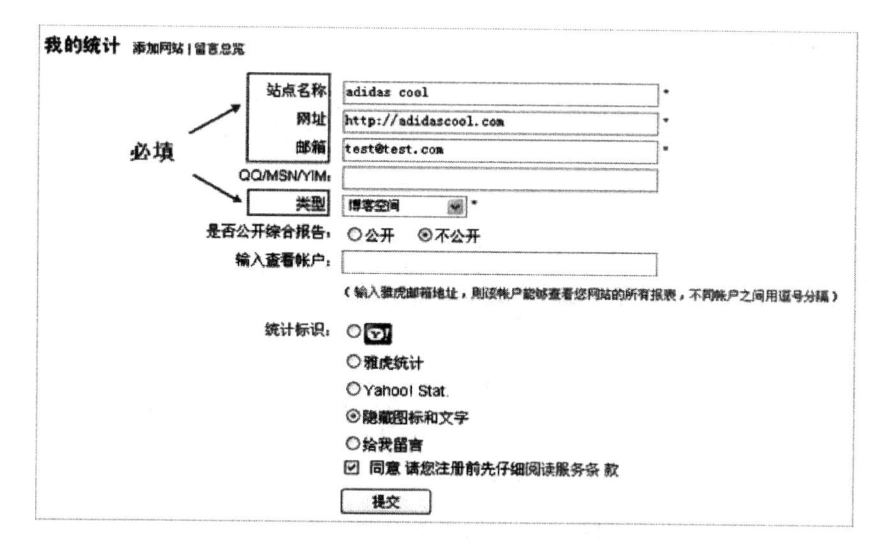

图 9-16　“添加网站”页面

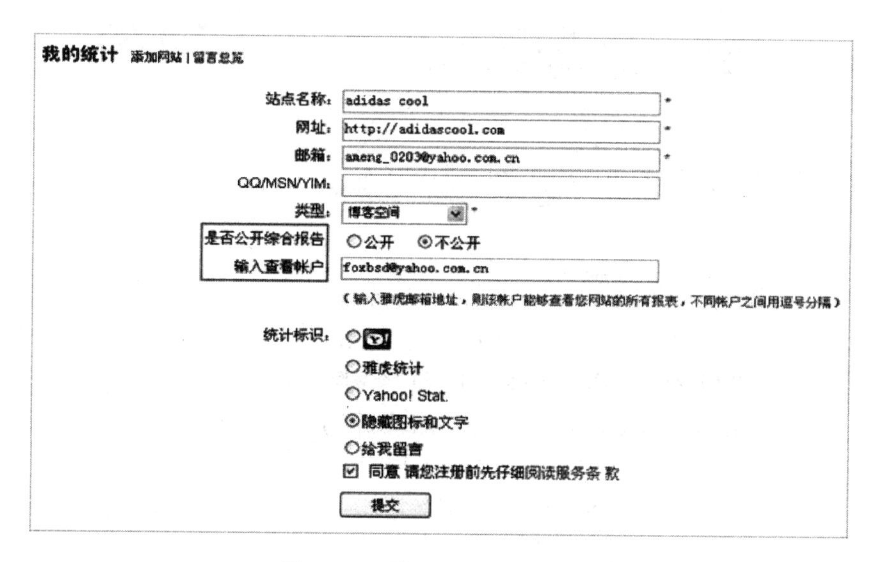

图 9-17　填写“查看账户”页面

雅虎统计提供的免费留言功能，访客可以在此平台留言。

步骤五，同意服务条款，单击“提交”后，进入“获取统计代码”页，如图 9-19 所示。

选择“复制代码”：将此框内代码复制到页面即可实现统计功能。

选择“复制图片代码”：将此框内图片地址复制到页面即可实现统计功能。此功能适用于不支持 javascript 的站点，例如：个人空间、Blog、B2B 个人店铺、BBS 等站点。

步骤六，将上步操作复制的代码嵌入网站相应页面，请注意代码的正确性。

步骤七，全部操作完成，可以随时登录统计查询页面，单击“详细数据”查看流量状况及分析报表，如图 9-20 所示。

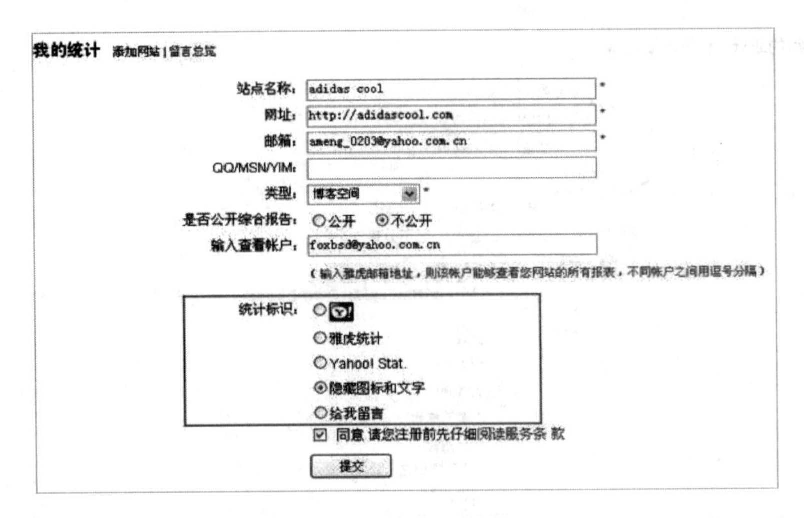

图 9-18 “选择统计标识”页面

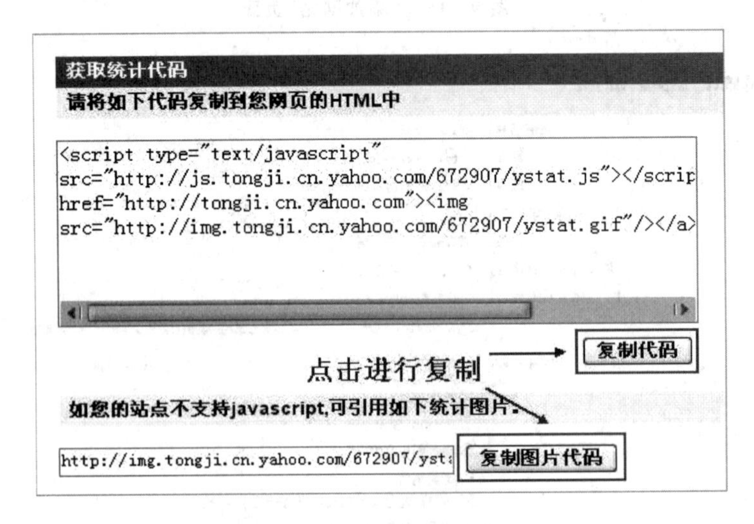

图 9-19 “获取统计代码”页面

adidas cool　　详细数据　管理　获取统计代码　删除

	PV	UV	IP
今日	0	0	0
昨日此时	0	0	0
昨日	0	0	0
预计今日	0	0	0

图 9-20 “详细数据”页面

6. GoStats 网站流量统计工具

GoStats(网站地址:http://www.gostats.cn/)是北美目前最有影响力的免费网站流量统计分析服务提供商之一,致力于为网站、博客、网店、第三方统计等用户平台提供网站流量监控、统计、分析等专业服务。

GoStats 网站流量统计工具分为免费版和专业版。免费版 GoStats 网站流量统计工具通过收集大量数据并加以归类、统计和分析，深度分析搜索引擎机器人抓取规律，发现用户访问网站的规律，并结合网络营销策略，提供运营、广告投放、推广等决策依据。专业版 GoStats 网站流量统计工具除了可以提供免费的网站流量统计服务，还包括如下功能：网站统计图标可以隐藏，提升网站加载速度；更为强大的访客来源追踪和网站流量分析功能；网站、博客、论坛、网店均可应用。

【本章小结】

本章重点讲述了搜索引擎优化、关键词选取与设置、网站流量监测与统计的有关知识。

通过本章的学习，应了解搜索引擎优化的工作原理和主要步骤、关键词的分布位置与规则、网站流量统计的工具；理解搜索引擎优化的概念、目标、要求，关键词的内涵、分类、作用，网站流量统计的概念；掌握搜索引擎优化的主要方法、关键词的设置原则和方法、网站流量统计的主要指标等。能够根据企业的要求对网站进行搜索引擎优化；能够根据关键词选取和设置的原则和方法对网站内容进行合理的安排；能够使用网站流量统计的指标和工具对网站流量进行统计分析。

【思考题】

9 - 1 简述搜索引擎优化的概念。

9 - 2 简述搜索引擎优化的主要方法。

9 - 3 简述关键词的作用。

9 - 4 简述关键词的设置方法。

9 - 5 简述网站流量统计的指标。

【实训内容及指导】

实训 9 - 1　网站搜索引擎的友好性分析

实训目的：了解关键词的作用，对选定网站的 SEO 状况进行分析，能对网站的 SEO 状况做出诊断并提出改进建议。

实训内容：

(1) 了解国内外大的搜索引擎，以及这些搜索引擎排名规则。

(2) 对选定网站的 SEO 状况进行分析。

(3) 对选定网站的流量等基本运营数据进行分析。

实训要求：学会如何进行搜索引擎的友好性分析。

实训条件：提供 Internet 环境。

实训操作：

(1) 自选一个企业网站。

(2) 对网站 SEO 状况及基本运营数据进行分析(百度收录数量、Google 收录数量、反向链接数、PR 值、Alexa 排名、日IP、日PV 等)。

(3) 对网站首页、重要栏目页、重要内容页的 Title、Keyword、Description 进行分析，掌握网站关键词设置及分布情况。

(4) 浏览此网站并确认此网站最相关的 2～3 个核心关键词。

（5）用每个关键词分别在搜索引擎 Google 和百度进行检索，了解此网站在搜索结果中的表现，如排名、网页标题和摘要信息内容等，同时记录同一关键词检索结果中与被选企业同行的其他竞争者的排名和摘要信息情况。

（6）提出针对性的改进建议。

实训 9-2　利用百度统计进行网站流量分析

实训目的：了解百度统计工具的特点，掌握如何利用百度统计进行网站流量分析。

实训内容：利用百度统计分析网站流量。

实训要求：学会如何使用百度统计系统分析网站流量。

实训条件：提供 Internet 环境。

实训操作：

（1）登录百度统计系统。

（2）添加网站网址、邮箱信息，填写“查看账户”等信息。

（3）选择统计标识。

（4）单击“提交”进入“获取统计代码”页面。

（5）全部操作完成后，登录统计查询页面，单击“详细数据”查看流量状况及分析报表。

第10章　微博和微信平台内容运营

本章知识点：微博特点、分类、主要功能及应用，微博平台内容建设，微信发展及主要功能，微信公众号的类型及特点，微信平台内容建设。

本章技能点：微博申请及应用，微信公众号申请及应用。

【引　例】

怀旧营销 2017→2019[①]

人们一到年底就特别容易陷入回忆和比较中，2019年12月初的"2017→2019对比"话题异常火爆，截止到12月中旬，微博上已有超过10亿的阅读。距离2020年还有不到20天，大家难免会陷入年末焦虑。这种只需要两张图就能参与的形式，用户会因为刷到很多搞笑表情包而在自黑中缓解不安的情绪，如图10－1所示。无论是之前的"变老挑战""十年对比"，还是最近"2017→2019年挑战"，这些刷屏的话题都主打着相同的怀旧逻辑。

现代人的生活节奏快，生活压力大，怀旧可以让人们暂时逃离当下，在自己的精神花园里找到情绪宣泄口，以获得慰藉、舒缓压力。人们想起过往时脑中涌现出更多的是美好的回忆。迎合消费者的怀旧情怀，主动激发消费者的怀旧行为，或是将怀旧的感受投射到产品或品牌上，不仅可以引起消费者情感共鸣，促进购买行为，也能塑造品牌的形象，让人们将品牌和记忆结合起来牢记品牌。

图10－1　2017→2019话题

【案例导读】

互联网的迅速发展不仅改变了人们的意识形态，更影响着人们的生活方式，网络应用在不知不觉中渗透到生活的每一个角落。微博和微信是当前最具影响力的两大社会化媒体平台，因此很多企业都在积极开展微博营销和微信营销，将两者有机整合以充分发挥其最大价值，利用微博做大范围的传播扩散，通过微信传递给精准用户，或者在微博上打出品牌，再通过微信进行管理以提高效率。

10.1　微博平台内容运营

10.1.1　微博特点及分类

微博，即微博客（MicroBlog）的简称，是一个基于用户关系的信息分享、传播以及获取平台，用户可以通过Web、WAP以及各种客户端组建个人社区，以140字左右的文字更新信息，并实现即时分享。

---

① 资料来源：https://36kr.com/p/5274341.

1. 微博的特点

微博的主要特点表现在以下方面：

(1) 信息获取具有很强的自主性、选择性

用户可以根据自己的兴趣偏好，依据对方发布内容的类别与质量，选择是否“关注”某用户，并可以对所有“关注”的用户群进行分类。

(2) 微博宣传的影响力具有很大弹性，与内容质量高度相关

微博的影响力基于用户现有被“关注”的数量。用户发布信息的吸引力、新闻性越强，对此用户感兴趣、关注此用户的人数也越多，影响力就越大。此外，微博平台本身的认证及推荐也有助于增加被“关注”的数量。

(3) 内容短小精悍

微博的内容限定为 140 字左右，内容简短，以文字、图像为主，便于移动终端发布及阅读。

(4) 信息共享便捷、迅速

微博可以通过各种链接网络的平台，在任何时间、任何地点即时发布信息，其信息发布速度超过传统纸质媒体及网络媒体。

由于微博聚集了数量巨大的用户群体，加之微博在传播模式和传播特性方面具有其他传统媒体和新兴媒体所不具备的优势，因此，微博逐渐成为众多商家营销必争之地。很多企业纷纷开展微博营销，这些企业覆盖了汽车、餐饮休闲、影视娱乐、购物商城等众多行业领域，包括伊利、戴尔、诺基亚、招商银行等在内的国内外大型企业，都通过微博营销取得了较好的营销效果。随着微博用户规模的增多、影响力的扩大以及功能的不断完善，微博将会更广泛地应用于舆论监督、信息传递、娱乐交际、营销推广等领域。

2. 微博的类型

2009 年 8 月，新浪网率先推出了新浪微博内测版，成为门户网站第一家提供微博服务的网站，新浪微博首页如图 10－2 所示。微博用户可以将自己的最新想法和近况以短信的形式发给手机和个性化网络群。2010 年，我国的门户网站搜狐、网易、腾讯等均推出微博服务功能。按照不同的分类标准，微博的类型也各不相同。

图 10－2 新浪微博首页

(1) 按照内容来源分类

微博按照其内容的来源可以分为原创微博、转载微博及两者兼有的微博。

① 原创微博是指其内容全部出自自己的观点和见解。

② 转载微博是指其内容是转载自己感兴趣的其他媒体或微博的内容。

③ 两者兼有的微博是指微博既有原创内容，又有转载其他渠道的内容。

(2) 按照汇聚方式分类

微博按照其汇聚的方式可以分为个人微博和群体微博。

① 个人微博是微博中最简单、最常用的一种形式，博主既可以对新近发生的事件发表评论，又可以抒发自己内心所思所想，这些话题或言论涉及人生百态。

② 群体微博是指企业或团体聚集着若干具有相同兴趣的个人，围绕企业相关信息或某热门事件发表见解和言论。

(3) 按照内容分类

微博按照其内容可以分为以下三类：

① 以记录个人情感和生活为主的微博，这是目前使用者最多的微博类型。

② 以记录各种新闻信息为主的微博，主要是对当前发生的热门新闻事件进行议论、发表意见或观点，这类微博具有很强的时效性。

③ 以介绍专业知识为主的微博，对某一领域的知识进行普及、共享与交流等。

(4) 按照博主的特点分类

微博按照博主的知名度、美誉度及受欢迎程度等可以分为精英微博、草根微博、综合性微博。

① 草根微博也称为平民微博或百姓微博，使用者大多是普通人，他们将自己的微博作为传达情绪、感情和知识等信息的重要场所。例如，新浪微博中的“后宫优雅”就属于草根微博。

② 精英微博又叫名人微博，一般是在社会上具有声望的演艺界、学界、体育界等具有重要影响的名人所开的微博，他们把微博作为自己言行举止、知识传播、扩大自己影响力的主要场所。例如，新浪微博的人气榜和名人堂就有许多各界名人开的微博。

③ 综合性微博就是介于精英微博和草根微博之间的微博。

(5) 企业微博

企业微博是企业以自己的名义建立的微博网站，是利用微博促进实现企业营销目标的一种重要手段。它既可以是企业营销、对外宣传企业文化的窗口，又可以是企业联系客户、作为公关手段的重要窗口。通过微博方便地收集客户对产品和服务的意见和建议，可以让企业与其所关心的客户、媒体、合作伙伴的沟通更为有效。企业微博主要分为业务微博、员工微博和管理者微博三类。

① 企业业务微博是企业为营销业务而开通的，业务微博犹如企业前台，可以借助微博与客户拉近距离，进而影响到企业的形象和营销效果。业务微博主要有产品微博、招聘微博、官方微博、售后服务微博等形式。

② 企业员工微博是企业员工自己开设的微博，员工微博是企业与个人的混合体，通过微博名字可以看出员工来自哪个企业。例如：东方航空公司的“东航凌燕”召集了符合东航形象和服务质量的空姐，让她们的微博在真实姓名前均冠以“凌燕”为统一形象，如“凌燕木易景”“凌燕孙晴雯”等。

③ 企业管理者微博是指企业董事长、总经理等主要领导开通的微博。由于企业管理者是整个企业的领导核心及企业的灵魂，企业管理者微博在微博营销中起着重要的作用。企业管理者可以借助微博打造个人的品牌形象，更好地让客户了解到企业管理者的个人魅力，可以让客户对企业产生信心和好感，进而对企业营销起着推波助澜的作用。例如，大连万达集团股份有限公司董事长王健林的微博、京东商城CEO刘强东的微博等。

3. 微博与博客的区别

博客(Blog)是由网络日志(Weblog)派生出来的词，兼指网络日志(Blog)及写网络日志的人(Blogger)。博客是以网络作为载体，简易迅速便捷地发布个人心得，及时有效轻松地与他人进行交流，集丰富多彩的个性化展示于一体的综合性平台。微博与博客的区别主要表现在以下方面：

(1) 传播渠道不同

博客主要以电脑为最终传播终端，即用户通过Web页面访问博客；同时，使用移动通信设备通过WAP浏览手机页面也是博客的主要浏览方式之一。除了Web页面，微博在博客的基础上放大了手机用户的使用潜力，用户还可以通过绑定IM即时通信软件(例如腾讯QQ)收发信息。

(2) 传播效果不同

博客是Web 2.0时代具有开创意义的多媒体日志，它的出现使得个人和群体摆脱了纸张束缚，表达欲望可以通过图片、音频、视频多种方式满足和全方位展现。同时，浏览者全方位感知作者亦成为可能，信息传播体现出相对深度。由于自身定位和要面对针对的载体，微博主要支持文字和图片，信息传播更为快捷、广泛，体现出相对广度。

(3) 用户体验不同

多种主题更改和小插件的应用为博客用户的页面增添了个性化色彩，而微博受接收终端的制约，页面相对简洁。Twitter网站为吸引用户，借助开放API添加Twitter第三方应用以增强用户体验和黏着度。

(4) 聚合成熟度不同

"博客的影响力来自链接关系的聚合力和关系网络的价值"，而决定这两条标准的正是一个博客的总体聚合力水平。经过几十年的发展，博客的聚合功能已达到比较成熟的水平。例如，在新浪博客首页，将博客分类为娱乐、体育、文化、女性、IT、财经等频道，并重点推介名人博客、热点话题等博文。由于先天因素，自发的组织性不强，所以微博在聚合上存在一定的困难。

(5) 传递机制不同

如果说聚合力是影响博客价值的重要因素，那么传递机制就是决定聚合力的工具。将传递机制分为横向和纵向两个衡量标准，横向即用户间的链接、转发，纵向即博客服务商提供的博客信息集纳服务。博客信息集纳服务比较完善，而微博的信息发布方式和界面分布似乎更方便用户链接和转发，使用户间的互动变得更简单、便捷。

10.1.2 微博管理与应用

1. 博客申请和使用

(1) 微博申请

以在新浪网建立个人微博为例进行介绍，登录新浪网首页(http://www.sina.com.cn)

就可以免费申请。基本步骤如下：

步骤1：在新浪网站首页单击上方的“微博”，在弹出页面的右上角单击“注册”进入新浪微博的注册页面。

步骤2：填写完必要信息后，单击“立即注册”按钮提交信息，再进行资料完善、兴趣推荐选择后即可进入图10－3所示的个人微博页面。

图10－3　个人新浪微博首页

（2）微博使用

① 发表微博内容。进入个人博客页面，在首页上方的输入框中填写内容，单击“发布”按钮即可发布信息。

② 添加关注。进入个人博客页面，在首页右侧的“好友关注动态”板块中单击其他网友微博的“关注”按钮即可成功关注此网友。添加关注后，系统会将此网友所发的微博内容显示在用户的微博中，便于及时了解对方的动态。通常用户关注的网友越多，则获取的信息量也越大。

③ 发起或参与话题讨论。通过发起或参与话题讨论可以认识更多的网友，分享更多信息。

④ 拥有粉丝。多关注别人，别人也会关注自己，自己的粉丝也会越来越多；邀请身边的朋友来关注自己的微博，也是一种快速获得粉丝的方式。

2. 微博管理

微博作为一种社交工具，因其易用和开放性已被广泛接受，使用人数众多。微博目前已成为国内最大的网络舆论阵地，对于营销和公关都起着举足轻重的作用。在对微博进行管理时，需要注意以下问题：

① 找准自己的目标群体，建立互相关注的关系，但不要关注太多粉丝。

② 通过创造有意义的体验和互动，激发网民参与互动交流的热情。

③ 通过连载性的内容提高粉丝的活跃度。

④ 通过定期举办活动带来粉丝的快速增长，并增加其忠诚度。

⑤ 要学会倾听并能及时回复网友。

3. 微博营销

微博营销是指通过微博平台为商家、个人等创造价值而进行的一种营销方式，也是指商家或个人通过微博平台发现并满足用户的各类需求的商业行为方式。微博营销方式注重价值的传递、内容的互动、系统的布局、准确的定位，微博的快速发展也使得其营销效果尤为显著。微博营销主要包括以下策略：

（1）内容营销

内容营销的价值及影响力非常强大，微博内容营销基于用户喜欢的内容从而达到值得一看、值得一读，真正与用户达成情感上的共鸣。

（2）意见领袖

微博中的意见领袖凭借其过千万的粉丝量、巨大的号召力，在微博营销活动中扮演着重要角色。通过锁定重要的意见领袖，利用其粉丝量众多、知名度高、影响力强的优势，可以快速传播品牌或产品。

（3）活动营销

微博最善于使用免费及促销模式，通常免费的商品和促销活动对消费者有着很强的吸引力，而微博的内容短小且灵活性大，可以迅速蔓延和传播。

（4）情感营销

情感营销从消费者的情感需要出发，唤起和激起消费者的情感需求，引起消费者心灵上的共鸣，寓情感于营销之中。微博使得产品、品牌与消费者之间的沟通变得更加容易，情感营销也被注入了新活力。如企业通过微博可以调动用户参与互动，深层次地走入用户内心，用情感链条连接起品牌的影响力。

案例10-1：

支付宝锦鲤抽奖[①]

微博抽奖是很多微博品牌、自媒体进行吸粉和推广的重要手段，也是较为简单粗暴有效的推广方式。2018年9月29日支付宝官方微博发布锦鲤抽奖活动，如图10-4所示，曾引发微博的舆论轰动，抽奖微博发布短短6小时后就获得了百万转发量。

支付宝的锦鲤抽奖活动没有提前预热，在国庆前一天发出微博，却快速地引起了微博用户们的疯狂转发，因为奖品确实非常诱人。在关于抽奖的第一条微博中，支付宝并没有透露具体的奖品内容，而是让大家关注评论区。在评论区中出现了很多不同领域的大品牌，令人眼花缭乱猜测满满，很多人都对奖品抱有了极大的期待。一个小时后，支付宝终于发布新微博公开了详细的奖品内容，如图10-5所示，一条长长的奖品清单涵盖国庆期间的吃喝住行，面面俱到

① 资料来源：https://www.seoxiehui.cn/article-155435-1.html.

而且价值不菲，让网友们叹为观止，这样的豪华大奖毫无意外地让这条微博得到空前绝后的阅读量和转发量，并迅速成为热门话题。另一方面，这个大奖仅仅是为一个中奖用户准备的，极低的中奖率也进一步增添了其话题性。

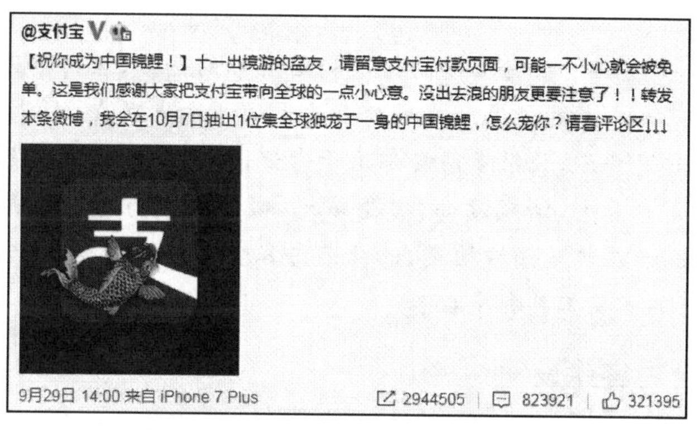

图 10－4　支付宝发布的锦鲤抽奖微博

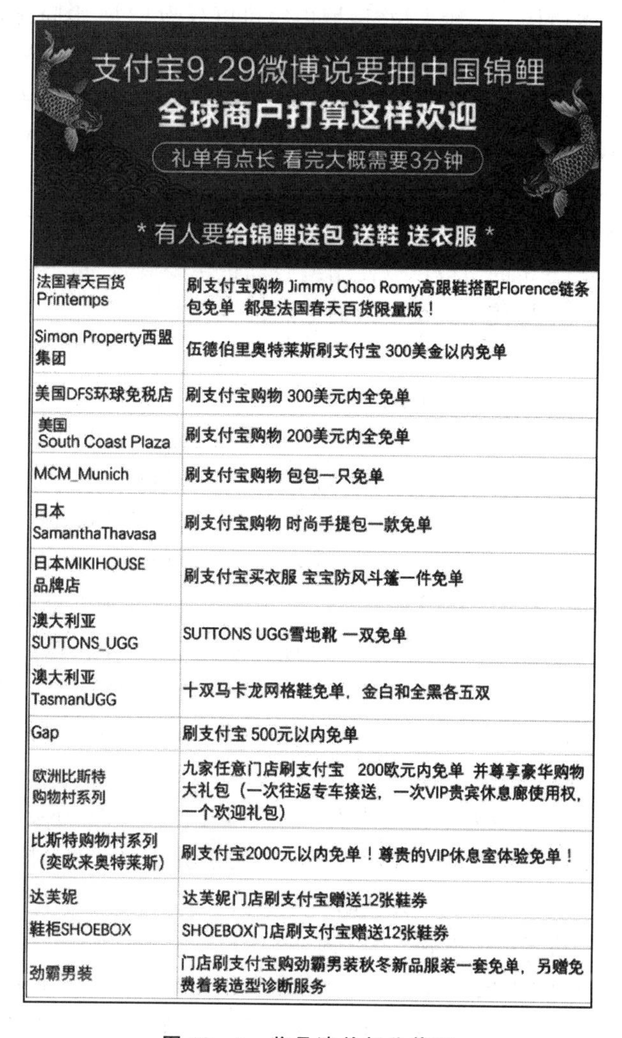

支付宝9.29微博说要抽中国锦鲤

全球商户打算这样欢迎

礼单有点长 看完大概需要3分钟

* 有人要给锦鲤送包 送鞋 送衣服 *

法国春天百货 Printemps	刷支付宝购物 Jimmy Choo Romy高跟鞋搭配Florence链条包免单 都是法国春天百货限量版！
Simon Property西盟集团	伍德伯里奥特莱斯刷支付宝 300美金以内免单
美国DFS环球免税店	刷支付宝购物 300美元内全免单
美国 South Coast Plaza	刷支付宝购物 200美元内全免单
MCM_Munich	刷支付宝购物 包包一只免单
日本 SamanthaThavasa	刷支付宝购物 时尚手提包一款免单
日本MIKIHOUSE品牌店	刷支付宝买衣服 宝宝防风斗篷一件免单
澳大利亚 SUTTONS_UGG	SUTTONS UGG雪地靴 一双免单
澳大利亚 TasmanUGG	十双马卡龙网格鞋免单，金白和全黑各五双
Gap	刷支付宝 500元以内免单
欧洲比斯特购物村系列	九家任意门店刷支付宝　200欧元内免单 并尊享豪华购物大礼包（一次往返专车接送，一次VIP贵宾休息廊使用权，一个欢迎礼包）
比斯特购物村系列（奕欧来奥特莱斯）	刷支付宝2000元以内免单！尊贵的VIP休息室体验免单！
达芙妮	达芙妮门店刷支付宝赠送12张鞋券
鞋柜SHOEBOX	SHOEBOX门店刷支付宝赠送12张鞋券
劲霸男装	门店刷支付宝购劲霸男装秋冬新品服装一套免单，另赠免费着装造型诊断服务

图 10－5　奖品清单部分截图

支付宝本身就具有很强的实力和流量，再加上多品牌联动，很快就吸引了广大网友的关注，而丰厚的奖品和百万分之一的中奖概率也让微博用户具有了高度参与和关注的热情，从而令这次活动获得了罕见的高热度。借助这一大好声势，支付宝及其联合品牌也得到了非常高的曝光度。

此活动利用“锦鲤”这种自带传播度的话题和国庆节的热度，在前期造势上就获得了不错的效果，而丰富的奖品和参与的诸多品牌是其中最大的诱惑点所在，即使中奖概率极低，但参与方式简单，只需要转发评论，让很多网友都乐于尝试，由此提升了传播效果。

案例分析：由于用户量大、活跃度高、言论多元，微博已成为目前国内最大的网络舆论阵地。流量的高度汇聚、多层次多领域的交织、社交内容多功能的结合，也令微博成为了网络营销推广和新媒体运营的重要工具和平台。

10.1.3 微博平台内容建设

1. 微博内容编辑

① 微博内容的基本结构。一般来说，微博内容可以分为开头、中间、结尾三部分。微博开头第一句话非常重要，就像标题一样要吸引读者的注意力；中间内容要清晰、有条理；微博最后一句话也很重要，就像结论一样要引发读者的思考，可以使用一些醒目的字眼再次点明主题，或使用互动性的话语抛出问题引发大家思考，或是引导大家转发、评论。

② 微博内容编排。微博不仅可以包含纯文字内容，还可以添加网址链接，链接到其他网站、其他微博等外部资源；要善于使用图片和视频，好的配图胜过千言万语，更具有说服力；如果内容较多时，对于理性分析的微博可以使用编号标记主要观点，以增强条理性；编辑文章时要注意标点符号的使用，不要使用英文半角的标点符号。

2. 微博内容运营

微博内容运营时需要注意以下问题：

① 做好微博的定位。需要明确微博的目标群体及创建微博的目的，再根据定位撰写文章。微博内容要具有原创性，而转载的内容可能不会再对用户产生更大的吸引力。

② 微博内容撰写。文字要简洁精炼，微博的长度并不是越长越好，字数建议控制在120～130字之间；内容要清晰准确，最好是一条微博表达一个完整的信息，或一条微博讲述一个故事，不要添加无关的内容，要善于利用故事的形式来表达自己的观点意见；语言运用要巧妙，通常含有“通过”“@”“转发”“请”和“看看”等字样的微博点击率会更高些。

③ 话题制造。热门话题不但可以增粉，还可以带来很高的影响力。通过关注热点、设置有争议的话题、有特色的内容等制造话题，然后利用点赞、评论、收藏、精选、置顶等方式激励用户参与话题的互动，提高话题的参与度。

④ 用好移动端微博。不仅要学会使用PC端微博的各种功能，还要学会使用手机移动端的微博。可以随时随地使用微博、发送微博，能够使用手机及时分享与捕捉生活的美好瞬间以及身边发生的实时新闻、娱乐事件等，这样的微博内容才真正具有实时性、互动性与娱乐性，才容易写出别人无法替代的有价值内容。

⑤ 选择最佳的发送微博时间。通常人们每天上网浏览信息的时间集中在上午9:30—12:00、下午15:30—17:30、晚上20:30—23:30，这些时间段就是发送微博的最佳时间。从在线用户的活跃程度看，晚上的活跃用户数最多，其次是上午。微博用户群体的不同，发送微博的时间

也略有差异，如大学生群体，周一到周五要上课，通常白天上网的时间较少，而周末上网的时间则较多。微博内容不同，其发送的时间也有差异，如果发送有关业界新闻、行业动态等信息，最好在上午工作时间发送；如果发送有关人生感悟、娱乐休闲、家居生活等话题，最好在晚上的时间发送。

10.2　微信平台内容运营

10.2.1　微信发展及主要功能

微信（WeChat）是腾讯公司于 2011 年 1 月 21 日推出的一个为智能终端提供即时通信服务的免费应用程序，微信支持跨通信运营商、跨操作系统平台通过网络快速发送免费（需消耗少量网络流量）语音短信、视频、图片和文字，同时，也可以使用通过共享流媒体内容的资料和基于位置的社交插件。

微信提供公众平台、朋友圈、消息推送等功能，用户可以通过“摇一摇”“搜索号码”“附近的人”“扫二维码”等方式添加好友和关注公众平台，同时，微信将内容分享给好友以及将用户看到的精彩内容分享到微信朋友圈。

1. 微信的发展

下面通过一组数据透视微信的发展。

2012 年 3 月 29 日，微信用户破 1 亿，耗时 433 天。

2012 年 9 月 17 日，微信用户破 2 亿，耗时缩短至不到 6 个月。

2013 年 1 月 15 日，微信用户达 3 亿。

2013 年 7 月 25 日，微信国内用户超过 4 亿；8 月 15 日，微信海外用户超过 1 亿。

2013 年 8 月 5 日，微信 5.0 上线，“游戏中心”“微信支付”等商业化功能推出。

2013 年第四季度，微信月活跃用户数达到 3.55 亿（活跃定义：发送消息、登录游戏中心、更新朋友圈）。

2014 年 1 月 28 日，微信 5.2 发布，界面风格全新改版，顺应了扁平化的潮流。

2014 年 2 月 20 日，腾讯宣布推出 QQ 浏览器微信版。

2014 年 3 月 19 日，微信支付接口正式对外开放。

2014 年 4 月 8 日，微信智能开放平台正式对外开放。

2014 年 12 月 24 日，微信团队正式宣布面向商户开放微信现金红包申请。只要商户（公众号、App 或者线下店皆可）开通了微信支付，就可以申请接入现金红包。

2015 年 3 月 9 日，微信开放连 WiFi 入口，用户无需账号密码即可上网。

2016 年 9 月，微信平均日登录用户达到 7.68 亿，较 2015 年增长 35%，50%的用户每天使用微信时长达 90 分钟；消息日发送总次数较 2015 年增长 67%。

2017 年 9 月，微信日活跃用户达 9 亿，日发消息达 380 亿条。

2018 年 9 月 30 日，微信月活跃用户约 10.8 亿；日发消息达 450 亿次，较 2017 年增长 18%。

2019 年 6 月 30 日，微信月活跃用户达 11.33 亿，同比增长 7%。

微信的发展可以分为以下四个主要阶段：

① 交友阶段:主要是建立人与人之间的联系,如聊天、朋友圈、附近的人、漂流瓶。

② 公众号阶段:主要是建立人与人连接、人与服务连接、人与设备连接,开启了自媒体新时代。

③ 微信支付:2014 年的春节微信红包改变了移动支付的格局。

④ 小程序:主要是建立人与场景互动的连接、人与万物的连接。

3. 微信的主要功能

(1) 基本功能

① 聊天:支持发送语音短信、视频、图片(包括表情)和文字,是一种聊天软件,支持多人群聊。

② 添加好友:微信支持查找微信号、查看 QQ 好友、添加好友、查看手机通讯录和分享微信号添加好友、摇一摇添加好友、二维码查找添加好友和漂流瓶接受好友等方式。

③ 实时对讲机功能:用户可以通过语音聊天室和一群人语音对讲,但与在群里发语音不同的是,这个聊天室的消息几乎是实时的,并且不会留下任何记录,在手机屏幕关闭的情况下仍可进行实时聊天。

④ 小程序:提供长按识别二维码进入小程序、第三方平台、附近的小程序、保险销售业务的功能。随着小程序越来越火,入驻的商家、企业、各种机构也越来越多。

(2) 微信支付

微信支付是集成在微信客户端的支付功能,用户可以通过手机快速完成支付的流程。微信支付以绑定银行卡的快捷支付为基础,向用户提供安全、快捷、高效的支付服务。

微信支持的支付场景主要有微信公众平台支付、App(第三方应用商城)支付、二维码扫描支付、刷卡支付,还可以用户展示条码,商户扫描后完成支付。

用户只需要在微信中关联一张银行卡并完成身份认证,即可将装有微信 App 的智能手机变成一个全能钱包,之后即可购买合作商户的商品及服务,用户在支付时只需要在自己的智能手机上输入密码,不需要任何刷卡步骤即可完成支付,整个过程简便流畅。

(3) 高速 e 行

微信于 2018 年 3 月推出"高速 e 行",实现先通行后扣费的功能。只要将汽车与微信账户绑定,再开通免密码支付即可,也可单独预存通行费。下高速时自动识别车牌,自动从用户的微信账户中扣款,并发送扣费短信。

(4) 微信提现

2016 年 3 月 1 日起,微信对提现功能开始收取手续费。具体收费方案为:每位用户(以身份证维度)终身享受 1 000 元免费提现额度,超出部分按银行费率收取手续费,目前费率均为 0.1%,每笔最少收 0.1 元。微信红包、面对面收付款、AA 收款等功能不受影响,免收手续费。

(5) 微信语音

微信将语音功能接入 iOS 10 的系统层级,用户在接听微信语音电话时,可以像接听普通电话那样一键接听。

(6) 其他功能

① 朋友圈:用户可以通过朋友圈发表文字和图片,同时可通过其他软件将文章或者音乐分享到朋友圈。用户可以对好友新发的照片进行"评论"或"赞",用户只能看相同好友的评论或赞。

② 语音提醒:用户可以通过语音提醒他人打电话或是查看邮件。

③ 通讯录安全助手:开启后可上传手机通讯录至服务器,也可将之前上传的通讯录下载至手机。

④ QQ 邮箱提醒:开启后可接收来自 QQ 邮箱的邮件,收到邮件后可直接回复或转发。

⑤ 查看附近的人:微信将会根据用户的地理位置找到在附近同样开启本功能的人。

⑥ 语音记事本:可以进行语音速记,还支持视频、图片、文字记事。

⑦ 微信摇一摇:是微信推出的一个随机交友应用,通过摇手机或点击按钮模拟摇一摇,可以匹配到同一时段触发该功能的微信用户,从而增加用户间的互动和微信黏度。

⑧ 群发助手:可以通过群发助手给多人发送消息。

⑨ 微博阅读:可以通过微信浏览腾讯微博内容。

⑩ 流量查询:微信自身带有流量统计功能,可以在设置中随时查看微信的流量动态。

⑪ 游戏中心:可以进入微信玩游戏(还可以和好友比高分),例如"飞机大战"。

⑫ 微信公众平台:个人和企业都可以通过平台创建微信公众号,可以群发文字、图片、语音等内容。

⑬ 微信在 iPhone、Android、Windows Phone、Symbian、BlackBerry 等手机平台上都可以使用,并提供多种语言界面。

⑭ 账号保护:微信可以绑定手机号。

(7) 拦截系统

2014 年 8 月 7 日,微信已为抵制谣言建立了技术拦截、举报人工处理、辟谣工具三大系统。在相关信息被权威机构判定不实,或者接到用户举报并核实举报内容属实后,微信会积极提供协助阻断信息的进一步传播。

(8) 城市服务

2015 年 7 月 21 日,微信的"城市服务"正式接入北京市。用户只要定位在北京,即可通过"城市服务"入口轻松完成社保查询、个税查询、水电燃气费缴纳、公共自行车查询、路况查询、12369 环保举报等多项政务民生服务。

(9) 数据报告

微信于 2017 年开始发布微信数据报告。2019 年 1 月发布的《2018 微信数据报告》显示,截至 2018 年 9 月,微信的月活跃用户数约为 10.8 亿,几乎每个年龄层的用户都有,其中 55 岁以上的月活跃用户约有 6 300 万,如图 10 - 6 所示。

(10) 公众平台

微信公众平台(简称公众号)于 2012 年 8 月推出,广受欢迎,已成为企业、媒体、公共机构、明星名人、个人用户等继微博之后又一重要的运营平台。微信公众平台主要有实时交流、消息发送和素材管理等功能。用户可以对公众账户的粉丝分组管理、实时交流,也可以使用相应的功能对用户信息进行自动回复。

3. 微信与微博

微信具有用户群体庞大、跨平台、互动性强、功能及内容丰富,支持语音、短信、视频、图片和文字的发送,可移动即时通信等特点。

微博和微信是当前最具影响力的两大社会化媒体平台,两者的区别主要体现在以下方面:

① 平台属性。新浪微博以新浪综合门户网站为依托,本身就存在"资讯媒体"的性质,能

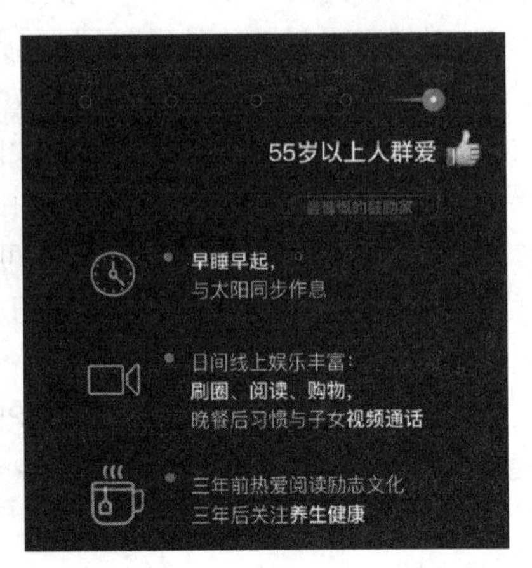

图 10-6　2018 微信数据报告

够产生社会影响力，侧重为用户提供实时的资讯类信息，内容形式主要是图文、视频、音乐，字数限定为 140 字左右；微信是以用户交流沟通为导向，更多是为用户提供快速便捷的功能性服务，内容形式主要是原始声音、图文消息、第三方应用。

② 用户关系。微博的用户之间是基于兴趣、爱好、行业属性、观点交流等互相聚集形成的微弱关系，用户黏性偏低；微信的用户之间是亲朋好友、生活工作等比较紧密的真实关系，高黏性的用户较多，小圈子沟通更直接。

③ 传播属性。微博作为媒体工具，是开放式的传播，多为单向传播，注重传播的速度和内容公开，信息的传播速度较快；微信作为社交工具，是精准的一对一推送，多为双向关系，注重私人内容的交流和互动，信息的传播速度相对较慢。

④ 营销推广功能。微博强调更长的传播链条、更多的转发、更多的粉丝覆盖，侧重在微博范围内的聚变式覆盖推广；微信则更多强调与用户的互动深度，侧重线上线下的全线联动推广。

10.2.2　微信公众号申请及应用

微信公众号是个人或企业在微信公众平台上申请的应用账号，用户通过公众号可在微信平台上实现和特定群体的文字、图片、语音、视频的全方位沟通、互动，从而形成一种线上线下微信互动的营销方式。

1. 微信公众号的类型

微信公众号账号类型分为四种：订阅号、服务号、企业微信、小程序。各类公众号及其功能如表 10-1 所列。

表 10－1　公众号类型及功能

公众号类型	功能介绍
订阅号	主要偏于为用户传达资讯，认证前后每天都是只可以群发一条消息。适用于个人和组织
服务号	主要偏于服务交互(类似银行、114 提供查询服务)，认证前后都是每月可群发 4 条消息。不适用于个人
企业微信	企业微信是一个面向企业级市场的产品，是一个独立的 App，也是好用的基础办公沟通工具，拥有最基础和最实用的功能服务，专门提供给企业使用的 IM 产品。适用于企业、政府、事业单位或其他组织
小程序	是一种新的开放能力，开发者可以快速地开发一个小程序。适用于个人、企业、政府、媒体及其他组织

① 订阅号适用于个人或媒体，每天只能群发 1 条消息，消息显示在用户订阅号的列表中，不能申请微信支付功能，可以申请自定义菜单。订阅号为媒体和个人提供了一种新的信息传播方式，构建与读者之间更好的沟通与管理模式。“罗辑思维”订阅号如图 10－7 所示。

② 服务号不适用于个人，适用于企业和组织，每月可以群发 4 条消息，消息显示在用户的会话列表中，可以申请微信支付功能。服务号给企业和组织提供强大的业务服务与用户管理能力，帮助企业建立全新的公众号服务平台。北京大学第一医院的服务号如图 10－8 所示。

图 10－7　订阅号

图 10－8　服务号

③ 企业微信帮助企业和组织内部建立员工、上下游合作伙伴与企业 IT 系统间的连接，群发消息无限制，消息显示在用户的会话列表中，可以二次开发定制签到、员工考核、会议文件管理等功能。企业微信提供丰富的办公应用，并与微信消息、小程序、微信支付等互通，利于企业进行高效办公和管理。北京联合大学的企业微信如图 10－9 所示。

④ 小程序代表的是一种新的开放能力，可以在微信内被便捷地获取和传播，同时具有出色的使用体验。小程序开发者可在小程序内提供便捷、丰富的服务，如预订、商品购买、游戏、

信息查询等。无印良品的“MUJI passport”小程序如图 10－10 所示。

图 10－9　企业微信

图 10－10　小程序

如果只想简单发送消息达到宣传效果，建议选择订阅号；如果想使用公众号获得更多的功能如微信支付等，建议选择服务号；如果想使用公众号管理企业内部员工、团队并对内使用，建议申请企业微信。

2. 微信公众号的申请主体

微信公众号的申请主体包括个体工商户、企业类型、媒体类型、其他组织及政府单位等。不同主体申请公众账号所需资料如表 10－2 所列。

① 个体工商户：包括个体户、个体工商户、个体经营。

② 企业类型：包括个人独资企业、企业法人、企业非法人、非公司制企业法人、全名所有制、农民专业合作社、企业分支机构、合伙企业、其他企业。

③ 媒体类型：包括事业单位媒体、其他媒体、电视广播、报刊、杂志、网络媒体等。

④ 其他组织：包括免费类型（基金会、政府机构驻华代表处），社会团体（社会团体法人、社会团体分支、代表机构、其他社会团体、群众团体），民办非企业、学校、医院等，其他组织（宗教活动场所、农村村民委员会、城市居民委员会、自定义区、其他未列明的组织机构）。

⑤ 政府单位：包括事业单位（事业单位法人、事业单位分支、派出机构、部队医院、国家权力机关法人、其他事业单位），政府机关（国家行政机关法人、民主党派、政协组织、人民解放军、武警部队、其他机关）。

表10-2　不同主体申请微信公众号所需要准备的资料

主　体	个体户类型	企业类型	政府单位	媒体类型	其他组织类型	个人类型
需要准备的资料	个体户名称	企业名称	政府机构名称	媒体机构名称	组织机构名称	
	营业执照注册号/统一信用代码	营业执照注册号/统一信用代码	组织机构代码	组织机构代码/统一信用代码	组织机构代码/统一信用代码	
	运营者身份证姓名	运营者身份证姓名	运营者身份证姓名	运营者身份证姓名	运营者身份证姓名	运营者身份证姓名
	运营者身份证号码	运营者身份证号码	运营者身份证号码	运营者身份证号码	运营者身份证号码	运营者身份证号码
	运营者手机号码	运营者手机号码	运营者手机号码	运营者手机号码	运营者手机号码	运营者手机号码
	已绑定运营者银行卡的微信号	已绑定运营者银行卡的微信号	已绑定运营者银行卡的微信号	已绑定运营者银行卡的微信号	已绑定运营者银行卡的微信号	已绑定运营者银行卡的微信号
		企业对公账户				

3. 微信公众号的申请

进入微信的公众平台官方网站(https://mp. weixin. qq. com)就可以免费申请。以申请订阅号为例介绍微信公众号的申请过程,基本步骤如下:

步骤1:在公众平台官方网站单击右上角的“立即注册”,在弹出的注册页面中选择注册账号的类型,此处选择“订阅号”。

步骤2:填写基本信息。主要包括注册公众号的邮箱、邮箱验证码、公众号登录密码,如图10-11所示,然后单击“注册”按钮。

步骤3:选择类型。可根据公众号的用途选择对应的类型,如订阅号、服务号或企业号,此处选择“订阅号”。

步骤4:登记信息。根据选择类型进行信息登记,主要填写身份证、管理员等信息。

步骤5:填写公众号信息。主要包括公众号名称、功能介绍,选择运营地区等。

完成以上步骤后显示公众号创建成功,其他主体注册步骤大致相同。随后即可登录微信公众平台发送推文,如图10-12所示。

4. 微信公众号的使用

(1) 新建图文消息

进入微信公众平台→管理→素材管理→图文信息→新建图文素材,即可编辑图文信息,如图10-13所示。编辑图文消息需要注意以下问题:

① 编辑图文消息标题和摘要。标题是必填项,不能为空且长度不超过64字,不支持换行,无法设置字体大小。摘要内容为选填项,填写时不能超过120个汉字或字符;填写摘要后在粉丝收到的图文消息封面会显示摘要内容;若未填写摘要,在粉丝收到的图文消息封面则自动默认抓取正文前54个字的内容。

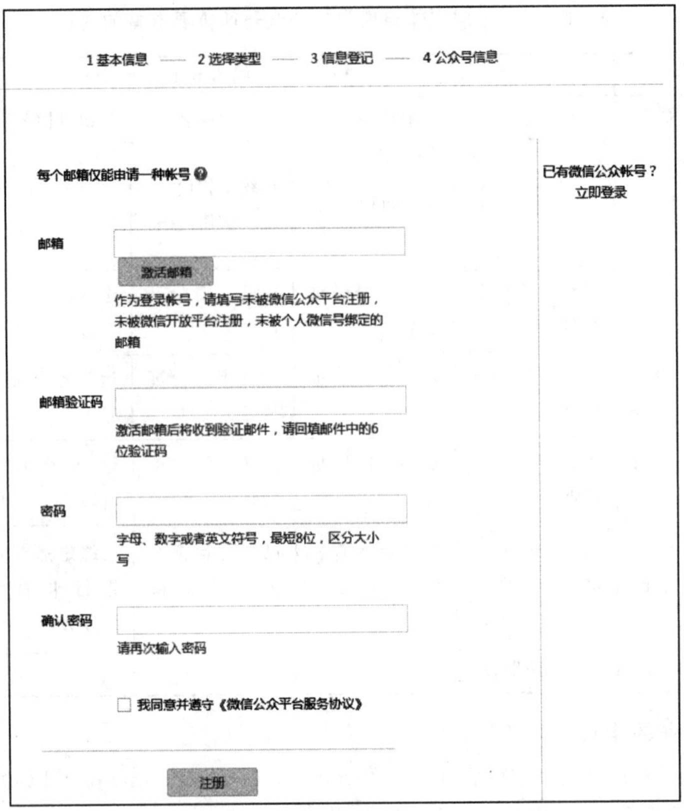

1 基本信息 —— 2 选择类型 —— 3 信息登记 —— 4 公众号信息

每个邮箱仅能申请一种帐号

已有微信公众帐号？立即登录

邮箱

激活邮箱

作为登录帐号，请填写未被微信公众平台注册，未被微信开放平台注册，未被个人微信号绑定的邮箱

邮箱验证码

激活邮箱后将收到验证邮件，请回填邮件中的6位验证码

密码

字母、数字或者英文符号，最短8位，区分大小写

确认密码

请再次输入密码

☐ 我同意并遵守《微信公众平台服务协议》

注册

图 10－11　微信公众号的基本信息注册界面

图 10－12　微信公众号界面

② 上传图文消息封面、正文图片。封面必须上传图片；支持上传 bmp、png、jpg、gif 格式的封面和正文图片；图片大小不能超过 5 M；大图片建议使用 900×500 px（像素）的尺寸，上传后图片会自动压缩宽度为 640 px（高度压缩为对应比例）的缩略图，在手机端可点击查看原图；封面和正文支持上传.gif 格式动态图片，上传后会显示原图（但因手机客户端系统问题可能会导致部分手机无法显示动态封面）。

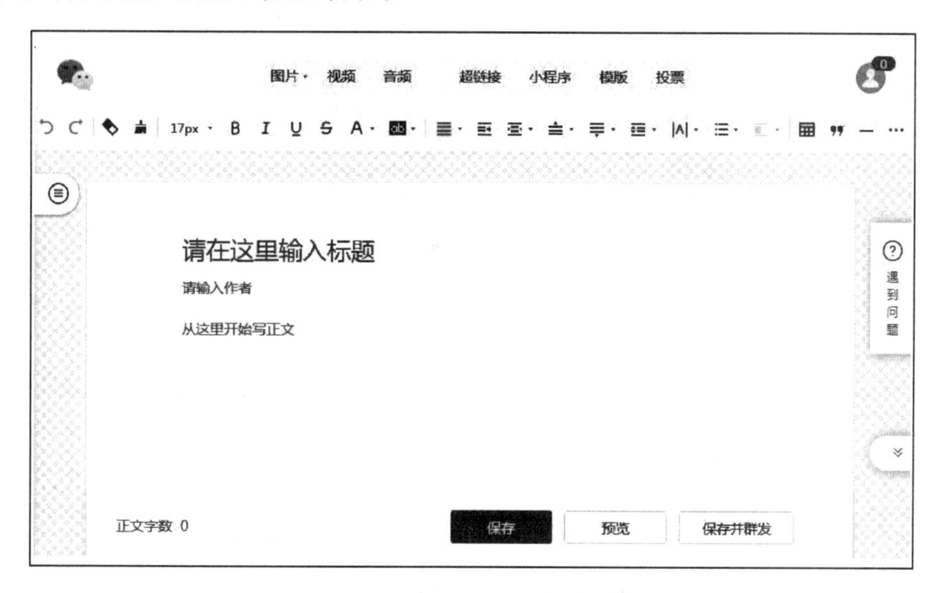

图 10－13　新建图文消息界面

③ 编辑图文消息正文内容。正文必须输入文字内容，目前没有图片数量限制，图片和正文的内容未超过 20 000 字节即可；可设置字体大小、颜色、字体加粗、斜体、下划线；可以通过居中、居左、居右、段落间隔功能调整正文内容；可通过浮动功能调整图片位置；可设置字体背景颜色，但图文消息背景颜色不支持自定义设置；上方的导航栏多媒体功能支持添加图片、视频、音乐、投票等内容；利用左侧的导航操作上下可以调整图文顺序；可手动输入 10～50 px 范围内的字号大小、颜色代码等。

④ 目前微信公众平台图文消息在群发之前，可以选择发送预览→输入个人微信号，发送成功后则可以在手机上查看效果，发送预览只有输入的个人微信号能接收到，其他粉丝无法查看。目前预览的图文不支持分享到朋友圈，可以分享给微信好友或微信群。

⑤ 如果要编辑多图文消息，可以单击左侧图文导航"＋"增加多一条图文消息，最多可编辑 8 条图文内容。内容编辑完成后可进行"保存""预览"或"保存并群发"等操作。

(2) 图文消息添加链接

为图文消息添加链接主要有以下方法：

① 在图文消息中添加原文链接。原文链接地址是指用户可以填写一个外部文章的网页地址链接发送给订阅用户，只支持填写网页地址，如填写文字、数字等非网页地址会提示链接不合法。进入微信公众平台→管理→素材管理→图文消息→"＋"→单条图文消息→来源，即可在来源附加链接。粉丝通过手机登录微信接收消息后，点击阅读全文即可跳转到设置的网页链接。图文消息下发给粉丝前，可修改原文链接地址。

② 获得图文插入超链接跳转其他网址。登录公众平台→管理→素材管理→图文消息→

正文,选中需要添加链接的文字或图片(也可不选择文本直接插入链接或历史图文消息)点击超级链接图标,然后选择图文消息或输入需要跳转的链接即可。

(3) 设置公众号

登录微信公众号平台→设置→公众号设置,进入公众号设置页面,可进行相关信息的修改。其中,二维码尺寸的页面如图 10-14 所示。

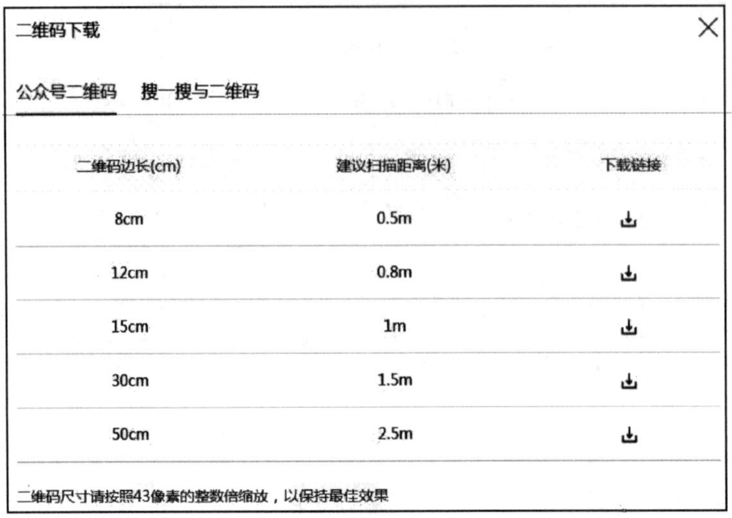

二维码下载

公众号二维码　搜一搜与二维码

二维码边长(cm)	建议扫描距离(米)	下载链接
8cm	0.5m	
12cm	0.8m	
15cm	1m	
30cm	1.5m	
50cm	2.5m	

二维码尺寸请按照43像素的整数倍缩放,以保持最佳效果

图 10-14　二维码更多尺寸界面

5. 微信营销

(1) 微信营销

微信是整合营销传播的有力工具。微信营销是伴随着微信的火热而兴起的一种网络营销方式。微信无距离的限制,用户注册微信后,可与周围同样注册的"朋友"形成一种联系,用户订阅自己所需的信息,商家通过提供用户需要的信息推广自己的产品,从而实现点对点的营销。

(2) 微信内容营销

微信内容营销是指借助腾讯平台内容传播工具实现营销活动,可以通过动画、文字、视频、声音等各种介质呈现,对于目标用户内容营销会更容易具有吸引力。微信内容营销常见的形式主要有图片、视频、公众号图文消息、H5 页面等。

微信内容营销具有成本低、内容丰富、吸引力强、实时交流、多渠道推广等特点。

案例 10-2:

腾讯充值的《来自星星的妈妈》[①]

在 2016 年 5 月 10 日母亲节前夕,腾讯手机充值订阅号发布"为爱充值,每一个妈妈都是孩子的超级英雄"H5 页面,用户观看微电影《来自星星的妈妈》,并可以为自闭症孩子的妈妈捐款献爱心。影片讲述一个自闭的孩子发现自己原来是赛博坦星球的人,擎天柱每天通过电话给他布置任务,并通过完成任务来和地球人和平相处。看似离奇荒诞的情节,谜底揭晓时却

① 资料来源:http://www.sohu.com/a/117128328_421798.

让人心酸。擎天柱就是妈妈，是他的精神偶像，妈妈为他找到了跟这个世界对话的钥匙，自己也成为孩子的英雄，帮助孩子慢慢走出自闭。

网友观看影片后出现的页面如图 10－15、10－16 所示。微信手机充值与腾讯公益一起携手壹基金，邀请广大网友一起支持“海洋天堂计划”的家长热线、家长加油站等活动，为有特殊需要的儿童家长提供信息分享、情感疏导、紧急事件的专业介入，帮助儿童及其家庭享有有尊严、无障碍、有质量的社会生活。随后，包括微信充值服务号、财付通服务号、玩转理财通订阅号等腾讯系管道和李连杰(壹基金)都推送了类似的推文，多管齐下，开始霸屏。

图 10－15　活动页面

图 10－16　为妈妈充值页面

微信与手机QQ话费充值大数据显示，本次活动高达40%的用户选择为妈妈充值话费，3万多网友参与了腾讯的公益活动进行了捐助，同时表达出了他们的善心。这份大数据报告也在母亲节发布，向母亲致敬的同时也实现了商业诉求。这次活动不仅让大家了解了自闭症儿童的真实生活，更把在他们背后默默付出的妈妈们邀请到了台前，在温情与公益之下商业销售自然也水到渠成。

案例分析：这次温情的故事营销融合公益活动，获得了很好的效果，在短时间内营销视频点击量超过千万，甚至出现在了今日头条推荐列表。为爱充值的活动让网友在关爱自闭症儿童的妈妈时，也深入认识了微信手机充值的品牌形象。

10.2.3 微信平台内容建设

1. 微信基础内容建设

内容是微信运营的重中之重，必须具备自己的特色才可以吸引关注，使内容的价值得到充分的体现。此外，标题及排版等也同样需要花费大量的心思和时间去完善，以提供给用户最佳的阅读体验。微信基础内容的建设主要包括以下部分：

① 标题。一个好的标题可以吸引用户点击阅读，因为在微信公众号的推送信息或朋友圈中最先看到的就是标题。标题的设置应精益求精，通常有价值的、有干货的，使用数据强调的标题更能引起关注，让人期待的、提供时事热点的，使用专业权威的标题更能引起关注。

② 内容。写好文章需要不断地进行内容和知识的积累，要多关注互联网文章，多看新闻、书籍，多进行思考与交流等；文章写作还应遵循一定的用户习惯及特点，通常站在用户角度撰写的文章更容易引发用户的认同和分享。如那些用户能切身感受的、与用户认知相反的、富有情感画面的、利用时事热点的、有悬疑期待的、内容有冲突对比的文章更容易吸引粉丝阅读转发。

③ 排版。内容排版可以保证推文美观流畅，减轻用户阅读压力；清晰传达文章有价值的信息，提高阅读效率；培养用户阅读习惯，加强对公众号品牌的认知。

文章结构：包括关注引导及介绍→导语→正文→文末引导→阅读原文指引。

排版要求：行距为字号的1.5～1.75倍，段落间距为行距的2倍，字体以16 px为主，通过调整颜色、大小、粗细等突出显示重点文字，全文颜色要统一，导语摘要应简短，字数不宜过长且多分段。

2. 微信内容运营技巧

内容运营是持久战，短期内粉丝的数量固然重要，但是随着公众号运营时间的延长，粉丝的质量会变得越来越重要。微信内容运营的工作就是围绕如何获取新粉丝，如何维护老粉丝，以及如何促使粉丝变成铁杆会员而进行。

① 内容形式的多样化与差异化。内容形式可以有图文、语音、视频等方式。有限的图文容易产生视觉疲劳，可以与语音和视频结合或做成互动游戏，都可以优化页面内容以提升用户体验。同时还要注意内容形式的差异化，主要表现在语音推送、视频推送等方面。例如罗辑思维公众号每天推送60 s的语音导读内容及关键词自动回复内容，使得语音与内容完美结合。

② 内容整合。要根据自身定位及用户群体确定内容，做到别具一格。同时内容要少而精，具有原创性。要做到每篇文章都有原创内容比较困难，可以通过招募投稿者、与原创文章内容作者合作等方式互相进行文章和公众号的推广。

③ 使粉丝产生依赖。坚持每天或固定间隔天数按时推送内容，长期坚持就会使读者形成阅读习惯，到时他们就会主动阅读内容，从而使粉丝产生时间依赖。可以采用分批推送内容的形式，利用粉丝探求结果的心理使其对内容产生依赖，吸引用户的长期关注，久而久之用户会产生依赖及习惯心理。

④ 数据分析。基于大数据分析粉丝阅读的习惯、爱好等，据此进行粉丝的精准推送。各种数据统计分析对微信运营者后期的工作和规划都有指导性的作用，如粉丝增长流失情况、粉丝属性特征及来源分析、粉丝互动分析、图文推送统计分析、活动统计分析等。

⑤ 推送时间。内容推送的时间应符合用户的阅读习惯，根据经验主要有 4 个时间段可以选择。

上午：7:00—9:00，适合阅读早报新闻、媒体资讯、轻松搞笑类、短篇行业专业内容。

中午：11:30—12:30，适合阅读新闻、媒体资讯、轻松搞笑类、短篇行业专业内容。

下午：14:00—16:00，适合阅读媒体资讯、轻松搞笑类以休闲为主的内容。

晚上：17:00—22:00，适合阅读晚报、媒体资讯、轻松搞笑类、深度阅读类内容。

⑥ 微信内容营销。内容的核心在质量，拥有高质量的内容可以有效提高成功率；在进行主动和精准推广的过程中，需要注意把握推广的度和频率，最好不要让用户产生厌烦情绪；注重互动性，关注用户的需求和建议，加强沟通和交流，充分体现人性化；可以适当地结合线上和线下活动，让推广更具有真实感和存在感；微信营销以线上活动为主，用户做出判断和决定需要更长的时间，进行阶段性或长期性的坚持会有更好的效果。

【本章小结】

本章重点讲述了微博、微信内容运营的有关知识。

通过本章的学习，使学生了解微博的特点及分类、微信的发展和分类；理解微博、微信的主要功能及应用；掌握微博、微信内容撰写及内容运营的要点。能够申请、使用及管理微博、微信，能够使用微博、微信进行交流和互动。

【思考题】

10 - 1 简述微博的特点及分类。

10 - 2 简述微博营销的策略。

10 - 3 简述微信的主要功能。

10 - 4 简述微信公众号的类型及各自特点。

10 - 5 简述微博内容建设的要点。

10 - 6 简述微博内容运营时需要注意的问题。

10 - 7 简述微信内容建设的要点。

10 - 8 简述微信内容运营的技巧。

10 - 9 简述微博和微信的区别。

【实训内容及指导】

实训 10 - 1　微博的申请和使用

实训目的：了解微博的特点，理解微博的应用，掌握新浪微博的申请和使用，掌握微博内容运营的要点。

实训内容：新浪个人微博的申请和使用。

实训要求：

(1) 登录新浪网站，进行新浪微博的申请注册，依次填写各类注册信息。

(2) 成功注册后，使用微博帐号登录。

(3) 发表微博文章。

(4) 添加好友关注。

(5) 发起或参与话题讨论。

(6) 拥有自己的粉丝。

实训条件：提供 Internet 环境。

实训操作：

(1) 建立个人微博。

(2) 熟悉微博的申请流程。

(3) 掌握微博的使用。

(4) 掌握微博内容撰写的要求。

(5) 掌握微博内容运营的技巧。

实训 10-2　微信公众号的申请和使用

实训目的：了解微信的发展和主要功能，理解微信的应用，掌握微信公众号的申请和使用，掌握微信内容运营的要点。

实训内容：微信公众号的申请和使用。

实训要求：

(1) 登录微信公众平台 https://mp.weixin.qq.com。

(2) 在微信公众平台中进行微信公众号的申请注册，依次填写各类注册信息。

(3) 成功注册后，使用微信公众号账号登录。

(4) 进行消息发送和素材管理。

实训条件：提供 Internet 环境。

实训操作：

(1) 建立个人的微信公众号。

(2) 熟悉微信公众号的申请流程。

(3) 掌握微信公众号的使用。

(4) 掌握微信公众号内容撰写的要求。

(5) 掌握微信公众号内容运营的技巧。

第11章　互联网内容的传播与分发

本章知识点：互联网内容传播的原则、特点；内部传播渠道与外部传播渠道；内容分发平台的比较；典型自媒体平台。

本章技能点：头条号、大鱼号、百家号等典型自媒体平台基础操作。

【引　例】

李子柒海外粉丝破千万，成YouTube中文创作第一人①

2020年4月29日，知名博主李子柒在YouTube上的粉丝突破1 000万，成为首个在该平台粉丝破千万的中文创作者。李子柒的海外账号成长迅速：2018年1月，订阅达到10万，获得YouTube白银创作者奖牌；10月订阅达到100万，获得YouTube烁金创作者奖牌；2019年6月订阅达到500万，2020年2月订阅达到900万。目前李子柒的YOUTUBE账号总订阅数约为1 001万人，总观看量为13.5亿次，总观看时长约9 185万小时，总视频数量108个。

日出而作，日落而息；三月桃花开，采来桃花酿成酒；五月樱桃季，开始酿樱桃酒、煨樱桃酱、烘樱桃干；从手工造纸，养蚕缫丝，再到制作各种家居物件……李子柒的视频多以中国传统乡村生活及其中独特的物产为中心，充满着浓郁的烟火味道和恬静的田园气息，她因此被称为“东方美食生活家”。

数据显示，在李子柒的视频中，播放量排名靠前的分别为年货零食、吊柿饼、竹沙发、柳州粉等中国传统美食，其中，年货零食的最高播放量超过5 300万次，其余视频的播放次数也分别为百万至千万次不等。

在视频中，观众的评论来自世界各地，目前她的微博粉丝超2 100万，抖音粉丝超3 000万，已经成为走红全球的文化名人。她在海外社交媒体的影响力与美国影响力最大的媒体CNN不相上下，但CNN已经发布超过14万条视频，李子柒仅有100余条。

李子柒为何会拥有如此多的海外粉丝？《人民日报》海外版曾刊文表示，李子柒视频的内容独具风格，让人耳目一新，满足了外国网友对中国的想象，堪称网络传播时代的中国“田园诗”。同时，她的视频含有被外国网友广泛认同的情感需求和价值理念，满足了人们释放压力的心理需求。

再有，李子柒的视频具备恰当的国际传播渠道和视觉呈现方式。互联网时代，文化交流与传播有了更丰富的载体和渠道，李子柒及其团队积极运用国际上具有影响力的传播平台，发布的短视频生动直观、新颖易懂。李子柒在视频中很少说话，这使视频突破了语言的局限性，让观看者专注于每集10分钟左右的视频内容，从而更具跨文化传播力。

【案例导读】

内容为王的时代，优质内容的价值已无须多言。几乎所有的内容平台都面临这样一个问题：如何让优质内容呈现在用户眼前，通过优质内容提升用户对产品本身的好感度和黏性？内容传播，这是内容运营的最后一个重要环节。李子柒的视频内容为何能够在互联网上得到广泛传播？背后的原因和逻辑是什么？互联网内容有哪些传播渠道？不同内容传播和分发渠道

---

①　资料来源：https://new.qq.com/omn/20200429/20200429A0OAYX00.html?pc.

有何特点？这需要了解是什么因素使得传播内容具备感染力，以及互联网内容的传播和分发渠道。这就是本章要讲述的内容。

11.1 互联网内容的传播

11.1.1 互联网内容的传播原则

沃顿商学院市场营销学教授乔纳·伯杰在其著作《疯传：让你的产品、思想、行为像病毒一样入侵》中总结出导致人们谈论并分享某种概念、产品或信息的六条原则：社交货币、诱因、情绪、公开性、实用价值、故事。正是这些因素的作用，使得包括故事、新闻和信息，以及产品、思想、短信和视频等在内的传播内容具备了感染力，形成了它们被广泛传播的深层次原因。在互联网内容中融入这些要素，可以使互联网内容取得突出的传播效果。

1. 社交货币

这里的货币指的是人们总是乐意传播那些能够帮助他们彰显和提升价值的信息，有助于提升人们价值的信息就成了一种社交货币。比如，在朋友圈中那些容易被广泛分享的信息往往也代表了分享者试图在朋友圈里所建立起来的形象。大部分人比较重视形象，所以会分享那些让自己显得优秀的事情，从而达到让身边的人接受甚至欣赏自己的目的。就像人们使用货币能够购买到商品和服务一样，使用社交货币能够获得家人、朋友和同事更多的好评和更积极的印象。

社交货币的关键是给别人营造出一种有品位、优秀、独特或与众不同的印象。如果你的产品、思想或内容能够让使用者看起来更优秀、有品位，那么你的产品和信息自然就会变成社交货币，被人们大肆谈论，以达到口碑传播的效果。如果你的产品能够帮助用户被赞美、被喜欢，那么用户就会发自内心地乐于分享你的产品，实现口碑传播的目的。

社交货币是一种可以诱发传播的因素，使用社交货币也已成为互联网产品和内容的主要传播策略之一。人都有很强烈的意愿去主动与他人分享自己相关的信息，被他们分享的内容都属于社交货币。社交货币主要用来树立自我形象，如果文案具有社交功能、能够展示用户真实、理想或期望的优秀自我形象，那么就更容易被用户主动分享传播。

美国营销咨询公司 Vivaldi Partners 将社交货币划分为以下六个维度：

归属感。品牌要给用户提供交流互动的机会和场景，去建立用户的归属感。

人际交流。要让用户主动讨论你的品牌，比如两个人聊天，一个人提到了小米，于是两人聊了半小时小米的营销模式，在这里，小米就是一个很好的社交货币。

实用价值。你的品牌是不是大家在社交的时候必须用到的？如果是，品牌就可以利用这一点创造价值。比如啤酒就是很多人的社交必备产品。很多啤酒广告都是用亲朋好友一起喝酒的场景。

拥护性。你有多少铁杆粉丝？这些人会不遗余力地向别人推荐你的产品吗？

知识信息。也就是知识型的社交货币。用户对于品牌或产品了解的信息越多，就显得越有知识。用户与他人分享自己的知识见解，就能买到对方的好印象。例如，如果一个餐馆上完菜后，服务员对每一道菜的食材、起源、演化、故事、烹饪法都做一个专业深入地介绍，顾客就能获得信息知识型的社交货币，他们就可以用此去购买其他人的关注评论与点赞。

身份识别度。身份识别度要从三个方面进行评估，就是品牌出现的频率、品牌使用的场景和品牌的识别度。只有产品这三个方面都高，身份识别度才会高。

在互联网内容中，可以对比以上六个维度对内容是否具有社交货币元素进行分析。

2. 诱　因

使人产生动机的外在因素被称为诱因。诱因是传播中一种由此及彼的能力，也就是说通过分享 A，能够直接联想到 B。在特定的场景下，有机地植入自己的品牌或产品，更容易被消费者在对应的场景中想起对应的品牌或产品。

诱因会帮助激活对某种产品和信息的重复性口碑传播，诱因发生的频率在很大程度上影响口碑传播的效果。对传播的时效性来说，有即时性和持续性之分，一些新奇的、有趣的事情通常不会形成持续性的传播，只有把一件事情变得随处可见，并且和日常生活息息相关，才可能让这个事情变得流行。

诱因会帮助激活对某种产品和信息的重复性口碑传播，其中要强调两个关键因素：建立链接和周边环境。想要内容被更广泛地传播，就要把内容和常见的事情关联起来，即一种在特定的环境下能够激活顾客内心的产品与思想线索，将要传播的产品或思想与这个场景做关联，比如早晨、周末、下雨天、早晨、吃饭、旅游等不同场景，让它们成为诱因。

比如罗辑思维公众号，每天早上都会发布一段 60 s 语音，每天早上通过这段语音激活了其与用户的关联性，让用户每到早上就会想到罗胖今天的语音发了吗？今天他要说点什么呢？

3. 情　绪

乔纳・伯杰分析了各种可能情绪与用户主动传播行为之间的关系。比如，能够唤醒兴奋、幽默的积极情绪的信息，容易触发主动分享。而诸如唤醒悲伤这样的消极情绪的信息，则不太容易触发主动分享。转发与分析是一个心理成本很高的动作，只有强烈的情绪才能激发读者分享。有五种强烈的情绪最容易引起转发——惊奇、兴奋、幽默、愤怒和焦虑。乔纳・伯杰的实验结果发现：幽默会提高 25％的转发率，惊奇会提高 30％的转发率，而悲伤会降低 16％的转发率。

一件事发生时，周围的人没有什么感觉，基本就不会和别人分享；如果一件事让人感一到生气或快乐的时候，他希望和别人产生情感上的共鸣，就会分享给别人。把一些有唤醒作用的情绪元素加入文案中，就能激发人们的共享和传播意愿。

在互联网内容和文案中，可以经常看到“扎心、震惊、怒了……”等词语，这些极具冲击力的词句可以调动受众的情绪，从而引发广泛的传播。

4. 公开性

分享的信息一旦具有公共性，也就是被更加广泛的人群所传播，则其被传播的可能性也就越大。这也符合人类作为群居动物所具有的“从众心理”。正常人看到多数人的行为，总会想着去模仿，因为这可以省去自己很多思考的时间，同时模仿别人也可以很好地给别人提供一个社会证明：我和你们一样。人们都喜欢模仿，想让文章或活动引发传播，就需要让更多人看到。

正是因为社会影响会产生集群效应，激发口碑传播与共享，因此，增加产品和信息的公共性就要首先增加他们的可视性和公开性。

5. 实用价值

那些具有实用价值而且易学易懂的信息则容易被触发传播。人们喜欢传递实用的信息，即一些别人能用得上的信息。比如，健康类、教育类、技能类、干货类的分享频率往往很高，因为这些内容具有比较强的实用价值。与他人共享有用的信息、帮助他人解决困难、帮助用户节省时间和金钱、揭示真相、让人们更加健康等，这些实用价值会使产品、思想或内容的有用性更加清晰，增强口碑传播性。

实用的内容在传播中将显现出更强的生命力。例如一篇《手把手教你用 PPT 设计 HTML5 海报》的文章，该篇文章在微信朋友圈的阅读量已经突破 12 000 次。这篇文章无论从标题到内容，都紧紧围绕实用价值展开。

实用价值是最容易被应用的，因为产品和信息总会找到在某个特定方面的实用价值，但关键在于如何让它脱颖而出。有一个非常实用的例子，那就是促销降价。因为受众和消费者都对降价非常敏感，要突出商品惊人的降价幅度，可以使用 100 原则来呈现价格。比如，一件 20 元的衣服降价 5 元，你告诉消费者降价 25%才更有诱惑力；而一台 2 000 元的笔记本电脑降价 500 元，这时你就不能再用 25%，你要非常醒目地告诉人们该商品降价 500 元！通常以 100 为分界线来决定使用百分比还是实际数字以达到更加吸引人的目的。

6. 故　事

人类是感性动物，天生对形象事物更加敏感，因此用讲故事的方式来描述一个思想或者产品，更容易得到分享的机会。2017 年，招商银行的一条叫作《世界再大，大不过一盘番茄炒蛋》的视频刷爆朋友圈：一位留学生初到美国，参加一个聚会，每个人都要做一道菜，他选了最简单的番茄炒蛋。但是搞不定，于是他向远在中国的父母求助，父母拍了做番茄炒蛋的视频指导他。最后，聚会很成功。随后他突然意识到，当时是中国的凌晨，父母为了自己，深夜起床进厨房做菜。很多人都被打动，哭着看完视频。招商银行的负责人说，这段视频只投放给了 40 多万用户，但最后观看量超过 1 个亿。这则广告其实是招商银行为了推广留学信用卡，以 H5 的形式，通过两段视频和 4 张海报，讲了一个有关母爱的故事，形式比较新颖。

案例 11－1：

江小白加雪碧成“抖音喝法”的背后[①]

“往杯中倒入一点酒和雪碧，加上一张纸巾盖住杯口，用力震动一次使二者充分混合，酒里就会出现一些白色的泡沫，随后再一饮而尽。”就这样一个时长不到一分钟，内容简单的小视频渐渐引爆网络，如图 11－1 所示，点赞量超过 120 万。“江小白加雪碧”这些视频最早在抖音 App 上流行，随后开始在网络上扩散。除了雪碧之外，果汁、牛奶等也陆续成为江小白的混饮拍档，还有网友大胆尝试了“终终终终终极版搭配——江小白加枸杞和糖浆”。无论怎么搭配，视频中总少不了“震动杯子”的一个动作。于是奇思妙想的网友给这样的玩法起了一个有意思的名字——“江小白 BOOM”。

图 11－1　短视频截图

一个简单的混饮喝法通过短视频的形式便能够在网络上引起如此大的轰动，甚至被网友用“江小白 BOOM”这种

① 资料来源：https://www.sohu.com/a/228808330_100078252.

专有名词来概括。此外,“海底捞的网红吃法”“CoCo奶茶的网红搭配款”等新奇事件最近也同样基于短视频平台而走红。这些内容得到快速传播背后的原因是什么?

社交货币。有些事件因为其本身的新奇、惊异与刺激从而容易被人们记住,引起广泛的讨论。年轻人的喝酒观念早已不同以往,如今更追求享受、好玩,所以新式的喝酒方法自然能够吸引人们的注意,在聚会时被人们讨论和尝试。

诱因。那些瞬间激活人们记忆、激发人们采取某种行为的因子叫诱因。每个视频中最后“BOOM”的那一下尤其引人注意,成为这一条列视频中不可缺少的部分,也成为受众“认知”这一系列视频的重要元素,也是造成像“病毒一样疯传”的重要原因。

情绪。人们总是关心并传播能够引起情绪共鸣的内容。情绪是会传染的,“江小白加雪碧”不仅仅是一种喝法,更是一种玩法,人们总是喜欢尝试新鲜的事物,同时也用这份快乐感染身边的人。

公共性。人们经常会模仿身边人的一些行为,是因为别人给他们提供了相应的参照信息。“江小白加雪碧”这类内容有趣、好玩的视频自然比较容易让受众争相模仿。

故事性。人们很少会去思考那些直接获得的信息,却经常会思考那些跌宕起伏的故事。很多人们会去自主传播的几乎都是通过故事感染他们的内容。

实用价值。人们分享信息,是为了能够最快捷、最方便地帮助他人。“江小白加雪碧”作为一个混饮玩法,对不爱喝酒或者不能接受高度酒的人来说具有很高的实用价值。就现在人们喜欢“晒东西”这一点来看,实用价值或许还包括分享的价值。

案例思考:

问题1:该视频内容得到广泛传播的原因有哪些?

问题2:试着用STEPPS原则分析近期阅读量在10万以上的公众号文章。

11.1.2　互联网内容的传播特点

互联网内容的传播特点与传统媒体内容不同,具体包括传播速度快、互动传播性强、发布成本低、发布和传播渠道多元化、内容形式多元化、交互性强、目标精准度高等。

1. 传播速度快

互联网的实时性使得互联网内容呈现出快速传播的特点。借助于企业官网、微信、微博、短视频平台等多个传播渠道,互联网内容可以快速抵达消费者,富有创意的内容还会通过微博和微信等社交媒体渠道进行二次传播。当发生网络热点事件时,企业或运营人员也要快速及时地跟进。

2. 发布成本低

企业或个人可以借助多种免费的渠道发布文案和内容,相对于电视、报纸等传统媒体的高门槛和费用,互联网内容的发布成本非常低,互联网渠道已经成为企业进行品牌宣传和产品销售的主渠道之一。随着发布渠道的增多,企业在互联网上的推广成本也越来越高。若需要在互联网上达到一定的曝光量也需要支付高额的广告费用。如果内容写得很出色,则可起到四两拨千斤的功效,不仅可以为企业带来最大化的传播,提升销量,而且还能大幅减少企业广告传播的费用。

3. 发布渠道多元化

互联网内容的发布渠道非常多元化，随着技术的发展，发布的渠道也不断变化，从网站、论坛、博客、微博到直播平台、短视频平台、微信公众平台、App以及其他第三方渠道等，多种多样的产品形态和技术平台丰富了互联网内容的发布和传播渠道。为了提升传播效果，很多企业和个人会在多个平台进行内容的分发和传播，同时根据不同平台的传播特点，制定不同的内容营销策略和运营策略。

4. 内容形式多样化

内容的基本形式包括文字、图片、声音和视频。随着技术的发展，互联网内容的呈现形式变得更加丰富，从文字到图文结合，从音频到视频、直播，以及融合文字、图片、声音和视频多种形式的H5页面、互动游戏等，都是互联网内容常见的形式。丰富的形式为互联网内容的创意发挥和内容呈现提供了支撑。内容传播的形式与技术的发展存在着密切关联，伴随着科技进步，人们接触信息的主要方式由文字变为图片，由图片变为视频，由视频又衍生出直播，期间演变周期越来越短，信息传播方式也越来越高效、丰富、立体。

根据《今日头条 & 和新榜：2020内容创作趋势报告》，目前图文类内容占比超八成，为创作者最普遍使用的内容体裁，但短视频、音频、直播等体裁内容比例较2018年均有上升。不同体裁各有其适用门类、适用场景、适用深度，彼此之间无法取代，而是互为补充、共同发展，典型创作者如图11-2所示。

图11-2　不同形式的典型内容创作者

5. 交互性强

互联网的交互性使得互联网内容的传播链条由过去的“引发兴趣-阅读”变成了双向和多向的“想读产生分享给其他人、参与互动，以及再创作和二次传播的冲动”。传统媒体传播过程中，互动方式主要为广播热线、电视热线等语音互动行为。由于形式单一、操作烦琐、成本较高，多数消费者很难参与其中。移动互联网兴起后，听众、观众可以随时参与到广告传播过程中。比如微信中的“摇一摇”，可以得到宣传方提供的微信红包、优惠券、礼品券等。微博、微信等社群媒体，可以实现随时随地留言、评论、互动。直播等新媒体更是实现了用户与品牌达人、网红的直接对话，其参与性、互动性是传统媒体绝不可同日而语的，也让过去单一、幕后、无声无息的消费者，摇身一变成为广告内容的制造者和品牌口碑的传播者，成为优化企业产品及提升企业品牌资产的有力推手。

相较于传统媒体，互联网内容传播不再是单向输出，企业可借助多种平台、多样化的手段和技术直接与消费者沟通互动，通过收集用户和消费者反馈来改进产品设计、促进品牌传播、维护客户关系及促进产品销售。

6. 精准度高

从内容的分发渠道上看，不同渠道的人群不同，企业可以根据目标人群的特征匹配对应的渠道进行文案的分发。此外，用户上网的各种数据都可以被记录，借助用户的行为数据，企业可以根据用户画像的不同进行精准的内容推送，实现“千人千面”的效果。伴随着大数据及人工智能的应用，内容推荐规则进一步个性化、智能化，一方面使得我们更容易接收我们希望获取的信息，另一方面也局限了我们的视野，固化了我们的观念，可以说是机会与挑战并存。

11.2　互联网内容传播的渠道

随着技术的发展，互联网内容发布和传播的渠道不断丰富，除了传统的官方网站、官App、官方博客等平台，一些新兴的平台也在内容传播中起重要作用。例如，短视频平台、直播平台、音频平台、资讯平台、微信公众号等，多种多样的产品形态和技术平台丰富了互联网内容的发布和传播渠道。内容传播渠道归纳起来主要有内部和外部两种，第一个是产品内部传播，即将内容发布在产品内容模块中；第二个是外部渠道传播，即把内容扩散到社交媒体、其他平台上，形成链式传播效应。充分利用企业内部渠道及外部渠道发布信息是扩大企业信息网络可见度、实现网络信息有效传播的基础。

11.2.1　内部传播渠道

1. 企业官方网站

企业官方网站是企业进行品牌宣传推广、企业产品介绍、企业动态发布、客户关系维护、在线产品销售的重要渠道。企业官方网站内容由企业进行发布和维护，网站内容可控、信息权威，是用户了解企业、产品及营销活动的重要渠道之一。

通过企业官方网站发布文案及信息，需要了解企业网站的结构、内容和功能，同时需要做好网站搜索引擎优化的工作。

从网站结构上看，网站的信息组织按照一级栏目、二级栏目等形式进行展现，网站的栏目结构是一个网站的基本架构。为了清楚地通过网站表达企业的主要信息和服务，可根据企业经营业务的性质、类型或表现形式等将网站划分为几个部分，每个部分就成为一个栏目（一级栏目），每个一级栏目则可以根据需要继续划分为二级、三级、四级栏目。一般来说，一个中小型企业网站的一级栏目不应超过 8 个，而栏目层次在三级以内比较合适，这样对于大多数信息，用户可以在不超过 3 次点击的情况下浏览到，过多的栏目数量或者栏目层次都会影响用户的阅读体验。

网站内容是用户通过企业网站可以看到的所有信息，也就是企业希望通过网站向用户传递的所有信息，网站内容包括所有可以在网上被用户通过视觉或听觉感知的信息，如文字、图片、视频、音频等。一般来说，文字和图片信息是企业网站的主要表现形式。通常而言，企业网站的内容包括企业信息、产品信息、用户服务信息、促销信息等部分。图 11－3 所示是三元食品企业官方网站的首页，从中可以看到该网站主要栏目及内容包括企业介绍、新闻、品牌与产品、在线订购等。

图 11－3　企业官方网站首页截图

网站功能是指用户和企业人员通过网站可以做什么。从技术角度看，网站功能通常包括信息发布与管理、产品管理、会员管理、订单管理、邮件列表、论坛/博客管理、在线帮助、站内检索、广告管理、在线调查、流量统计、网页静态化、模板管理、友情链接管理、社交网络分享等。从营销角度看，企业网站功能主要表现在 8 个方面：品牌形象、产品/服务展示、信息发布、顾客服务、用户连接与顾客关系、网上调查、营销资源、在线销售。

为了提升网站内容的传播效果，需要做好网站内容的搜索优化工作。搜索引擎优化指在了解搜索引擎自然排名机制的基础上，对网站进行内部以及外部的调整优化，便于搜索引擎抓取网站内容，提高网站整体网页的收录量，并且改进网站各网页在搜索引擎中的关键词自然排名，获得更多展示机会，进而获得更多流量，最终达成网站销售及品牌建设的目标。

2. 企业官方 App

App 指智能手机的第三方应用程序。随着智能手机的普及，人们在沟通、社交、娱乐等活动中越来越依赖于手机 App 软件，越来越多的企业尤其是知名企业建立了企业的 App。

虽然企业 App 承担着与企业官方网站同样的职能，但是由于移动端信息展示空间有限，App 中的内容呈现方式不同于网站，App 中内容呈现方式主要依赖信息推送和推荐机制。其中最简单的方式就是新消息提醒和信息推送。其次就是信息推荐，以“得到”App 为例，通过运营人员对优质内容的整理，放至“主编推荐”、BANNER 位和通告栏进行内容展示，如图 11－4 所示。

图 11－4　“得到”App 内容推荐

随着 App 开发、推广及运营成本的增加，需要注意的是并不是每一个企业都需要开发建设App。通过企业官方App发布内容，需要了解企业App的结构、内容和功能，利用好App内部信息展示、Banner位、App智能推送等方式向目标人群精准推送内容，同时需要做好应用商店优化（ASO）的工作。

ASO（App Store Optimization）是"应用商店优化"的简称，就是提升App在各类App应用商店/市场排行榜和搜索结果排名的过程。ASO优化就是利用App Store的搜索规则和排名规则让App更容易被用户搜索或看到，重点在于关键词搜索排名优化。

3. 企业官方博客

博客最初用于记录个人的生活和思想，作为个人信息传播和交流的工具，随着博客在企业中应用的普及，博客的网络营销功能很快便得以体现。国内自2002年出现博客，到2006年前后博客已逐步成为主流的网络营销和内容传播工具。

博客营销也是将创建的内容通过博客网站发布，并进行必要的网络推广，实现网络可见度的提升，但与企业官方网站内容的特点及实现营销的手段有一定的差异。从内容的形式来看，企业网站内容比较严谨而全面，博客内容的选题范围相对比较广泛；从内容的性质来看，企业网站可以直接提供产品的详细介绍及企业信息，而博客内容通常不是产品介绍而是通过引导用户关注，间接实现企业品牌及产品的推广。也就是说，博客营销是一种引导型的内容营销，尤其是通过知识传播获得用户信任，最终发挥网络营销价值。无论是企业自己运营的博客，还是第三方博客平台，两者的共同特点是在博客频道或平台上有多个用户，每个用户既是博客内容的创建者，也是博客内容的阅读者，同时还可以通过其他网站的链接或搜索引擎浏览其他用户。

受到社交媒体和各种新媒体平台的冲击，近年来博客的使用率有所下降，但是博客对企业仍然有一定的营销价值。企业官方博客是官方网站的组成部分，扩展了网络营销信息源的来源及信息传播渠道。博客是内容营销的常用方式，增加了企业网络信息在搜索引擎中的曝光机会和企业网络可见度。博客增进了业内与顾客之间的沟通，有助于增强网络营销信息传递的交互性。博客为微博等SNS营销提供了支持，扩展了信息源的信息量，并且增强了信息传播的持久性①。

4. 企业微博

自2009年8月新浪微博在国内强势推出之后，微博迅速成为继博客之后普及率最高的互联网应用之一，基于微博平台的微博营销也成为网络营销最热门的领域之一。到2012年，几乎所有大型门户网站都开设了微博服务，后期随着微信等其他社交网络的高速普及，微博的影响力有所减弱，不过到2018年，新浪微博仍是国内用户量最大的微博平台。微博具有信息发布主体多元化、信息发布便捷、传播速度快、交互性强等传播特点。最早新浪微博只支持140字左右的文字发布，现在已经进化到支持长文字、多图片、短视频、长图文的发布。

微博账号主要分为个人微博和企业微博等类型。个人微博是新浪微博中数量最大的部分，可以分为普通人、明星、不同领域的专家、企业创始人、高管、草根等，个人可以通过微博建立个人品牌。企业微博是企业对外公开展示品牌的媒体品牌，也是很多粉丝了解企业动态的窗口。企业可利用微博展示：企业品牌形象及产品独特之处、企业文化等；与目标消费者建立情感，听取消费者对产品的意见及建议；在客户服务上，提供企业前沿资讯、服务及新产品信

① 冯英健.新网络营销[M].北京：人民邮电出版社，2018.

息,便于与消费者进行一对一的沟通;及时发现消费者对企业及产品的不满,并快速应对。通过微博组织市场活动,打破地域及人数限制,实现互动营销。

很多企业都开立了自己的官方微博,有些企业的微博还形成了矩阵式经营——企业领导人微博、高管微博、官方微博、产品微博,相互呼应,例如小米公司既有小米公司的微博(见图 11-5),也有红米手机(见图 11-6)、小米手机、小米电商、小米商城等产品线的微博,还有企业高管开设的微博,不同微博之间定位不同,相互呼应,形成了企业微博矩阵,可以有效提高微博的影响力和覆盖面。

图 11-5　小米公司官方微博

图 11-6　红米手机官方微博

内容是开展微博营销的关键,在微博上,企业的官方账号可以通过新奇有趣的内容、丰富的活动、发起活动或话题讨论等来吸引用户,并且积极和粉丝互动,达到营销的目的。微博内容分两种，一种是针对热点话题借势发挥，另一种是结合自己的定位做每日更新。

微博的信息传播路径主要包括粉丝路径和转发路径两种。在粉丝路径中，只要发布者发布信息，关注者就有可能接收到这个信息。在转发路径中，如果关注者觉得自己接收到的信息有转发的价值并选择转发，那么这个信息就会成为关注者的微博内容，他自己的粉丝也能随之接收到这个信息，以此类推，将这个信息以裂变的形式传递出去。由此可见，微博的传播方式不再是过去的一对一或者一对多的模式，而是演变为一对一、一对多同时可以发生的裂变模式，这些都使得微博具备极高的营销价值。

5. 企业微信公众平台

微信(WeChat)是腾讯公司于 2011 年 1 月 21 日推出的一个为智能终端提供即时通信服务的免费应用程序，支持通过手机网络发送语音、短信、视频、图片和文字，可以单聊及群聊，还能根据地理位置找到附近的人。微信提供公众平台、朋友圈、消息推送等多种功能。从内容上而言，通过微信渠道不但可以发文字、图片、语音、视频，以及形式丰富的 H5 页面。微信多元化的功能给企业开展营销赋予了丰富的形式和多种可能性。

微信公众号是基于微信公众平台注册的，是一种可用于发布信息、向微信用户传递与交互信息的互联网工具，目前微信公众平台提供了订阅号、服务号、小程序、企业微信 4 种形式。通过微信公众平台，个人和企业都可以打造一个微信公众号，并实现和特定群体的文字、图片、语音的全方位沟通、互动。微信公众平台为每个企业和个人创造了建造自己品牌的机会。2019 年 8 月 26 日，微信公众平台已经汇聚超 2 000 万公众账号，不少作者通过原创文章和原创视频形成了自己的品牌，成为了微信里的创业者。公众号是企业开展内容运营和微信营销的重要途径，企业公众号从一个企业发声渠道逐渐演变为企业品牌传播、客户维护以及电商运营的综合渠道。公众号＋朋友圈/微信群组合，更是将公众平台的价值进一步放大。

微信有着超过 10 亿的活跃用户，是用户使用时长和频率最高的应用 App，庞大的用户量给商家带来了极大的营销价值和用户基础。微信是社会化的关系网络，用户关系是这个网络的纽带，用户关系通常是真实的人际关系。微信强大的社交属性和移动属性，增强了微信传播的便利性。用户可以迅速而方便地将信息和内容分享到朋友圈、分享给好友或分享到微信群等，基于用户的社交关系，可以实现信息的快速传播。

朋友圈为用户提供了信息分享平台，用户可在朋友圈中分享文字、图片、短视频，或通过其他软件将文章或音乐等内容分享到朋友圈。朋友圈提供了基于社交关系的信息传播渠道，具有传播成本低、传播速度快、精准性和个性化等特点。

11.2.2　外部传播渠道

1. 资讯平台

自媒体平台账户运营，是继博客之后内容运营的又一次突破。自媒体平台不仅为用户提供了发布信息的渠道，同时也对信息的传播和推广发挥了极其重要的作用。自从微信公众号得到普及之后，内容传播进入了一个新的历史阶段，新一代内容平台(自媒体平台)不仅为用户提供了信息发布的机会，而且将平台内数量众多的用户转化为自媒体内容的用户，使得传统的信息传播模式发生了重大变化。于是，各种内容平台不断涌现，为企业自媒体运营和个人内容创业提供了丰富的选择机会。从内容形式看，主流的自媒体资讯平台包括百度百家号、头条号、搜狐号、企鹅媒体平台、网易号媒体开放平台、凤凰号、大鱼号等，如表 11－1 所列。当然，微信公众平台仍然在自媒体平台领域占有重要地位，成为许多企业、机构以及个人构建官方自媒体的首选平台。

表 11－1　典型自媒体平台特点①

自媒体平台	内容推荐渠道	特　点	用户来源	收益方式
微信公众号	微信客户端、搜狗微信搜索	微信用户数量大、企业官方微信普及度高	粉丝阅读、朋友圈分享、好友转发	赞赏、流量主广告分成
头条号	今日头条客户端、今日头条网站	客户端用户数量多、流量大、易申请	平台推荐、粉丝阅读、粉丝分享到其他社交媒体	赞赏、头条广告、千人万元计划、礼遇计划
百家号	手机百度、百度搜索、百度浏览器	搜索引擎友好度高、内容质量要求较高	百度搜索、手机百度及百度浏览器推荐	百度广告、补贴、内容电商、自营广告、百＋计划
搜狐号	搜狐网、手机搜狐网、搜狐新闻客户端	搜索引擎友好度高、文章易通过	用户搜索、平台推荐、粉丝阅读	可自行投放广告
企鹅号	天天快报、腾讯新闻客户端、迷你首页、手机 QQ 新闻插件、QQ 公众号、手机腾讯网、QQ 浏览器	推荐渠道多样、微信公众号文章可同步展示	平台推荐、粉丝阅读	赞赏、流量主、“芒种计划”的原创补贴
大鱼号	UC 浏览器、优酷、土豆、淘系客户端	流量主要来自 UC 浏览器；可以与粉丝高效互动	平台推荐、粉丝阅读	赞赏、广告分成、商品佣金、大鱼计划
网易号	网易新闻客户端、网易网站、网易号频道	与粉丝跟帖互动，实现自媒体直播	平台推荐、粉丝阅读	平台分成收益、亿元激励计划

2. 短视频平台

短视频即短片视频，是一种互联网内容传播方式，用极其短的时间完成一个可以传播的视频内容，一般是指在互联网新媒体上播放时长在 5 分钟以内的视频传播内容，比如现在抖音上可以发布 15 秒乃至 1 分钟的短视频。随着移动终端的普及和网络的提速，以及美拍、秒拍、快手、抖音等短视频 App 的出现，降低了视频制作门槛。因创作门槛低、获取信息碎片化、娱乐性强、传播速度快等特征，2016 年开始，短视频行业快速崛起。

短视频因其更符合移动互联网的时长和全民拍短视频后所衍生出的丰富品类，已经成为这个时代最流行的内容承载形式。前瞻产业研究院发布的《2019 年中国短视频行业研究报告》显示，截至 2018 年 12 月底，我国短视频用户规模达 6.48 亿，同比增长 58.05％，网民使用比例达 78.2％；短视频月总使用时长同比上涨 1.7 倍，全面超越在线视频，成为仅次于即时通信的第二大应用类型。截止至 2019 年 6 月，抖音月活跃人次达到 4.86 亿，快手同期月活跃人次增长至 3.41 亿，仅次于抖音。除了快手和抖音之外，在全球移动互联网范围内都催生了一轮又一轮的短视频产品热潮。现在的短视频基本分为 UGC 和 PGC 两种模式，UGC 主要是视频平台用户生产的视频内容，PGC 则是专业的视频团队生产的视频内容。

短视频运营作为新兴的职业，属于新媒体运营或者互联网运营体系下的分支，即利用抖

① 冯英健. 新网络营销[M]. 北京：人民邮电出版社，2018.

音、微视、火山、快手等短视频平台进行产品宣传、推广、企业营销的一系列活动。通过策划品牌相关的优质、高度传播性的视频内容向客户广泛或者精准推送消息，提高知名度，从而充分利用粉丝经济达到营销目的。

3. 直播平台

直播是重要的信息传播方式，网络直播吸取和延续了互联网的优势，网络直播可以将产品展示、相关会议、背景介绍、方案测评、网上调查、对话访谈、在线培训等内容现场发布到互联网上，利用互联网的直观、快速、表现形式好、内容丰富、交互性强、地域不受限制、受众可划分等特点，加强活动现场的推广效果。现场直播完成后，还可以随时为读者继续提供重播、点播，有效延长了直播的时间和空间，发挥直播内容的最大价值。

直播为营销所带来的最显著的优势在于可实时互动的环境，能够即时地收集用户反馈，以便达到最有效率的营销水平。其次，在网络环境下，视频媒介的传播变得更加广泛和高效，录制好的直播还可以再次进行观看，因此形成二次营销。

伴随着网络直播的迅速发展，2016 年直播内容逐渐被细分，形成如游戏、美妆、健身、旅行类等多种垂直领域，直播内容和观看的用户群体均特点显著，便于广告主进行精准定位。截至 2020 年 3 月，我国网络直播用户规模达 5.60 亿，较 2018 年底增长 1.63 亿，占网民整体的 62.0%。其中，游戏直播的用户规模为 2.60 亿，较 2018 年底增长 2 204 万，占网民整体的 28.7%；真人秀直播的用户规模为 2.07 亿，较 2018 年底增长 4 374 万，占网民整体的 22.9%；演唱会直播的用户规模为 1.50 亿，较 2018 年底增长 4 137 万，占网民整体的 16.6%；体育直播的用户规模为 2.13 亿，较 2018 年底增长 3 677 万，占网民整体的 23.5%。在 2019 年兴起并实现快速发展的电商直播用户规模为 2.65 亿，占网民整体的 29.3%。

在内容品类方面，电商直播发展蓬勃。虽然真人秀直播、游戏直播等传统网络直播用户规模增速放缓，但电商直播的兴起为行业整体用户规模增长注入了新的活力，丰富了网络直播行业的内容与变现方式。阿里巴巴、京东、拼多多等电商平台陆续涉足该领域，将实体商品交易与互动直播形式进行融合，提升了用户消费体验与黏性。此外，电商直播拉动了农产品销售，为贫困地区脱贫致富提供了有力支撑。2019 年 7 月，浙江省与阿里巴巴集团举办的“电商扶贫浙里行”活动，由砀山县、平武县、咸丰县等 12 个重点对口县干部与公益明星主播共同推介家乡特色农产品，在 3 小时内销售额就突破 1 000 万元 。

受新冠肺炎疫情影响，2020 年 2 月份以来，直播成为各行各业复产复工的有效方式。线下零售方面，百货商场、档口、店铺纷纷在抖音开播。直播带货成为疫情下商家自救的重要手段，各地政府工作人员也纷纷化身“主播”，直播推介当地农产品；直播成为疫情期间在家学习的新方式，北京大学、清华大学等国内著名高校先后在抖音开播，为用户带来优质课程；文化娱乐方面，“云赏樱”“云健身”等直播活动更是丰富了大家的精神文化生活。

2019 年，随着资本市场对于网络直播行业投资力度的逐渐降低，传统网络直播平台优胜劣汰的趋势更加明显。企业财务报告数据显示，YY、陌陌、斗鱼、虎牙等已经上市的大型直播平台的营收在 2019 年前三季度均保持增长态势，其中以斗鱼和虎牙为代表的网络游戏直播平台营收增幅分别达到 109.3%和 87.0%，而部分中小型平台则因融资困难退出市场。

4. 音频平台

音频平台是指以喜马拉雅 FM、荔枝 FM 等各互联网服务商所开办的手机 App 应用软件为代表的网络音频内容聚合平台，它以智能移动终端为载体，以移动应用手机客户端为平台，通过移动互联网络传播音频内容，是广播媒体与互联网在媒介融合趋势和新媒体崛起的时代背景下产生的网络广播最新形态。一方面，网络音频的传播表现为对广播特性的延伸，保留了声音属性的优势，具有更强烈的伴随性，从而延伸了用户的收听场景；另一方面，作为一种新媒体形态，网络音频呈现出内容由用户制作、交互性强、个性化程度高、碎片化等新媒体传播特性。

音频产品伴随性的优势使其在当今生活节奏较快的社会中有更广泛的应用场景。iiMedia Research（艾媒咨询）数据显示，2018 年在线音频用户规模突破 4 亿，增速达 22.1%，相较于移动视频和移动阅读行业，呈现出较快增速。2018 年中国在线音频用户男女比例分布较为均衡，年轻群体占比较高。在线音频平台内容丰富，适合不同性别、不同年龄段用户使用收听，针对不同类别用户的收听习惯进行推送，有利于提高用户黏性。在 2018 年第四季度三大主流在线音频喜马拉雅 FM、荔枝 FM、蜻蜓 FM 当中，喜马拉雅 FM 活跃人数达到 8 909.3 万人，领跑在线音频市场。在线音频中的用户月收入 1 万元以上的比重占到了 22%，遥遥领先移动阅读和移动视频的高收入用户占比。这也表明了在线音频平台能在更加碎片化的场景下为用户提供内容，更适合中高端人群的内容获取需求。

音频占主导的四种使用场景都属于伴随性场景，能够让用户在进行其他活动的同时接受信息。用户在运动、开车、家务等体力劳动、上下班通勤时最常收听音频。而睡觉前和居家休闲则属于非伴随性场景，用户浏览图片文本或观看视频更普遍。因此，与视频、图文相比，音频形式的内容更适合用户在碎片化和伴随性场景中使用，使用场景呈现多元化特点。

11.2.3　主流内容分发平台比较

越来越多的企业和个人在多个平台建立内容传播矩阵，进行内容的分发和传播。同时也会根据自身需求，评估不同平台用户特点和内容分发机制，选择最适合的平台做重点的运营。

目前，内容分发平台主要包括基于社交分发的内容平台和基于算法分发的内容平台，如表 11－2 所列。基于社交分发的内容平台，通过基于用户社交关系进行内容的分发与传播，典型的代表是微信平台；基于算法分发的内容平台，通过算法使得优质内容抵达更多的精准用户，典型的代表是今日头条和抖音。

表 11－2　不同内容平台内容分发特点

平　台	内容特点	分发机制	利好内容创作者
微信	图文为主，支持插入视频，2020 年新增了视频号功能；综合资讯，适合深度解读	关注分发＋社交分发 强运营，圈层效应显著	对综合类、早期入场创作者有明显优势
头条	图文＋视频，支持微头条和问答等形式；综合资讯，长短皆有	智能算法推荐＋关注分发 优质内容加权推荐	对新创作者、垂直类创作者友好
微博	图文＋视频，支持图片评论；多为短内容，互动性强，资讯话题丰富	关注分发＋社交分发 二次扩散特征突出	对名人明星友好
抖音	短视频，支持直播； 创意内容，潮流、时尚等	智能算法推荐＋LBS 推荐＋关注分发	对创意、泛娱乐内容创作者、新创作者友好
快手	短视频，支持直播； 内容真实，接地气	关注分发＋智能算法推荐＋LBS 推荐	对草根 & 垂直类创作者、新创作者友好

11.3 典型自媒体内容创作与分发平台

自媒体(We Media)这个概念是 2002 年底专栏作家丹·吉尔默(Dan Gillmor)首先提出的。自媒体更加强调普通大众在传播中的作用,这是从内容生产者角度给出的定义。自媒体意指用户可以通过某个网络平台自行发布信息,并且经过平台内部推荐传播以及用户个人的社交关系网络等渠道,在一定范围内实现信息传播及用户交互。

自媒体促成一种集制作者、销售者、消费者于一体的全新模式。自媒体时代的个人可身兼三职,同时是作者(如简书、今日头条上的被关注者)、读者(被关注者的粉丝)和渠道(通过转发和分享)。企业通过自媒体平台创作与分发内容,可以加强企业与粉丝、客户之间的互动联系,扩大品牌影响力。个人通过自媒体平台创作和分发内容,可以提高个人影响力,打造个人品牌。本节主要介绍除了微博、微信公众号、短视频平台之外常见的资讯类自媒体内容创作与分发平台。

11.3.1 今日头条及头条号

今日头条是一款基于数据挖掘的推荐引擎产品,它为用户推荐有价值的、个性化的信息,提供连接人与信息的新型服务,是国内移动互联网领域成长最快的产品服务之一,如图 11-7 所示。它由国内互联网创业者张一鸣于 2012 年 3 月创建。今日头条目前拥有推荐引擎、搜索引擎、关注订阅和内容运营等多种分发方式,囊括图文、视频、问答、微头条、专栏、小说、直播、音频和小程序等多种内容体裁,并涵盖科技、体育、健康、美食、教育、三农、国风等超过 100 种内容领域。今日头条高精准推荐、流量大,成为自媒体人抢先入驻的平台之一。

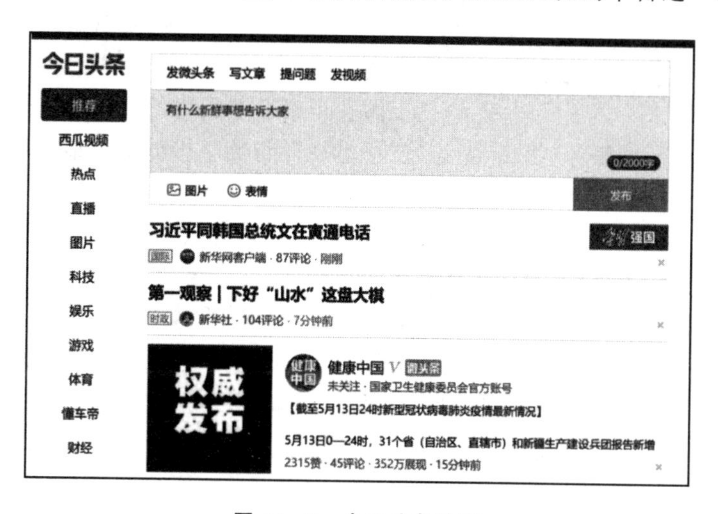

图 11-7 今日头条首页

头条号曾命名为“今日头条媒体平台”,是今日头条旗下开放的内容创作与分发平台,实现政府部门、媒体、企业、个人等内容创作者与用户之间的智能连接 。截至 2019 年 12 月,头条号账号总数已超过 180 万,平均每天发布 60 万条内容。头条号为今日头条提供优质原创内容,今日头条通过智能推荐引擎对这些优质内容进行精准分发,使其获得更多曝光。符合要求的国家机构、媒体、自媒体登录头条号网站,填写相关资料后提交申请,通过审核后即可入驻头

图 11－8 "美食作家王刚"头条号

条号媒体平台。目前，头条号支持 6 种不同类型的主体注册账号，包括个人、企业、群媒体、国家机构、新闻媒体和其他组织。一个身份证最多可以注册 1 个个人头条号，一个营业执照最多可以注册 2 个机构主体的头条号。图 11－8 所示是美食作家王刚的头条号，粉丝数量已经达到 1 200 余万，1 661 部作品的总浏览量超过 2 亿次，王刚同时在微博、抖音、哔哩哔哩、知乎、微信公众平台、爱奇艺、百家号、腾讯视频等 10 余个网络视频平台发布相关作品，被网友称为"硬核美食"流派，他的粉丝被称为"宽油宝宝""刚丝粉"。

不同类型头条号适合不同类型的主体进行运营，具体可分为如下几类：

个人：适合垂直领域专家、达人、爱好者、其他自然人注册和申请。主要为个人以及非公司形式（无营业执照/组织机构代码证等资质）的小团队。

企业：适合企业、公司、分支机构、企业相关品牌、产品与服务等。

群媒体：以公司形式专注于内容生产的创作团体（包括出版社），如 36 氪、果壳网、Mtime 时光网等。

国家机构：正规国家机构能够申请入驻，如最高人民检察院、中国地震台网速报、上海发布、中国驻坦桑尼亚大使馆、广州公安等。

新闻媒体：正规新闻媒体、报纸、杂志、广播电视等相关单位能够申请入驻，如新华社发布、时尚芭莎、北京青年报、大河报等。

其他组织：各类公共场馆、公益机构、学校、公立医院、社团、民间组织等机构团体能够申请入驻，如石家庄市中乔养老院、天津市曲艺团等，但是不支持民营医院注册。

微头条是今日头条旗下的社交产品，用户可通过发布图文、短视频、直播等多形式的动态与人互动，逐渐与人建立起社交关系。微头条是基于粉丝分发的一款社交媒体产品，通过微头条，用户可以随时随地发布短内容，机器会将其推荐给粉丝和可能感兴趣的用户群体。在微头条，用户每天产生的互动数量超过 2 000 万，发布量近 1 000 万，活跃的大咖超过 1 万位。

11.3.2 百家号

百家号是百度为内容创作者提供的内容发布、内容变现和粉丝管理的平台。百家号于 2016 年 6 月份启动并正式内测，9 月份账号体系、分发策略升级，广告系统正式上线，9 月 28 日正式对所有作者全面开放。百家号支持内容创造者发布文章、图片、视频作品，还将支持 H5、VR、直播、动图等更多内容形态。内容一经提交，将通过手机百度、百度搜索、百度浏览器等多种渠道进行分发。百家号为内容创造者提供广告分成、原生广告和用户赞赏等多种变现机制。

要申请百家号，必须先有百度账号，之后再申请百家号注册，最后进行审核。百家号有个人、媒体、企业、政府、其他组织 5 种账号类型，供运营者根据实际情况选择。个人——适合垂直领域专家、意见领袖、评论家、自媒体人士及站长申请；媒体——适合有媒体资质的网站、报刊杂志、电台、电视台等申请；企业——适合公司、分支机构、企业相关品牌等类型申请；政府——供国内外国家政府机构、事业单位、参公管理的社团组织申请；其他组织——供各类公共场馆、公益机构、学校、社团、民间组织等机构团体申请。图 11 - 9 所示是新华社百家号的首页，2018 年 2 月新华社与百度达成合作，新华社新闻信息内容全系入驻百家号，包括时政、国际、科技、体育、财经、社会、民生等多个领域，日均近千篇稿件在百度平台分发对接。

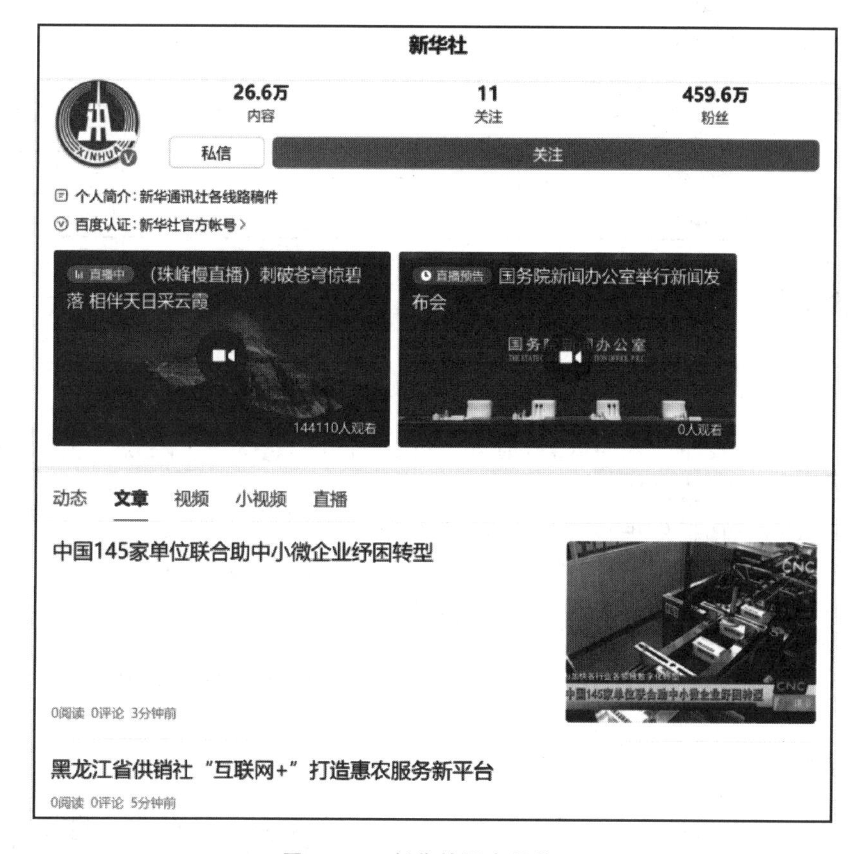

图 11 - 9　新华社百家号首页

11.3.3　大鱼号

大鱼号是阿里大文娱旗下内容创作平台，为内容生产者提供“一点接入，多点分发，多重收益”的整合服务，内容分发渠道包括 UC、土豆、优酷等阿里文娱旗下多端平台。2017 年原 UC 订阅号、优酷自频道账号统一升级为“大鱼号”。大鱼有个人、媒体、企业、政府、其他组织 5 种账号类型，每种账号的权益不同，如表 11 - 3 所列。很多知名机构都入驻了大鱼号，图 11 - 10 所示为环球大鱼号首页。

表 11－3　大鱼号账号类型及权益

权益类型	具体权益	个人/自媒体	群媒体	企　业	机构媒体	政　府	其他组织
基础权益	可支持注册账号数	1	2	2	150	150	150
初阶权益	UC 读者评论回复	√	√	√	√	√	√
	UC 读者评论置顶	√	√	√	√	√	√
	图文内链	√	√	√	√	√	√
	图文横文导入文档	√	√	√	√	√	√
中阶权益	图文原创声明	√	√	√	√	√	√
	视频原创声明	√	√	√	√	√	√
	UC 分润	√	√	√	√	√	√
	优酷流量分成 & 优酷粉丝激励	√	√	√	√	√	√
高阶权益	V 身份标识	√	√	√	√	√	√
	UC 图文双标题	√	√	√	√	√	√
	U＋商品推广	√	√	√	√	√	√

11.3.4　企鹅媒体平台

企鹅媒体平台是依托于腾讯科技有限公司的内容分发平台，于 2016 年 3 月 1 日正式推出。用户在企鹅媒体平台发布的优质内容，通过手机 QQ 浏览器、天天快报、腾讯新闻客户端、微信新闻插件和手机 QQ 新闻插件进行一键分发，让内容能够更多、更准确地曝光，通过微社区等形式，帮助媒体/自媒体人实现与粉丝的互动，方便快速地沉淀其粉丝群，更快捷地建立起与粉丝的连接，实现粉丝资源积累。

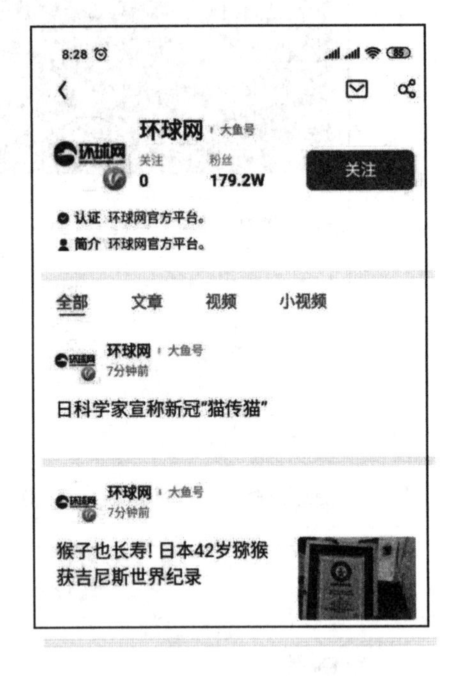

图 11－10　环球网大鱼号首页

11.3.5　搜狐号

搜狐号是在搜狐门户改革背景下全新打造的分类内容的入驻、发布以及分发全平台，是集中搜狐网、手机搜狐网和搜狐新闻客户端三端资源大力推广媒体和自媒体优质内容的平台。各个行业的优质内容供给者均可免费申请入驻，为搜狐提供内容；利用搜狐三端平台的媒体影响力，入驻用户可获取可观的阅读量，提升自己的行业影响力。针对不同类型主体的功能需求，搜狐号提供了 5 种入驻类型供选择，包括个人、媒体、群媒体、政府以及企业/机构/其他组织。

搜狐号特点在于：

三端全力推广。集中搜狐三端的优质流量大力推广自媒体，快速获取阅读量。文章只需要发布一次，搜狐三端同步显示。

自动化推荐上头条。打破原有编辑推荐机制，根据文章本身质量及流量表现进行自动化推荐，写得好就有机会上头条。

关系链传播。订阅、评论、分享，利用关系链传播获取更多流量。

百科式内容分类。根据垂直频道的属性，建立百科式内容分类，如财经、时尚、旅游、健康、时尚、母婴、教育、美食、汽车、科技、体育、科技、历史、文化等。

11.3.6 网易号

网易是我国领先的互联网公司之一，是全球领先的在线游戏开发与发行公司，也是我国最大的电子邮件服务商，拥有我国领先的自营品质电商品牌、在线音乐平台、在线教育平台、资讯传媒平台，覆盖全中国超过 10 亿用户。网易新闻融合资讯平台及原创策划为一体，自 1998 年成立起始终保持市场领先地，全天候 24 小时报道新闻热点及突发事件。2011 年初，网易新闻客户端正式上线，受众知名度、行业口碑、下载量一直排名行业前列。多年来，网易新闻秉持“有态度”的新闻专业主义原则和理想，积极打造以新闻为根基的有用有趣的内容资讯平台，为用户提供多角度、有深度、有温度的资讯内容。

“网易号”是以“各有态度”为主张的内容开放平台，致力于为广大用户提供丰富、海量的品质内容和视频服务，为内容生产者提供从内容分发、用户连接到品牌传播、商业化变现的一揽子解决方案。截至 2018 年第三季度，“网易号”平台的账号数量已超过 70 万，签约 MCN 机构 300 家，日均内容发布量超过 50 万条，头部自媒体覆盖率超过 95%。

11.3.7 知　乎

知乎是连接各行各业用户的网络问答社区。用户分享着彼此的知识、经验和见解，为中文互联网源源不断地提供多种多样的信息。

准确地讲，知乎更像一个论坛，用户围绕着某一感兴趣的话题进行相关的讨论，同时可以关注兴趣一致的人。对于概念性的解释，网络百科几乎涵盖了你所有的疑问；但是对于发散思维的整合，却是知乎的一大特色。

与简书、今日头条、大鱼号、豆瓣等自媒体平台不同，知乎的优势在于其回答问题的深度。知乎主要采用问答的方式进行交流和传播，并通过“赞”的数量进行排序，利于专业垂直领域的意见领袖建立个人品牌。在知乎，如果作者持续发表高质量的回答并且多与粉丝互动，会比其他自媒体平台更容易建立品牌度。

11.3.8 简　书

2013 年 4 月 23 日，简书公测上线。简书是一个将写作与阅读整合在一起的网络产品，旨在为写作者打造最优秀的写作软件，为阅读者打造最优雅的阅读社区。简书笔记是定位于为写作者写作的一款软件，其界面简洁，最大的特色是支持 Markdown 功能，可为作者创造出一种沉浸式的写作氛围，进而使其可以专注于写作。

简书成立以来，以其简约的风格及 Markdown 创作的极佳体验，逐渐被越来越多文艺青年及大学生青睐。不同于可转载他人文章的自媒体平台，简书对其文章的原创性要求极高，成为了许多出版社及微信百万大号编辑们寻找录用文章的首选之地。简书为创作者提供了极佳的写作园地，其首页入选的文章必须原创。在简书，持续写作，很容易得到出版社出书、邀书评或微信大号平台的转载邀请，有利于磨炼出个人品牌。

11.3.9 豆　瓣

豆瓣创立于2005年3月。豆瓣以书影音起家，提供关于书籍、电影、音乐等作品的信息，一直致力于帮助都市人群发现生活中有用的事物。豆瓣的核心用户群是具有良好教育背景的都市青年，包括白领及大学生。他们热爱生活，除了阅读、看电影、听音乐，更活跃于豆瓣小组、小站，对吃、穿、住、用、行等进行热烈讨论。他们热衷参与各种有趣的线上、线下活动，拥有各种创意，是互联网上流行风尚的发起者和推动者。豆瓣已渐渐成为他们生活中不可缺少的一部分。在豆瓣上，可以自由发表有关书籍、电影、音乐的评论，可以搜索别人的推荐，所有的内容、分类、筛选、排序都由用户产生和决定，甚至豆瓣主页出现的内容也取决于用户的选择。

与企鹅媒体平台、大鱼号、百家号等自媒体写作平台依附腾讯、阿里巴巴、百度等传统互联网大平台不同，豆瓣基本上是通过人际和口碑传播方式实现的。依靠口碑传播的平台也更易赢得用户的信赖并长久运营。

11.3.10 领　英

领英(LinkedIn)是全球最大的职业社交网站，会员遍布超过200多个国家和地区，总数超过4亿人。与其他自媒体平台不同的是，领英是全球领域的职场交流平台，其有多国语言版本界面且用户大多数是职场人士，其用户精准度及专业性更强。领英平台上的用户更具真实性，他们或发布招聘信息，或交流行业动态，或应聘工作岗位。每天，在领英进行的专业讨论和意见交流多达数百万次。领英作为职场领域最大的社区，成为想建立专业形象、提升个人影响力的自媒体人士争先入驻的平台。若想在领英专栏发表文章，首先需要申请一个领英账号。

11.4　自媒体平台选择策略

任何平台都有其受众群体及定位，用户可根据自身定位与平台的定位匹配程度来选择相应的平台运营。比如，简书是文艺青年及大学生居多，励志故事及干货类文章较受欢迎，而新闻、体育类文章较难获得高阅读量；今日头条是社会人群居多，其中新闻类、娱乐八卦、鸡汤类文章更易获得用户喜爱；领英是职场人士聚集的社区，职场类文章更受欢迎。

就平台申请难度来说：简书、微信公众号、豆瓣、知乎属于简单级别；今日头条、大鱼号、企鹅媒体平台属于中等难度；搜狐号、百家号属于高难度；而领英专栏是邀请制，无法自主申请。

建议作者从微信公众号和简书写作开始。当微信公众号获得原创资格后，可以为其他平台的文章进行版权保护，而且其他平台将具有原创资格的公众号作为申请依据会更易通过。简书更利于打造个人品牌，当简书文章被编辑推荐首页，可以获得较大的流量，会有一些平台的编辑索要转载权，从而为微信公众号等平台引流。当简书不断提升知名度，一些其他自媒体平台的编辑会提供入驻的绿色通道，从而避免平台审核不通过的情况。建议新手从微信公众号、简书、今日头条(如果申请通过)开始，在运营1～3个平台的基础上，选取一个主攻平台，并不断打磨文笔，从而为全平台的爆发奠定基础①。

---

① 哈墨．新媒体写作平台策划与运营[M]．北京：人民邮电出版社，2017．

【本章小结】

本章重点讲述了互联网内容传播及分发、自媒体平台的有关知识。

通过本章的学习，使学生了解互联网内容传播的原则、互联网内容传播的特点；互联网内容传播的内部渠道（网站、博客、App、微博等）和外部渠道等；了解主流的自媒体平台及内容传播特点；能够根据定位选择适合的自媒体平台。

【思考题】

11－1 简述互联网内容传播的原则。

11－2 简述互联网内容传播的特点。

11－3 简述互联网内容传播分发的主要渠道。

11－4 简述不同内容分发平台的特点。

11－5 简述主要的自媒体平台的特点。

11－6 思考自媒体和新媒体的区别与联系。

【实训内容及指导】

实训 11－1　不同自媒体平台的比较

实训目的：了解不同自媒体平台的内容特点及用户定位差异。

实训内容：典型自媒体平台的比较。

实训要求：查找资料，分析大鱼号、头条号、百家号、企鹅媒体平台、网易号等不同自媒体平台的热门文章类型、头部账号及用户群体。

实训条件：提供 Internet 环境。

实训操作：

(1) 登录不同自媒体平台或者利用新榜、清博等第三方平台进行比较。

(2) 查看不同自媒体平台的热门文章及头部账号。

(3) 分析不同平台热门文章类型。

(4) 分析不同平台头部账号的类型。

(5) 归纳不同平台内容及用户定位特点。

实训 11－2　头条号的申请和使用

实训目的：了解头条号的特点，掌握头条号账号的申请和使用，了解头条号内容分发的特点。

实训内容：今日头条头条号的申请和使用。

实训要求：

(1) 登录今日头条，进行头条号的申请注册，依次填写各类注册信息。

(2) 成功注册后，使用头条号登录。

(3) 发表头条文章。

(4) 添加好友关注。

(5) 发起或参与话题讨论。

(6) 拥有自己的粉丝。

实训条件:提供 Internet 环境。

实训操作:

(1) 建立个人头条号。

(2) 熟悉头条号的申请流程。

(3) 掌握头条号的使用。

(4) 掌握头条号内容撰写的要求。

(5) 了解头条号内容分发的机制和特点。

第 12 章　综合实训

12.1　综合实训的目的

在综合实训环节中，教师采用项目驱动的方式进行教学。将开发一个小型网站作为项目，教师给出项目要求或参考项目需求，学生随机分组组成团队参与项目。通过参与项目，让学生在完成网站栏目策划，采集、编辑、整合信息内容，设计与制作网页的过程中，学习互联网内容采集与编辑、互联网内容写作与策划、互联网内容分发与推广的知识，掌握互联网内容运营的基本技能。使学习过程成为一个人人参与的创造性实践活动，每个学生在综合实训的教学过程中都有发挥自己优势和表现自己的机会。通过项目小组成员之间相互讨论、评价、反馈、倾听、激励以及互为师生、优势互补等合作形式，激发学生的学习兴趣，增强学生的团队协作精神。这样可以更好地培养学生的创造性思维和发现问题、解决问题的能力，充分发掘学生的创造潜能。

综合实训的教学目标如下：

(1) 了解互联网内容运营工作的特点、职责；

(2) 理解网络图片的编排形式、网络音频、视频编辑的原则、网页设计的基本原则；

(3) 理解微博、微信、自媒体平台的主要功能及应用；

(4) 掌握网络信息采集、网络信息筛选、网络稿件归类、网络文稿编辑、网络稿件标题制作的方法；

(5) 掌握常见文案写作的基本要求及技巧；

(6) 掌握网络专题策划的基本原则、步骤与方法；

(7) 掌握搜索引擎优化的相关知识和技能、关键词的设置方法、网站流量统计工具的使用方法；

(8) 掌握微博、微信、自媒体平台内容运营的方法；

(9) 掌握简单网页设计与制作的方法。

12.2　综合实训的任务

12.2.1　实训任务学时分配

实训任务学时分配如表 12－1 所列。

表 12-1 实训任务学时分配

实训任务名称	学时分配		实践教学条件
	实 践	演 示	
任务一 确定综合实训内容	4		操作系统：Windows 7、Windows 10 等。
任务二 网络内容的采集	4		
任务三 网络内容的编辑	6		
任务四 网络专题的策划与制作	4		应用软件：Photoshop、CuteFTP、Dreamweaver；Internet 环境。
任务五 利用网络互动进行活动宣传	4		
任务六 网站优化	4		
任务七 网页设计与制作	4		
作品展示		2	
总计	30	2	

12.2.2 实训任务要求

任务 1 确定综合实训内容

任务要求：3～4 人一个小组，确定建设信息发布型网站的目标；并以小组为单位提交网站策划方案，包括网站层次结构及规模、人员分工、进度安排等。要求每个人至少负责制作一个栏目。

任务 2 网络内容的采集

任务要求：每个组员结合网站设计的构思，针对自己负责的栏目收集相关信息并分类保存，要求每个栏目不少于 5 篇文章，注明信息的来源和时间；对收集到的信息从来源、价值等方面进行判断；根据关键词对稿件进行正确归类。

教学要求：

(1) 理解网络信息来源的基本途径；

(2) 理解网络信息筛选的基本原则及价值标准；

(3) 理解栏目或频道归类的依据；

(4) 掌握网络信息筛选的基本方法；

(5) 掌握依据栏目或频道进行归类的方法。

任务 3 网络内容的编辑

任务要求：每组结合网站设计的构思，策划并实施一次采访活动。要求使用电子邮件并进行面对面地采访、录像，完成素材的处理，每个组员撰写一篇消息；采用文字、照片、视频等方式制作一个多媒体的专题。

教学要求：

(1) 理解网络稿件标题构成要素、主要功能、制作原则；

(2) 理解网络文稿内容提要制作的原则和主要思路；

(3) 理解网络文稿与多媒体信息的配置原则；

(4) 掌握网络文稿加工的基本方法和技巧；

(5) 掌握网络文稿标题制作技巧；

(6) 掌握采访的基本技巧及消息的写作技巧；
(7) 掌握网络文稿内容整合及配置的方法。

任务4　网络专题的策划与制作

任务要求：每组结合网站设计的构思，策划一个网络专题；要求通过浏览各大网站寻找近期时事热点，确定专题选题、角度及栏目，并收集专题需要的有关资料；小组成员之间相互合作，根据专题选题情况合理组织专题内容，完成专题页面的设计与制作。

教学要求：
(1) 了解网络专题常见的栏目类型；
(2) 理解网络专题策划的原则；
(3) 掌握网络专题选题、角度策划的方法；
(4) 掌握网络专题内容的组织方法。

任务5　利用网络互动进行活动宣传

任务要求：每组结合网站设计的构思，策划一次活动；撰写活动策划方案；通过微博、微信、自媒体平台等对此次活动进行宣传。

教学要求：
(1) 理解微博、微信、自媒体平台的特征及应用；
(2) 掌握微博内容编排、话题制造的方法，微博内容发送时间的选择；
(3) 掌握微信内容的结构及编排要求，微信内容发送时间的选择；
(4) 掌握自媒体平台的使用。

任务6　网站优化

任务要求：比较分析2～3家同类型网站的运营状况。在此基础上，从搜索引擎优化的角度出发，设计网站的目录结构、层次结构，设计网站的关键词，利用常见的网站运营工具查询关键词的热度，并制定网站的关键词分布策略。

教学要求：
(1) 了解搜索引擎优化的基本要求；
(2) 理解关键词的类别及作用；
(3) 掌握关键词的设置方法及分布原则；
(4) 掌握网站流量统计、站长之家、百度指数等运营工具的使用。

任务7　网页设计与制作

任务要求：将所有内容以网站的形式呈现，进行网站首页、其他页面的设计与制作；要求页面布局合理、色彩搭配符合视觉效果、网站内容充实、网站层次结构清晰、超链接设置正确等。

教学要求：
(1) 理解站点管理及超链接等概念；
(2) 理解网页设计的基本原则；
(3) 掌握网页制作软件Dreamweaver、图像处理与制作软件Photoshop的使用。

12.3　考核方式

综合实训采用作品考核方式。教师评阅项目作品，给小组打出基础分；学生之间互评项目作品，给出每个组员的组内附加分；每个学生自评项目作品，给出自评分，三个分数按一定的比例相加得到每个学生的成绩。综合实训的评分标准可参考表 12－2。

表 12－2　综合实训的评分标准

分　值		10	15	15	10	10	10	20	10	100
学　号	姓　名	选　题	页面设计	内容丰富	内容原创性	栏目设计	技术、互动、形式	策划方案	个人工作量	总　分

参考文献

[1] 宋文官，王晓红. 网络信息编辑实务[M]. 2 版. 北京：高等教育出版社，2013.
[2] 詹新惠. 新媒体编辑[M]. 北京：中国人民大学出版社，2013.
[3] 欧阳友权. 网络文学概论[M]. 北京：北京大学出版社，2008.
[4] 田志友，王薇薇. 采写编实训教程[M]. 北京：清华大学出版社，2007.
[5] 谭云明. 网络信息编辑[M]. 北京：中央广播电视大学出版社，2007.
[6] 郭春燕. 网络信息采集[M]. 北京：中央广播电视大学出版社，2007.
[7] 彭兰. 网络新闻编辑教程[M]. 武汉：武汉大学出版社，2007.
[8] 韩隽，吴晓辉. 网络编辑[M]. 大连：东北财经大学出版社，2007.
[9] 郭光华. 新闻写作[M]. 北京：中国传媒大学出版社，2006.
[10] 彭兰. 助理网络编辑师[M]. 北京：电子工业出版社，2005.
[11] 王晓红. 网页设计与制作[M]. 北京：机械工业出版社，2005.
[12] 彭兰. 中国网络媒体的第一个十年[M]. 北京：清华大学出版社，2005.
[13] 邓忻忻. 网络新闻编辑[M]. 北京：中国广播电视出版社，2005.
[14] 肯・梅茨勒. 创造性的采访[M]. 李丽颖，译. 北京：中国人民大学出版社，2004.
[15] 蒋晓丽. 网络新闻编辑学[M]. 北京：高等教育出版社，2004.
[16] 刘明华，许泓，张征. 新闻写作教程[M]. 北京：中国人民大学出版社，2002.
[17] 甘惜分. 新闻学大辞典[M]. 郑州：河南人民出版社，1993.
[18] 约翰・钱赛勒. 记者生涯[M]. 北京：世界知识出版社，1985.
[19] 徐剑锋. 论网络新闻专题的编辑原则及创新[D]. 西安：西北大学，2008.
[20] 王宏. 网络编辑人才内涵新解[J]. 新闻知识，2015，2：19 - 21.
[21] 周葆华，寇志红. 网络编辑生存大调查[J]. 网络传播，2014，1：18 - 21.
[22] 李惠惠. "扫描式"阅读时代的新闻写作[J]. 新闻世界，2008，8：38 - 39.
[23] 孙利军. 网络内容整合：意义与原则[J]. 中国编辑，2008，1：36 - 39.
[24] 彭兰. 网络新闻专题的内容策划[J]. 中国编辑，2007，5：31 - 35.
[25] 韩群鑫. 网络信息资源采集研究[J]. 农业网络信息，2007，4：63 - 66.
[26] 周荣庭，朱文婧. 技术环境下网络编辑工作的新特点[J]. 中国编辑，2007，3：38 - 40.
[27] 邹宇航. 博客管理机制研究[J]. 重庆工商大学学报：社会科学版，2007，2：117 - 121.
[28] 张德生. 论电话采访的技巧与局限[J]. 记者摇篮，2005，6：62.
[29] 陈彤. 优秀网络媒体人才必备的素质[J]. 网络传播，2005，2：42 - 43.
[30] 周科进. 网络媒体表现形成的集大成者——网络专题[J]. 新闻战线，2004，6：64 - 67.
[31] 倪国红，孙斌园. 消息标题制作的三个原则[J]. 安徽消防，2003，11：34 - 35.
[32] 肖汉明. 网络语言：一种新兴的语言现象[J]. 成都行政学院学报，2002，3：77 - 78.
[33] 李立威，王晓红. 网络虚假新闻的来源、传播路径和治理机制[J]. 新闻爱好者，2011，3：8 - 9.
[34] 杨永环. 网络专题 策划制胜[J]. 新闻论坛，2012，2：62 - 63.
[35] 周寿英. 网站流量每况愈下，Digg 改版自救难掩颓势[N]. 中国计算机报，2010 - 10 - 11.
[36] 侯召迅. 第 17 届中国新闻奖网络作品评选及一等奖作品点评[OL].（2007 - 08 - 29）http://www.cnr.cn/news/200708/t20070829_504553874.shtml.
[37] 楼夷. 美国网络编辑部的一个早晨[OL].（2007 - 08 - 21）. http://tech.sina.com.cn/i/2007 - 08 - 21/22461690090.shtml.

[38] 周科进. 应当科学地认知网络编辑[OL].（2007-06-19）. http://media.people.com.cn/GB/40628/4501647.html.

[39] 高静. 网络编辑：打造网络媒体核心竞争力[OL].（2006-11-26）. http://article.zhaopin.com/pub/view.jsp? id=61520.

[40] 苏瑞. 信息的重复和缺失——对网站稿件的分析[OL].（2003-07-24）. http://www.people.com.cn/GB/14677/21963/22062/1982355.html.

[41] 方德运，孟金芝. 网络专题内部栏目设置类别探讨[OL].（2007-08-22）. http://www.cjas.com.cn/n2772c12.aspx.

[42] 方德运，孟金芝. 网络专题内部结构安排与版式设计探讨[OL].（2007-08-29）. http://www.cjas.com.cn/n2831c12.aspx.

[43] 方德运，韩莹. 网络专题内容选择的方法分析[OL].（2007-08-08）. http://www.cjas.com.cn/n2638c12.aspx.

[44] 中国互联网信息中心. 第45次中国互联网络发展状况统计报告[R]. 2020.

[45] 冯英健. 新网络营销[M]. 北京：人民邮电出版社，2018.

[46] 哈墨. 新媒体写作平台策划与运营[M]. 北京：人民邮电出版社，2017.

[47] 李立威. 移动商务理论与实务[M]. 北京：机械工业出版社，2019.

[48] 叶小鱼. 新媒体文案创作与传播[M]. 北京：人民邮电出版社，2017.

[49] 乔纳·伯杰. 疯传：让你的产品、思想、行为像病毒一样入侵[M]. 北京：电子工业出版社，2016.

[50] 今日头条 & 新榜. 2020年内容创作发展趋势报告[EB/OL].（2020-03-06）. http://www.199it.com/archives/1015874.html.

[51] 陈维贤. 跟小贤学运营[M]. 北京：机械工业出版社，2017.

[52] 黄有璨. 运营之光：我的互联网运营方法论与自白[M]. 北京：电子工业出版社，2016.

[53] 张亮. 从零开始做运营[M]. 北京：中信出版社，2015.

[54] 秋叶. 新媒体运营[M]. 北京：人民邮电出版社，2018.

[55] 龙共火火. 高阶运营[M]. 北京：人民邮电出版社，2018.

[56] 马楠. 尖叫感：互联网文案创意思维与写作技巧[M]. 北京：北京理工大学出版社，2016.

[57] 罗伯特·布莱. 文案创作完全手册[M]. 北京：北京联合出版公司，2013.

[58] 芭芭拉·明托. 金字塔原理：思考、表达和解决问题的逻辑[M]. 海口：南海出版公司，2010.

[59] 高杉尚孝. 麦肯锡教我的写作武器：从逻辑思考到文案写作[M]. 北京：北京联合出版公司，2013.